国家重点研发计划课题（2016YFD0300208）研究成果

长江中下游地区稻田耕作制度发展与研究

黄国勤 等 著

U0230856

科学出版社
北京

内 容 简 介

本书分为上篇和下篇。上篇是发展篇,分别对长江中下游地区 7 省(直辖市)稻田耕作制度的改革与发展进行了回顾总结、现状分析及未来展望;下篇是研究篇,结合正在进行的国家重点研发计划课题取得的成果和进展,并注重吸收、引用国内外已取得的相关研究成果,分"冬作 - 双季稻三熟制""早籼 - 晚粳双季稻""直播稻""再生稻""极端温度对区域水稻生长发育及产量形成的影响""稻田耕作制度的生态环境效应与生态服务价值"等 6 个专题进行深入研究与分析。总体来看,上篇反映的是长江中下游地区稻田耕作制度的"宽度""长度";下篇体现的是长江中下游地区稻田耕作制度的"深度""精度"。

本书既具有创新性、理论性、学术性和资料性,又具有针对性、区域性、实践性和可操作性。适合于从事农学、作物、土壤、肥料、资源、生态、环境等相关专业的科技人员阅读,也适用于从事农业,特别是耕作制度方面的实际工作者参考,还可作为相关专业本科生、研究生,以及博士后科研人员的学习参考书。

图书在版编目(CIP)数据

长江中下游地区稻田耕作制度发展与研究 / 黄国勤等著 . —北京:科学出版社,2021.10
　ISBN 978-7-03-069211-5

Ⅰ . ①长… Ⅱ . ①黄… Ⅲ . ①长江中下游－长江流域－水稻栽培－种植制度－研究 Ⅳ . ① S511.047

中国版本图书馆 CIP 数据核字(2021)第 113406 号

责任编辑:罗 静 付丽娜 / 责任校对:郑金红
责任印制:吴兆东 / 封面设计:刘新新

科 学 出 版 社 出版
北京东黄城根北街 16 号
邮政编码:100717
http://www.sciencep.com

北京虎彩文化传播有限公司 印刷
科学出版社发行 各地新华书店经销
*

2021 年 10 月第 一 版　开本:720×1000 1/16
2022 年 2 月第二次印刷　印张:20 1/2
字数:421 000

定价:198.00 元
(如有印装质量问题,我社负责调换)

《长江中下游地区稻田耕作制度发展与研究》
著者名单

顾　　问　刘巽浩　陈　阜

主 要 著 者　黄国勤

各章执笔人

　　第一章　黄国勤

　　第二章　黄国勤

　　第三章　曹林奎　李金文

　　第四章　黄小洋

　　第五章　陈婷婷

　　第六章　董召荣　柯　健　吕和平　董　萧

　　第七章　周　泉　黄国勤

　　第八章　朱　波　刘章勇

　　第九章　张　帆

　　第十章　谢佰承　张　帆

　　第十一章　殷　敏　陈　松

　　第十二章　王　飞　徐　乐

　　第十三章　刘章勇　金　涛　杨　梅

　　第十四章　符冠富　陶龙兴

　　第十五章　杨滨娟　黄国勤

前　　言

　　"长江经济带发展"是我国正在实施的重大区域协调发展战略。以"生态优先、绿色发展""共抓大保护、不搞大开发"为导向推动长江经济带发展的一系列举措正在全面实施、全方位展开，且已取得积极进展和显著成效。

　　长江中下游地区（包括上海市、江苏省、浙江省、安徽省、江西省、湖北省和湖南省）是长江经济带（包括上海市、江苏省、浙江省、安徽省、江西省、湖北省、湖南省、重庆市、四川省、贵州省和云南省）的重要组成部分、核心部分、关键部分。促进长江中下游地区农业及整体经济的绿色发展、高质量发展、可持续发展，对实现长江经济带的绿色发展、高质量发展、可持续发展起着至关重要和不可替代的作用。

　　稻田是农业生产，特别是粮食生产、稻谷生产的重要场所。耕作制度是农业生产的一项战略性措施，在促进农业生产发展中具有极其重要的作用。稻田耕作制度在长江中下游地区农业生产及整个经济发展中具有十分重要的地位和作用。推动长江中下游地区稻田耕作制度的发展和研究，对于实施"长江经济带发展"国家战略具有十分重要的现实意义和长远意义。

　　基于上述认识，在国家重点研发计划课题"长江中游双季稻三熟区资源优化配置机理与丰产高效种植模式"（课题编号：2016YFD0300208）的资助下，由课题主持人江西农业大学黄国勤教授牵头，中国水稻研究所、湖南省土壤肥料研究所、华中农业大学、长江大学，以及相关单位包括上海交通大学、安徽农业大学、苏州农业职业技术学院等单位的20多位科技人员撰写了本书。

　　本书是在课题研究和实际调研的基础上写成的。全书分为上篇和下篇。上篇为发展篇，分别对长江中下游地区7省（直辖市）稻田耕作制度的改革与发展进行了回顾总结、现状分析及未来展望；下篇为研究篇，结合正在进行的国家重点研发计划课题取得的成果和进展，并注重吸收、引用国内外已取得的相关研究成果，对"冬作–双季稻三熟制""早籼–晚粳双季稻""直播稻""再生稻""极端温度对区域水稻生长发育及产量形成的影响""稻田耕作制度的生态环境效应与生态服务价值"等6个专题进行深入研究与分析。如果说上篇反映的是长江中下游地区稻田耕作制度的"宽度""长度"，那么，下篇则体现长江中下游地区稻田耕作制度的"深度""精度"。全书力求做到既有创新性、理论性、学术性和资料性，又有针对性、区域性、实践性和可操作性。

　　本书的出版得到课题参加单位及相关单位的大力支持，得到课题组成员及相关科技人员的积极参与。在此一并表示感谢！

　　全书种植模式使用的符号："‖"表示作物间作；"×"表示混作；"/"表示套作；"−"表示接茬复种；"→"表示年间衔接（第一年进入第二年）。

　　由于时间仓促，书中难免有不足之处，还请各位读者批评指正。

江西农业大学生态科学研究中心

黄国勤

2020 年 8 月 14 日于南昌

目　　录

上篇　发　展　篇

下篇　研　究　篇

上　篇

发　展　篇

第一章　长江中下游地区概况 [①]

长江中下游地区，包括上海市、江苏省、浙江省、安徽省、江西省、湖北省和湖南省"六省一市"，位于24°N～35°N、108°E～123°E，属亚热带季风气候，水热资源丰富，河网密布，水系发达，是我国传统的鱼米之乡[1]。

第一节　自然条件

一、地理位置与地形地貌

长江中下游地区西起巫山东麓，东到黄海、东海滨，北接桐柏山、大别山南麓及黄淮平原，南至江南丘陵及钱塘江、杭州湾以北沿江平原，东西长约1000km，南北宽100～400km，总面积约20万km²。长江中下游平原主要由江汉平原、洞庭湖平原、鄱阳湖平原、皖苏沿江平原、里下河平原及长江三角洲平原6块平原组成。

长江中下游地区地形的显著特点是地势低平，河渠纵横，湖泊星布，一般海拔5～100m，但海拔大多在50m以下[2]。中部和沿江沿海地区为泛滥平原及滨海平原。汉江三角洲地势亦自西北向东南微倾，湖泊成群聚集于东南前缘。鄱阳湖平原地势低平，大部分海拔在50m以下，水网稠密，地表被红土及河流冲积物覆盖。洞庭湖平原大部分海拔在50m以下，地势北高南低。三角洲以北为里下河平原，为周高中低的碟形洼地，洼地北缘为黄河故道，南缘为三角洲长江北岸部分，西缘是洪泽湖和运西大堤，东缘则是苏北滨海平原。

二、气候状况

长江中下游地区属亚热带季风气候，且大部分属北亚热带，小部分属中亚热带北缘。年均温14～18℃，最冷月均温0～5.5℃，绝对最低气温-20～-10℃，最热月均温27～28℃，无霜期210～300d。农业一年二熟或三熟，年降水量800～1600mm，季节分配较均匀，10℃以上活动积温达4500～5600℃。但区域常有季节性"洪涝"或"伏旱""秋旱"，以及低温、阴雨等"不良"气候[3]。

三、陆地面积

由表1-1可知，长江中下游7省（直辖市）共有陆地面积92.3741万km²，占

① 本章执笔人：黄国勤（江西农业大学生态科学研究中心，E-mail: hgqjxes@sina.com）

长江经济带陆地面积的近 45%，占全国陆地面积的近 10%。

表 1-1　长江中下游地区陆地面积

地区	陆地面积（万 km²）	资料来源
上海市	0.6341	应勇[4]
江苏省	10.7200	吴政隆[5]
浙江省	10.5500	袁家军[6]
安徽省	14.0100	李国英[7]
江西省	16.6900	易炼红[8]
湖北省	18.5900	王晓东[9]
湖南省	21.1800	许达哲[10]
长江中下游地区	92.3741	
长江经济带	206.2443	
全国	约 960.0000	
长江中下游地区占长江经济带比例	44.79%	
长江中下游地区占全国比例	9.62%	

四、土壤类型与特点

长江中下游地区土壤主要是黄棕壤或黄褐土，南缘为红壤，平地大部为水稻土。红壤生物富集作用十分旺盛，自然植被下的土壤有机质含量可达 70～80g/kg，但受土壤侵蚀、耕作方式影响较大。黄棕壤有机质含量也比较高，但经过耕垦明显下降。紫色土有机质含量普遍较低，通常林草地＞耕地。土壤有机质含量高，有利于形成良好结构，增强土壤颗粒的黏结力，提高蓄水保土能力。该地区的红壤、黄壤、黄棕壤与石灰土一般质地黏重，透水性差，地表径流量大，若植被消失、土壤结构破坏，极易发生水土流失；而紫色土和粗骨土透水性虽好，但土层多浅薄，在失去植被保护和降雨强度较大的情况下，亦易发生强烈侵蚀。

土壤潜沼化。长江中游平原湖区低洼地与湖荡沼泽，由于泥沙淤积与多年的人工围垦，随着地下水位下降，土壤不断向着潜育型水稻土方向演化，形成湖沼—沼泽土—潜育土—重度潜育化水稻土—中度潜育化水稻土—轻度潜育化水稻土—潴育化水稻土—渗育型水稻土（水旱轮作）的演化系列，不同阶段的土壤系列几乎遍布整个平原湖区。一旦地下水位提高，这种演替方式可以出现逆转。

土壤盐渍化。长江河口、三角洲地区历史的发育过程和沉积特点，决定了河口盐渍化土壤的出现，形成了与海岸平行呈带状的土壤分布，从海边到内陆依次分布着盐渍淤泥带、滨海盐土带、强度盐化土带、中度盐化土带、轻度盐化与脱盐带。海岸东移、海堤兴建直接影响着三角洲土壤的发育，当土地一旦脱离海水的浸渍，在自然淋盐、人为排盐、洗盐、抑盐和耕种熟化作用影响下，即开始从沉积物堆积的地质过程逐渐转向成土过程。当然，如果发生海水入侵，上述系列又可发生逆转，它们彼此产生联系，在一定程度上可以相互转化。近代三角洲地区的盐渍化土地主要分布于上海的崇明岛和江苏的启东、海门、南通一带。值得注意的是，三峡工程的建成，东、中线南水北调工程的兴建，必将导致长江下泄流量的变化，引起长江中下游沿江平原地下水位上升，河口咸水倒灌，从而扩大潜沼化与盐渍化土地的范围。

五、自然植被

长江中下游地区自然条件优越，自然植被繁茂。从陆生植物来看，长江中下游区域内分布的常见野生草本植物种类有土茯苓、益母草、明党参、葛根、虎杖、夏枯草、白花前胡、乌药、野菊花、地榆、茵陈、淡竹叶、何首乌、女贞子、南沙参、百部、瓜蒌、桔梗、丹参、牛蒡子、淫羊藿、白前、白花蛇舌草、玉竹、夏天无、太子参、鸡血藤、白药子、猫爪草、北柴胡、南柴胡、马兜铃、射干、艾叶、积雪草等；乔木类有樟树、女贞、冬青、枸骨、枫香、梧桐、合欢、乌梅、南酸枣、棕榈等；灌木类有覆盆子、檵木、金樱子、木芙蓉、山胡椒、冻绿、野山楂等。

从水生植物来说，长江中下游区域内水生植物主要分布在湖泊内，从沿岸浅水向中心深水方向呈有规律的环状分布，依次为挺水植物带、浮水植物带和沉水植物带。挺水型水生植物指根扎于水底淤泥，植物体上部或叶挺生于水面的种类，多分布于内湖浅水、浅滩、沟汊及水田中，主要种类有芦苇、水烛、东方香蒲、莲、菰、慈姑、泽泻、黑三棱、菖蒲、石菖蒲、水葱、雨久花、鸭舌草和中华水韭等；浮水型植物指植物体悬浮于水上或仅叶片浮生于水面的种类，多分布于湖缘、池塘、沟汊等静水水域，主要种类有芡实、菱、野菱、莕菜、浮萍、紫萍、满江红、四叶萍、凤眼莲、空心莲子草、莼菜、睡莲、萍蓬草、水蕨、水龙等；沉水型植物指扎根于水底淤泥中或沉于水中的植物，多分布于水深 4m 以下的暖流静水水域中，主要种类有眼子菜、鱼腥草（蕺菜）、竹叶眼子菜、金鱼藻、黑藻、水车前及苦草等。在平原的沟溪长期积水处或土壤潮湿的沼泽地，还分布有灯心草、谷精草、矮慈姑、牛毛毡、节节菜、圆叶节节菜、水苋菜、丁香蓼、水芹、半枝莲、水苏、薄荷、鳢肠、蔓荆子、水蜈蚣、鱼腥草、三白草、毛茛、半边莲、猫爪草和白前等。

六、水系与水资源

长江中下游地区水系密集、水域广阔、水资源丰富[1]。从河流来看，长江中下游区域内的长江天然水系及纵横交错的人工河渠使该区成为全国河网密度最大的地区，区域内最主要的河流为长江及其支流汉江，区域内河流多为冲积性河流。长江是中国第一大河，干流全长约 6300km，流域总面积 180 余万平方千米，年平均入海水量 9600 余亿立方米。以干流长度和入海水量论，长江均居世界第三位。长江的正源沱沱河出自青海省西南边境唐古拉山脉各拉丹冬雪山，经当曲后称通天河；南流到青海省玉树市巴塘河口以下至四川省宜宾市间称金沙江；宜宾市以下始称长江，扬州市以下旧称扬子江。长江流经西藏、四川、重庆、云南、湖北、湖南、江西、安徽、江苏等省（自治区、直辖市），在上海市注入东海，在江苏省镇江市同京杭大运河相交。汉江全长 1532km，为长江最长的支流，流域面积 159 000km²。全流域属北亚热带季风气候，降水丰富，水量充沛，河口年平均径流量为 1820m³/s；由于中上游来自山区，水流急骤，冲刷较强，沙量较多，年平均含沙量为 2.39kg/m³，是长江中游主要泥沙来源；水力资源丰富，蕴藏量估计在 600 万 kW。汉江全流域处于同一降雨带中，干支流径流比较集中，而下游河床淤浅，再加上长江洪水顶托，常因泄洪不畅而溃堤形成涝灾。

　　从湖泊来说，长江中下游区域内的淡水湖泊众多，湖荡星罗棋布，湖泊面积约 2 万 km²，相当于平原面积的 10%[1]。"两湖"（湖北、湖南）平原上，较大的湖泊有 1300 多个，包括小湖泊，共计 1 万多个，面积 1.2 万多平方千米，占两湖平原面积的 20% 以上，是中国湖泊最多的地方。江汉平原素有"鄂渚上千，湖泊成群"的说法，长江三角洲亦有"水乡泽国"之称，湖荡洼地占长江三角洲土地总面积的 13.4%。除太湖外，面积在千亩（1 亩 ≈ 666.7m²）以上的大湖有 150 多个，千亩以下的荡、泊数以千计。长江中下游区域内的湖泊中，以鄱阳湖、洞庭湖、太湖、洪泽湖、巢湖（常被称为中国的五大淡水湖泊）的面积较大。它们对长江及其支流的作用最显著，具有调节水量、延缓洪峰的天然水库作用，兼具灌溉、航运、养殖功能。

　　根据《中国统计年鉴（2019 年）》[11]资料，2018 年长江中下游地区水资源总量为 5410.8 亿 m³，约占长江经济带水资源总量（12 072.8 亿 m³）的 44.82%，约占全国水资源总量（27 462.5 亿 m³）的 19.70%。2018 年长江中下游地区人均水资源量为 1352.7m³/人，低于全国人均水资源量（1971.8m³/人）。

第二节　社会经济条件

一、人口

　　从人口来看，2017 年、2018 年和 2019 年三年中，长江中下游地区总人口分别约为 39 743 万人、40 000 万人和 40 226 万人，占长江经济带总人口的 2/3 以上，占全国总人口的 28% 以上（表 1-2）。

表 1-2　长江中下游地区人口数量（2017～2019 年）　　　　（单位：万人）

地区	2017 年	2018 年	2019 年
上海市	2 418	2 424	2 428.14
江苏省	8 029	8 051	8 070.00
浙江省	5 657	5 737	5 850.00

续表

地区	2017 年	2018 年	2019 年
安徽省	6 255	6 324	6 365.90
江西省	4 622	4 648	4 666.10
湖北省	5 902	5 917	5 927.00
湖南省	6 860	6 899	6 918.38
长江中下游地区	39 743	40 000	40 225.52
长江经济带	59 501	59 873	60 206.09
全国	139 008	139 538	140 005.00
长江中下游地区占长江经济带比例	66.79%	66.81%	66.81%
长江中下游地区占全国比例	28.59%	28.67%	28.73%

资料来源:2017 年、2018 年数据来源于《中国统计年鉴(2019 年)》[11],2019 年数据来源于各省(直辖市)《政府工作报告》[4-10]

二、耕地

2015~2017 年,长江中下游地区耕地面积分别为 2510.41 万 hm²、2508.02 万 hm²和 2508.16 万 hm²,分别占长江经济带耕地总面积的 55.77%、55.82% 和 55.85%,分别占全国耕地总面积的 18.60%、18.59% 和 18.60%(表 1-3)。

表 1-3　长江中下游地区耕地面积(2015~2017 年)　　　　(单位:万 hm²)

地区	2015 年	2016 年	2017 年
上海市	18.98	19.07	19.16
江苏省	457.49	457.11	457.33
浙江省	197.86	197.47	197.70
安徽省	587.29	586.75	586.68
江西省	308.27	308.22	308.60
湖北省	525.50	524.53	523.59
湖南省	415.02	414.87	415.10
长江中下游地区	2 510.41	2 508.02	2 508.16
长江经济带	4 501.19	4 493.36	4 490.87
全国	13 499.87	13 492.09	13 488.12
长江中下游地区占长江经济带比例	55.77%	55.82%	55.85%
长江中下游地区占全国比例	18.60%	18.59%	18.60%

资料来源:《中国统计年鉴(2019 年)》[11]

三、农业产值

从农林牧渔业总产值来看,2018 年长江中下游地区达 30 030.1 亿元,占长江经济带的近 63.88%，占全国的 26% 以上；从农业、林业、牧业、渔业产值来看，长江中下游地区分别占长江经济带的 59.92%、59.26%、56.55% 和 91.37%，占全国的 24.25%、29.73%、21.99% 和 43.77%（表 1-4）。

表 1-4　长江中下游地区农业产值（2018 年）　　　　（单位：亿元）

地区	农林牧渔业总产值	各项产值			
		农业	林业	牧业	渔业
上海市	289.6	150.1	15.8	48.3	56.2
江苏省	7 192.5	3 735.0	147.3	1 091.3	1 707.9
浙江省	3 157.3	1 518.0	177.0	331.8	1 043.3
安徽省	4 672.7	2 253.7	332.9	1 315.8	505.7
江西省	3 148.6	1 549.2	319.6	672.2	473.9
湖北省	6 207.8	3 033.8	235.2	1 386.5	1 106.0
湖南省	5 361.6	2 664.3	387.1	1 464.6	417.2
长江中下游地区	30 030.1	14 904.1	1 614.9	6 310.5	5 310.2
长江经济带	47 006.5	24 873.9	2 724.9	11 160.1	5 811.6
全国	113 579.5	61 452.6	5 432.6	28 697.4	12 131.5
长江中下游地区占长江经济带比例	63.88%	59.92%	59.26%	56.55%	91.37%
长江中下游地区占全国比例	26.44%	24.25%	29.73%	21.99%	43.77%

资料来源：《中国统计年鉴（2019 年）》[11]（2003 年起总产值包括农林牧渔专业及辅助性活动产值）

四、地区生产总值

2017～2019 年三年中，长江中下游地区生产总值分别为 284 676.37 亿元、309 256.35 亿元和 347 590.77 亿元，占长江经济带生产总值的 3/4 以上，占全国总 GDP 的 1/3 以上（表 1-5）。这充分说明长江中下游地区在全国经济发展中的重要地位。

表 1-5　长江中下游地区生产总值（2017～2019 年）　　　　（单位：亿元）

地区	2017 年	2018 年	2019 年
上海市	30 632.99	32 679.87	38 155.32
江苏省	85 869.76	92 595.40	99 631.52
浙江省	51 768.26	56 197.15	62 352.00
安徽省	27 018.00	30 006.82	37 114.00
江西省	20 006.31	21 984.78	24 757.50
湖北省	35 478.09	39 366.55	45 828.31
湖南省	33 902.96	36 425.78	39 752.12

续表

地区	2017 年	2018 年	2019 年
长江中下游地区	284 676.37	309 256.35	347 590.77
长江经济带	370 806.49	402 985.24	457 805.43
全国	820 754.30	900 309.50	990 865.00
长江中下游地区占长江经济带比例	76.77%	76.74%	75.93%
长江中下游地区占全国比例	34.68%	34.35%	35.08%

资料来源:《中国统计年鉴（2019 年）》[11]

第三节　战略地位与作用

长江中下游地区在我国农业及整个经济发展中有着重要的战略地位与作用，具体表现在以下几方面。

一、资源富足区

长江中下游地区是一个资源富足区。一是气候资源丰富。长江中下游地区是我国气候资源丰富地区，光、热、水资源十分丰富，且水、热同季，十分适宜种植多种农作物，发展以多熟种植为主体的农业生产。二是湿地资源丰富。据第二次全国湿地资源调查[12]，长江流域湿地划分为 5 类 25 型，涵盖了我国所有五大类湿地，湿地型占我国总湿地型的 73.53%；长江流域湿地总面积为 945.68 万 hm^2，占全国湿地总面积的 17.64%，长江流域湿地率为 5.25%。其中，自然湿地面积为 751.39hm^2，占我国自然湿地总面积的 16.10%。在长江流域湿地中，长江中游湿地（266.34 万 hm^2）所占比例为 28.16%，长江下游湿地（311.49 万 hm^2）所占比例为 32.94%，长江中下游湿地占全流域的 61.10%，且分布较为集中连片。三是生物资源丰富。就水生生物资源来说，长江是世界水生生物多样性最为典型的河流之一，是我国淡水渔业的摇篮、天然种质资源宝库，也是著名的四大家鱼、鲥鱼、中华绒螯蟹、鳗鲡等重要原种的种源基地，有中华鲟、达氏鲟、白鲟、江豚等国家级保护动物。据不完全统计[13]，长江流域有水生生物 1100 多种，其中有鱼类 370 余种（包括 10 种河海洄游性鱼类），底栖动物 220 多种和上百种水生植物。丰富的水生生物资源、多样的水域生态类型，在促进长江渔业乃至沿江地区经济社会发展，维系流域生态平衡和生物多样化，以及保障国家生态安全方面发挥了重要作用。四是矿产资源丰富。长江流域矿产资源丰富，金属矿产资源尤为丰富，是我国重要的制造业基地。长江流域已探明的矿产共 109 种，流域矿产资源分布有一定的规律[14]。能源、黑色金属、磷、硫等多集中于上游地区，有色金属主要分布于中游，下游以非金属矿产为主。由于上游落差大、多峡谷、水流急，上游矿产利用程度低；中游地势平坦、河道弯曲、多支流湖泊，下游江阔水深、流速缓、少支流，矿产利用程度高。五是旅游资源丰富。长江中下游地区是我国旅游资源特别丰富的地区之一，旅游资源种类多〔各省（直辖市）都有多种红色、绿色、古色旅游资源〕、分布广、特色强，且开发利用潜力大。事实上，长江中下游地区资源的丰富性远不止上述。

二、农业精华区

长江中下游地区是我国农业精华区。一是复种指数高。长江中下游地区对耕地资源的集约化利用程度在全国位居第一，在世界上也是名列前茅。根据《中国统计年鉴（2019 年）》[11]进行计算，2017 年长江中下游地区各省（直辖市）耕地复种指数都在 100% 以上，高的（湖南省）达到 200% 以上，地区平均为 160% 以上，比全国平均高出 38.02 个百分点。二是投入强度大。2018 年，长江中下游地区共投入化肥 1352.1 万 t，占长江经济带化肥投入量（1987.4 万 t）的 68.03%，占全国化肥投入量（5653.4 万 t）的 23.92%，而长江中下游地区的耕地面积只占长江经济带的 55%、全国的 18%。可见，长江中下游地区耕地化肥的施用量之大。三是产品产出多。长江中下游地区种植的农作物种类（品种）多，且单位面积产量高。例如，2018 年全国谷物平均单位面积产量只有 6120kg/hm²，而长江中下游地区的上海（8023kg/hm²）、江苏（6892kg/hm²）、浙江（6782kg/hm²）、湖南（6555kg/hm²）和湖北（6300kg/hm²）均高于全国平均水平，且分别高出 31.09%、12.61%、10.82%、7.11% 和 2.94%[11]。

三、粮食主产区

长江中下游地区是我国著名的鱼米之乡，在历史上很早就享有"湖广熟，天下足"之美誉。这充分说明，在历史上，包括湖南、湖北在内的长江中下游地区粮食地位之重要，作用之突出。如今，长江中下游地区粮食的地位和作用更加明显。第一，长江中下游平原是全国三大平原（东北平原、华北平原、长江中下游平原）之一，担负着确保全国粮食生产、维护全国粮食安全的重大战略任务。第二，全国现有13 个粮食主产区（包括北方的黑龙江、辽宁、吉林、内蒙古、河北、山东、河南和南方的江苏、安徽、江西、湖北、湖南、四川）中，有 5 个（江苏、安徽、江西、湖北、湖南）在长江中下游地区。第三，从粮食生产来看，2018 年长江中下游地区粮食作物种植面积为 2721.40 万 hm²，占长江经济带粮食种植面积的 64.17%、占全国的 23.25%；长江中下游地区粮食总产量 16 423.5 万 t，占长江经济带粮食总产量的 2/3 以上，约占全国粮食总产量的 1/4（表 1-6）。第四，从水稻生产来看（表 1-6），2018 年长江中下游地区水稻种植面积 1535.04 万 hm²，占长江经济带水稻种植面积的近 4/5，占全国的 1/2 以上；水稻产量 10 936.4 万 t，占长江经济带水稻产量的 78.96%，占全国的 51.56%。显然，长江中下游地区不愧是全国的重要"粮库"和必不可少的"谷仓"。

表 1-6　长江中下游地区粮食作物种植面积和总产量（2018 年）

地区	粮食作物		水稻	
	种植面积（万 hm²）	总产量（万 t）	种植面积（万 hm²）	总产量（万 t）
上海市	12.99	103.7	10.36	88.0
江苏省	547.59	3 660.3	221.47	1 958.0
浙江省	97.57	599.1	65.11	477.4
安徽省	731.63	4 007.3	254.48	1 681.2
江西省	372.13	2 190.7	343.62	2 092.2
湖北省	484.70	2 839.5	239.10	1 965.6
湖南省	474.79	3 022.9	400.90	2 674.0
长江中下游地区	2 721.40	16 423.5	1 535.04	10 936.4
长江经济带	4 241.22	23 916.7	1 940.22	13 850.3
全国	11 703.80	65 789.2	3 018.9	21 212.9
长江中下游地区占长江经济带比例	64.17%	68.67%	79.12%	78.96%
长江中下游地区占全国比例	23.25%	24.96%	50.85%	51.56%

资料来源：《中国统计年鉴（2019 年）》[11]

四、经济发达区

长江经济带是整个长江流域最发达的地区，也是全国除沿海开放地区以外经济密度最大的经济地带。而长江中下游地区则是长江经济带中最发达的区域，特别是长江下游的上海、江苏、浙江 3 省（直辖市），在全国经济发展总格局中处于"第一方阵"地位，起着"领跑"的作用。2018 年，上海、江苏、浙江的人均地区生产总值分别达到 134 982 元、115 168 元和 98 643 元，比全国人均 GDP 平均值（64 644 元）分别增加 108.81%、78.16% 和 52.59%；湖北省人均地区生产总值（66 616 元）也超过全国平均水平[11]。随着"长江经济带发展"国家战略、"长江三角洲区域一体化发展"国家战略的全方位推进，未来，长江中下游地区经济发展潜力将进一步得到挖掘和释放，长江中下游地区必将成为全国经济更为发达的地区之一。

五、生态支撑区

第一，我国五大淡水湖鄱阳湖、洞庭湖、太湖、洪泽湖和巢湖均分布于长江中下游地区各省，其中，鄱阳湖、洞庭湖被认为是"长江双肾"。第二，我国最大的淡水湖鄱阳湖是国际重要湿地，亚洲最大的候鸟越冬地，全球最重要的白鹤和东方白鹳越冬地，东北亚鹤类保护网络成员，东亚-澳大利西亚鸻鹬鸟类保护网络成员，以及具有全球意义的 A 级优先保护区域，鄱阳湖有鸟类 20 目 76 科 234 属 460 种，占中国鸟类的 31.83%，每年在鄱阳湖越冬的水鸟数量达 50 万只（超过湖北、湖南、安徽和江苏 4 省的总和）[15]。第三，我国已建立 4 个国家生态文明试验区（福建、江西、贵州、海南），其中，江西、贵州分别属于长江中下游地区和长江经济带上游地区。第四，我国已建立国家公园（体制试点）11 个（处），其中，浙江钱江源国家公园、湖北神农架国家公园、湖南南山国家公园属于长江中下游地区，云南普达措国家公园属于长江经济带上游地区。第五，长江经济带是我国最重要的经济、生态、水上交通先进示范带，是我国正在着力打造和建设的"绿色廊道""生态廊道"，而长江中下游地区作为长江经济带的重要组成部分、核心部分和关键部分，必将成为该"绿色廊道""生态廊道"的组成部分和重要支撑[16]。概括来说，长江中下游地区在维护长江经济带乃至全国生态安全中正发挥着重要的"支撑作用"。

六、文化多样区

长江文化和黄河文化是中华文明最具代表性与影响力的两支主体文化。

长江文化是以长江流域特殊的自然地理和人文地理占优势，以生产力发展水平为基础的归趋性文化体系，是长江流域文化特性和文化集结的总和与集聚，包括上游的云南、贵州、四川、重庆，中下游的上海、江苏、浙江、安徽、江西、湖北、湖南，以及华南地区的广东、广西、福建等省（自治区、直辖市），这些地区是长江水系的干流或支流流经区，在文化体系上同属中国南方文化体系。

长江中下游地区乃至长江经济带和整个长江流域的文化极具多样性、革命性、开放性、包容性（兼容性）、古老性和广泛的适应性，如楚文化、荆楚文化、湖湘文化、吴文化、越文化、徽文化、赣文化、江淮文化、巴蜀文化和客家文化等，各种文化既具同一性又有多样性，最终融合成完整的长江流域文明。

七、社会和谐区

长江是中华民族的母亲河，是中华民族发展的重要支撑，是我国的经济重心所在、活力所在，是水资源战略支撑所在。长江中下游地区作为长江经济带的重要组成部分、核心部分、关键部分，正在按照党中央、国务院制定的长江经济带发展国家战略的总体部署，以及《长江经济带发展规划纲要》[17]的具体要求，全力推动"安全长江""文明长江""和谐长江"建设，实现人与人、人与社会、人与自然的和谐发展。毋庸置疑，长江中下游地区，以及整个长江经济带，已经或正在成为我国的社会和谐区，同时，也必然在推动、引领全国各地走向社会和谐的过程中发挥重要作用。

八、绿色发展区

"生态优先、绿色发展""共抓大保护、不搞大开发",已经成为包括长江中下游地区在内的长江经济带发展的主旋律和鲜明导向。自 2016 年以来,长江中下游地区及整个长江经济带绿色发展取得积极进展和显著成效[18]。可以说,包括长江中下游地区在内的长江经济带已经成为全国乃至全球绿色发展的引领区、示范区。

参 考 文 献

[1] 中国科学技术协会学会工作部. 长江——二十一世纪的发展 (长江沿江地区跨世纪持续发展学术讨论会论文集). 北京: 测绘出版社, 1995.

[2] 农业部. 全国种植业结构调整规划 (2016—2020 年). 中国农业信息, 2016, (12): 9-14.

[3] 黄国勤. 农业可持续发展导论. 北京: 中国农业出版社, 2007.

[4] 应勇. 政府工作报告——2020 年 1 月 15 日在上海市第十五届人民代表大会第三次会议上. 解放日报, 2020 年 1 月 22 日 (第 003 版).

[5] 吴政隆. 政府工作报告——二〇二〇年一月十五日在江苏省第十三届人民代表大会第三次会议上. 新华日报, 2020 年 1 月 22 日 (第 001 版).

[6] 袁家军. 政府工作报告——2020 年 1 月 12 日在浙江省第十三届人民代表大会第三次会议上. 浙江日报, 2020 年 1 月 18 日 (第 001 版).

[7] 李国英. 政府工作报告——2020 年 1 月 12 日在安徽省第十三届人民代表大会第三次会议上. 安徽日报, 2020 年 1 月 21 日 (第 003 版).

[8] 易炼红. 政府工作报告——2020 年 1 月 15 日在江西省第十三届人民代表大会第四次会议上. 江西日报, 2020 年 2 月 10 日 (第 001 版).

[9] 王晓东. 政府工作报告——2020 年 1 月 12 日在湖北省第十三届人民代表大会第三次会议上. 湖北日报, 2020 年 1 月 21 日 (第 001 版).

[10] 许达哲. 政府工作报告——2020 年 1 月 13 日在湖南省第十三届人民代表大会第三次会议上. 湖南日报, 2020 年 1 月 23 日 (第 001 版).

[11] 中华人民共和国国家统计局. 中国统计年鉴 (2019 年). 北京: 中国统计出版社, 2019.

[12] 张阳武. 长江流域湿地资源现状及其保护对策探讨. 林业资源管理, 2015, (3): 39-43.

[13] 卢昌彩. 加强长江流域水生生物资源养护管理的对策探讨. 中国水产, 2018, (3): 28-30.

[14] 李强. 长江流域生态环境改善及发展策略. 长江技术经济, 2019, (5): 13-15.

[15] 黄国勤. 鄱阳湖生态环境保护与资源开发利用研究. 北京: 中国环境出版社, 2010.

[16] 黄国勤. 生态学与推动长江经济带绿色发展. 北京: 中国环境出版集团, 2019.

[17] 刘晓星.《长江经济带发展规划纲要》出台从大开发到大保护. 环境经济, 2016, (Z6): 54-59.

[18] 推动长江经济带发展领导小组办公室. 2016 年以来推动长江经济带发展进展情况. 中国经贸导刊, 2019, (2): 11-16.

第二章　稻田耕作制度概述 ①

第一节　耕作制度简述

一、耕作制度的概念

耕作制度（又称农作制度）是农业生产上关于用地和养地相结合的一整套农业技术措施体系的总称，由作物种植制度（又称用地制度），以及与之相配套的农田土壤管理制度（又称养地制度）两部分组成[1]。用地，就是指使用土地（耕地）种植农作物，生产农产品的过程；养地，就是指采用物理的、化学的、生物的，以及其他各种方式方法和手段来恢复、保持与提高农田土壤地力的过程。

在农业生产中，在建立合理耕作制度的过程中，用地与养地相结合（简称用养结合）十分重要。中国自古以来就十分重视用地与养地相结合[2]。各地自然与社会经济条件不同，用地的方式不同，养地的途径也各异。

在农业生产中，用地常采用不同的作物布局、不同的熟制（一熟制、二熟制或三熟制）、不同的种植方式（不同的作物间作、混作、套作方式，不同的轮作或连作方式）等。养地则采用不同的途径和方法，如：①充分利用人畜粪肥，堆肥压青，种植豆科作物和绿肥作物；灌溉排水，保墒防渍等。②在坡耕地上采用生物措施（种草、种树、种作物）与工程措施（等高开沟筑垄、水平梯田、坡式梯田等）相结合，保持水土。③在半干旱与风沙地区，则重视留茬覆盖、耕作保墒、营造农田防护林带，增施化肥，从而增多植物有机质，为促进土壤有机质与养分的良性循环、培肥地力提供重要条件。

二、耕作制度的组成

如上所述，耕作制度主要由种植制度和农田土壤管理制度组成，其中，种植制度是主体，农田土壤管理制度必须与种植制度相适应、相配套、相衔接。

1. 种植制度

种植制度是一个地区或生产单位作物种植的结构、配置、熟制与种植方式的总称，包括作物布局、单作、间作、混作、套作、再生作、单种与复种、连作和轮作等。它主要解决种什么、种多少、种哪里、如何种等4个方面的问题。种植制度其实就是指土地（耕地）利用的方式、方法及其组成的模式与体系，因此，也常常被称

---

① 本章执笔人：黄国勤（江西农业大学生态科学研究中心，E-mail: hgqjxes@sina.com）

为用地制度。种植制度是耕作制度的主体。一种合理的种植制度应该有利于土地（耕地）、光、温、水、劳力等自然资源和社会经济资源的有效利用，并取得当地当时条件下农作物生产的最佳社会经济效益和生态环境效益，有利于协调种植业内部各种作物如粮食作物（粮）和经济作物（经）、饲料作物（饲）、绿肥作物、蔬菜（菜）之间，自给性作物与商品性作物之间，夏收作物与秋收作物之间，用地作物与养地作物之间的关系，促进种植业，以及畜牧业、林业、渔业、农村工副业等的全面发展和可持续发展。

2. 农田土壤管理制度

农田土壤管理制度（养地制度）是指与种植制度相适应的，以提高耕地利用率和生产力为主要内容的，以恢复和培育土壤地力为中心的一系列技术措施体系的总称，包括土壤耕作制、土壤培肥制、农田灌溉制、农田病虫草害防除制、农田防护制等。农田土壤管理制度主要解决耕地如何耕、如何管、如何护的问题。

农田土壤管理制度是耕作制度的基础。土地在开垦种植农作物以后，为防止土壤中的养分、有机质和水分过分消耗，以及土壤结构等理化性质变劣，微生物活动减弱，杂草增多，或坡耕地引起水土流失，必须在利用土地的同时，重视土地的保护与地力的培养，实行用地与养地相结合。

在农业发展初期，主要通过自然措施养地，如撂荒、休闲或粗放种植多年生牧草。随着农业科学技术水平的提高，在农业生产中，人工养地措施不断加强，如施用有机肥和化肥、秸秆根茬还田、种植豆科作物与牧草、土壤耕作、灌溉、排水、保持水土、营造农田防护林等，为充分利用当地光、热、水资源的种植制度付诸实施提供了保证。

三、耕作制度的特性

1. 战略性

耕作制度是农业生产上的一项战略性措施，具有涉及面广、区域性强、影响深远的基本特征[3]。首先，耕作制度涉及面广，不仅涉及粮食作物，还涉及经济作物、绿肥、饲料作物、蔬菜等。这就要求在农业生产中，不仅要正确处理粮经、粮肥、粮饲、粮菜等作物间的关系，还要正确处理粮、经、肥、饲、菜之间复杂的关系。其次，耕作制度区域性强。例如，北方与南方，长江中下游地区与长江上游地区耕作制度的模式和技术体系就不完全相同，这就要求在生产上要因地制宜地采取不同的技术、方法和措施。否则，耕作制度不合理、农业技术不合适，必然导致农业生产不丰收、农业效益不如意。最后，耕作制度影响深远。耕作制度不仅关系当季、当年农业生产，还关系全年、全区域，以及长远的农业可持续发展。例如，是否实行合理轮作，必然影响农田土壤地力的提升和农田生态环境的优化，影响农田生态系统的可持续发展。概括来说，耕作制度具有牵一发而动全身之功效。

2. 综合性

耕作制度不仅具有战略性，还具有综合性。首先，耕作制度的组成具有综合性。耕作制度是根据作物的生态适应性与生产条件采用的种植方式，包括由单种、复种、休闲、间种、套种、混种、轮作、连作等组成的种植制度，以及与其相配套的技术措施，包括农田基本建设、水利灌溉、土壤施肥与翻耕、病虫与杂草防治等农田土壤管理制度。显然，耕作制度的组成牵涉的因素多，综合性强。要建立合理的耕作制度，必须综合考虑上述多种因素，缺一不可。其次，耕作制度的目标具有综合性。如果说作物高产栽培仅仅考虑的是作物如何实现高产，即高产是其考虑的单一的也是唯一的因素，而耕作制度则不然，耕作制度不仅必须考虑组成耕作制度的每一种作物的高产，还必须考虑其对地力的影响，对生态环境的影响，以及对区域可持续发展的影响，必须综合考虑耕作制度的经济效益、生态效益和社会效益。可见，其综合性非常明显。最后，耕作制度的改革与发展具有综合性。一种耕作制度的形成是多种自然因素、社会经济因素综合作用的结果，一旦形成以后，要进行耕作制度的改革和发展，则同样要由各种因素共同作用。这就是经常说的，耕作制度必须"六良"配套，即良制（优良的耕作制度）、良田（优良的农田生态条件和优质的土壤地力）、良种（优良的作物品种）、良法（优良的栽培技术和方法）、良物（优良的物质投入，如有机肥料、生物农药等）、良境（优良的生态环境、绿色的生产环境）。只有做到六良配套，耕作制度的改革、建设和发展才能取得预期成效，才能做到事半功倍，否则，只能事与愿违、事倍功半，不可持续发展，这在农业生产中必须加以避免。

3. 实践性

耕作制度的实践性体现在以下3个方面：①耕作制度来源于实践。任何一种耕作制度，最初都来源于生产实践，都是广大人民群众在实践中创造、发明的，绝不是哪位农学家在书本上、在论文中写出来的——尽管有的耕作制度模式是科学家、农学家设计出来的，但其必然是依据生产实践的经验和科学研究的数据。②耕作制度服务于实践。耕作制度是在农业生产实践过程中形成的，也必然是在生产实践中应用的，其成效必然服务于"三农"（农业、农村和农民），其增产增收效果必然是让农民（生产者）首先受益，其实际成效（经济效益、社会效益和生态效益）也必然首先在生产实践中得以反映，得以见效。③耕作制度在实践中改革、发展和完善。某种耕作制度好不好、效益高不高，要通过生产实践检验，并在生产实践中进行改革、发展从而不断完善，最终成为人民群众接受、欢迎、喜爱、推广的优良耕作制度。

第二节 稻田耕作制度特征

农田耕作制度一般可分为水田耕作制度和旱地耕作制度两大类。因南方，特别是长江中下游地区水田常常用来种植以水稻为主体的多种作物，故水田亦常称为稻田，水田耕作制度常称为稻田耕作制度。

与旱地耕作制度相比，稻田耕作制度有以下几个明显特征。

一、起源古老性

据中外专家考证，栽培稻源自江西万年，且有上万年的历史[4]。这就是说，在江西省万年县起源的稻田耕作制度已经有一万多年的历史，这在世界稻田耕作制度发展史上也是罕见的。

当前广泛推行的稻田种养型耕作制度——稻田生态种养（如稻田养鱼、稻田养鸭等），是中国传统农业的经典农艺，起源于公元前400多年，至今已有2400多年的历史[5]。稻田养鸭因为具有较高的生态效益和经济效益，所以是发展较早的稻田生态种养模式，至今已有数千年历史。

二、条件优越性

在南方，特别是在长江中下游地区，与旱地耕作制度相比，稻田耕作制度的条件是非常优越的，因此其产出和效益高于旱地耕作制度（表2-1）。

表2-1 稻田耕作制度与旱地耕作制度条件比较

项目	稻田耕作制度	旱地耕作制度
地势	平坦	坡地、梯田
土壤质量	高（肥沃）	低（瘦，土壤瘠薄，酸性重，缺乏有机质）
水利设施	齐全，旱涝保收	大多无灌溉条件，靠天吃饭
单位面积物质投入量	多	少
机械化程度	高	低
熟制	高（大多为三熟制或二熟制）	低（多数二熟或一熟制，少数为三熟制）
耕地生产力	高	低
综合效益	高	低

三、模式多样性

稻田耕作制度模式具有明显的多样性。一是作物（生物）种类多样。长江中下游地区稻田不仅种植水稻，冬季还种植紫云英、油菜、大麦、小麦、马铃薯、蚕豆、豌豆和各种冬季蔬菜，夏、秋季还种植玉米、大豆、甘薯、绿豆、花生、西瓜、烟草等多种作物。不仅如此，稻田还养鸭、养鱼、养虾、养泥鳅、养青蛙等。二是作物（生物）品种多样。每一种作物（生物）都有多个品种，如水稻早稻就有早熟品种、中熟品种、晚熟品种，高产品种、优质品种、抗病品种，以及耐涝品种、耐瘠品种等。三是由不同作物、不同品种组成的稻田耕作制度模式更是多种多样、丰富多彩。仅双季稻三熟制（简称双三制）模式就有肥-稻-稻、油-稻-稻、麦（小麦或大麦）-稻-稻、蚕豆（或豌豆）-稻-稻、马铃薯-稻-稻、冬季蔬菜-稻-稻等。若将稻田二熟制、一熟制都考虑进去，并将稻田种植与养殖结合起来，则形成的稻田耕作制度模式就更多、更丰富。

四、结构复合性

稻田耕作制度实际上是一典型的农田生态-经济-技术复合系统，结构上的复合性是显而易见的。一是农田生态结构，由稻田耕作制度中的生物（包括水稻等作物，还有农田杂草、土壤动物、微生物等）和环境因子（如农田及周边环境中的光、温、水、气，以及农田土壤矿物质等各种无机环境）构成；二是农田（农业）经济结构，由人工、种子、肥料、农业机械、农产品产出，以及农产品分配、交换、消费和贸易等组成的农田（农业）经济系统构成；三是农田（农业）技术结构，由进行农田（农业）生产的传统技术和现代高新技术组成，尤其是现代生物技术、信息技术应用于稻田耕作制度的全过程、全方位和各方面，对提升稻田耕作制度的生产力和系统整体效益起到了重要促进作用。上述3个子系统复合、叠加、融合，即形成稻田耕作制度的生态-经济-技术复合系统。

五、功能高效性

与旱地耕作制度相比，由于稻田的生态环境和生产条件优越，其生产力和系统整体功能均较高。具体表现在：稻田耕作制度的单位面积产量、系统能量和能值高于旱地；稻田耕作制度的固碳、释氧、大气调节与净化、土壤养分累积、水分涵养、防灾减灾等多种生态环境功能优于旱地耕作制度；稻田耕作制度的综合效益与功能高于（或多于）旱地耕作制度。

六、分布区域性

农业具有区域性，稻田耕作制度的分布同样具有明显的区域性。例如，双三制（双季稻三熟制）主要分布于长江中游地区的江西、湖北、湖南3省，稻田二熟制则在长江下游的江苏、安徽多有分布。再生稻在我国有着悠久的种植历史，近年来主要在四川、湖南、湖北、浙江、安徽等省稳定发展，其典型模式是将传统的早稻-晚稻双季稻改为中稻-再生稻。

七、管理综合性

如前所述，耕作制度具有综合性。同样，稻田耕作制度也具有综合性。这就要求在进行稻田耕作制度的管理时，要采取综合性的措施和方法，才能有利于促进稻田耕作制度的向前发展。一是要采取经济的手段和方法，如实行奖励措施，鼓励农民种植水稻，发展稻田多熟耕作制度模式；二是采取行政的手段和方法，让各级领导干部利用好行政管理措施和方法，促使农民积极推广稻田多熟制；三是采用示范的措施和方法，让农民亲眼看到稻田耕作制度的模式和效益，从而引导、激发农民发展稻田耕作制度。此外，还可在实践中进一步探索其他更好、更有效的措施和方法，促进稻田耕作制度可持续发展。

八、潜力巨大性

未来，稻田耕作制度丰产提质增效的潜力巨大。一是面积潜力。目前，长江中下游地区还有相当多可以种植水稻实际却没有种植水稻的稻田面积，占稻田总面积的 10%～15%，今后可逐步挖掘，扩大水稻种植面积。二是复种潜力。在长江中下游地区有相当部分省份（如江西、湖南等）前几年盛行双改单（双季稻改为单季稻），降低了稻田复种指数，影响了稻田耕作制度发展，今后，也必须逐步恢复，将单季稻改回双季稻，提升稻田复种指数。三是单产潜力。随着科技进步和科学种田（种稻）水平的提高，将现有稻田单位面积产量提高 5%～10% 甚至15%～20% 是有可能的，尤其是将现代高新技术广泛应用于稻田耕作制度改革和创新，其增产潜力将是巨大的。四是结构潜力。即优化稻田耕作制度的结构，因地制宜创新稻田耕作制度模式，其提质增效的潜力也是不可低估的。五是转化潜力。将现有稻田农产品进行加工、转化，实行一、二、三产业融合发展，如将乡村旅游、稻田美学、农业文化遗产保护等纳入稻田耕作制度改革、发展和创新，必将大幅度提升稻田耕作制度的质量和效益，其前景广阔、潜力巨大。

第三节　稻田耕作制度功能

一、供给功能

为人类提供农产品或工业原料，是稻田耕作制度的首要功能，这也是大力发展稻田耕作制度的最重要原因之一。稻田耕作制度的供给功能具体包括以下几点：①提供植物性产品。2018 年，全国稻田共生产提供稻谷 21 212.9 万 t，此外，还生产提供其他多种农产品，如油菜籽、小麦、大麦、马铃薯、蚕豌豆等[6]。②提供动物性产品。稻田中不仅种植水稻等农作物，还发展养殖业，实行稻田种养结合。2018 年，我国稻渔综合种养产业规模稳步扩大，稻田养殖面积首次突破 200 万 hm²

（约 3000 万亩），产量突破 230 万 t（不包括港澳台地区）[7]。2019 年，我国小龙虾养殖总产量达 208.96 万 t，养殖总面积达 128.6 万 hm²（约 1929 万亩），与 2018 年相比分别增长 27.52% 和 14.80%。按养殖模式分，小龙虾稻田养殖占比最大，2019 年产量为 177.25 万 t，养殖面积 110.53 万 hm²（约 1658 万亩），分别占小龙虾养殖总产量和总面积的 84.82% 和 85.95%，分别占全国稻渔综合种养总产量和总面积的 60.46% 和 47.71%[8]。③提供微生物产品——食用菌。用农业副产品、废弃物，如稻田产生的作物秸秆、稻草等生产食用菌，既充分利用了农业资源，又保护了农业生态环境，还改善了人们的生活，增加了农民经济收益，一举多得。自 2010 年以来，我国食用菌产业的发展进程不断加快，食用菌的生产水平也有了明显提升，全国的产量、产值都实现了长足发展。到 2015 年，仅 5 年多时间，我国食用菌产业的年产量已经超过了 3400 万 t，其生产价值已经突破 2500 亿元。相关数据显示，到 2016 年年底，我国食用菌年产量已有 10 多个省份超过了 100t[9]。这其中有相当部分食用菌就是依托稻田耕作制度产生的作物秸秆、稻草等生产出来的。④提供工业原料。稻田耕作制度除生产提供上述农产品外，还可为食品工业、饲料工业、纺织工业、医药工业等生产提供所需要的各种原料。显然，稻田耕作制度生产提供的产品种类之多、作用之大，往往是旱地耕作制度所不及的。

二、增收功能

促进农民增收，推动农村经济发展，这是稻田耕作制度的又一重要功能。湖南农业大学的研究表明，实行水稻单作耕作制度，单作稻谷产量（一季）为 8700kg/hm²，售价 2.64 元/kg，合计 22 968 元/hm²，扣除各种投入支出，获得利润 8988 元/hm²。而稻鸭共作耕作制度模式，稻谷平均产量（一季）为 9273kg/hm²，售价 2.94 元/kg，合计 27 263 元/hm²，扣除各种投入支出，获得利润 27 993 元/hm²（其中包括养鸭创造的经济价值）。后者比前者增收 19 005 元/hm²，净增收 2.11 倍。可见，实行稻田复合种养型耕作制度，具有明显的增收效果[5]。近年来，江苏省洪泽湖地区市、县、乡镇倡导合理利用稻田资源，推广稻虾综合种养耕作制度模式。稻虾综合种养示范基地 2018 年龙虾产量 70kg/亩左右，绿色稻谷 300kg/亩左右，创造产值效益 4000 元/亩以上，纯收益可达 2000 元/亩以上[10]。

三、蓄水功能

稻田具有良好的蓄水、贮水、囤水功能。一块稻田，实际上就是一座小型、微型水库。在长江中下游稻区，由于降水季节性分配不均，成片成片的稻田可作为季节性巨型蓄水库。可以说，长江中下游稻区一种稻田耕作制度，实际上就如一座绿色水库。据凌启鸿研究[11]，植稻期间，汛期可利用田埂拦蓄水，埂高一般 15～20cm，每公顷稻田可拦蓄水 1500～2000m³。与旱作田相比，从地表至地下水位的界面，稻田比旱田每公顷还可以多蓄水 1500m³ 左右，即植稻期间每公顷稻田比旱地多蓄水 3000～3500m³。仅以"长三角"（长江三角洲）为例，该地区约有稻田 250 万 hm²，利用稻田蓄水可达 75 亿～87.5 亿 m³，相当于 1.7～2.0 个太湖的正常储水量，可以大大减小太湖的防洪压力。

四、保土功能

稻田耕作制度具有良好的保土功能。第一，稻田在种植水稻的季节，由于有水面覆盖农田土壤，农田土壤就不会直接受到外力（如风蚀、雨水冲刷等）干扰和侵蚀，从而使农田土壤得到直接的保护。第二，稻田在非种稻季节如冬季种植绿肥紫云英或其他作物，由于有绿色植物覆盖土层表面，农田土壤得到有效保护。第三，稻田多为平整土地、平坦田块，不会像旱坡地那样，一旦遇上下雨，尤其是暴雨，就形成径流，导致地面冲刷和水土流失。第四，稻田不仅不会因风扬起沙尘，还可以利用水面（水层）固定外来的落尘。总之，稻田作为人工湿地，种植以水稻为主体的多种农作物，实行全年绿色覆盖，具有显著的保土功能。这正是千百年来长江中下游地区甚至长江经济带及整个长江流域未出现土地荒漠化、沙漠化的重要原因。

五、净化功能

稻田耕作制度对地上部的空气和地下部的土壤均有良好的净化功能。从对地上部的空气净化来看，主要表现为稻田种植的绿色植物通过光合作用，吸碳释氧，使农田（及周边）空气保持清新；从对地下部的农田土壤净化来看，稻田土壤生态系统中有大量生物，尤其有大量土壤微生物，可以快速、高效地转化土壤污染物质和分解土壤中有毒有害物质，从而起到净化土壤的作用。

六、调节功能

稻田耕作制度是一种人工建立起来的湿地生态系统，对农田小气候具有调节功能，可以说是大自然的"空调器"。

水稻田湿地效应十分明显，其蒸发量与水面一样，甚至超过水面。根据试验[12]，深水灌溉的稻田，在 111d 全生育期间，蒸腾、蒸发量为 557.8mm，日平均 5.025mm，每公顷水蒸发带走的热量相当于 475.7t 标准煤燃烧的热量，能有效降低地表温度，增加湿度，加快近地层水汽循环，调节气候。存在于水稻叶表面的枯草杆菌、假单胞菌还有冰核活性作用，逸散到空中和碘化银一样，可起凝结核作用，有催云降雨效果。

七、减灾功能

稻田耕作制度具有很强的防灾减灾功能。一是抗旱。稻田具有蓄水、贮水功能，是小型、微型水库，是农业生产上的绿色水库，对抗御旱灾具有重要作用。

二是防涝。在湿润多雨的地区，水稻田可以大面积蓄水，起到滞洪、除涝的作用；在丘陵山区，水稻梯田则可涵育水源，削减洪灾。三是防治病虫草鼠害。稻田耕作制度，通过合理的间作、混作、套作，以及水旱轮作、粮饲轮作、烟稻轮作、稻瓜（西瓜）轮作等，充分发挥稻田生物多样性及生物间共生互补和相生相克的作用，对防治稻田病、虫、草、鼠害具有良好效果。

八、就业功能

发展稻田耕作制度，有利于广开就业门路，扩大劳动就业。传统种植型稻田耕作制度，农事操作相对简单，用工量往往较少。近年来广泛推行稻田综合种养型耕作制度，稻田农事操作中，不仅有传统的作物种植业管理，如水稻育秧、移栽、田间管理、收获等，还有养殖业管理，如稻田养鸭、稻田养鱼（如稻田养鳅、稻田养鳝等）、稻田养虾、稻田养蟹、稻田养鳖、稻田养蛙等。养殖业管理模式中，就有鸭、鱼（包括鳅、鳝等）、虾、蟹、鳖、蛙等的繁殖和管理问题，农田操作的环节多、农事复杂，需要有更多的人、更多的用工投入进去。这实际上在一定程度上增加了劳动就业，提高了农田效益和农民收入，为社会稳定、农村和谐奠定了基础。

九、文化功能

联合国粮食及农业组织（Food and Agriculture Organization of the United Nations，FAO，简称联合国粮农组织）2002 年发出全球重要农业文化遗产（Globally Important Agricultural Heritage Systems，GIAHS）保护倡议，2005 年确定首批 GIAHS 保护试点，2009～2014 年实施全球环境基金（Global Environment Fund，GEF）项目，2015 年正式将 GIAHS 保护列入业务化工作，至今已陆续将全球 22 个国家的 59 个项目列入 GIAHS 名录予以保护，且已成为国际共识[13]。中国是 GIAHS 倡议的最早响应者、积极参与者、坚定支持者、重要推动者、成功实践者和主要贡献者，在该领域许多方面走在世界前列。中国已有 15 个项目列入 GIAHS 名录，位居各国之首。其中，中国浙江青田稻鱼共生系统（2005 年 FAO 批准入选）、中国江西万年稻作文化系统（2010 年 FAO 批准入选）、中国云南红河哈尼稻作梯田系统（2010年 FAO 批准入选）、中国贵州从江侗乡稻-鱼-鸭系统（2011 年 FAO 批准入选）、中国南方山地稻作梯田系统（由福建尤溪联合梯田系统、江西崇义客家梯田系统、湖南新化紫鹊界梯田系统和广西龙胜龙脊梯田系统组成，2018 年 FAO 批准入选）5 项 8 种[14]，均属于稻田耕作制度内容范畴。上述内容充分体现了稻田耕作制度的文化价值、文化功能[15]。

十、景观功能

无论是传统的单一种植型稻田耕作制度，还是现代复合种养型稻田耕作制度，都具有景观美学的功能与价值。传统的单一种植型稻田耕作制度，反映的是传统自然景观之美；现代复合种养型稻田耕作制度，将传统与现代、种植与养殖、人文与艺术等融合于稻田耕作制度之中，特别是将创意农业、艺术农业、文化农业、智慧农业、智能化农业的元素与精华等融入稻田耕作制度，更能展现稻田耕作制度所形成的独具特色的自然景观与人文景观，体现现代人娱乐、美学的精神境界与需求。未来，随着经济社会的快速发展及人们精神世界的进一步提升，稻田耕作制度的潜在景观美学功能还将得到更大的挖掘与展现。

十一、旅游功能

近年来，随着人们生活水平的提高，乡村旅游已成一种时尚。城市人利用节假日到乡村田野走一走、看一看、逛一逛，不仅增长了农业知识，更呼吸了乡村田野的新鲜空气，放松了身心，陶冶了情操。在长江中下游地区，众多稻田，特别是农业文化遗产地的稻田就成为旅游的重点和热点，成为广大市民的好去处。

实施现代复合种养型稻田耕作制度的稻田，更是成为当前及今后广大旅游者的目的地、首选地。特别是长江中下游地区各省（直辖市）充分发挥保护环境、恢复生态、美化景观、产品安全的生态优势和以渔促稻、稳粮增效、绿色发展、品牌经营、提质增效产业优势，突出现代农业产业化、规模化、生态化发展方向，发展种–养–加–销–游一体化经营模式，推动稻渔复合种养型耕作制度与旅游休闲观光有机结合，延长产业链，打造生态链，提升价值链，努力实现"稳粮、促渔、增效、提质、生态"的发展目标，实现生态产业化与产业生态化的统一[16]。

十二、国际影响

中国稻田耕作制度已产生国际影响，主要体现在以下3个方面。

一是多熟种植的国际影响。中国是世界上多熟种植面积最大、历史最悠久的国家。无论是稻田还是旱地，无处不是多熟种植。这在世界上已产生广泛影响。国际上对中国的多熟种植给予高度评价。诺贝尔和平奖获得者诺曼·布劳格说：中国遍及全国的二熟和三熟种植，在发展中国家也是领先的。克里奇菲尔德说：中国人民创造了世界上最惊人的农业变革之一[17]。

二是杂交水稻的国际影响。1964年，袁隆平率先发现水稻天然不育株，并开始开展相关研究。1973年，他带领研究组实现了杂交水稻不育系、保持系、恢复系三系配套。这是世界上首次育成的强优势杂交水稻，具有根系发达、穗大粒多、产量高等优点。1974年，他带领研究组再次突破技术难关，研究出一套籼型杂交水稻技术，并于1976年正式向全国推广。2017年，世界水稻平均产量仅4.61t/hm^2，而我国杂交水稻平均产量达7.5t/hm^2，在世界上遥遥领先。目前，杂交水稻已在印度、越南、菲律宾、孟加拉国、巴基斯坦、印度尼西亚、美国、巴西等国实现大面积种植[18]。

三是农业文化遗产的国际影响。如文化功能中所述,中国是 GIAHS 倡议的最早响应者、积极参与者、坚定支持者、重要推动者、成功实践者和主要贡献者,在该领域许多方面走在世界前列。全世界 GIAHS 总数增至 59 个,中国有 15 个,位居全球第一,其中涉及稻田耕作制度范畴的农业文化遗产共 5 项 8 种。由此不难看出,中国稻田耕作制度在全球重要农业文化遗产中的地位和作用。

本章所述稻田耕作制度的 12 项功能,可简要概括为经济功能、生态功能和社会功能(表 2-2)。

表 2-2　稻田耕作制度的功能

名称	表现	原理与技术
经济功能	供给功能	即生产功能。稻田通过生产,可提供各种农产品、工业原料、农副产品及"废弃物"等。这是人类社会得以生存的最基本的物质基础
	增收功能	发展稻田耕作制度,实现农田增产,农民增收,农村经济发展,尤其是稻田复合种养型耕作制度,可以实现一田多用、一地多产、一季多收、一年多效
生态功能	蓄水功能	一种稻田耕作制度其实就如一个绿色水库,具有蓄水、贮水、囤水之功效
	保土功能	以水"盖"(覆盖)土、以水"固"(固定)土、以水"吸"(吸收、溶解)土、以绿(绿色作物)"护"(保护)土
	净化功能	吸碳释氧,净化空气;转化"废弃物",净化土壤;降解"毒物",确保土壤安全、健康
	调节功能	稻田耕作制度中的"水"(土壤水)和"绿"(绿色作物)具有调节温度、湿度和农田小气候的功效,是天然的空调器
	减灾功能	蓄水抗旱,涵水削洪,间作、混作、套作防治病虫草害,轮作换茬消除土壤"毒"害,生物多样化治理鼠害
社会功能	就业功能	广开就业门路,扩大劳动就业;增加农民收入,促进社会稳定
	文化功能	传承农耕文化,教育子孙后代;发扬农耕精神,实现永续发展
	景观功能	将创意农业、艺术农业、文化农业、智慧农业、智能化农业的元素与精华等融入稻田耕作制度,展现自然美、人文美、发展美、精神美
	旅游功能	走向田野、融入稻田,吐故纳新,放松身心,增长知识,增强体魄
	全球影响	稻田多熟,世界领先;杂交水稻,遍布各国;农业文化遗产,引领全球发展

参 考 文 献

[1]　沈学年. 耕作学 (南方本). 上海: 上海科学技术出版社, 1984.

[2]　刘巽浩. 耕作学. 北京: 中国农业出版社, 1994.

[3]　黄国勤, 高旺盛. 中国集约型农作制可持续发展. 南昌: 江西科学技术出版社, 2000.

[4]　黄国勤. 江西万年稻作文化系统的特征、价值与保护. 遗产与保护研究, 2019, (1): 17-22.

[5]　张印, 王忍, 吕广动, 等. 湘北 "晚稻+鸭" 生态种养技术及经济效益分析. 作物研究, 2020, 34(3): 269-273.

[6]　中华人民共和国国家统计局. 中国统计年鉴 (2019 年). 北京: 中国统计出版社, 2019.

[7] 农业农村部渔业渔政管理局, 全国水产技术推广总站, 中国水产学会, 等. 中国稻渔综合种养产业发展报告 (2019 年). 中国水产, 2020, (1): 16-22.

[8] 农业农村部渔业渔政管理局, 全国水产技术推广总站, 中国水产学会. 中国小龙虾产业发展报告 (2020 年). 中国水产, 2020, (7): 8-17.

[9] 李博. 中国食用菌产业发展的战略研究与对策分析. 黑龙江科学, 2020, 11(8): 152-153.

[10] 陈沫, 李燕茹, 嵇檬. 洪泽湖地区稻虾综合种养生态及经济效益分析. 北方水稻, 2020, (2): 53-55.

[11] 凌启鸿. 论水稻生产在我国南方经济发达地区可持续发展中的不可替代作用. 科技导报, 2004, (3): 42-45.

[12] 冯忠民, 张兴平, 吕芳, 等. 水稻田在农业环境保护中的特殊功能. 中国稻米, 2005, (2): 5-6.

[13] 中国常驻联合国粮农机构代表处. 全球重要农业文化遗产系统总数增至 59 个. 世界农业, 2020, (4): 130-133.

[14] 联合国粮农组织. 联合国粮农组织全球重要农业文化遗产项目名录. 中国投资, 2018, (17): 74-75.

[15] 闵庆文, 张碧天. 稻作农业文化遗产及其保护与发展探讨. 中国稻米, 2019, 25(6): 1-5.

[16] 李荣福, 王守红, 孙龙生, 等. 建国 70 年稻田渔业的发展成就与历史经验. 渔业致富指南, 2019, (14): 14-18.

[17] 刘巽浩, 陈阜, 吴尧. 多熟种植——中国农业的中流砥柱. 作物杂志, 2015, (6): 1-9.

[18] 袁隆平. 我的两个梦. 种子科技, 2019, (13): 6-7.

第三章 上海市稻田耕作制度改革与发展 [①]

上海市是水稻适宜种植区，2017年水稻总产量为76.61万t，占粮食总产量（89.20万t）的85.89%，粮食自给率约20%。作为超大型国际化都市，上海人口密度大，人均自然资源少，生态空间有限。稻田作为一类特殊的人工湿地，是上海城市生态系统中不可缺少的功能部分，对城市的可持续发展至关重要。总结和研究上海市稻田耕作制度的历史演变和改革调整，提出今后上海市稻田耕作制度的发展方向，对于保障粮食安全，解决上海"三农"问题，以及促进上海都市现代农业绿色发展，具有重大意义。

第一节 上海市稻田耕作制度的历史演变

一、上海市耕地面积及水田面积变化情况

作为国际化大都市，快速的城镇化发展导致城镇建设用地急剧扩张而大量占用耕地，是上海市耕地面积呈现不断缩小趋势的主要驱动力[1]。上海的耕地变化可分为以下阶段：1978年改革开放之前，耕地面积稳中有降，上海社会经济发展较慢，年耕地占用面积较少；1978~2004年，由于城镇化的快速发展，以及耕地保护政策尚不完善，上海市耕地面积缩减幅度加剧，耕地流失严重；为解决耕地流失过快问题，2004年中央1号文件《中共中央 国务院关于促进农民增加收入若干政策的意见》指出，要"不断提高耕地质量"和"各级政府要切实落实最严格的耕地保护制度"，因此自2005年以后，上海市耕地面积得到有效保护[2]（图3-1）。

随着政策导向的调整，上海市水田面积也呈现明显的阶段性变化。其中，1952~1974年，由于大规模的农田基本建设，在总耕地面积降低的趋势下，上海市水田面积反而不断增加，这主要是粮食生产，尤其是水稻生产得到高度重视的缘故；1975~2005年，随着城市开发力度的加快，水田面积加速缩减；2006年以后，水田面积持续下降，且占耕地面积的比例也持续下降（图3-1）。

近年来，为进一步保护上海市的耕地资源，按照"依法依规、规范划定，确保数量、提升质量，明确标准、稳定布局，由近及远、应保尽保"的原则，贯彻底线思维，上海市建立健全"三线"（永久基本农田、城市发展边界和生态保护红线）引导和管控制度。按照《上海市城市总体规划（2017—2035）》[3]，到2035年，全

① 本章执笔人：曹林奎（上海交通大学农业与生物学院，E-mail：clk@sjtu.edu.cn）
李金文（上海市环境科学研究院，E-mail：lijw@saes.sh.cn）

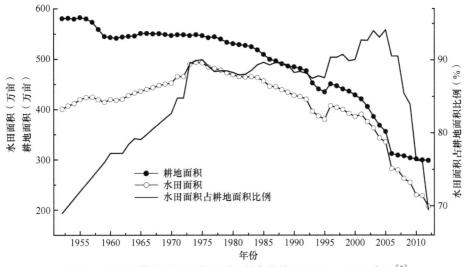

图 3-1　上海市耕地面积和水田面积的变化情况（1952～2012 年）[2]

市永久基本农田保护任务为 10 万 hm²，按照市—区—镇三级，建立永久基本农田集中区-保护区-保护地块管理体系，促进永久基本农田集中成片，逐层落实耕地保护任务，实现永久基本农田精细化管理和刚性管控。基本农田保护区实施最为严格的管理措施，相关生态补偿机制和设施粮田、设施菜田建设投入应聚焦永久基本农田，并进一步加强建设投入力度。

二、上海市粮食生产的发展回顾

自 1949 年以来，上海市粮食产量的变化呈明显的阶段性特征（图 3-2）[2]，其

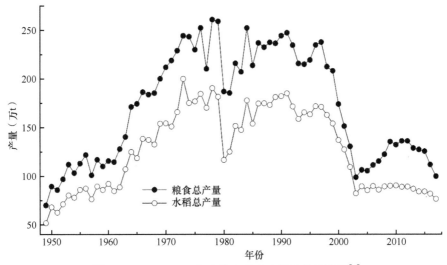

图 3-2　1949～2017 年上海市粮食产量的变化情况[2]

中政府的政策性引导起着最重要的作用。上海市（1949～2017年）粮食的产量变化主要可以分为以下5个阶段。

第一阶段：1949～1979年，粮食生产呈大幅增长态势。20世纪50年代，土地改革和农业的社会主义改造，以及采取的一系列政策措施，使上海市的粮食作物、经济作物和绿肥作物等年均种植面积扩大到67万hm²，耕地复种指数达190%左右，由于上海市实行了一年二熟为主的耕作制度，粮食产量得到提高，以水稻为主的粮食作物年均种植面积达40万hm²。20世纪60年代，上海市贯彻执行了以粮为纲、全面发展的方针和农业"八字宪法"，开展了大规模的农田基本建设，扩大了粮田面积，进一步提高了粮食和其他作物的单产，粮田面积扩大到44万hm²，粮田复种指数进一步提高到220%，但仍保持一年二熟为主。20世纪70年代，由于发展粮食生产的要求，积极推广粮田一年三熟制，多种粮食，因此粮食播种面积比20世纪50年代扩大13.3万hm²，年均种植面积达到55.2万hm²，其中1976年粮田复种指数提高到252%，达到了历史最高水平，至70年代后期，形成了一年三熟制的饱和状态（图3-3）。

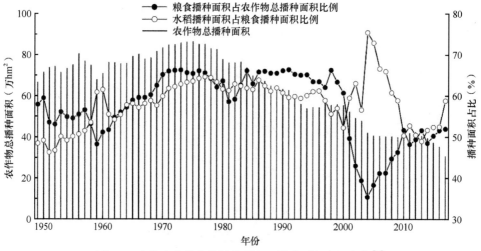

图3-3　上海市农作物总播种面积及播种面积占比变化[2]

第二阶段：1980～1997年，粮食产量基本稳定。除1980年和1981年气候灾害造成粮食显著减产外，这一时期粮食的产量稳定在225万t左右。由于开始实行了家庭联产承包责任制，上海市农民有了种植的自主权，加上1985年起在改革粮食购销体制中郊区粮食定购任务减少，因此粮田三熟制重新逐步恢复为二熟制，复种指数逐渐下降，到1995年，复种指数已下降到164%。同时，粮食播种面积呈逐渐下降趋势（图3-3），但由于粮食单产的提高，粮食总产量仍然维持在较高的水平。以水稻生产为例，由于直播稻和抛秧稻技术推广，以及水稻新品种的培育、引进和推广，水稻单产得到提高。1982年，水稻单产为357.5kg/亩，到1990

年，水稻单产已经达到 477kg/亩，因此虽然水稻种植面积从 28.3 万 hm² 缩减到 25.3 万 hm²，但水稻的产量仍然从 151.57 万 t 增长到 182.18 万 t。

第三阶段：1998～2003 年，粮食产量急剧减产。由于粮食种植效益低，许多耕地被转为花卉苗木、蔬菜瓜果、水产养殖等高附加值农产品的生产地，粮食播种面积大幅减少。这一阶段以减粮、扩林、发展高效作物为重点的农业种植结构，导致粮食种植面积占总种植面积的比例迅速下降（图3-3），这是造成粮食减产的最重要原因。2000 年，上海市粮食作物和其他作物的播种面积比例从 1999 年的 6：4 调整为 5：5。到 2001 年，全年调减 4.3 万 hm² 的粮食种植面积，用于扩大效益较好的其他作物种植面积，使得粮食作物和其他作物的播种面积比例调整为 4.3：5.7，到 2002 年，粮食作物和其他作物的播种面积比例调整为 4：6，到 2003 年，这一比例已经降到 3.7：6.3。由于粮食播种面积的结构性调减，2003 年上海蔬菜的总产量为 460.54 万 t，比 1998 年增加 168.96 万 t，与此同时，粮食产量却迅速下降，到 2003 年，上海市当年粮食总产量下降到仅为 98.69 万 t，比 1997 年减产 131.51 万 t。

第四阶段：2004～2009 年，粮食产量逐渐回升[4]。为提高粮食生产能力，推动水稻种植的持续进行，保证一定的粮食自给率，自 2004 年以来，上海郊区对种粮户实行财政补贴政策。在本市范围内种植水稻的农户，种植规模在 0.33hm² 以下（含 0.33hm²）、0.33～1hm²（含 1hm²）和 1hm² 以上的，政府每亩分别补贴 60 元、70 元、80 元。为推广优质水稻品种的种植，市财政对优质杂交水稻种子和优质常规水稻种子每千克分别补贴 2 元和 1 元。为充实粮食库存，上海市政府对出售余粮的郊区农户实行财政补贴，每千克补贴 0.06 元。在一系列政策的引导下，自 2004 年开始，上海市粮食播种面积比例逐渐发生改变，在总的农作物播种面积缩小的情况下，粮食作物播种面积逐渐增加，2004 年粮食作物播种面积为 15.47 万 hm²，占全年播种面积的 38.3%，粮食产量为 106.29 万 t；到 2009 年，粮食作物播种面积为 19.33 万 hm²，占全年总播种面积的 48.8%，粮食总产量为 121.70 万 t。水稻播种面积和产量基本维持不变，小麦播种面积和产量的提高是粮食产量提高的最主要原因。2004 年，小麦播种面积为 2.19 万 hm²，产量为 7.96 万 t，到 2009 年，小麦播种面积增加到 5.77 万 hm²，产量达到 22.10 万 t（图3-4）。

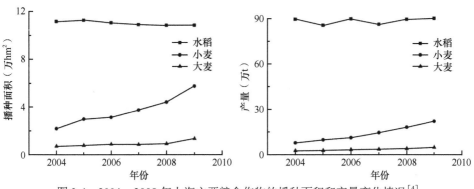

图3-4 2004～2009 年上海主要粮食作物的播种面积和产量变化情况[4]

第五阶段：2010～2017 年，粮食产量稳中有降。2010 年上海市粮食播种面积为 17.9 万 hm^2，粮食总产量 118.4 万 t，至 2017 年粮食播种面积下降为 11.9 万 hm^2，粮食总产量 89.2 万 t。这个阶段，上海市积极推进都市现代农业的绿色发展，全面实施粮食绿色高质高效创建工作，在郊区大力推广稻田冬季绿肥种植模式，水稻播种面积基本稳定，而小麦播种面积大幅度缩减，由 2010 年的 4.9 万 hm^2 减少至 2017 年的 1.9 万 hm^2（表 3-1）。

表 3-1　2010～2017 年上海市粮食播种面积和产量[2]

年份	粮食		水稻		小麦	
	面积（万 hm^2）	总产（万 t）	面积（万 hm^2）	单产（kg/亩）	面积（万 hm^2）	单产（kg/亩）
2010	17.9	118.4	10.9	555.2	4.9	260.5
2011	18.6	122.0	10.6	558.6	6.0	268.8
2012	18.8	122.4	10.5	565.4	5.7	265.6
2013	16.9	114.2	10.2	568.1	4.4	265.0
2014	16.5	112.9	9.9	569.6	4.4	282.9
2015	16.2	112.1	9.8	573.3	4.6	291.9
2016	14.0	99.6	9.5	573.3	3.3	247.2
2017	11.9	89.2	9.3	548.0	1.9	323.3

三、上海市稻田轮作模式演变

上海市水稻生产呈现明显的区域特征，水稻主要种植区域分布在远郊地区，包括北部的崇明区，西部的金山区、青浦区、松江区，以及东部的奉贤区、浦东新区等，而中心城区周围的近郊区域如闵行、宝山、嘉定等的水稻种植面积相对很少。这主要是由于上海市远郊丰富的耕地和水田资源给水稻生产带来了很大的空间。金山区、青浦区和松江区的黄浦江上游地区土壤条件适合水稻种植，历来是上海粮食生产的主产区，稻田耕作制度类型多样，变化也较大。同时，闵行区、宝山区和嘉定区等近郊区靠近上海市中心城区，适合发展蔬菜、花卉苗木等市场需求旺盛且附加值较高的经济作物，这些区域耕地面积较小，制约了其粮食作物的生产。自 1949 年以来，上海市稻田耕作制度的发展过程大致经历 4 个阶段。

第一阶段：一年一熟制或两年三熟制。20 世纪 50 年代初期，郊区种植业的土地利用率较低，西部地区（松江、青浦、金山等区）一般实行一年一熟制（单季晚稻一熟），东部地区［浦东新区（原川沙县和南汇区）、奉贤区等］基本实行两年三熟制，如麦（油）–中籼稻（或早籼稻）二熟制与棉花轮作。1949 年，上海市耕地复种指数为 149%，粮食常年单产只有 218.50kg/亩。新中国成立后，上海市郊区主要进行小型农田水利建设，平整土地，并田成方，开挖灌排渠道，西部地区的种植业主要发展水稻生产并以单季晚稻种植为主。其中，松江区水稻栽培历史悠久，我国著名的水稻专家、农民出身的陈永康于1951年采用一穗传的方法选育出单季晚粳稻良种——老来青,产量最高达716.5kg/亩,超过一般产量1倍以上,创造了当时华东地区水稻单位面积产量最高纪录。1952年3月,陈永康被中央人民政府授予"农业爱国丰产模范"的称号。陈永康在实践中总结出了老来青品种的良种良法技术,即落谷稀匀、合式秧田、适时搁田、干湿水浆管理等一整套综合栽培技术,这一经验很快得到推广,1952年松江区全区水稻单产由1949年的162kg/亩提高到257kg/亩。

第二阶段:一年二熟制为主。20世纪50年代中期至60年代中期,随着水利条件的改善和耕作制度的改革,逐步增加三麦(当地指小麦、大麦和元麦,元麦又称裸大麦或青稞)的种植面积,推广麦(油、肥)-稻二熟制。由于改制,耕地复种指数提高,粮食常年产量和总产量显著增长(表3-2)。例如,1955~1959年平均粮食常年产量(344.5kg/亩)比改制前(1950~1954年为295.7kg/亩)增长16.5%,总产量增长16.8%(表3-2)。

表3-2　改制前后上海市粮食产量变化情况[5]

年度	常年产量(kg/亩)	总产量(亿kg)	三麦(kg/亩)	单季晚稻(kg/亩)
1950~1954	295.7	9.5	75.9	268.6
1955~1959	344.5	11.1	92.3	330.9
1960~1964	394.5	13.0	105.9	314.4
1965~1969	541.2	17.6	129.0	373.1

第三阶段:一年三熟制为主。20世纪60年代后期至80年代中期,推广双季稻(早稻、晚稻)种植方式,发展麦(油、肥)-稻-稻三熟制,且与麦(油)-棉二熟制进行复种轮作。当时,上海市稻田耕作制度基本实行三三制,即三分之一麦(油)-稻-稻、三分之一绿肥(青蚕豆)-稻-稻和三分之一稻-麦二熟。一年(365d)种三熟作物能充分利用农时,全年生育期共约440d,差额在75d以上[6]。上海市农民种植水稻,素有育秧移栽的传统,通过提高育秧技术,适当延长秧龄,借秧田期提高有效农时,使农时利用指数达到1.21,而稻-麦二熟全生育期共约380d,农时利用指数仅1.04。一般来说,双季稻三熟制以早三熟为主,即夏熟以早熟元麦、大麦和早熟油菜为主,早稻以早中熟品种为主,搭配部分早熟品种,后季晚稻以中粳为主。而稻-麦二熟制以中熟种为主,即以早中粳为主,搭配一部分晚粳品种。

1978~1982年,上海市以麦-稻-稻三熟制为主,粮食平均产量为733.3kg/亩,比1959~1963年以麦-稻二熟制为主的粮食平均产量(370.1kg/亩)提高了363.2kg/亩[7]。可见,麦-稻-稻在上海市粮食增产方面起了很重要的作用。但是,麦-稻-稻三熟制的经济效益低于麦-稻二熟制,同时存在早籼稻米品质差的问题。麦-棉二熟制的棉花单产并不算太低,但由于结铃期常受台风、暴雨的影响,产量极不稳定,据1972~1982年的产量统计分析,上海市皮棉产量为57.8kg/亩,其产量变异系数为 21.4%，而且皮棉质量欠佳。

由于一年三熟制的大面积推广，1975 年上海市耕地复种指数达到最高，为220%；而粮食常年产量在 1979 年达到最高，为 817.00kg/亩（表 3-3）。同时，这一阶段面临着上海市农村劳动力大量转向非农产业，青壮年纷纷脱农转移到乡镇企业、建筑业等第二、第三产业，务农的大多是老年妇女和儿童，其他劳动力基本上是利用业余时间（早晚或星期天）务农，那时农民迫切要求在种植业上实行省工栽培（轻型栽培）。因此，1986 年开始，上海市种植业上进行缩三熟、减棉花、种果树、扩鱼塘的结构调整，在稻田耕作制度上逐步恢复以麦-稻为主的二熟制[8]。

表 3-3　1949～1988 年上海市耕地复种指数和粮食常年单产变化[2]

年份	耕地复种指数（%）	粮食常年单产（kg/亩）
1949	149	218.50
1960	167	370.50
1970	212	604.00
1975	220	671.50
1979	215	817.00
1980	211	614.00
1985	197	689.50
1988	194	674.00

第四阶段：一年二熟制为主。20 世纪 80 年代后期至今，恢复单季稻种植方式。2004 年前种植方式基本稳定，为麦（油）-稻二熟制。单季晚稻面积进一步扩大，避开了不利气象条件的影响，有利于单产的提高[9]。上海市在 20 世纪 80 年代后期，大面积压缩了早稻和后季稻种植面积比例，单季晚稻面积开始明显扩大。单季晚稻面积和产量占水稻总面积和总产量的比例分别由 1985 年的 37% 和 40% 升至1990 年的 83% 和 85%，出现了大幅增长，1998 年进一步上升到 94.3% 和 94.6%。单季晚稻生长期间，其受倒春寒、秋季低温等不利气象因素影响的概率明显减小，有利于单产的稳定和提高，从而摆脱了早稻育秧期的倒春寒、发棵分蘖期的低温阴雨寡日照对增加穗数的影响，以及后季稻抽穗开花期的秋季低温冷害影响。

然而，经过多年的生产实践与总结，研究人员发现上海市实行的麦（油）-稻二熟制并不是一种优化的稻田耕作制度，还存在一些弊端。例如，麦（油）-稻连年复种连作，造成病虫草害加重。一些原来不成问题的病虫害（小麦纹枯病、水稻条纹矮缩病）有加重危害的势头；三麦草害也相当严重，1989 年郊区三麦草害严重面积占 7.8%，减产 11.2%；油菜的龙头病、菌核病也越来越严重。同时，为了防治病虫草害，存在大量投入化学物质的问题，不利用地养地相结合和耕地资源的持续利用，一方面产投比不合理，另一方面造成农业面源污染。

2004 年后，在原来麦（油）-稻二熟制基础上，逐步发展为以肥-稻二熟制为主、麦（油）-稻二熟制为辅的格局。上海市政府部门连续多年出台鼓励种植冬季绿肥的补贴政策，绿肥还田腐解后能有效改良土壤理化性状，提高土壤肥力，从而提高后茬水稻产量。因此，上海市郊出现了多种类型的肥-稻二熟制，如紫云英-单季稻、蚕豆-单季稻等。

第二节　上海市稻田生态系统服务功能

一、农业多功能性与水稻生态服务功能

农业不仅具有生产功能，还具生态功能和生活功能，农业的实际产出包含商品性产出和非商品性产出。这一理论为农业价值观的建立，以及现代农业发展、农业补贴政策的完善、生态文明城市的建设等决策提供依据与视角。

生态系统服务功能是指人类从生态系统运转中获得的利益，包括食物原材料的生产和提供、大气气候的干扰和调节、水的供给和涵养、土壤的形成和保持、环境的美化和净化、文化的支撑和发展等维持人类生命、促进社会发展的有益功能。农业是一种人类活动介入程度高的特殊生态系统。由于我国人多地少，国家粮食安全问题始终是我国的头等大事，人们努力挖掘农业的生产功能，提高作物生产力，但对农业的生态功能乃至生活功能长期以来被人所忽视。稻田生态系统是由稻田生物系统、环境系统和人为调节控制系统三部分组成的半人工（或半自然）生态系统。稻田生态系统具有农田生态系统的全部特征，同时也具有湿地生态系统的部分功能（表 3-4）。

表3-4　稻田生态系统服务功能及内涵[10]

功能分类	功能内涵
生产功能	稻米供给（满足粮食需求）
生态功能	碳汇功能，减少温室气体 CO_2，产生有机物
	释放 O_2
	调节区域气候，减少城市热岛效应，增加空气湿度
	梅雨季节蓄水防洪
	涵养水源，回灌地下水防止地质下沉
	净化环境，分解部分生活污水和垃圾，吸收有毒气体，降低飞尘、释放负离子
	生物多样性维持
	温室气体排放（CH_4、CO_2、N_2O 等）
	面源污染（化肥、农药）
生活功能	稻田景观（美学享受、旅游观光、休闲娱乐）
	科普教育（传承和支撑江南鱼米之乡的稻米文化）

二、上海市水稻种植面积与产量变化情况

水稻生产是上海粮食生产的最重要的组成部分。上海市水稻的播种面积和产量同整体粮食的产量一样，经历了阶段性的变化。自 2004 年以来，上海市在原来麦（油）-稻二熟制基础上，逐步推广肥-稻二熟制，减少了小麦和油菜的播种面积，而水稻播种面积维持在一个较稳定的水平，2010 年上海市水稻播种面积为 10.9 万 hm²，同年水稻总产量为 90.33 万 t，这是自 2004 年以来最高产量水平（图 3-5，图 3-6）。

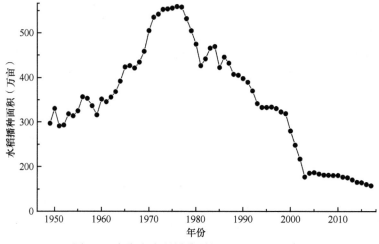

图 3-5　上海市水稻播种面积（1949～2017 年）

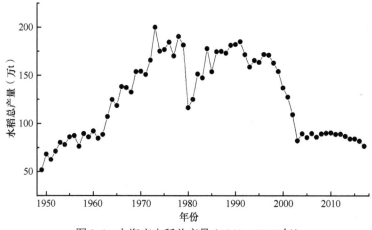

图 3-6　上海市水稻总产量（1949～2017 年）

自新中国成立以来，特别是改革开放以来，上海水稻单产一直保持增长，尤其是近年来，通过加强水稻绿色高产技术指导，强化肥水调控和病虫草害综合防

治，集成推广各项高产技术，水稻单产屡创历史新高，2016年上海市水稻单产最高，达 573.30kg/亩（图3-7）。

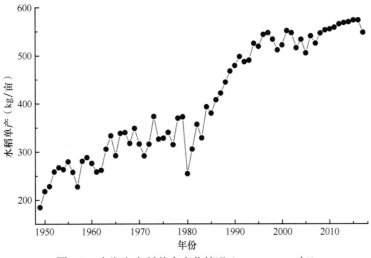

图3-7 上海市水稻单产变化情况（1949～2017年）

目前，上海市水稻生产围绕绿色兴农、质量兴农、品牌强农的发展理念，与水稻种植制度调整相匹配，在进一步优化水稻早中晚品种结构基础上，以提质增效、农民增收为目标，大力推广南粳46、青香软粳、松香粳1018、沪软1212、金香软2号、南粳9108、松早香1号、沪早香软1号等早中熟优质稻品种和与良种良法相配套的茬口模式技术，推进优质稻绿色生产和产业化开发，促进粮食生产转型升级。

三、上海市稻田生态系统服务功能分析

稻田作为一个人工的湿地，不仅具有稻谷生产、保证粮食安全的功能，也具有生态服务价值，以与上海相邻的江苏苏州市为例，每亩水稻的生态服务价值为3840元。在上海开展的研究发现，在水稻生育期内所有施肥处理当中，稻田提供的生态系统服务经济价值均为正值，为2553～3233元/亩，这表明稻田生态系统对上海社会发展起着积极作用[10]。因此，对于上海这样一个特大的国际化城市来说，稻田发挥着重要的生态服务功能，同时，提高对水稻种植的生态补偿，保障上海的稻田面积和种植面积，对上海城市的发展也具有重要的意义[11]。

（一）环境净化功能

稻田是保障生态安全的人工湿地系统，与天然湿地一样，稻田具有沉淀、吸附、渗滤污染物的物理自净过程，还有氧化、还原分解、固定污染物质的化学净化作用。因此，稻田可单独作为净化污水系统。根据《2019年上海市水稻栽培技术意见》，

上海市水稻生产将围绕优质稻米绿色生产发展的要求，以足施有机肥、减少氮化肥、提高肥料利用率为重点，全面推进有机与无机相结合的肥料运筹技术[12]。一般情况下，要求每亩增施商品有机肥 500kg 左右，氮化肥折纯量每亩减少 2～4kg，每亩农田氮化肥施用总量控制在 18kg（折纯氮）以下，氮、磷、钾养分配比 1：0.25：（0.25～0.3）。如果更加严格控制化肥和农药的用量，稻田将为净化水质、削减污染物向河网的排入，以及保护上海市郊的环境做出更重要的贡献。

（二）调节气候功能

上海作为一个特大的城市，由于高度的城市化，近年来热岛效应非常严重。稻田的水面蒸发和叶面蒸腾能吸收带走大量热能从而使周围的气温下降，所以水稻种植对于调节上海气候、减轻热岛效应具有重要的意义。

（三）耐涝蓄水功能

上海晚稻的种植季节恰好与雨季（6～7月）和主汛期同步。由于田埂的存在，稻田生态系统在夏季暴雨期间还具有调蓄洪水、缓解洪峰的功能。上海地区稻田田埂高度约为 15cm，当暴雨来临时，该稻田相当于一个具有 15cm 蓄水深度的蓄洪水库，在常态下稻田可维持将近 10cm 的水层，遇暴雨可达 15cm，每公顷稻田比旱地多蓄水 1500m³。因此，稻田水库对于缓解自然灾害的影响意义重大。

第三节　上海市稻田耕作制度的发展趋势

一、上海市水稻绿色生产发展目标与任务

2017 年 9 月，农业部会同中国共产党中央委员会组织部、中华人民共和国国家发展和改革委员会等 18 个部门共同起草，并由中国共产党中央委员会办公厅（中共中央办公厅）、中华人民共和国国务院办公厅印发了《关于创新体制机制推进农业绿色发展的意见》（简称《意见》）。该《意见》明确了推进农业绿色发展的总体要求、基本原则、目标任务和保障措施，构建了新形势下推进农业绿色发展的制度框架。水稻是上海市第一大粮食作物，长期以来，水稻生产对上海粮食生产发展、种粮农民增收和城乡生态环境保护发挥了不可或缺的作用。根据该《意见》要求，上海市水稻绿色生产发展的目标就是从根本上改变稻田高投入、高污染、低产出的状况，充分发挥稻田湿地对上海大都市生态功能的调控作用，实现水稻生产过程清洁化、稻米质量优质化和生产效益高效化，并树立都市现代绿色农业发展的区域公共品牌形象，促进水稻销售从卖稻谷向卖大米转变。上海市水稻绿色生产发展的具体任务有以下几个方面。

（一）发挥上海市水稻绿色生产的多功能效应

在我国水源比较丰富的地区，主要是淮河以南和东部沿海地区，发展水稻生产，既可增加粮食产量和粮农收入，又能改良当地水土并保护当地生态环境。尤其对于城市郊区的水稻生产，可以形象地比喻：一方面通过稻谷的销售充实农民的"荷包"；另一方面通过稻谷的消费满足人们的"胃"；还通过水稻生产的生态湿地功能，如压盐碱、保水土、光合绿化等清洁城市的"脸"和"肺"。水稻种植对上海市粮食生产和粮农增收的作用突出。从上海市实际情况来看，无论是水稻的播种面积还是单产和总产，在上海粮食播种面积、单产和总产中，都占决定性的地位。并且上海市是最适宜种植水稻的地区之一，水稻产量高，稻米口感好，能在全国真正发挥好示范作用。稳定上海市的水稻种植面积，大力发展水稻绿色生产技术，可提高上海市种粮农民的收入，改善上海水稻生产的基本条件和生态环境。因此，水稻绿色生产带来的经济、社会和生态等多功能效应不可低估。

（二）依靠科技进步，提高上海市水稻绿色生产水平

上海市发展水稻绿色生产的关键在于以科技为支撑，突出区域化布局、规模化种植、标准化生产。注重稻田生态环境和耕地质量保护、水稻全程机械化作业、优质稻米产业化生产等重点环节，加快水稻绿色生产技术集成与示范推广，提高上海市水稻绿色生产水平。

一是用地与养地相结合的稻田耕作制度构建。根据上海市温、光资源和水稻主推品种、主栽方式等特点，综合考虑农忙中机械、劳力与季节的矛盾，以及优质稻米产业生产等因素，坚持生态优先、绿色发展的理念，大力推广冬季绿肥种植、秸秆机械还田和冬耕晒垡等耕作养护技术，积极探索水稻生态种植型、种养结合型等多种技术模式，构建起用地与养地相结合、适合机械化作业的稻田耕作制度模式，保护农田生态环境，促进耕地资源永续利用和可持续发展。

二是水稻良种良法配套模式化应用。以集不同水稻品种、茬口搭配、栽培技术、群体调控指标、肥水运筹和病虫草害绿色防控于一体的水稻绿色高效生产模式为重点，集成推广5种水稻良种良法配套模式化技术：绿肥或冬耕养护地茬口+杂交稻机插+冬耕养护模式；绿肥或冬耕养护地茬口+杂交稻机穴播+冬耕养护模式；绿肥或冬耕养护地茬口+国庆稻（早熟中粳品种）机插+蔬菜或绿肥或小麦等模式；小麦或油菜茬口+中晚熟常规稻品种机插+冬耕养护模式；小麦茬口+早中熟常规稻品种机穴播+麦油或绿肥或冬耕养护模式。

三是水稻全程机械化生产技术应用。以推进水稻适度规模经营发展、提高水稻生产机械化作业水平和产业化发展为重点，大力推广水稻机械化种植及其配套栽培技术。不断创新工厂化育秧技术，积极开展水稻机械化施肥、植保机械化统防统治，以及产后机械化干燥等作业试点与示范，努力打造优质稻米全程机械化

生产作业和一二三产业融合发展的产业模式，实现上海市水稻生产的低成本、低劳动强度、高效率和高效益。

四是水稻氮磷钾养分平衡施用技术应用。以水稻生长需肥规律为依据，结合土壤肥力和水稻生长各阶段群体调控指标，注重氮磷钾养分平衡施用和农田生态环境保护。以选用高浓度复合肥或复混肥为重点，包括水稻专用配方肥、三元复合肥、缓释肥等；提倡肥料深施和机械化施肥；合理调配氮磷钾养分和前后期氮肥比例；综合运用以水调肥、以气养根、肥水与病虫草害防治协调管理的综合调控措施，以实现养分利用的最大化，减少面源污染。

五是水稻病虫草害绿色防控技术应用。按照公共植保、绿色植保的理念，坚持预防为主、综合防治的植保方针，综合运用农业防治、物理防治、生物防治，以及化学防治等技术手段，切实加强病虫草害精准测报，严格把控防治指标，科学、合理、安全选用高效、低毒、低残留及环境友好型农药，大力推广高效植保机械和专业化统防统治等，强化技术指导，提高防治效果，确保水稻生产安全、稻米质量安全和农业生态环境安全，以促进水稻丰产增收，减少化学农药使用，改善农业生态环境。

（三）深入开展上海市水稻绿色高质高效创建工作

绿色高质高效创建是新形势下农业农村部启动的新一轮创建活动。2018 年，按照上海市农业农村委员会统一部署，依托原有粮食高产创建机制，注重绿色兴农、质量兴农、品牌兴农的发展理念，启动实施了粮食绿色高质高效创建（沪农技〔2018〕7 号文件），并取得了初步成效。2017 年前，在全国粮食高产创建活动中，上海市重点开展了水稻绿色高产高效的创建工作。自 2018 年起，上海市提出深入开展水稻绿色高质高效创建工作，重点集中推广用地与养地相结合的稻田耕作制度模式、水稻良种良法配套、水稻全程机械化生产、氮磷钾养分平衡施用、病虫草害绿色防控五大关键技术。虽然"高产"与"高质"只有一字之差，但是其发展理念有本质不同，前者是强调在水稻高产前提下，开展水稻绿色生产技术的示范和推广，而后者则强调在水稻优质安全前提下，要求水稻生产经营者更加关注稻田生态系统的服务价值，保护稻田生态环境，真正实现水稻绿色生产，体现优质优价。

（四）政府部门继续增加对水稻绿色生产的生态补贴

水稻在保障上海市民的粮食供给、改善上海城乡生态环境和安排劳动力就业等方面起到了不可或缺的巨大作用。特别是水稻作为特殊人工湿地，其生态效益是任何其他作物不可比拟的。2010 年以来，上海市农业委员会连续发出《致全市农民支农政策公开信》，受到广泛欢迎。2017 年进一步加大了强农惠农政策力度，出台了 11 项支农政策，条条内容翔实，充分发挥了政策的引领和激励作用。这些政策包括种植水稻每亩补贴 260 元；水稻继续实行定量免费统一供种，具体供种标准由区县自行确定；水稻重大病虫害防治药剂补贴方式也由区县自行确定；对水稻秸秆还田的本市农机户、农机服务组织，市区两级每亩补贴现金 50 元；对收购本市水稻秸秆并实施水稻秸秆综合利用的本市单位，每吨补贴现金 300 元。同时，实行耕地质量保护与提升补贴政策，将原有的绿肥种植补贴、商品有机肥和深耕补贴进行整合，补贴范围包括种植绿肥，冬季深耕，使用商品有机肥，应用水稻专用配方肥、缓释肥、水溶肥等环境友好型技术和产品。市级财政资金统筹使用，补贴标准由各区和有关单位自行确定。建议上海市在原来支农政策基础上，根据上海市的经济社会发展实际和水稻绿色生产发展要求，继续增加对水稻绿色生产的生态补贴，以保障上海市水稻绿色生产目标和任务的完成，同时改善上海市城乡生态环境，为上海建设国际化大都市和生态城市奠定坚实基础。

二、上海市稻田耕作制度的发展方向

改革开放以来，上海坚持发展高效生态农业，促进农业资源向节约、集约、循环和永续利用转变。种植业方面，上海不断加大土壤地力维护，通过调整优化茬口布局和种植结构，减少夏熟作物（大麦、小麦）种植面积，增加绿肥和冬季深耕晒垡面积，鼓励季节休耕养地，从源头上减少化肥农药用量。2015 年，上海市耕地化肥使用量（折纯量）28.5kg/亩，农药使用量（实物量）1.30kg/亩。《上海市现代农业“十三五”规划》提出，2020 年每亩农田化肥、农药平均使用量分别降至 24kg（折纯量）和 1kg（实物量）以下。

进入 21 世纪，上海市粮食实现稳产高产，蔬菜生产稳定增长，特色经济作物发展迅速，特别是近年来，农业种植规模逐步减小，但种植结构不断优化。至 2017 年，上海基本形成以粮食（11.87 万 hm²）、蔬菜（10.24 万 hm²）、绿肥（4.13 万 hm²）、园林水果（1.54 万 hm²）、西甜瓜（0.57 万 hm²）、油料（0.27 万 hm²）等作物为主的种植业格局。粮食占农作物总播种面积的比例由 1978 年的 64.2% 下降到 2017 年的 42.5%，蔬菜等经济作物占农作物总播种面积的比例由 1978 年的 35.8% 上升到 2017 年的 57.5%（表 3-5）。

表 3-5　1978 年和 2017 年上海市农作物总播种面积及构成[13]

年份	农作物总播种面积（万 hm²）	粮食作物		经济作物	
		播种面积（万 hm²）	占总播种面积比例（%）	播种面积（万 hm²）	占总播种面积比例（%）
1978 年	82.86	53.22	64.2	29.64	35.8
2017 年	27.94	11.87	42.5	16.07	57.5

今后，上海市郊区将贯彻农业绿色发展的理念，以实施水稻绿色高质高效创建示范点为抓手，以农民自愿种植和政府政策引导为突破口，充分发挥新型农业

经营主体的作用，实施轮作休耕养地。根据《上海市都市现代绿色农业发展三年行动计划（2018—2020年）》，上海市将退出麦子种植，全面推进粮田轮作休耕，年绿肥种植和冬季深耕晒垡面积达到6.7万hm²以上。全面推广冬耕晒垡和秸秆机械还田等耕作养护技术，逐步构建起用地养地相结合、以水稻机械化生产作业为重点的稻田茬口模式和现代耕作制度。

（一）休闲轮作型稻田耕作制度

休闲轮作型稻田耕作制度是指以绿肥-稻、冬耕养护地-稻为主体的用地养地相结合的水稻绿色生产茬口模式。近年来，上海市正在实施水稻绿色高质高效创建工作，开展了绿肥-稻、冬耕养护地-稻等休闲轮作型稻田耕作制度的试点和示范。近年来，上海郊区种植的冬季绿肥以紫云英、蚕豆等豆科绿肥为主，其中紫云英种植面积最大[14,15]。紫云英作为冬种绿肥，全生育期达220～270d，生育期长，播种期短。油菜是喜冷凉的作物，抗寒力较强，种子发芽的最低温度仅为4～6℃，与紫云英相比，油菜具有生育期短、抗逆性强等特点，如作为冬种绿肥，全生育期最短只有130d，且播种适期长。因此，可用油菜替代紫云英作稻田绿肥。目前，上海市杂交粳稻的应用水平较高，近年来培育的杂交晚粳稻花优14更是上海市水稻主推品种之一，已成为继寒优湘晴之后上海市主要的优质米品牌。而发展油菜作稻田绿肥，有助于缓解杂交粳稻的茬口矛盾，利于上海郊区种植花优14等高产优质但生育期偏长的杂交粳稻新组合。同时，在遇到极端天气的年份，油菜作稻田绿肥，更具有推广的应用价值。例如，2015年上海遇罕见的连续阴雨天气，水稻成熟期明显推迟，给后茬作物的种植带来了困难，而油菜由于生育期短、抗寒力强，作为绿肥的种植优势自然凸显了出来。而且，油菜还具有抗逆性强、较耐盐碱的特点，作为绿肥种植可缓解滩涂水稻种植的茬口问题。此外，油菜作稻田绿肥，还有助于发展休闲农业与乡村旅游，如油菜与紫云英混播，不仅可达到培肥地力的效果，而且还可延长花期，使旅游观光效果更佳。因此，油菜作为一种新型稻田绿肥在上海市郊值得进一步示范与推广。

（二）循环农业型稻田耕作制度

循环农业型稻田耕作制度是指以畜禽粪便、稻草秸秆等资源化循环利用为特色的水稻绿色生产技术模式。近年来，上海市试点了以畜牧业养殖与水稻生产相结合的松江区家庭农场猪-稻结合、奉贤区兔-稻结合、嘉定区羊-稻结合，以及光明集团农场系统的沼液还田和稻草秸秆饲料化利用等模式，今后将进一步加强示范与推广。松江区猪-稻结合模式，就是上海市松江区自2007年率先试点以来的种养结合粮食家庭农场模式。该区发展猪-稻结合家庭农场，产量不断提高，水稻单产超600kg/亩，猪-稻结合家庭农场年收入达到25万元以上。同时，猪-稻结合模式下，猪粪还田利用真正实现了用地与养地相结合，据测定2012年稻田土壤有机质比 2007 年增加 23%。猪-稻结合家庭农场一般农户每年在承包 10hm² 左右粮田基础上，再在一年里养殖出栏 1000 多头猪，粮田化肥使用量（折纯氮）可减少30%。奉贤区兔-稻结合模式，就是在水稻收割后，利用水稻的冬季茬口种植牧草（黑麦草等），收获的牧草作为青饲料用于养兔，兔粪则通过蚯蚓分解产生蚯蚓肥后，再用作水稻的有机肥。如此循环下来，兔-稻结合模式的收益比单一的养兔、种水稻都要高。同时，兔-稻结合模式下的资源循环利用既能解决种植业上需要的有机肥，又能通过种植业消纳养殖业的废弃物。从这个角度来说，畜禽粪便是绿色水稻生产发展的重要资源。嘉定区羊-稻结合模式通过养羊，以多种形式进行处理并综合利用稻草等秸秆资源，有的储存喂羊，有的深耕还田，还有的发酵制肥。近年来，通过"稻麦秸秆加入猪羊粪便制有机肥""稻麦秸秆加工制牛羊粗纤维饲料"两个项目的实施，粮食合作社种植的 400 多公顷粮田稻麦和青饲料作物的秸秆通过收集、加工、处理，全部实现了综合利用和废弃物的全循环资源化利用。

（三）种养结合型稻田耕作制度

种养结合型稻田耕作制度是指以稻田生态种养为特色的水稻绿色生产技术模式。近年来，上海市试点与示范了蛙-稻共作、鸭-稻共作和渔-稻共作等稻田生态种养模式，经过多年实践，积累了丰富的种养结合生产技术经验，有望今后大面积应用推广。青浦区自 2007 年起由上海青浦现代农业园区率先开始对蛙-稻共作模式进行试验和示范，对稻田放蛙的密度、合理的生态种养配比结构、病虫草害防治等技术进行了探索，并于 2009 年起依托上海交通大学的技术支持，进一步研究与示范蛙-稻共作模式的集成技术体系。同时，生产出绿色和有机认证的蛙稻米产品，取得了较好的试验和示范效果，生态效益和经济效益显著。蛙-稻共作模式采用源头控制、过程阻断和生态种养相结合的集成技术，具体技术要点有：①稻田化肥农药污染源头控制技术。采用生物有机肥应用技术、生物炭应用技术、生物农药应用技术等。②稻田径流污染物（氮磷）迁移与扩散的阻断技术。采用水生植物筛选与繁育技术、生态沟渠构建技术、人工湿地构建技术等。③蛙稻生态种养结合型化肥农药减量增效控污技术。采用稻田养蛙技术、固氮蓝藻技术、浮萍放养技术等。奉贤区自 2016 年起开展了鸭-稻共作模式的试点与示范，稳步发展种养结合家庭农场，在水稻丰产的基础上充分利用土地资源，减少化肥农药使用量，注重生态效益和经济效益并重。近年来，崇明区开展了渔-稻共作模式试点与示范，改变了传统的水稻生产方式，在减少稻田化肥和化学农药投入的同时，取得了较好的经济效益。渔-稻共作模式下养殖的鱼类品种多样，有小龙虾、南美白对虾、螃蟹、鳖、黄鳝、泥鳅等。

参 考 文 献

[1]　高婧. 上海郊区耕地时空变化特征及影响因素分析. 华东师范大学硕士学位论文, 2018.

[2]　上海市统计局, 上海市农业委员会. 上海郊区统计年鉴 (2018). 北京: 中国统计出版社, 2018.

[3]　上海市人民政府. 上海市城市总体规划 (2017—2035). 2017.

[4]　郭淑敏. 上海 "三农" 软科学课题成果汇编: 提高上海郊区种粮农民收入问题对策措施研究. 上海: 上海财经出版社, 2009.

[5]　林大厚. 上海郊区耕作制度的回顾与建议. 上海农业科技, 1983, (4): 13-14.

[6]　丁昌龄, 蔡意中, 章振华. 水稻种植制度在上海的发展. 上海农业科技, 1983, (1): 3-6.

[7]　王方桃. 关于调整上海郊区种植制度的几点意见. 上海农业科技, 1985, (5): 12-14.

[8]　曹林奎. 上海市郊区多熟制发展探讨. 耕作与栽培, 1991, (6): 24-25.

[9]　薛正平, 杨星卫, 陆贤, 等. 影响 90 年代上海稻谷单产增长因素的综合分析. 上海农业学报, 2001, 17(1): 13-17.

[10]　肖玉, 谢高地. 上海市郊稻田生态系统服务综合评价. 资源科学, 2009, 31(1): 38-47.

[11]　王立祥, 廖允成. 中国粮食问题——中国粮食生产能力提升及战略储备. 银川: 阳光出版社, 2013.

[12]　叶春艳. 农业生产减量增效 高质量发展初见成效——"十三五" 时期上海农业发展情况报告. 统计科学与实践, 2021, (6): 48-49.

[13]　龚骊. 改革开放四十年, 上海现代农业展新颜. 统计科学与实践, 2018, (10): 33-37.

[14]　牛付安, 程灿, 周继华, 等. 油菜作稻田绿肥在上海郊区的推广应用价值分析. 上海农业科技, 2018, (3): 107-109.

[15]　袁晓明, 沈庆雷, 杜斌, 等. 不同绿肥还田后减氮对水稻产量的影响. 浙江农业科学, 2015, 56(4): 455-457.

第四章　江苏省稻田耕作制度改革与发展 [①]

水稻历来是江苏省的主要粮食作物，面积、产量均占优势。这是由江苏省地理位置、自然资源、水土特征、社会经济、科学技术等条件较为优越所致，是全国重点的高产稻区之一。

第一节　江苏省稻田耕作制度的历史演变

江苏稻作以农业区域为基础，以生态条件为依据，结合水稻生产的历史特点和耕作制度的变化，演变成不同的水稻区域及其现有的稻作水平，可划分为太湖、丘陵、里下河、沿江沿海和淮北五大稻作区。

一、太湖稻区

太湖稻区[1]包括苏州的吴江、吴县（现吴中区和相城区）、昆山、张家港、常熟、太仓、无锡、江阴、宜兴，常州的溧阳、金坛，以及镇江的丹阳等地区。1949年耕地面积 76.87 万 hm²，太湖稻区是一个历史悠久的古老稻区，天然资源丰富，水陆交通方便，社会文化经济发达，地少人多，土地肥沃。历代农民继承和发扬了精耕细作的经验。长期以来，太湖稻区是全国著名粮食商品基地之一，种植面积占全省水稻面积的 33.5%，其总产占全省水稻总产的 42%，粮食产量水平较高，商品率高，对国家做出过重要贡献。

1. 水稻生产的发展

太湖稻区的水稻生产发展较快，可从 4 个时期来看变化过程[1]。

1950~1955 年，纯作单季稻时期。6 年内水稻生产迅速恢复，平均每年水稻种植面积 67.7 万 hm²，产量达到 3420kg/hm²，与 1949 年相比，面积增长 7.5%，产量提高 34.5%。

1956~1968 年以单季稻为主，双季稻试种时期。此期平均每年种植水稻 67.47 万 hm²，产量达到 4239kg/hm²。这个时期的水稻面积与纯单季稻时期基本相仿，但因扩大了单季晚稻新品种，推动了该区水稻生产的发展，与纯单季稻时期相比，产量提高了 23.9%。其中 1966 年的产量是新中国成立后该区最高的一年，产量达到 6060kg/hm²。江苏的双季稻在 1954 年农林部提出"单改双、间改边、籼改粳"的方针后，于 1955 年开始试种，1956 年吴江、昆山、常熟等地区

---

① 本章执笔人：黄小洋（苏州农业职业技术学院，E-mail: nyhb0508@163.com）

示范 16.5 万亩。1960 年苏州地区双季稻达到 2.03 万 hm², 1968 年太湖稻区达到 6.13 万 hm², 占全省双季稻的 96.5%, 其中吴江发展到 1.94 万 hm², 成为江苏试种时期种植双季稻面积最大的县。

1969～1978 年, 双季稻迅速发展时期。从 1969 年开始, 双季稻首先在太湖稻区大发展。10 年间, 平均每年水稻种植面积 93.59 万 hm², 产量达到 4465.5kg/hm²。苏州地区 8 个县由 1965 年的 2.33 万 hm² 发展到 1975 年的 29.07 万 hm², 占稻田面积的 76%, 1976 年达 84.5%, 其中三年熟制的稻占双季稻的 80%, 复种指数达到 240%。1976 年全区水稻面积达到 103.06 万 hm², 其中双三制面积达到 89.18 万 hm², 占本区稻作面积的 68.5%, 是历年中太湖稻区水稻面积最大的一年, 产量达到 4402.5kg/hm²。与 1966 年相比, 水稻种植面积增加 35.01 万 hm², 增长 51.4%。按水稻复种面积计, 早稻和后季稻单产比单季晚稻低, 因此, 产量比 1966 年下降 27.4%, 按稻田面积计, 则亩产增长 12%, 因为一亩田种上两季稻, 其两稻产量之和必定比单季晚稻高。1976 年苏州地区前季早稻产量为 5047.5kg/hm², 后季稻产量为 3922.5kg/hm², 按水稻复种面积计, 产量为 4452kg/hm², 按稻田面积计, 则产量达到 6084.4kg/hm², 水稻复种面积产量与稻田面积产量相差 1632.4kg/hm², 因此, 一般情况下大面积两季稻亩产要高于一季稻的亩产, 1969～1978 年全区 10 年平均种植面积为早稻 31.11 万 hm², 后季晚稻 36.05 万 hm², 两稻合计 67.16 万 hm², 占本区水稻面积的 73.3%。

1979～1987 年是缩小双季稻、扩大单季稻、发展多种形式的三熟制的调整时期。本区稻作 9 年平均面积为 72.97 万 hm², 产量达 5916kg/hm², 总产达 431.69 万 t。与双季稻发展时期相比, 本时期面积下降 20.4%, 产量提高 29.1%。从 1985 年开始, 为了提高农业经济效益, 太湖稻区进行了产业结构和种植业内部结构的调整, 缩小了双季稻, 发展多种形式的三熟制, 扩大单季稻。大量事实表明, 一般正常年景, 种植双季稻, 亩产要比单季稻提高 35% 以上, 但农民收入比较低。1984 年, 吴江县农业局调查显示: 麦-稻二熟每亩净收入 132.58 元, 麦-稻-稻为 144.39 元, 麦-瓜 (西瓜)-稻亩净收入为 251.1 元, 麦-豆 (青豆)-稻为 200.66 元。4 种种植制度中, 麦-稻二熟制亩净收入最低, 麦-瓜-稻最高。尽管如此, 全区单季稻仍逐年增加, 由 1979 年的 11.95 万 hm² 增加到 1981 年的 36.62 万 hm², 1985 年以后基本稳定在 46.68 万 hm² 左右。后季稻面积逐年下降, 由 1979 年的 35.59 万 hm² 降到 1987 年的 2.17 万 hm²。原因是农村劳动力纷纷转移到乡镇工业, 农民家庭的经济收入增加了, 放松了农业, 影响了水稻生产发展。

2. 耕作制度的变化

太湖稻区种植制度经历了二熟制到三熟制为主, 辅之二熟制到一熟制的变化过程。每一个发展过程都取决于当时的政治、经济、生产条件等历史诸因素的变化。

1950～1955 年是纯稻-麦二熟制。常年秋播作物为三麦、油菜和绿肥。春播作物中稻作面积占耕地面积的 90%，棉花占 8%，其他作物占 2%。绿肥-稻、麦-稻、油菜-稻是三种主要种植形式，部分荡田、低洼圩区为一年一熟制的种植制度。1956～1967 年以单季稻为主。1968～1974 年扩大了双季稻，单季稻与双季稻并存。1978～1979 年双季稻大发展，形成了以"双三制"为主的稻田种植制度体系。1980～1987 年布局调整，又恢复到稻-麦二熟为主，早、中、晚并存的种植制度。20 世纪 80 年代，太湖稻区的西北部发展杂交水稻，形成了籼粳并重区，其他地区为粳稻重点区。

近 60 年来，江苏太湖地区农业耕作制度发生较大改变[2]，主要表现在种植制度从偏重粮食生产转向粮经作物协调发展，用地作物增多而养地作物减少，作物品种经历了改进与优化过程，作物熟制经历了从双三制恢复到二熟制。施肥种类从有机肥为主转变为完全施用化肥，氮、磷、钾肥投入比例从长期严重失调发展到逐渐趋于平衡。

二、里下河稻区

里下河稻区是淮河下游的一个碟形盆地，包括苏北灌溉总渠以南、通扬运河以北、京杭运河以东、通榆河以西的地区，耕地 66.67 万 hm² 以上，是江苏省著名的湖荡水网地区[1]。气候温和湿润，春温回升迟，秋季降温缓慢。土壤质地较好，保水保肥力较强。新中国成立后，先后加固了通扬、京杭运河和洪泽湖大堤，兴建了通江、通海闸坝，基本上控制了洪水与海水涨潮的危害；开挖了苏北灌溉总渠、新通扬运河及通榆河，拦截了四周高地的来水，新建了江都水利枢纽工程、淮安抽水机站，初步整治了射阳、新洋、黄沙和斗龙等港；开辟了入江水道等。与此同时，区内进行了连圩并圩，建闸设站，提高了防洪、排涝及自引、抽引的能力，建成了防止洪、潮、涝、旱和渍的工程体系，使大面积稻田基本得到治理和改良，使有效灌溉面积达到 90% 以上[1]。

1. 水稻生产的发展

20 世纪 50 年代该区有沤田 26.67 万 hm²，种植一年一熟稻[1]。农业生产条件改善后逐步发展为稻-麦二熟，形成麦-棉-油-肥的轮作制度。1982 年，棉花面积占耕地面积的 13.7%，油菜占 7.6%，与 1965 年相比，粮食总产增长 1.5 倍，棉花增长 8.8 倍，油料增长 9.3 倍。

水稻在该区粮食生产中占主导地位[1]。水稻面积在 20 世纪 50 年代为 67.1 万 hm²，比 1949 年增长 8.7%；60 年代为 61.83 万 hm²，比 50 年代下降 7.9%；70 年代为 69.13 万 hm²，比 60 年代增长 11.8%，其中 1972 年、1976 年双季晚稻面积分别为 10.43 万 hm²、13.05 万 hm²，分别占该区水稻面积的 14.2%、7.8%；80 年代为 67.55 万 hm²，比 70 年代下降 2.3%。

水稻产量逐年上升，20 世纪 50 年代产量为 2104.5kg/hm²，比 1949 年增长 44%；60 年代为 2500.5kg/hm²，比 50 年代增长 18.8%。这两个年代生产条件较差，洪涝灾害频繁是水稻生产的主要威胁。虽然试行了沤改旱，推广了良种和栽培新技术等措施，但产量仍然停滞于低产水平。20 世纪 70 年代改制成功，发展了部分双季稻，扩大中熟中稻等高产良种，水稻产量上升到 4147.5kg/hm²，比 60 年代增长 65.9%，从 1973 年起超过了 3750kg/hm²，开始迈进中产阶段。20 世纪 80 年代产量达到 6381kg/hm²，比 70 年代增长 53.9%。1983 年产量为 6577.5kg/hm²，进入了高产阶段。1987 年上升到 7155kg/hm²，成为该区 38 年来水稻产量历史最高水平。

水稻总产量除了 1959～1962 年处于低谷，其他年份基本逐年增加。20 世纪 50 年代水稻总产量为 141.2 万 t，比 1949 年增长 57.2%；60 年代为 154.6 万 t，比 50 年代增长 9.5%；70 年代为 286.7 万 t，比 60 年代增长 85.4%；80 年代为 431 万 t，比 70 年代增长 50.3%。1984 年水稻总产量为 472 万 t，创造了历史最高纪录。

2. 耕作制度的变化

沤改旱是里下河稻区改造利用自然资源的一项重大的耕作改制措施[1]。历史上一年一熟稻复种指数极低。从 1951 年毛泽东做出"一定要把淮河修好"的指示后，里下河每年数十万人民大力兴修水利，大搞连圩并圩，开河造闸，开展疏浚工程，加固河堤。直到 1969 年，建成了一部分江都水利枢纽工程，使百万农田得到了自流灌溉。1972 年后，完成了沤田的改造和利用，使种植制度发生了明显变化。

沤改旱除提高了作物抗御自然灾害的能力，改变作物的结构外，对水稻来说，主要是增加了中熟和晚熟高产中稻及双季稻的面积。过去一熟稻都是生育期短、产量低的早稻和早熟中稻。改制后可以避免特大洪涝灾害，迟熟高产的品种得到了有效推广和应用，这样既增加了复种面积，又提高了产量。由于粮食复种面积的增加和水稻产量的提高，全区粮食总产量逐年上升，而水稻占粮食总产的比重逐年下降。1949 年，粮食总产量为 115.5 万 t，水稻总产量占粮食总产量的 78%，1957 年水稻占 66%，1970 年占 56%，1979 年占 63.7%，1983 年占 61.6%，1987 年粮食产量达 780.7 万 t，水稻占 56.4%。

近年来，张家宏等[3] 在江苏里下河地区不断开展稻田耕作制度研究与实践，总结出一稻两鸭、一稻两虾和稻鳖共作等生态种养新模式，集成了稻田绿色种养、共作稻田绿色施肥和病虫草害绿色防控等共性技术，为该地区示范推广稻田生态种养提供技术支持。

三、淮北稻区

淮北稻区包括淮河以北的地区[1]。该区在古代原是一个粳稻区，12 世纪黄河侵泗夺淮，黄水泛滥，泥沙淤积，堵塞河道，填平湖泊，原先良好水系被破坏，大片农田沃土被掩埋，使土壤变得瘠薄，返盐冒碱，加之气候、水文多变，致使种植制度变换，由水、旱种植转变为一个纯作旱谷区。由于本区为洪水走廊，生态恶化，易旱易涝，灾害频繁，因此，农业生产十分落后，尤其占耕地一半以上的砂碱低产土壤及低洼易涝地长期种植旱谷，一方面复种指数低，土地得不到充分利用，另一方面秋熟旱杂谷产量低而不稳，秋不保收，这是提出发展旱地改水田的重要依据。

淮北稻区属暖温带的南部，为湿润半湿润季风气候，具有由黄河流域向长江流域过渡的气候特征。春温上升快，夏季暖热多雨，秋季天高气爽，降温较早。9～10月昼夜温差为8.5～10.5℃。光照充足，比苏南多240～460h。光照足和温差大是淮北稻区较好的生态资源优势。

治水改土是淮北地区发展水稻生产、逐步形成新稻区的成败关键。新中国成立后，1952～1977年完成了一系列重大的水利实施工程，为淮北大面积发展旱改水创造了极其有利的生产条件。

1. 水稻生产的发展

本区耕地面积为166万hm²[1]。民国时期，只有10个县利用零星洼地种植水稻，面积为3.76万hm²。由于1952年5月建成苏北灌溉总渠，1955年完成导沂整沭工程后，1956年水稻种植扩大到15个县，面积达10.05万hm²。1957年发展到17个县，面积达11.87万hm²。1958年江苏省人民政府组织苏南有种稻经验的人员来淮北传授种稻技术。因此，1960年后本区各县均有水稻种植。20世纪50年代平均稻作面积为8.05万hm²，比1949年增加114.2%；60年代平均稻作面积为11.65万hm²，比50年代增加44.7%。这一时期水稻种植发展不快，原因是条件不具备，处在大面积改造和创造条件时期，但是1969年以后发展速度加快了。徐州地区1970年冬春，组织百万水利大军，共挖土方2.52亿m³，采石460多万立方米，新建机电排灌站的装机容量达17.3万马力（1马力≈735.5W）；修筑大小水库160多座，自流灌区种稻6.79万hm²；打井2万多眼。1975年水稻面积由1965年的5.37万hm²发展到21.09万hm²。因此，20世纪70年代全区水稻平均面积达43.15万hm²，比60年代增长270.4%。其中，1972年水稻面积达到54.53万hm²，创造历史最高水平。但是水稻面积稳定性较差，主要矛盾仍然是水源不足，一是南水北调尚未完全实现；二是区内水系不够健全和配套，加之连续少雨和本地蓄水能力差，因此，1978年碰到严重干旱时，水稻种植面积仅有29.25万hm²，80年代水稻面积为47.53万hm²，比70年代增长10.2%。

本稻区不仅水稻面积由少到多，而且产量由低到高，面积与产量同步增长。20世纪50年代水稻平均产量为1116kg/hm²，比1949年增长55%；60年代为1998kg/hm²，比50年代提高79%；70年代为3249kg/hm²，总产为140.2万t，分别比60年代增长62.6%、543.1%；80年代水稻产量进入高产阶段，产量达到

6195kg/hm^2，总产达到 294.4 万 t，分别比 70 年代增长 90.7%、110%。1984 年与 1976 年相比，水稻面积均等，产量和总产均增长 114%。1984 年水稻产量为 7021.5kg/hm^2，总产为 366.6 万 t，是新中国成立以来产量最高的一年。

2. 耕作制度的变化

新中国成立后，随着生产条件的改善和技术的进步，水稻种植面积得到扩大，农作物结构发生了重大的变革[1]。1970 年，旱谷面积占秋粮面积的 81.4%，水稻面积占 18.6%，到 1975 年旱谷面积下降到 59%，水稻面积上升到 41%。油菜、冬绿肥、小麦、水稻、棉花等作物的扩大，玉米、甘薯、大豆、小杂粮和冬闲田大幅度减少，逐步形成麦-稻、油-稻一年二熟制，复种指数由 20 世纪 50 年代初的 130% 提高到 80 年代的 170%。

旱改水是适应、利用、改造自然的一大成就。其作用包括：一是充分利用光热资源和适应夏季多雨的特点，增加高产耐渍水稻作物，压缩易受夏秋灾害影响而不保收的旱谷，减少了休闲耕地，扩大了冬种作物，促进了秋熟作物高产稳产；二是随着灌溉条件的改善，使作物布局能够宜旱则旱，宜水则水，充分发挥优势，使各种作物的最高产量转移到得天独厚的淮北稻区；三是发展水稻生产又提供了改制除涝、洗盐压碱的改土肥地增谷措施；四是粮食总产的增加随着水稻种植比例的上升而增加。20 世纪 50 年代全区粮食总产 225 万 t，水稻总产占 4%；60 年代水稻占 8.9%；70 年代水稻占 31%；80 年代粮食总产发展到 814 万 t，水稻占 39%。

四、丘陵稻区

本区包括长江南北丘陵地带，南北狭长，东西较窄，中隔长江，水热气由南向北的渐变趋势较为明显。地貌复杂，低山、丘陵、岗地、冲沟、平原和圩区交错分布。耕地面积为江苏最少，为 46.8 万 hm^2，水田占 78.3%。长期以来，因受生产条件等诸因子的制约，地瘦、肥少、水短是本稻区的最大特点，故水稻产量较长时间处在低、中产水平。

丘陵稻区光、热、水资源较为丰富，但伏、秋旱概率较高。常年 5 月中旬至 6 月中旬干旱，6 月下旬至 7 月上旬多为梅雨期，南北温度差异较大。高淳区平均温度比盱眙县高 0.9℃，≥ 0℃和 ≥ 10℃的积温分别高 450℃和 300℃。水源短缺，加上蓄水能力较差，干旱概率高，局部洪涝威胁也较大。新中国成立后，虽然兴建了大量的水利工程，增设了较大的排灌动力，但因拦蓄地表径流能力差，依靠过境水，提引水量占总用量的 70% 以上，特大旱年占 90% 以上。同时，因塘坝库容量小，提引困难，稻田灌溉水源严重不足。另外，由于上游拦洪能力薄弱，下游排洪出路不畅，圩区和冲沟区又常受洪涝灾害影响，还有丘陵地区因田块落差较大，渠系不配套，冲田和塝田的冷浸渍害较为严重。

本区常年稻田面积约 40 万 hm²，占全省稻田面积的 17% 左右。1950～1987 年，水稻年均种植面积为 39.57 万 hm²。20 世纪 50 年代、60 年代水稻平均面积相差无几，但年际起伏较大，高低相差 10 多万公顷。1959～1962 年的 4 年中，没有一年超过 33.33 万 hm²。70 年代平均水稻面积达 47.37 万 hm²，主要是双季稻扩大 6.67 万 hm²，其中 1976 年水稻面积达 50.73 万 hm²，为本区历史最高年，比最低的 1961 年多 19.7 万 hm²。80 年代水稻面积 38.4 万 hm²，比 50 年代、60 年代分别增长 2.6%、9.5%，比 70 年代低 18.94%。

水稻产量水平由低到高。20 世纪 50 年代平均产量为 2365.5kg/hm²，60 年代为 3217.5kg/hm²，属于低产水平。70 年代产量为 4014kg/hm²，80 年代发展速度加快，平均产量达到 6147kg/hm²，跨进了水稻高产行列。1986 年水稻产量达到 7098kg/hm²，创造了本区新中国成立 38 年来产量最高纪录。

20 世纪 50 年代水稻总产量为 88.4 万 t，比 1949 年增长 64.3%；60 年代为 112.8 万 t，比 50 年代增长 27.6%；70 年代为 190.1 万 t，比 60 年代增长 68.5%；80 年代为 236 万 t，比 70 年代增长 24.1%。1986 年水稻总产量达 264.1 万 t，创历史最高纪录。

五、沿江沿海稻区

本区处于长江两岸和东部沿海一带[1]，耕地面积比较大，但水稻面积为江苏最小，常年水稻面积在 23.33 万 hm² 左右，占耕地面积的 3% 左右，主要集中在串场河东平田区的西部、射阳河下游平田区、通如靖平田区、沿江圩田区和平田区，沿海是粳稻重点区，沿江是籼粳并重区，启东、海门一带属基本无稻区。

本区属亚热带湿润气候，光热资源条件较好，降雨期集中在 5～9 月，占全年总雨量的 60%～66%，台风主要出现在 7 月下旬至 10 月上半个月，其中 7 月、8 月、9 月三个月出现频率较高，平均一年两次左右。沿江水稻用水是引调长江水，灌溉系统较为发达，河沟密布，但陆地无大型水面，缺乏地表径流拦蓄能力。沿海种稻的水源主要是来自江水、淮水及里下河的泄水。

本区历史上多年以一熟棉花为主，有部分水稻。20 世纪 60 年代中期开始扩种水稻，在稻区逐步形成了稻-麦-棉-绿（肥）的轮作制度。

20 世纪 50 年代，本区水稻面积 17.66 万 hm²，60 年代达到 20.02 万 hm²，比 50 年代只增长 13.4%，发展速度较为缓慢，但是进入 70 年代有了较大的发展，水稻面积达到 31.11 万 hm²，比 60 年代增长 55.4%。1972 年水稻面积达到 37.22 万 hm²，创历史最高。80 年代因种植业结构的调整，恢复棉花种植，水稻面积下降到 27.25 万 hm²，比 70 年代降低 12.4%。

1949 年水稻产量只有 1771.5kg/hm²，20 世纪 50 年代通过各种生产措施，产量提高到 2317.5kg/hm²，总产达到 40.9 万 t；60 年代产量达到 3234kg/hm²，总产达到 64.7 万 t，分别比 50 年代增长 39.5%、58.2%；70 年代产量达 3858kg/hm²，总产达 120.0 万 t，分别比 60 年代增长 19.3%、85.5%；80 年代产量为 5755.5kg/hm²，总产为 156.8 万 t，比 70 年代分别增长 49.2%、30.7%。1986 年水稻产量为 6670.5kg/hm²，总产为 193.0 万 t，是本区新中国成立 38 年来产量最高的一年。

由于本区各地自然条件和生产特点及生活习惯的不同，水稻品种的应用有较大的差异，靖江市因人多地少，经济较为发达，种植籼稻和粳稻，实行稻-麦二熟制和麦-稻-稻三熟制。扬中、邗江、射阳、泰兴等县以籼型杂交稻为主，搭配单季粳稻。南通市各县均以粳稻为主。高沙土地区因水源不足，土壤较为瘠薄，仍以籼稻种植为主。如皋、南通玉米栽培面积大，为了提高复种指数，从 20 世纪 70 年代起积极推广了两旱一水种植制度，即麦-玉米-稻，1976 年种植水稻 4.67 万 hm²。

针对江苏沿江稻区麦-稻二熟耕作制度中稻麦持续增产难度大、秸秆利用率低、化肥施用量多等问题，刘建[4]提出了稻麦带型互套耕种新型耕作制度，该耕作制度能将作物增产、秸秆还田、节能降本等目标融于一体，实现产量与综合效益的同步提高。

六、改革开放以来江苏省水稻种植情况

改革开放以来，江苏省水稻种植情况见表 4-1。从表中可以看出，1980 年水稻种植面积约为 268 万 hm²，占粮食作物种植面积的比例为 43.94%，种植面积为此后各年份中最高。从粮食作物种植面积看，1980～2003 年，稻谷种植面积呈逐年下降趋势，2003 年种植面积比 1980 年减少 31.21%，稻谷总产量和单产分别为 14 046 388t 和 7630kg/hm²，均下降至此前年份中的最低值。自 2004 年始，稻谷种植面积恢复至 211.290 万～229.482 万 hm²，稻谷总产量和单产总体处于增长趋势，稻谷种植面积占粮食作物种植面积的比例基本上维持在 42%～45%，总体趋于稳定。

表 4-1　改革开放以来江苏省水稻种植情况

年份	粮食作物种植面积（×10⁴hm²）	水稻种植面积（×10⁴hm²）	水稻面积占比（%）	稻谷总产量（t）	单位面积产量（kg/hm²）
1980	609.025	267.615	43.94	11 754 300	4 395
1990	636.302	245.444	38.57	17 289 000	7 050
2000	530.431	220.346	41.54	18 013 286	8 175
2001	488.666	201.025	41.14	16 931 906	8 423
2002	488.258	198.205	40.59	17 098 749	8 627
2003	465.947	184.093	39.51	14 046 388	7 630
2004	477.459	211.290	44.25	16 731 634	7 919

续表

年份	粮食作物种植面积 （×10⁴hm²）	水稻种植面积 （×10⁴hm²）	水稻面积占比(%)	稻谷总产量（t）	单位面积产量 （kg/hm²）
2005	490.948	220.933	45.00	17 067 100	7 725
2006	511.080	221.600	43.36	17 927 174	8 023
2007	521.559	222.807	42.72	17 611 058	7 904
2008	526.710	223.255	42.39	17 718 994	7 937
2009	527.204	223.324	42.36	18 028 947	8 073
2010	528.236	223.416	42.29	18 078 599	8 092
2011	531.920	224.863	42.27	18 641 620	8 290
2012	533.657	225.422	42.24	19 000 691	8 429
2013	536.078	226.567	42.26	19 222 600	8 484
2014	537.607	227.169	42.26	19 120 020	8 417
2015	542.464	229.159	42.24	19 524 900	8 520
2016	543.270	229.482	42.24	19 313 939	8 416
2017	540.643	227.596	42.10	19 249 131	8 458
2018	547.593	221.472	40.44	19 580 310	8 841

注：粮食作物主要包括小麦、稻谷、玉米、薯类和大豆；表中数据来自江苏省统计年鉴

第二节　江苏省稻田典型种植模式

水稻是人类最重要的粮食作物之一，据联合国粮食及农业组织统计，世界上约 50% 的人口以稻米为主食。我国是世界上最大的水稻生产国和稻米消费国，水稻的种植面积占粮食作物种植面积的 26%～28%，稻谷总产占粮食总产的 43%～45%，全国约 2/3 的人口以稻米为主食。

江苏省是种粮大省，水稻和小麦是江苏省两大主要粮食种植作物。2015 年，江苏省耕地面积 457.49 万 hm²，占全国耕地面积的 3.39%。至 2015 年，江苏省粮食产量连续 12 年增长，水稻总产量 1952 万 t，占全省粮食总产量的 54.82%；占全国水稻总产量的 9.38%，位列全国第四[5]。

随着农村经济的发展和产业结构的调整，特别是近 20 年来，大量农村青壮年劳动力人口进入城市务工，农村劳动力大幅度减少，出现严重的老龄化、妇女化现象。因此，水稻的种植模式也由以往中大苗人工栽插为主转变为中小苗人工、机插、抛秧或直播等多元化栽培方式。

一、直播稻

水稻直播就是指不进行水稻育秧移植而直接将种子在田地中进行栽培的一种

种植模式，一般用于大面积种植。这种种植模式的优点就在于操作非常简单，可以节省大量劳力，在水稻种植季节时可以缓解劳力紧张的矛盾，使水稻的生产更加方便、快捷。水稻直播更有利于低节位分蘖，合理优化配置穗茎，主蘖穗基本上整齐一致，成穗率高，总穗数多，一般大面积种植的直播水稻较传统移栽水稻增产 5% 左右。直播水稻无拔植伤和栽后返青过程，因而生育进程加快，而且有利于规模化生产。20 世纪 80 年代以来，苏南的昆山、张家港、丹阳、丹徒、南京郊县，沿江的靖江、南通，以及淮北的淮安、宿迁等地直播稻面积逐年扩大。特别是进入 21 世纪以来，直播稻技术不推自广，发展势头十分迅猛。就连邻近的浙江、上海、安徽等地的直播稻生产也渐渐占据水稻生产的重要地位。

　　江苏省直播稻技术推广的态势表现出以下 3 个特点[6, 7]：一是面积快速扩大。2007 年全省直播稻面积为 52.4 万 hm²，是 2002 年的 6 倍；苏州、泰州、镇江三市直播稻面积已占全市水稻总面积的 50% 以上。二是应用范围逐渐扩大。直播水稻已从过去的太湖稻区、沿海农场等地区（3.3 万 hm² 左右），迅速向西、向北扩展至除陇海线沿线县（市、区）以外的大部分地区。其中种植面积最大的是泰州市，达 10.6 万 hm²，占全市水稻面积的 51%；其次是扬州市，达 6.1 万 hm²，占全市水稻面积的 29%。据盐城市调查，直播稻发展快的乡镇一般来说都是稻作技术较差、产量水平较低的地方，如阜宁县直播稻主要分布在沿灌溉总渠的几个乡镇，水稻平均产量为 8250kg/hm² 左右，而射阳河和沿海几个产量达 9750kg/hm² 左右的乡镇几乎没有直播稻。三是农民盲目发展。由于未能形成规范化的栽培管理技术体系，江苏省各级农业部门一直不提倡、不宣传、不推广直播稻，甚至引导农民不采用直播稻。但受种种外因促动，广大稻农仍自发地、仅凭直观经验或简单模仿就大胆地进行直播稻种植。

二、机插稻

　　机插稻就是指用机械来进行大规模生产的一种水稻种植模式[8-13]，其在很大程度上减少了水稻种植需要付出的人力。采用机械化的方式进行插秧，在很大程度上提高了工作效率，给农户带来更高的经济收益。机插水稻秧选择中等幼苗进行移栽，要在耕种之前施入适量的有机肥和无机肥，对土壤进行杀菌，减少病虫害发生率。在插秧前一天，需要在稻田中注入 1～2cm 水层，这样既利于机器运行，又可以使秧苗更好地适应土壤环境。通常，表层土的含水量以泥脚深度 15～20cm 为宜。机插秧最为重要的问题是插秧机的配置问题，在水稻种植季节，农户的工作量非常大，如果插秧机的分配不合理，就会耽误种植的最佳时期，不利于水稻的生长。一般 0.67～1.00hm² 水稻地配备 1 台插秧机为宜。而且在进行插秧工作之前，必须对插秧机进行全面检修，避免出现机械故障。

　　培育适合机插秧的健壮秧苗，提高栽插质量，是机插秧技术发展的关键。目前常用的机插秧育秧方式主要有两种，软盘细土育秧和双膜细土育秧。

（1）软盘细土育秧。软盘细土育秧就是将专用育秧软盘整齐排放在秧苗板上，再铺放 2～2.5cm 的床土，直接播种、覆膜保温保湿的育苗方式。该育苗方式特点：秧块标准，成秧率和利用率高，但购置秧稻盘成本较高。

（2）双膜细土育秧。双膜细土育秧指在秧板上铺有孔地膜代替塑盘，再铺放 2～2.5cm 的床土，播种后盖土覆膜保温保湿的育苗方式。该育苗方式特点：双膜投资少，成本低，操作管理方便，节本简单。缺点是用种量较大，利用率低，秧板规格难以保证。

三、麦套稻

麦套稻是指小麦灌浆后期将已经生长到一定水平的水稻苗进行移植[14, 15]，这样水稻就可以和小麦一起生长，达到一田两收的效果。采用麦套稻栽培模式，不需要进行传统的翻地活动，大大减小了需要付出的劳动成本，而且能够在很大程度上提高土地利用率。在小麦收割完成后，麦秆可以直接翻入地中作为肥料，有效解决处理麦秆所带来的环境污染问题，而且麦秆经过发酵会成为非常好的有机肥料，大大提升土地肥力。需要注意的是，不是所有的麦田都可以使用麦套稻栽培模式，必须是上一年度的麦茬田才可以；而且水稻的生产离不开水，必须选用排灌方便、保水效果比较好的平整麦田，才能有利于水稻的生长。一般要选用适合当地生产且抗病性比较强的水稻品种，如绿旱 1 号、沪旱 15 号等国审旱稻品种，它们比较适宜在江苏省推广种植。种植时期一般在 5 月中旬，因此，要把握好育苗时间，以免错过插秧的好时机。

四、超高茬麦田套稻模式

超高茬麦田套稻模式[16]集多熟种植、旱育、免耕、免插和秸秆全量自然还田等低碳技术于一体，是栽培技术的革新、耕作制度的创新，这项技术同时具有节能减排、耕地培肥、粮食增产、农民增收四大优势，适用范围为全国 10 余个省（直辖市）的稻-麦二熟地区。

超高茬麦田套稻是在三麦灌浆中后期，将处理后的稻种直接套播到麦田地表，三麦收割时留茬 20～30cm，脱粒后的秸秆就地散开进入墒沟，任其自然腐解还田。该模式的应用具有以下优势：一是免烧秸秆。由于秸秆就地还田，农民不再焚烧秸秆，不会对空气造成污染，保证了人身及交通安全和生物多样性；清洁生产和面源污染控制，有利于减少作物的病虫害发生。二是免耕覆盖。一方面可以有效利用秸秆资源 6000kg/hm²，降低肥料用量 20%；另一方面节省农机油耗 30kg/hm²。三是增加农民收入。该模式可以省工节本 2250 元/hm²，还可促进农村劳动力转移，推进农业结构调整创收。四是保证粮食生产安全。该技术可以节省秧池，增加夏粮种植面积 10%，同时提高水稻产量 2% 以上，提高稻谷出米率 5% 以上。

第三节　江苏省稻田耕作制度的展望

在中国的水稻生产史中，20 世纪 50 年代到 70 年代增产年度中改革耕作制度对增产稻谷影响的比例从 27.5% 增加到 44.8%，栽培技术的增产作用从 72.7% 下降到 55.2%；进入 80 年代后由于调整种植制度，扩大水稻种植面积的增产效应降到 12.1%，而栽培技术的增产作用提高到 87.9%，在新的农业发展阶段更需要耕作制度的发展。中国复种指数已经从 1952 年的 130.9% 发展到 1997 年的 154.4%，通过提高复种指数，扩大各种作物的播种面积，从而提高农民的粮食产量和经济收入。从中国粮食生产发展历程看，粮食作物的播种面积基本稳定在 1.13 亿～1.14 亿 hm^2，粮食总产的增加主要是通过提高单产和复种指数来实现的。中国农业的整体科技水平与国际先进水平相比仍存在较大差距，主要表现在：中国科技在农业增长中的贡献率为 42% 以上，发达国家已达 70%～80%；低的农业生产率，主要农作物单产水平与发达国家还有差距[17]。

江苏省以稻米为主食。近 20 年来，其稻谷种植面积占粮食总种植面积的 42% 以上，稻谷产量维持在 1900 万 t 以上。江苏省人均耕地面积小，粮食需求的压力大，特别是苏南地区，随着工业化的日益发展，农用地被不断地开发占用，粮食自给率日益下降，耕地资源的短缺已成为制约江苏省经济发展，特别是农业发展和粮食供应的一个重要因素。

江苏省耕地资源短缺，提高土地生产率是首要任务，而提高劳动生产率又是实现现代化的基本要求。因而发展土地生产率与劳动生产率并行提高技术，是其重要方向。江苏各地经济发达程度不同，农业劳力转移不一。经济发达，劳力转移较多的地区，要在提高土地生产率的前提下，通过发展机械化提高劳动生产率。经济次发达或欠发达地区，劳力转移相对较少，发展劳力和技术密集型的高产高效种植制度、耕作制度，做到土地生产率与劳动生产率（劳动报酬）并行提高，对吸纳农村劳动就业、促进农村经济发展、增加农民收入很重要。

江苏省水稻种植必须坚持规模化、机械化发展，重点推广科学项目；因地制宜，采用符合当地光照条件的水稻栽培技术和品种，发展高效农业。目前水稻的增产瓶颈已成为急需解决的问题，必须坚持机插稻为主、直播稻为辅的栽培模式，才能更好地发展。

大力发展高效农业的同时，还要保护农业环境，确保农业可持续发展[18, 19]。在发展农业的同时，要逐步推广减轻农业自身污染的农作技术。

（1）作物残茬处理。20 世纪 90 年代以来，由于农村二、三产业的快速兴起，农村能源结构产生根本性变化，化石能源已基本取代生物能源。麦-稻二熟制年产约 1.2 万 kg/hm^2 秸秆，由过去的宝贵资源变成难以处理的棘手问题，焚烧或抛弃河沟则污染大气或水域，用以归还土壤又费工、费力、费时。据测定，各类作物茎叶燃烧后的碳、氮、磷、钾损失平均值分别为79.1%、74.9%、31.2%和36.7%，大量碳素和养分损失将严重影响土壤有机质与养分的平衡。寻找一条既适应大批农业劳力转移，又适应稻麦轻型栽培要求的秸秆大量或全量还田技术已刻不容缓。

（2）畜禽粪便处理。江苏省猪、禽年饲养量分别为2064.0万头和3.52亿羽。生猪的粪、尿、生化需氧量（biochemical oxygen demand，BOD）[①]、氨氮的年排泄总量分别达817.3万t、1077.4万t、75.4万t、13.9万t。禽类的粪、BOD、氨氮年排泄总量分别达290.4万t、26.0万t、0.32万t。畜禽粪尿损失率一般按30%计，全省年流失量仅BOD、氨氮就达101.4万t和14.22万t，可见其严重性。

畜禽排泄物对环境的污染涉及水源、空气、土壤。以水源为例，粪便中的各种有机物、氮、磷、病源性微生物和病毒等不仅对地表和地下水产生污染和富营养化，而且因饮用水源中的硝酸盐超标，还会转化成致癌物。减轻畜禽粪便污染的途径主要有以下几方面。①研制畜禽粪便商品化处理技术，如利用微生物对畜禽粪便进行除臭、发酵、脱水处理，制造有机商品肥等；②开发低污染饲料；③改变养殖基地布局，在全省交通状况日益改善的情况下，将基地从经济发达区逐步转移到次发达地区特别是欠发达区，从城郊转移到农村特别是粮区。

（3）减轻农田水土流失。水土流失并非仅存在于长江、黄河上游或黄土高原，江苏省平原和丘陵农田水土流失同样严重。据1991年对常州武进1000多个河流断面的调查，由于农田水土流失，平均年河床抬高8cm。农田水土流失不但带走大量肥沃表土及其养分，诱发水域富营养化，而且会造成河床逐年抬高、蓄水减少、航道受阻和农田渍害加重。1991年资料显示，全省河泥淤积厚度38.5cm；苏州市平均淤积厚度57.8cm，总贮量52 351.3万t。1996年浙江农林大学王柯等研究指出，土壤保持耕作，即在一季作物后地表留茬覆盖30%以上，可控制水土流失50%，减少约89%的泥沙结合态磷的损失。加强土壤保持耕作、节水控灌及农田排水技术的研究，对减轻农田水土流失至关重要。

（4）生态型的高产栽培技术。以往的作物栽培多以高产为目标，高产的获得常以牺牲环境、资源为代价。生态型高产栽培是探索一条高产与环境资源保护相结合的栽培技术途径，可通过下面三点实现。

第一，减少氮素污染的高产栽培。世界卫生组织（World Health Organization，WHO）规定，饮用水的NO_3-N最大允许浓度为10mg/L，国家标准为20mg/L。小麦优化施肥与硝态氮污染控制关系密切。苏南小麦因氮肥大量用作基肥面施，造成NO_3-N积累早、积累量大，而此时小麦生长需氮量又很少，造成春雨后大量急剧淋溶，90cm土层处NO_3-N可达30mg/kg。小麦生长所需氮有3/4在拔节后吸收，适当推迟氮肥施用期既可提高氮肥利用率，也可避免氮肥早期用量过多而被雨水淋溶。

---

① BOD（biochemical oxygen demand）用来表示污水中有机物的量

　　同样,水稻氮肥对水体环境污染的影响,主要是水稻前期施肥过多和施用方法不当,造成氨氮大量流失,中后期追施,因水稻根系吸收量大对水体环境污染影响较小。只要降低水稻前期施肥量,变水层施为机前湿施即可降低对水体环境的污染。

　　减轻化肥对环境的污染,最有效的途径是提高作物对养分吸收的能力,如培育高肥料利用率品种,采用高浓度配方肥、长效缓解肥、有机无机复合肥、微生物肥等,均能起到减少肥料施用量、降低肥料流失和减轻水环境污染的效果。

　　第二,水稻节水控制灌溉技术。农业是用水大户,也是节水的主要环节。河海大学与盐城市政府部门共同研究的水稻节水控制灌溉技术提出:水稻移栽返青后的各个生育阶段,田面不再建立水层,水稻可控制根层土壤水分,调动自身调节机能和适应能力。土壤水分控制上限为饱和含水率,下限为饱和含水率的60%~80%。1997年该技术推广21万 hm^2,平均每公顷增产9.6%,节水41.5%即3405m^3,节约农药30元/hm^2。该项技术除可节水外,对减少化肥流失、少用农药,以及减少稻田甲烷的排放也有很大意义。

　　第三,减少农药污染技术。化学除草剂的选用坚持高效、广谱、低毒、安全、持效期适宜的原则,以及坚持一次用药能有效控制一年生、多年生单子叶、双子叶杂草和混生群落的原则。减少农药污染除培育抗病虫品种、选择低毒安全农药外,还需大力发展非农药化防治技术,如保护生物多样性、进行生物防治等。

参 考 文 献

[1]　江苏省农林厅.江苏农业发展史略.南京:江苏科学技术出版社,1992.
[2]　李新艳,李恒鹏,杨桂山,等.江苏太湖地区农业耕作制度变化及其对地表水土环境的影响.长江流域资源与环境,2014,23(12):1699-1704.
[3]　张家宏,王桂良,黄维勤,等.江苏里下河地区稻田生态种养创新模式及关键技术.湖南农业科学,2017,(3):77-80.
[4]　刘建.基于一种稻田新型耕作制度的农业面源污染控制效应分析.中国农学通报,2008,24(增刊):168-171.
[5]　周新秀.江苏省主要水稻种植模式对比分析.乡村科技,2018,(9):102-104.
[6]　凌启鸿,张洪程,丁艳峰,等.水稻高产技术的新发展——精确定量栽培.中国稻米,2005,(1):3-7.
[7]　程式华,李建.现代中国水稻.北京:金盾出版社,2007.
[8]　钱银飞,张洪程,钱宗华,等.我国水稻机插秧发展问题的探讨.农机化研究,2009,(10):1-5.
[9]　高连兴,赵秀荣.机械化移栽方式对水稻产量及主要性状的影响.农业工程学报,2002,18(3):45-48.
[10]　陆立国,钱宏光.从江苏实践看水稻机插秧技术推广.中国农机,2005,(5):17-18.
[11]　王洋,张祖立,张亚双,等.国内外水稻直播种植发展概况.农机化研究,2007,(1):48-50.
[12]　王延涛,杨帆.对农业现代化的几点认识.农业经济,2004,(1):45-46.
[13]　王宏广.中国粮食完全研究.北京:中国农业出版社,2005.

[14] 陆为农. 水稻育秧插秧技术推广概述. 农机科技推广, 2008, (4): 8-10.

[15] 陈洪礼, 蔡建华, 田文科. 不同轻简化稻作技术经济分析与应用前景评价. 中国稻米, 2007, (5): 41-42.

[16] 林玮. 超高茬麦田套稻稻米生产技术. 现代农业科技, 2015, (16): 73-74.

[17] 熊振民, 蔡洪法. 中国水稻. 北京: 中国农业科技出版社, 1992.

[18] 段红平. 中国南方耕作制度面临的主要问题与研究现状. 耕作与栽培, 2000, (6): 1-4, 7.

[19] 赵强基. 江苏农业可持续发展的策略. 南京林业大学学报, 2000, 24(增刊): 9-12.

第五章　浙江省稻田耕作制度改革与发展 [①]

第一节　浙江省农业生产条件与特征

一、浙江省自然生产条件

浙江省位于我国东部沿海，海岸线全长 2253.7km，沿海共有 2161 个岛屿，浅海大陆架 22.27 万 km²。浙江大陆总面积 10.18 万 km²，境内地形起伏较大，西南、西北部地区群山峻岭，中部、东南地区以丘陵和盆地为主，东北地区地势较低，以平原为主；全省大陆面积中，山地丘陵占 70.4%，平原占 23.2%，河流湖泊占 6.4%，因此有"七山一水二分田"之说。浙江 200m 以上的丘陵山地主峰海拔多在 1100～1900m。山系可分为平行的三支：北支，从怀玉山经黄山入浙成天目山；中支，仙霞岭经天台山入海成舟山群岛；南支，洞宫山-雁荡山-括苍山。山系之间和内部，错落着众多盆地、台地、湖泊和水库。地形之差异会影响光、热、水、风等的局地分布，从而影响山地立体农业的布局[1]。丘陵地区降水量较充沛，适合各种经济林木和果树的栽培生长，对发展多种经济十分有利。平原交通发达，气候比较温暖，一般以种植为主，水稻、小麦、油菜是主要农作物[2]。根据 2017 年土地变更调查结果，截至 2017 年 12 月 31 日，浙江省各类土地总面积 1055.8 万 hm²，其中农用地 858.9 万 hm²，占 81.4%。农用地面积中，耕地 197.7 万 hm²，占土地总面积的 18.7%，另有可调整土地 8.4 万 hm²，耕地和可调整土地合计 206.1 万 hm²，继续保持耕地总量的动态平衡。

浙江省处于欧亚大陆与西北太平洋的过渡地带，该地带属典型的亚热带季风气候区。受东亚季风影响，浙江冬夏盛行风向有显著变化，降水有明显的季节变化。浙江气候总的特点是季风显著，四季分明，年气温适中，光照较多，雨量丰沛，空气湿润，雨热季节变化同步，气候资源配置多样，气象灾害繁多。浙江年平均气温 15～18℃，极端最高气温 33～43℃，极端最低气温-2.2～-17.4℃；全省年平均降雨量在 980～2000mm，年平均日照时数 1710～2100h。由于浙江位于中、低纬度的沿海过渡地带，加之地形起伏较大，同时受西风带和东风带天气系统的双重影响，各种气象灾害频繁发生，是我国受台风、暴雨、干旱、寒潮、大风、冰雹、冻害、龙卷风等灾害影响最严重地区之一[3-6]。

---

① 本章执笔人：陈婷婷（中国水稻研究所稻作技术研究与发展中心，E-mail：chentingting@caas.cn）

（一）低温阴雨

低温阴雨主要出现在春季、春末夏初和秋季三个时期。春季冷热空气活动较频繁，连续阴雨基本年年都有，对早稻育秧、柑橘开花结果，以及大麦、小麦、茶叶等各种作物的生长有严重影响。秋季低温阴雨又称寒露风，指入秋后北方冷空气南下，引起剧烈降温和伴有降水的天气过程。秋季低温为害，9月中、下旬若日平均气温连续三天以上≤20℃（粳稻）或≤23℃（籼稻），常影响连作晚稻的抽穗扬花，阻碍受精结实，造成稻谷空、瘪粒比率增加，降低单位面积产量。长期低温阴雨天气造成温度骤降，光照不足，湿度加大，病虫害极易发生和蔓延，蔬菜产生落花、落果，根茎、茎基腐烂，生长缓慢，最终影响蔬菜产量和质量。

（二）高温干旱

高温干旱以伏旱和秋旱最为突出，每年梅雨期过后，在7～9月受到副热带高压控制，天气晴热，此间如无台风，极易发生连续干旱，金华、衢州、丽水、台州等山区半山区夏季降水少，极易发生干旱。受灾作物包括番薯、玉米、大豆等，叶片萎蔫、生长缓慢，甚至枯死，普遍减产两成左右，有的甚至绝收；双季稻移栽受阻，单季稻田间缺水严重，分蘖死亡；蔬菜出现干枯、播种，难以发芽；处于果实膨大期的柑橘果实发育受一定影响，出现落叶落果现象；茶叶叶片受到灼伤，枯萎，品质下降。

（三）台风

由于特殊的沿海地理位置，浙江省从5月到11月都有可能受到台风影响，且6～10月还可能遭受到直接登陆的台风的侵袭。但影响最大且登陆可能性最大时段主要集中在7～9月。台风不仅会直接毁坏农作物，影响作物的生长发育及抗逆能力，由台风带来的狂风暴雨也会使作物折枝、伤根、叶片受损，同时台风带来的降水使作物表面长期维持高湿度状态，导致病菌的传播和侵入，极易造成病害，致使晚稻病害如白叶枯病和纹枯病等的暴发。

另外，台风暴雨引发的泥石流、山崩、滑坡和水土流失等次生灾害，使农业耕地遭到泥沙石的掩盖，导致土壤质量下降，影响农作物的生长。台风暴雨还可使海面倾斜，低气压使海面升高，发生海水倒灌，从而导致农田被淹，农用灌溉水受到污染，土壤中的含盐量升高，造成土地盐碱化，不利于农作物的生长，甚至废耕。

（四）暴雨和冰雹

暴雨出现的时间大部分在梅雨期和台风期，而冰雹危害是局部性的，一般发生在春、夏两季，以春季最为突出。突发狂风暴雨，可能会造成玉米根倒，严重地块玉米平铺并伴有积水现象，若不及时排涝和生产自救就会出现秋后玉米减产甚至绝收。连续暴雨可使稻田积水，极易形成涝害。而冰雹会砸伤植物叶、果，导致叶片破碎，果实掉落，最终影响收获的产量。另外，堆积的受伤叶片浸泡雨水，极易腐烂发霉，引发病害。

二、浙江省农业生产特征

浙江是我国农、林、牧、渔各业全面发展的综合性农区，历史上孕育了以河姆渡文化、良渚文化为代表的农业文化。一直以来，历届省委、省政府都高度重视农业发展，积极推进农业农村改革，深入实施统筹城乡发展方略，农业农村经济呈现了持续快速发展态势[7]。2017 年，实现农业增加值 2056 亿元，比上年增长 2.9%，六年来增速最快。

（一）产业门类齐全，特色产品丰富

浙江拥有多宜性的气候环境、多样性的生物种类，从丘陵山区农作物种植情况看，除了有水稻、油菜等粮油作物，还有茶叶、旱粮、蔬菜、水果、食用菌、畜牧作物、中药材等，基本覆盖了浙江省主要农业产业，是十分重要的农业生产基地，尤其是茶叶、食用菌、果蔬等具有独特的地域资源优势。2017 年，全省农副产品出口额 99.20 亿美元，居全国第四。茶叶、蜂王浆、蚕丝等产品出口居全国第一。2017 年，单季稻百亩方①/亩产突破千公斤，早稻单产多年位居全国第一。

（二）农业产业化程度高，经营机制灵活

全省现有农民专业合作社 48 783 家，经工商登记家庭农场 35 075 个，农业龙头企业 6070 个。2017 年全省一产固定资产投资达 264.9 亿元；土地流转面积 70 万 hm²，占承包耕地的 55.4%。建成单个产值 10 亿元以上的示范性农业全产业链 55 个，农产品电商销售额突破 500 亿元，建成休闲农业园区 4598 个，产值 352.7 亿元。

（三）农村居民收入高，集体经济实力强

2017 年，全省农村常住居民人均可支配收入为 24 956 元，比上年增长 9.1%，连续 33 年位居全国各省（直辖市、自治区）第一位。全省界定村股份经济合作社股东 3470 万个，量化资产 1282 亿元，集体经济总收入近三年年均增长 7.6%。通过实施消除集体经济薄弱村三年行动计划，全省农村集体经济收入 423.5 亿元，同比增长 10.4%，其中 5053 个村人均年收入达到 10 万元以上。

然而，与平原地区相比，丘陵山区农业生产效益低且农民收入增长速度慢，在一定程度上影响了经济水平提升，不少县市区还属于经济欠发达地区[8]。丘陵地区资源优势向经济优势转化的效率有待提高。导致丘陵山区农业生产效益不

---

① 百亩方：各省市规划的土地集中连片面积达 100 亩的高标准示范粮田

高的关键因素是生产方式的机械化程度不高。目前，丘陵山区许多作业以人工为主，机械化水平较低。以粮油产业为例，目前平原地区水稻、小麦、油菜生产耕种收综合机械化率分别为84%、72%和34%，丘陵地区则分别只有67%、64%和30%，水稻栽植、烘干等关键薄弱环节机械化程度差距更大。而其他一些特色产业化水果、蔬菜等机械化程度则更低，不少环节还处于空白。

第二节　浙江省稻田耕作制度改革历程

一、20世纪50年代初至改革开放前的稻田耕作制度改革

水稻一直以来是浙江省的主要农作物，也是主要粮食作物。浙江省稻田耕作制度改革始于1954年，成规模的改革是1956年之后进行的。改革开放之前的稻田耕作制度改革大体上可以划分为两个阶段[9]。

1956~1966年，以改善生产条件、理顺资源和耕作制度的关系来提高产量，以发展连作稻一年二熟为主。浙江省人口稠密，人均占有耕地少，这是发展一年二熟制的决定因素。连作稻面积的扩大引起水稻总产提高的同时，冬季作物的布局相应出现一系列变化。例如，绿肥作物面积的扩大，春花作物——大麦、小麦、油菜、蚕豆等作物种植面积的减少。连作稻一年二熟的种植方式通过提高复种指数，提高了水稻总产量，对于加速浙江省粮食生产的发展和提高稻田栽培技术都起了重要作用。

1966~1978年以改善生产条件、提高技术水平、发展多熟种植来提高产量，期间以发展春花作物和连作稻一年三熟为主。通过进一步提高复种指数，充分利用光、热、水等自然条件，将连作稻面积稳定在70%左右，春粮面积增加了40%。在稻田面积进一步减少的情况下，粮食总产增加43%，极大地推动了粮食作物生产的发展。

同时，围绕耕作制度改革，以全年高产、持续增产为目标，逐步形成了一套适应于多熟制生态环境的栽培技术，并逐渐向制度化发展。在三季作物布局和品种搭配上，基本上形成了以一早二迟为主体的，各季作物早、中、迟熟配套的全年布局方式，即冬作物以早熟品种为主，早、晚稻以迟熟品种为主，并因地制宜地适当搭配早、中熟品种；在育秧技术上逐步形成了多种育秧方式并存，以稀播大秧为主，塑料薄膜育秧、带土秧并用的三秧配套育秧制度，既能节省专用秧田，又能培育壮秧达到全年高产；在施肥技术上，形成了三季作物并重，以及以有机肥为主、基肥为主、前期为主的施肥方法。这一施肥技术不仅是为了当季作物的需要，也有利于后熟的增产，有利于提高土壤肥力。

二、改革开放之后的稻田耕作制度发展

从 1978 年我国实行改革开放至今，包括浙江省在内的长江中下游地区稻田耕作制度的发展大致可划分为 4 个阶段[10]。

（一）1978～1991 年的高产型稻田耕作制度阶段

高产型稻田耕作制度阶段以增加投入，提高技术水平，调整结构，稳步发展多熟种植来提高产量。

该阶段的特点有：随着全国大江大河的综合治理和大规模的农田基本建设实施，农田生产条件大大改善，农业生产力迅速提高[11]；改变以有机肥为主要氮素来源的肥料投入方式，增加化肥用量，在相当程度上代替绿肥和有机肥；改变耕作方式，早稻收后直接栽插晚稻，浙江很多地方的冷浸田在早稻收割后，由于田块冷浸，泥土深烂和下陷，加上季节紧张，劳力不足和耕牛缺乏，因此不经过任何耕翻，直接栽插二晚，一般可提高单产 5%～8%；晚稻套播紫云英，包括浙江在内的南方稻区有冬季绿肥（紫云英）400 万 hm² 左右，绝大部分以这种免耕方式种植；秧套稻具有产量高、农时季节早和成本低等优点，江苏省 1980 年从淮南双季稻地区推广到淮北单季稻地区，从后季稻秧田发展到单季麦茬秧田，三年推广 5.8 万 hm²，同时在浙江、湖南、江西、安徽 5 省示范和推广；另外，通过发展农业机械化，应用灌排机械、耕作机械、收割机械、脱粒机械、植保机械等，很大程度上减轻了劳动强度，解放了劳动生产力，增强水稻生产抗御自然灾害能力，对于保证粮食高产、稳产，以及促进我省一年多熟耕作制度的发展起了重要推进作用。

（二）1992～2000 年的高效型稻田耕作制度阶段

高效型稻田耕作制度阶段研究人员继续研究建立高产、超高产作物栽培技术与体系，优化资源配置，协同提高产量与生产效率。

由于粮食供求矛盾，本阶段多年来形成了以三熟制为主的格局，主要是麦-稻-稻、油-稻-稻。后期虽农业产业结构有所调整，经济作物种植比例增加，但三熟制种植格局并未改变；随着作物理想构型育种的研究热潮，如实施籼粳亚种间杂交优势利用的计划，水稻新株型超级稻品种的应用得到推广[12, 13]。研究人员在水稻超高产研究及其相应的配套栽培技术方面也做了大量研究工作。以抛秧、旱育秧、直播稻等为主要内容的轻型栽培技术已在部分试验示范区推广，1997年浙江省直播水稻面积为 13.1 万 hm²，1998 年增加到 18 万 hm²，1999 年已达 22 万 hm²[14, 15]；水稻长期连续覆膜会导致土壤肥力下降，采取适当追加微量元素或秸秆还田等方式培肥土壤，可有效增加土壤有机质含量，获得高产和较好的品质[16]；减少对水稻的化肥投入，实施以有机肥为主、化肥为辅的施肥模式，等

等,取得了高产稳产和高效节肥的应用效果[17];深、薄、间歇灌溉法增产节水灌溉技术的推广应用,较常规灌溉节水 2190m³/hm²,增产粮食 2925kg/hm²[18];推广稻田高效种植模式,如浙江农业大学在浙江余杭区的稻×萍×鱼×螺复合模式,年产稻谷 14.7t/hm²,基本达吨粮田水平,同时年产鱼苗 561kg/hm²,螺产量 1173kg/hm²,全年纯收入比双季稻提高 2.61 倍[19]。

(三)2001~2011 年的优质型稻田耕作制度阶段

由于农业结构和耕作制度的改革,以及双季稻早稻米质不佳等,双季稻种植面积锐减,单季稻种植面积不断扩大。农业生产全面告别短缺时代,人们对于稻米的消费从管温饱上升到求品质。育种家开始注重稻米中必需氨基酸等营养成分的含量,积极选育蛋白质含量适当、富含必需氨基酸的优质新品种[20]。围绕稻米优质的生产目标,探索水稻配套栽培技术。例如,有研究表明浅薄耕层使稻米垩白增加,米质变劣,而降低泥水温度可降低垩白粒率,但产量会降低,并对晚稻多项米质产生负效应;采用适当稀植,株行距大的方式能协调植株个体和群体的关系,保持稻株适宜的营养面积和空间,通风透光性好,病害轻,可促进分蘖成穗,增加穗粒数,减少垩白粒率和垩白面积,提高整精米率,降低碎米率[21];合理配施氮、磷、钾,可降低垩白度,提高整精米率,直播晚粳稻以中等施氮水平,即 N:P_2O_5:K_2O 为 1:(0.1~0.2):0.9 的效应最佳。不同施肥方法对稻米垩白度的影响也不同,施用氮肥前后配比 7:3 和 9:1 比 5:5 运筹的垩白粒率显著减少,米粒充实度好[22]。

(四)2012 年至今的绿色型稻田耕作制度阶段

早在 2002 年,时任浙江省委书记的习近平就审时度势提出绿色浙江的战略目标,10 多年来,历届浙江省委省政府也始终坚持把高效、生态作为农业主攻方向[23]。2014 年,浙江省获批成为全国唯一现代生态循环农业发展试点省份。且随着经济社会的发展和人们生活水平的提高,健康、安全、营养是新常态下人们对食品的追求。浙江湖州耕作制度创新形成了水稻-田鱼(虾)、菱+鱼虾-稻田的种植模式,利用鱼塘塘泥返回稻田培肥土壤,菱角吸收水体富集的氮磷净化水质,提升了环境的生态功能,推进了农业的低碳高效生产,保证了产品的优质、生态、安全[24]。

绿色型稻田耕作制度不仅指稻田产品的天然、安全、无公害,还要求耕作、生产方式对环境友好,利于农业的可持续发展[25]。传统的稻田耕作往往通过利用耕作机具的机械力量,改变稻田土壤的固、液、气相状态,构建合理的耕层结构,为水稻生长发育提供良好的外部环境,这种耕作方式在全球农业水稻生产中长期占据着主导地位,对农业发展有巨大贡献。但是,长期频繁耕作强烈地扰动土壤,破坏土壤大团聚体,促进土壤有机物的氧化,降低土壤生物多样性,加速土壤侵蚀,最终导致碳流失,水渗透能力下降和土壤健康受损,破坏生态环境[26-28]。自

20世纪30年代开始，以美国式的覆盖免耕为代表，英国、澳大利亚、苏联、加拿大、法国和日本相继进行了免耕试验地的研究[29]。至20世纪80年代末，我国南方水稻采用少耕、免耕等保护性耕作的种植面积已达170多万公顷，每亩增产20～30kg。少耕、免耕在一定的生产周期内减少了人为耕作次数，主要靠生物的作用进行土壤耕作，用残茬覆盖减轻雨水对表土的冲击和土粒的移动，减少地面径流和土壤表面水分的蒸发，从而改善了土壤的理化性状，提高土壤的供肥保肥能力，有利于提高作物的产量。人类活动导致土地沙漠化的加重，耕地面积日益减少，生态环境破坏严重[30]。农业中化肥的过量使用，使耕地有机质含量逐年下降。因此，近年来保护性耕作、秸秆还田、免耕种植等在国内迅速推广，通过残茬覆盖地面和简化耕作，减少水土流失，培肥地力，减少污染，保护环境。浙江省区域试验表明，冬油菜直播后，配合播种后开沟覆土和用前茬单季稻秸秆打碎覆盖还田，在该轻简化栽培技术下可获得油菜高产[31]。有关免耕条件下水稻产量的变化，有研究认为免耕改善土壤理化性质，提高土壤肥力因而增产；也有研究认为，作物残留、潮湿条件下杂草或土壤压实等会影响免耕条件下水稻产量提高[32, 33]。

第三节　浙江省现代稻田耕作制度的发展

一、浙江省现代稻田耕作制度的特点

近年来，浙江省政府切实贯彻落实国家粮食安全战略要求和决策部署，高度重视水稻生产，保护了农民种植的积极性。因此，水稻生产呈现基本稳定的态势，2017年全省水稻种植面积82.85万hm^2，总产量118.78万t，分别占全省粮食总种植面积的64.6%和全省粮食总产量的77.3%。

（一）应用水稻品种

浙江省籼稻推广面积占水稻生产面积的44.0%左右，粳稻占56.0%左右。近年来，粳稻面积有增加的趋势。近几年，以秀水、中浙优和甬优系列为代表的水稻高产品种相继育成，并在生产上广泛推广应用，实现了浙江省乃至全国水稻育种方法和产量水平的重大突破[34-36]。浙江省农业厅每年发布水稻主导品种，组织实施优新品种展示示范，着力推进水稻主导品种集聚度，2017年全省水稻主导品种覆盖率达76.1%。2017年生产上推广应用的水稻品种由企业牵头或科企合作育成的品种占比为44.9%，比2016年增加5.0个百分点，表明水稻生产的集约化趋势愈加显著。

（二）主要耕作技术

随着农田种植制度的演变，面对农村劳动力紧缺和用工价格上涨的实际，除山区、半山区等地仍沿用传统手工插秧外，浙江省因地制宜地推广直播、机械插秧和抛秧等水稻轻型栽培技术。目前直播稻面积占 40%，机插占 30%，其他抛秧、手插等占 30%[37]。早稻主要推广应用了早播早栽技术、机插技术、两壮两高栽培技术，以及叠盘出苗技术等，除了机插面积基本保持稳定应用，其他几项技术的应用面积进一步扩大。晚稻主要推广应用了机插技术、机械直播技术、两壮两高栽培技术，以及叠盘出苗技术等，其中全省主推的两壮两高栽培技术应用面积增加明显[38]。

（三）水稻生产状况

近年来，浙江省广泛开展粮食绿色高产创建和三新技术（新品种、新技术、新农业）推广，加快了良种良法配套和水稻两壮两高、测土配方施肥、绿色防控等集成技术的推广应用，有效促进了全省粮食单产水平的提高。2010 年以来，全省单季晚稻产量稳定超过 7.5t/hm^2。2011 年，早稻产量突破 6.0t/hm^2，之后又有 4 年（2013年、2014 年、2016 年、2018 年）产量位居全国首位[37]。据浙江农业之最委员会办公室组织的专家组测产结果，2017 年，江山市石门镇泉塘畈单季晚稻百亩产量突破 15t/hm^2，达 15.2t/hm^2，攻关田最高产量 16.1t/hm^2，双双打破浙江最高单产纪录，居全国领先。江山市长台镇华峰村连作晚稻百亩水稻单产 11.9t/hm^2，攻关田最高产量 12.3t/hm^2，均居全国首位。

二、水稻麦作式湿种技术

水稻麦作式湿种技术是中国水稻研究所科研人员多年区域试验和示范、推广应用成功的一种节水、节本稻作轻简栽培技术[39]。试验结果表明，在籼粳亚种杂交稻品种春优 58 上运用麦作式湿种技术，产量达到 9t/hm^2，与传统水层移栽种植产量相近[40]。该湿种法是以高产为核心，以节水与养地为目标的技术集成创新，包括采用超级杂交稻、直播、节制用水、冬种绿肥及发育调控 5 个技术环节。

（一）品种选用

水稻麦作式湿种技术选用超级杂交稻等丰产性与耐旱性较好的品种。研究结果表明，超级杂交稻多为亚种间杂交稻，无论三系还是两系亚种间杂交稻其杂交优势超过品种间杂交稻，营养生长优势显著，具较高叶面系数与茎数，生物产量高；其生殖生长优势尤为突出，普遍具有每穗 200 朵以上的颖花高产量，在产量形成上还具有另一丰产特性，即穗后光合产量占全生育期总干物质产量的 40%。用作单季稻种植稻亩产一般可达 650～700kg，表现出相当的稳产性。这是麦作式湿种法稳产高产的保障。此外，据近年对 10 余个亚种间杂交组合的多年观察，发现它们不仅根系生长量大，扎根深，还具有根系生理活性优势，单茎伤流量高，且富含玉米素等植物激素，根系耐逆境能力强，在籽粒灌浆期间其根系甚至可忍耐-0.025MPa 土壤水势，并维持正常光合产物生产与运输。

（二）水分管理

水分管理运用畦沟灌溉、湿种旱管技术。水稻属温生类作物，起源于干湿交替的沼泽地带，水稻又是中生植物，可在不同土壤水分条件下生长。水稻田通常须保持较高的土壤含水率，一般不宜低于田间持水率的70%，尤其是颖花分化期与胚乳发育期对干旱胁迫十分敏感。从水稻水分生理学可知，水稻具有干旱胁迫的自动调节能力与补偿效应以提高稻株抗旱性；水稻对干旱胁迫的自动调节能力主要表现在水稻具有对适度缺水的适应性，发生干旱胁迫初期，稻株体内的自由水与束缚水比值降低，叶片气孔关闭，蒸腾失水减少，提高稻株自身保水力，补偿效应则常表现为增进根系生长，提高稻株吸水能力。这就是灌溉稻麦作式湿种技术的生理基础。

湿种法节制用水的基本准则：节制灌溉用水，尽可能利用大气降雨；适度限量灌溉，但不限制生理需水；除施肥用药需灌薄水层外，全生育期不建立水层。湿土播种：绿肥紫云英盛花前灌水翻耕，加速有机肥均匀分解。田水不排留至播种前起沟作畦，播种前排出田面水，湿土播种（条播或撒播），并防鼠雀危害力保全苗。浅水护苗：待到2、3叶期，需浅水护苗，并施断奶肥，促进早发。旱管培根：苗期沟水日渐减少，但土壤仍保持湿润，＞70%土壤持水量，稻株叶片早晨"吐水"正常。如遇高温干燥天气，早晨叶片"吐水"异常，及时补水进沟，以期营造根系生长的良好土壤环境。沟水育穗：幼穗分化阶段沟水不断，保持畦面湿润无水层，以期保证水稻一生中的水分敏感期不因缺水而受胁迫，又能保证土壤水气平衡，利于根系生长。干湿防衰：我国稻农常有"干花湿籽"的灌溉经验，胚乳发育期切忌发生干旱胁迫。齐穗-成熟期及时灌沟水，自然落干，反复进行，切忌断水过早，以期稻株青秆黄熟，挺拔不倒。

（三）冬季培肥

中国长江中下游江苏、浙江、上海、安徽、江西等省（直辖市）曾以冬季种植绿肥为主要的稻田轮作制度，数十年用地养地相结合，这种良好传统农事习惯在20世纪70年代以后随着效益优先的农村产业结构调整而被忽视。近20年来"奢侈"施用化肥对生态环境产生恶劣影响，尤其对土壤农业生产力产生破坏，扭转这一趋势已刻不容缓。麦作式湿种技术以冬季种植豆科绿肥的简便措施，增进土壤肥力的生物修复。以浙江省为例，大约在9月下旬，每公顷撒施豆科绿肥紫云英种子15～22.5kg，越冬前清理水沟，以保田面不积水，翌年开春每公顷施用过磷酸钙150～200kg，以期以磷增氮效果，4月中旬营养生长最旺、生物产量最高的初花期翻耕下土，每公顷施用生石灰300kg。紫云英每公顷鲜重一般可达45 000～48 000kg，风干重约9000kg，折算下来每公顷生产225kg N、45kg P_2O_5和180kg K_2O。以超级杂交稻一般生物产量21.0～24.0t/hm² 计，一季从土壤中吸取（即生物需肥量）200～240kg N、90kg P_2O_5、135kg K_2O。生产 45 000kg/hm² 紫云英鲜草的氮磷钾产量在理论上基本可满足一季超级稻需肥量。但有机绿肥的营养元素释放缓慢，尚需及时调节性补充施用化肥，据近年数点试验结果，采用麦作式湿种技术，提倡在播种后 7～10d（约 3 叶期）每公顷补充断奶肥尿素 45kg，播种 15～20d（5～7 叶期），每亩补充施用 105～120kg 尿素、75kg 氯化钾、75kg 过磷酸钙，总计追施化肥 300～375kg。绿肥生长势好、产量高者基本不再施用氮素穗肥、粒肥，依靠绿肥肥效缓释效应，保证水稻生育中后期不缺肥。

（四）免耕直播

为提高稻作效益，近年轻型栽培技术有所发展，包括免耕少耕、直播（机播与人工手播）技术，尤其直播技术因省工、省能源、高效率等优势发展甚快，江苏、浙江、上海长三角经济发达地区直播面积扩大迅速。但是直播稻在实施过程中尚有全苗、草害、倒伏等技术难点。据研究全苗主要掌握以下要点：盐水浸种，盐水比例以 1.13 为宜；农药浸种催芽，芽谷播种；适时播种，据研究播后 7d 积温达 120℃，日平均温度稳定在 17～18℃，便可保证出苗率 50%～80%。湿种直播全生育期经水、湿交替等过程，杂草种群比水层灌溉稻田复杂，据作者近年研究，注意播前用丁草胺水浸田，排水播种，播后 20d 左右施用苄嘧磺隆，基本可控制草情。

（五）发育调控

我国大田作物化学调控技术的研究与应用可谓国际领先，近年随着食品安全与环境保护理念的发展及普及，化控技术的应用更为规范，农化新产品经济效果、卫生与环保评价都必须经国家职能部门的认可，即具"三证"农药方可投入使用。二元植物生长调节剂——3.2% 赤霉素·多效唑（粒粒饱）主要针对杂交稻，特别是亚种间杂交稻粒间顶端优势作用更突出，需要在灌浆期保根护叶延缓稻株衰老，缓解强势粒灌浆对弱势粒灌浆的抑制作用，施用粒粒饱一般可提高千粒重 0.5～1.0g，提高结实率 5%～8%。

稻田麦作式耕作方式的主要意义包括以下几方面。

1. 湿种旱管，减少淡水资源消耗

地球上淡水资源的不足已成为国际共识，中国水情十分脆弱，是世界 13 个缺水国家之一。世界人均年淡水资源 1 万 m³，中国仅为世界平均水平的 20.8%。世界耕地年均可用淡水量 35 295m³/hm²，我国仅为其 57.6%。我国是农业大国，农业用水曾占全国用水量的 88%，20 世纪末下降至 72%，水稻生产用水占农业用水的 65%，每年耗水量 2656 亿 m³，约占全国年用水量（4987 亿 m³）的 53.3%，即我国每年约一半的淡水资源用于种稻，水稻生产是社会各行各业用水的第一大户。再加上工程和非工程技术原因，每吨水的生产效率仅为 0.6～0.8kg/m³，不及先进国家淡水生产效率的一半。湿种技术倡导麦作式种稻，即像播种麦子那样种植水稻，

根据水稻生理需水规律，进行肥水管理，每亩节水 150～180t（南方稻区），比传统的水稻灌溉方式节省灌溉用水 30%～40%。

2. 用地养地结合，培肥修复土壤

我国作物单产提高对化肥投入的过分依赖，以及对施用农家有机肥与农业综防措施的忽视，是导致我国水稻田土壤农业生产力下降的主要原因。上述原因导致稻田土壤有机质下降、土壤结构破坏、土壤沙化与酸化等，严重者甚至使土壤丧失良好物理性、化学性及生物学特性的自身调节能力，导致土壤农业生产力持续下降。麦作式技术提倡肥稻轮作，前茬种绿肥紫云英（红花草子），以磷增氮，用地养地相结合，发挥绿肥沃土功效。一般每亩可产草子 3000kg（鲜重），风干重约为 600kg，N、P_2O_5、K_2O 含量（占风干重比）约为 2.5%、0.5%、2.0%，相当于每亩用肥分别为纯 N 15kg、P_2O_5 3.0kg、K_2O 12kg。前茬休闲或种麦、油菜等作物的田块，则需重施有机基肥，翻耕施入以牲畜肥为主材料的厩肥（每亩1000～2000kg），或经工厂粗加工的有机复合肥，每亩施 500kg。冬季种植绿肥、堆制有机肥或秸秆还田等措施，对土壤具有生物修复功效，用地与养地相结合的方针有利于农业的可持续发展。

3. 节水减排，降低大气、农田面源污染

2017 年全省农作物化肥使用量 82.6 万 t，全省农作物化学农药使用量 4.63 万 t，全省平均农业用药强度为 2.4kg/hm²（以播种面积计）。农业生产本身引起的水体面源污染在扩大，传统的灌溉稻田向周边水域排放富含化肥与农药残留的灌溉回流水，成为江河湖泊水质富营养化的主要贡献者，其贡献率高达 70%～75%。灌溉稻麦作式水稻湿种技术的实施，可以减少约 50% 的稻田回流水向周边水域的排放。另外，不少研究证明，CH_4 对全球气候变暖的作用仅次于 CO_2，而 CH_4 的增温潜势是 CO_2 的 62 倍，灌溉稻田是重要的 CH_4 排放源之一，占人为源的10%～20%。试验表明，与传统的水稻深水漫灌相比，灌溉稻麦作式水稻湿种技术可显著减少 CH_4 的排放量。

因此，以麦作式为代表的稻作方式是经实践证明了的集节水、稳产、高效及环境友好于一体的稻作生产技术，该技术的应用对进一步促进稻作生产发展、维护我国粮食安全与生态安全具有重要意义[41]。

第四节　浙江省稻田耕作制度的展望

一、浙江省稻田耕作制度改革的总体思路

2019 年 6 月 26 日至 27 日，全省耕地质量与肥料管理工作会议在杭州召开。会议总结交流了全省耕肥重点工作进展情况，研究部署了 2019 年工作重点，充分

肯定了浙江省近年来耕地质量与肥料管理工作取得的成效。会议指出，耕肥工作
是现代农业发展的重要基础，全省耕肥工作要以习近平新时代中国特色社会主义
"三农"思想为指引，深入实施"藏粮于地、藏粮于技"战略，做好耕地质量建设保
护工作。会议强调，要坚持以提升耕地质量建设为切入点，创高质量提升耕地地
力新格局；要坚持以实施化肥定额制为突破点，树立高水平化肥减量增效新标杆；
要坚持以保障农产品质量安全为出发点，探索高水准受污染耕地安全利用新模式；
要坚持以强化监测评价体系为着力点，打造高标准耕地质量管理新平台；要坚持以
提升自身能力建设为落脚点，创建高效能服务新机制。

二、当代稻田耕作制度改革的主要措施

（一）开发建立高效种植模式及其配套技术

大力选育推广高产优质品种，因种栽培，集成应用高产高效技术，提升科技
水平。加快促进良田、良种、良法、良制配套，充分发挥综合增产潜力。强化农
田水利、地力培肥等基础建设，提升粮食产能。加快推广"千斤粮万元钱"等耕作
制度，促进稳粮增效。积极推进粮经结合、水旱轮作等耕作制度和稻田立体种养
模式，重点推广菜稻轮作、菌稻轮作、瓜稻轮作、稻鸭共育、稻鱼共生、池塘种
稻等高效发展模式，并扩大覆盖面[38]。

（二）积极推进机械化、轻简化栽培技术发展

大力推进水稻全程机械化，重点突破双季稻机械化栽植、高效机械化植保
和化肥机械化深施等环节。积极推广适合机械化轻简化作业的水稻品种和栽培
模式[42]。实现农机农艺深度融合，实现耕作、排灌、植保、收获等环节的机械化，
加快驱动水稻生产"机器换人"[37]。例如，移栽稻较直播稻有产量高、易管理等
优势，当前机插秧的壮秧育苗、机械化移栽等配套技术仍不成熟，需要积极发展
和探索[43]。

（三）注重稻田环境友好、生态安全

大力推广肥药安全高效、环境友好型技术措施，重点推广应用商品有机肥、
高效生态型肥料，减少和替代化肥；推广病虫害绿色防控技术和高产环保农药，科
学用药，减少用量[44]。全面开展农业"两区"① 土壤污染防治三年行动计划，推进
生产清洁化、环境无害化[45]。大力推广秸秆还田技术和配方肥、商品有机肥，示
范应用高效缓释肥、水溶性肥料、生物肥料、土壤调理剂等新型肥料，集成推广
种肥同播、机械深施、水肥一体化等高效施肥技术，加快推进水稻病虫害生物防治、
生态控制、理化诱控等绿色防控技术，实现绿色防控与统防统治融合发展。

---

① 两区：现代农业园区和粮食生产功能区

参 考 文 献

[1] 周子康. 地形气候对浙江丘陵山地"立体农业"布局的影响. 农业气象, 1984, 4: 14-17.
[2] 童海军, 杨治斌. 不同耕作制度条件下统一供种模式探讨. 浙江农业科学, 1997, 4: 165-166.
[3] 陈懿妮, 楼茂园, 李嘉鹏, 等. 浙江秋季连阴雨气候统计特征及其异常环流背景. 气象科学, 2019, 39(2): 264-273.
[4] 张小泉, 王文, 傅帅. 2013 年浙江省夏季异常高温天气特征及其成因分析. 气象与环境学报, 2017, 33(1): 80-86.
[5] 罗炜华, 何晓锋, 丁春梅. 浙江省超强台风防御方案及台风危害研究. 科技情报开发与经济, 2010, 20(9): 146-150.
[6] 叶宏宝, 石晓燕, 李冬, 等. 浙江省农业气候资源时空变化特征研究. 浙江农业学报, 2014, 26(4): 1021-1030.
[7] 曾花. 浙江省农业结构的现状与问题研究. 经济论坛, 2011, (10): 42-43.
[8] 徐跃进. 浙江省丘陵山区农业机械化发展研究. 浙江大学硕士学位论文, 2017.
[9] 丁贤劼, 方宪章. 浙江省稻田耕作制度的改革和发展的趋向. 浙江农业科学, 1979, 6: 1-9.
[10] 黄国勤. 改革开放 40 年来长江中下游地区稻田耕作制度的发展. 中国农学会耕作制度分会 2018 年度学术年会论文摘要集, 2018.
[11] 李立军. 中国耕作制度近 50 年演变规律及未来 20 年发展趋势研究. 中国农业大学博士学位论文, 2004.
[12] 梁健, 吕修涛, 冯宇鹏, 等. 我国超级稻发展现状及建议. 中国稻米, 2020, 26(3): 1-4.
[13] 秦叶波, 王岳钧, 毛国娟, 等. 浙江省超级稻示范推广成效与经验. 中国稻米, 2020, 26(3): 58-60.
[14] 王巧军. 浙江省粮食生产持续发展研究. 农业技术经济, 1997, 1: 4-6, 44.
[15] 章秀福, 朱德峰. 中国直播稻生产现状与前景展望. 中国稻米, 1996, 5: 1-4.
[16] 武美艳. 连续覆膜旱作稻田土壤肥力及水稻营特性研究. 浙江大学博士学位论文, 2008.
[17] 黄昌勇, 王竺美, 施丹潮, 等. 中高肥力土壤水稻施肥技术研究. 浙江农业大学学报, 1993, 19(1): 57-62.
[18] 鲁初. 浙江推广水稻薄露灌溉技术. 喷灌技术, 1993, 4: 30.
[19] 黄国勤, 张桃林. 论南方稻田耕作制度的调整与改革. 农业技术经济, 1996, 1: 41-45.
[20] 楼晓波. 不同环境条件下水稻稻米营养品质性状的发育遗传分析. 浙江大学硕士学位论文, 2002.
[21] 周新桥, 邹冬牛. 稻米垩白研究综述. 作物研究, 2001, 3: 52-58.
[22] 金军. 氮肥施用量施用时期对稻米品质及产量的影响. 扬州大学硕士学位论文, 2002.
[23] 刘宁, 吴永华, 吴卫成, 等. 以科技创新驱动农业转型升级助力浙江绿色现代农业. 农业科技管理, 2016, 35(2): 13-16.
[24] 杨京平, 钟一铭, 汪自强, 等. 浙江湖州稻鱼、稻菱鱼耕作制度与休闲农业的融合发展. 中国农学会耕作制度学术年会论文摘要集, 2016.
[25] 王国占. 耕作技术与农业绿色发展. 中国农机化学报, 2017, 38(8): 9-12.
[26] 刘子闻. 保护性耕作及多样化轮作下稻田土壤胶体磷的赋存规律及阻控研究. 浙江大学硕士学位论文, 2017.
[27] 陈力力, 刘金, 李梦丹, 等. 不同耕作方式稻田土壤细菌的多样性. 微生物学杂志, 2018, 38(4): 62-70.

[28] 冯珺珩, 黄金凤, 刘天奇, 等. 耕作与秸秆还田方式对稻田 N_2O 排放、水稻氮吸收及产量的影响. 作物学报, 2019, (45)8: 1250-1259.

[29] 邱添, 胡志超, 吴惠昌, 等. 国内外免耕播种机研究现状及展望. 江苏农业科学, 2018, 46(4): 7-11.

[30] 张慧芳. 免耕与秸秆还田对水稻养分吸收及土壤磷素富集的影响. 浙江大学硕士学位论文, 2017.

[31] 王朝林, 祁永斌, 王金荣, 等. 油菜越优 1203 的特征特性及免耕直播栽培技术. 浙江农业科学, 2018, 59(10): 1827-1828, 1832.

[32] 杨富江. 科学完善耕作制度实现农业可持续发展. 农业工程, 2012, 2(3): 15-17.

[33] 李诗豪, 刘天奇, 马玉华, 等. 耕作方式与氮肥类型对稻田氨挥发、氮肥利用率和水稻产量的影响. 农业资源与环境学报, 2018, 35(5): 447-454.

[34] 徐叶舟, 朱娟, 蒋建荣, 等. 三个 "甬优" 籼粳杂交水稻新品种在浙北常规粳稻区的种植表现. 上海农业科技, 2020, 3: 42-43.

[35] 中稻宣. 至 2020 年农业农村部认定的 133 个超级稻品种. 中国稻米, 2020, 4: 39, 66, 105.

[36] 刘昆, 黄健, 李婷婷, 等. 超高产籼粳杂交稻大穗形成机理初步研究. 中国作物学会学术年会论文摘要集, 2019.

[37] 王月星, 王岳钧. 浙江省水稻生产现状与发展对策. 浙江农业科学, 2019, 60(2): 177-179, 183.

[38] 秦叶波, 孙健, 丁检, 等. 浙江省水稻生产现状及绿色生产发展措施建议. 中国稻米, 2018, 24(3): 76-78.

[39] 陶龙兴, 谈惠娟, 王熹. 灌溉稻田 "麦作式" 水稻旱种技术. 中国稻米, 2005, 3: 24-25.

[40] 宋建, 谈惠娟, 符冠富, 等. 水稻春优 58 "麦作式" 湿种丰产技术. 浙江农业科学, 2009, 6: 1111-1114.

[41] 王熹, 陶龙兴, 谈惠娟, 等. 革新稻作技术维护粮食安全与生态安全. 中国农业科学, 2006, 39(10): 1984-1991.

[42] 张世煌. 耕作制度改革带动农业技术进步. 农业技术与装备, 2011, 213: 19-22.

[43] 程旺大, 汤美玲, 赵国平, 等. 直播晚粳稻栽培高产途径探讨. 上海农业学报, 2001, 17(2): 49-52.

[44] 徐雪高, 郑微微. 农业绿色发展制度机制创新: 浙江实践. 江苏农业科学, 2018, 46(16): 293-296.

[45] 徐萍, 王美青, 卫新, 等. 浙江省农业面源污染防治的总体思路和对策. 浙江农业科学, 2019, 60(6): 862-864.

第六章 安徽省稻田耕作制度改革与发展 [①]

第一节 安徽省稻田耕作制度的历史演变

安徽省位于华东腹地，地跨29°41′N～34°38′N、114°54′E～119°37′E，受太阳辐射、大气环流和地理环境的综合影响，形成了由暖温带向亚热带的过渡气候型。近30年气象数据显示，安徽省稻区太阳辐射年总量为4200～4900MJ/m²，平均日照时数1600～2200h；平均气温14～17℃，全年无霜期210～250d，≥10℃积温4700～5300℃；全省年降雨量800～2400mm，蒸发量为1200～1600mm。季风明显，四季分明，气候温和，光照充足，雨量适中，无霜期长，春温多变，梅雨显著，夏雨集中，秋高气爽，有利于水稻等喜温作物种植，也适宜小麦等冬季作物生长。安徽省是水稻种植大省，是我国主要的产稻区和商品稻米基地，2017年水稻种植面积和产量分别为260.5万hm²和1647.5万t，分别占全国总量的8.5%和7.7%。

安徽省南北气候条件差异明显，地貌类型复杂多样，平原、岗丘、山地俱全，河流、湖泊纵横相连。水稻生产分布受气候资源显著影响，安徽省地跨5个纬度和4.5个经度，长江、淮河自西向东横贯全省，将全境划分为淮北、江淮和江南3个天然区域。总的来说，光能资源淮北地区高于江淮之间南部、沿江地区及江南东部，皖南地区最低；而热量和降水资源则大体表现为北少南多（表6-1）。受地区间气候资源、土壤结构、水利灌溉条件、生产条件及行政区域特点的影响，安徽省的水稻绝大多数分布在沿淮和淮河以南地区，同时形成不同生态区域丰富多彩的水稻耕作制度[1]。

表6-1 安徽省稻区气候资源特征

稻作区类别	光能资源		热量资源			降雨量（mm）
	太阳辐射（MJ/m²）	日照时数（h）	年平均气温（℃）	无霜期（d）	≥10℃积温（℃）	
长江沿岸双、单季稻兼作区	4500	1800	16	240	5100～5200	1200～1500
江淮之间丘陵单、双季稻过渡区	4600～4700	1900～2000	15～16	230～240	5000～5100	900～1400

① 本章执笔人：董召荣（安徽农业大学，E-mail: d3030@163.com）

柯 健（安徽农业大学，E-mail: kej@ahau.edu.cn）

吕和平（安徽省庐江县农业技术推广中心，E-mail: ljhoping@163.com）

董 萧（安徽农业大学，E-mail: dx012210@ahau.edu.cn）

续表

稻作区类别	光能资源		热量资源			降雨量
	太阳辐射 （MJ/m²）	日照时数 （h）	年平均气温 （℃）	无霜期 （d）	≥10℃积温 （℃）	（mm）
淮河沿岸及淮北平原 单季稻作区	4700～4900	2100～2200	14.5～15.5	210～230	4700～4900	800～900
大别山地单、双季 稻作区	4500～4600	1800	15～16	240～250	4900～5000	1500
皖南山地双、单季稻 作区	4300～4400	1700	16	230～240	4900～5000	1500～1700

数据来源：《安徽稻作学》[1]

一、不同稻区的传统耕作制度

依据安徽省水稻种植区域的资源特征和生产条件，全省可分为共 5 个稻作区，即皖南山地双、单季稻作区，长江沿岸双、单季稻兼作区，江淮之间丘陵单、双季稻过渡区，大别山地单、双季稻作区，淮河沿岸及淮北平原单季稻作区[1]。

（一）皖南山地双、单季稻作区

本区包括宣州、郎溪、广德、宁国、旌德、绩溪、泾县、南陵、东至、贵池、青阳、石台、黄山、祁门、休宁、黟县、歙县等 17 个县（市、区）的大部分或全部地区，包括休屯盆地和皖南山地 2 个亚区。本区水稻面积占本区耕地面积的 84%，占安徽省水稻面积的 8%。受海拔和山谷宽度不同影响，气温差异大，山间畈地的小气候较为特殊。休屯盆地是皖南地区重要粮仓，稻田耕作制度以绿肥-稻-稻和冬闲-稻-稻的双季稻为主。皖南山区双季稻和单季稻比例相当，其中单季稻以油-稻和冬闲-稻为主，也有部分绿肥-稻和麦-稻模式。双季稻种植海拔本区南部以不超过 300m、北部不超过 200m 为宜。

（二）长江沿岸双、单季稻兼作区

本区以长江两岸圩区为主，包括和县、含山、巢湖、无为、枞阳、庐江、桐城、舒城、潜山、铜陵、怀宁、望江、宿松、当涂、芜湖、郎溪、宣城、广德、南陵、泾县、青阳、贵池和东至等 23 个县（市、区）的大部分或全部地区，是安徽水稻主要产区之一，该区的水稻面积占本区耕地面积的 78%，占安徽省水稻面积的 40%。本区地处江圩畈区，地势平坦，土壤肥沃，水热资源丰富，灌溉条件良好。然而，由于大多数稻田地势较低，地下水位高，春季雨水多，排水不畅，小麦病害重、易早衰，因此传统的稻田耕作制度多为绿肥-中稻或油菜-中稻一年二熟。对于部分地势较高、排水良好的稻田，搭配部分小麦（大麦）-中稻模式。对于一些光热水肥及劳动力资源好的地区，也有双季稻的种植，包括早晚稻连作、再生稻等。

（三）江淮之间丘陵单、双季稻过渡区

本区位于长江、淮河之间的中部丘陵地区，包括天长、来安、全椒、南谯、琅琊、明光、凤阳、定远、含山、巢湖、庐江、舒城、肥西、肥东、长丰、金安、裕安、寿县、霍邱等 23 个县（市、区）的大部分或全部地区，该区的水稻面积占本区耕地的 68%，占全省水稻种植面积的 38%。本区多为缓岗坡地，水资源条件差，土地较为贫瘠，尤其是江淮分水岭两侧的高塝地，旱、瘦、荒现象突出。稻田耕作制度主要为油菜-中稻、小麦-中稻一年二熟，部分地区冬季撂荒普遍，冬闲田面积较大，同时双季稻在本区中南部零星分布，种植面积占全区水稻种植面积的 5% 左右。

（四）大别山地单、双季稻作区

本区位于皖西大别山区，包括岳西、太湖、潜山、宿松、桐城、舒城、金寨、霍山、金安和裕安等 10 个县（市、区）的大部分或全部地区。该区的水稻面积占本区耕地的 82%，占安徽省水稻面积的 5%。本区山区特点明显，水稻种植主要集中于山间盆地和塝地。农业气候资源垂直变化较大，较同纬度地区光热资源少。稻田耕作制度主要为冬闲-中稻，低海拔山间盆地种植制度以油菜-中稻、小麦-水稻为主，南部有少量双季稻分布。

（五）淮河沿岸及淮北平原单季稻作区

本区包括沿淮河北岸的五河、淮上、怀远、凤台、颖上、阜南等县（市、区）的中南部，淮河南岸的霍邱、寿县、定远、凤阳和明光等县（市）的北部，在淮北平原中北部水稻有小面积零散种植。本区光热资源丰富，地势平坦，土壤肥沃，人均耕地多，传统稻田耕作制度主要为稻麦连作，一年二熟，该区域水稻面积占本区耕地面积的 7%，占安徽省水稻面积的 9%。但沿淮地区地势低洼，灾害频繁，影响水稻和小麦高产稳产，同时淮河平原中北部地区由于砂姜黑土保水保肥性差，以及灌溉水资源不足等问题，水稻生产受到了较大限制。近年来该区水稻生产条件不断改善，水稻生产水平不断提高，沿淮稻区各县（市、区）已逐步成为安徽省稻麦重要的商品粮生产基地。

二、稻田耕作制度的发展历程

安徽省水稻种植历史悠久，水稻始终是主要的粮食作物。新中国成立之前，受肥、水等生产条件和科技水平限制，稻田耕作制度单一，稻作发展速度缓慢，长期处于低产、低效水平。新中国成立以来，特别是党的十一届三中全会以后，安徽省在稻田耕作制度变革、双季稻发展、籼改粳，以及立体种养等方面做出重要贡献，稻田耕作制度改革稳步推进，作物布局和种植结构不断优化，稻作生产

技术水平显著提高，提高复种指数、单产和品质水平，提高粮食产量，促进农民增收，减少环境污染。稻田耕作制度大体经历了以下 6 个时期[1-3]。

（一）经济恢复时期（1949～1955 年）

新中国成立初期，水稻生产条件差，生产水平不高，复种指数较低。淮河以南及沿江江南地区沿袭新中国成立前油菜-水稻、小麦-水稻、冬闲-水稻等传统的一年二熟或一年一熟种植制度，水稻品种类型以中籼稻为主，播种面积占 80% 以上，粳稻零星种植。1954 年实行双季稻和冬沤田改造等稻作改制，加上扩种绿肥和推广良种等措施，水稻种植面积、总产和单产总体上均有较大的增长。1955 年全省水稻种植面积扩大到 201.7 万 hm²，比 1949 年增加 8.04%，每公顷产量提高到 2691.8kg，总产量达 542.9 万 t，较 1949 年增加 192.2%。

（二）"旱改水"，双季稻推广时期（1956～1965 年）

全省开始了较大规模的农田基本建设，生产条件和生产技术有所改善。20 世纪 50 年代中后期，全省推行农业"三改"（单季改双季、间作改连作、籼稻改粳稻），淮河以南、沿江江南地区开始试种和推广双季稻，随着早、晚双季稻新品种不断育成和更新，绿肥紫云英试种成功和推广，以及薄膜育秧等新技术应用和推广，双季稻进入推广阶段。绿肥-早稻-晚稻一年二熟或者油菜-早稻-晚稻一年三熟等种植模式逐步取代传统的油菜（小麦）-中稻一年二熟或冬闲-中稻一年一熟种植模式，复种指数显著提高。

20 世纪 50 年代后期，江淮丘陵和沿淮淮北地区实行"旱改水"。江淮丘陵总体属缺水地区，季节性干旱严重，随着淠史杭大型水利工程建成并发挥效益后，水利条件明显改善，实现了自流灌溉和稳产保收，部分旱地及一些原来的"碟子塘"均改田种植水稻，江淮丘陵地区传统稻田耕作制度稳定向以油菜-水稻、小麦-水稻一年二熟制为主的方向发展。同时沿淮地区小麦-休闲、小麦-大豆（玉米、甘薯、高粱、芝麻）的传统耕作制度大部分或部分被小麦-水稻二熟制所替代。

受政策和自然灾害的影响，该时期安徽省水稻生产变幅较大，是稻田耕作制度不断调整使之适应当时的生产条件和生态环境的时期。1956 年全省水稻总面积增至 281.2 万 hm²，其中双季稻种植面积猛增到 63.8 万 hm²，但平均每公顷产量仅为 2070.0kg，较 1955 年降低 23.0%，这与双季稻季节紧张、比例过大、单产不高有关。受水利等资源因素的影响，1958～1962 年，水稻种植面积、单产和总产均大幅度下降，至 1962 年全省水稻面积减少到 145.8 万 hm²，比 1957 年降低 30%，总产下降到 246.8 万 t，每公顷产量进一步降低为 1692.5kg，面积和单产均低于 1951 年水平。1963～1965 年，农业生产和耕作制度进行了首次重大调整，水稻生产有所恢复和发展，1965 年全省水稻总产提高到 477.5 万 t，每公顷产量提高到 2806kg，总产和单产分别较 1961 年增长 93% 和 66%，接近 1955 年水平[1]。

（三）"籼改粳"推进，双季稻大发展时期（1966～1977 年）

安徽省江淮丘陵地区地处双季稻北缘，双季晚稻易受到"寒露风"的影响，造成减产甚至绝收。20 世纪 60 年代后期，随着双季稻面积的不断扩大，为了增加晚稻生产安全性，采用双季晚粳替代晚籼（双季早籼-双季晚粳）模式，推动了安徽省第一次"籼改粳"进程。江淮、沿江和江南稻区双季稻经历了发展稳定期（1966～1970 年）和大发展时期（1970～1977 年），单季稻面积不断缩减，复种指数大幅度提高。到 20 世纪 70 年代中期，沿江和皖南地区双季稻面积占稻田面积的 70% 以上，江淮丘陵则占稻田面积的 50% 以上。1976 年全省双季稻种植面积达 190 万 hm^2，形成了以双季稻生产为主的水稻生产结构。

由于双季稻面积的急剧增加，安徽省水稻生产稳步发展。到 1976 年，全省水稻面积扩大到 258.5 万 hm^2，总产达 1001.5 万 t，其中粳稻种植面积达到 87.0 万 hm^2 左右，约占全省水稻种植面积的 1/3，"籼改粳"工作稳定推进，粳稻种植面积迅速扩大[1]。

（四）"四稻"布局调整，"调单减双"时期（1978～1990 年）

江淮、沿江和皖南地区双季稻由于比例过大、季节紧张，早稻收获后整地粗糙，双季晚稻套种紫云英翻耕困难，因此土壤板结、理化性质变劣，严重影响水稻和绿肥生长，产量提升困难。尤其是江淮丘陵地区中北部，是双季稻种植最北缘地区，早稻季温度低易烂秧，晚稻季又易受"寒露风"危害，双季稻产量不高不稳。1977～1980 年，各地认真总结了过去的经验教训，"三三进九，不如二五得十"，从实际出发，因地制宜地对农业生产结构和耕作制度进行重大调整与改进，双季稻面积持续调减，单季中、晚稻面积稳步提升，整个农业生态系统逐渐趋向于平衡发展。沿江和江淮地区开展"沤田改冬种"，通过开沟排水、改种绿肥和油菜，改善了土壤通气结构和肥力状态，排水困难的冬沤稻田耕作制度由冬沤-中稻改为油菜（小麦、绿肥）-中稻一年二熟制。此外，皖南和皖西山区部分冷浸田，通过开沟排水、垄作栽培、增施有机肥等措施，冬季种植油菜或绿肥，形成油菜（绿肥、小麦）-中稻一年二熟制。同时，由于实行家庭联产承包责任制，农民有了生产自主权，极大地调动了广大农民的生产积极性；此外，大力推广以杂交籼稻为主体的优良品种，配合包括配方施肥、防治病虫及模式化高产栽培技术在内的集成创新和应用，实现了良种良法良田良制配套，全省水稻生产达到历史最好时期。

（五）"籼改粳"面积增加，"四稻"产量稳步提升时期（1991～2016 年）

受市场经济调节，以及劳动力及生产成本的影响，20 世纪 90 年代后，安徽省双季稻种植面积持续下降。同时随着优质、高产杂交稻、超级稻的推广，粳稻产量优势弱化，加之粳稻优质优价不能体现和品种匮乏，粳稻种植面积急剧下降。至 2000 年，双季早、晚稻种植面积共 61.5 万 hm^2，仅占全省水稻总面积的 29.2%；

粳稻种植面积锐减至21万 hm^{2}左右,仅占水稻种植面积的10.5%。进入21世纪以后,由于全国出现了卖粮难,籼稻大量积压,粳稻特别是粳糯稻的需求增加,粳稻比较效益凸显,粳稻面积和所占比例较20世纪90年代有所回升。2003年以后,粮食价格回升,尤其是免除农业税、粮食直补和良种补贴等政策的实施,调动了农民粮食生产的积极性;另外国家粮食丰产科技工程等项目的实施,为稻作科技水平提高提供支撑。随着土地流转面积逐步扩大,小麦-中稻一年二熟制在全省占主导地位,油菜-中稻、绿肥-中稻种植面积下降。土地未流转农户冬闲-中稻种植模式面积增加。全省水稻总面积稳定在220万～230万 hm^2,单产和总产呈小幅上升趋势(图6-1),形成以单季稻为主、双季稻面积继续下降至稳定的基本格局。

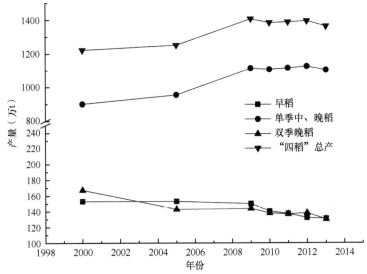

图6-1　安徽"四稻"(包括早稻,单季中、晚稻,双季晚稻)总产变化(2000～2013年)

随着粳稻消费需求的增加,市场销路好和价格上涨,以及规模化种植的发展和直播等栽培方式的出现,安徽粳稻生产,特别是沿淮和沿江地区单季粳稻的种植面积得到了恢复性发展。2004年以来,随着国家对粮食生产的重视,一系列支持粮食生产政策的落实,全省水稻生产得到快速发展。水稻面积由2003年的182.7万 hm^{2}恢复增长到2016年的228万 hm^2,实现播种面积、单产、总产的全面提升。同时,水稻优质化水平不断提高,粳稻种植面积得到恢复和提升,2009年粳稻种植面积恢复到53万 hm^{2}左右,2009～2015年,安徽省粳稻种植面积变化相对稳定,稳中略增,2015年粳稻种植面积发展至67.5万 hm^2,占水稻种植面积的29.2%。

(六)提质增效,水稻绿色生产时期(2017～2020年)

随着社会经济的迅速发展、社会主要矛盾的变化,消费者对安全优质稻米产品要求提高，稻米优质优价的市场机制也正在逐步形成，稻米需求已经由数量型向优质安全型转变。国家通过降低水稻收购保护价，调整农业结构等相关政策，推动粮经饲统筹、农牧渔结合、种养加一体等新型高效耕作制度发展，促进农业供给侧结构性改革和一二三产业融合发展，推动水稻生产从高产向优质安全转型，安徽省水稻进入提质增效绿色生产时期。随着土地流转面积进一步扩大，小麦-中稻一年二熟制在全省仍然占主导地位，绿肥-中稻、油菜-中稻种植面积有恢复性增加，再生稻和冬闲田面积有扩大趋势。2017～2019 年，在粮食多年持续丰收后，出现新的卖粮难，种植大户种粮效益下降，粮食生产受到冲击。近年来，安徽省稻田综合种养发展迅速，主要模式有水稻-小龙虾种养模式、水稻-青虾种养模式、水稻-鱼种养模式（如水稻-鳖种养模式、水稻-鳅种养模式等）、水稻-蛙种养模式、水稻-鸭种养模式等。2017 年安徽省稻田综合种养面积为 6 万 hm²，2018 年为 15 万 hm²，2019 年达 21.3 万 hm²。

第二节　稻田种养模式

一、小麦-水稻复种模式

（一）区域分布

小麦-水稻复种模式具有机械化程度高、产量高、种植效益高等特点，是安徽省目前面积最大的粮食生产模式，总面积大约 100 万 hm²，适宜推广地区主要为安徽省的沿淮、江淮丘陵地区，在沿江平原、皖南山区、皖西山区和淮北平原均有分布[1-3]。

（二）生产潜力

该模式在安徽省的沿淮淮北、江淮丘陵地区周年每公顷单产潜力可达 18.0t，其中小麦产量为 6.75～8.25t，水稻产量为 9.0～10.5t。在沿江平原、皖南山区、皖西山区周年每公顷单产潜力可达 15.0～16.5t，其中小麦产量为 4.5～6.0t，水稻产量为 9.0～10.5t。

（三）存在问题

该模式存在的主要问题有：①品种熟期配套与光热资源合理利用问题。目前生产上多数为早、中熟中籼稻茬口复种小麦，前茬水稻在 9 月中下旬至 10 月上旬收获，距当地小麦适宜播种期有较长的间隔期，存在一定的光温水资源浪费现象；对于近年逐步扩增的中、晚粳稻茬复种小麦模式，前茬水稻收获期延迟到 10 月中下旬至 11 月上中旬，复种小麦的季节又相对较紧张。②秸秆还田问题。小麦、水稻两季秸秆产量达到 15t/hm² 以上，秸秆周年全量还田后出现的土壤和栽培上诸多不利变化与问题有待研究解决。③灾害问题。稻茬麦易发生渍涝灾害和赤霉病；麦茬稻主要存在前期干旱、高温热害和后期的低温寡照连阴雨天气等灾害风险。④倒伏问题。麦茬稻和稻茬麦的高产栽培都存在倒伏风险。⑤稻茬麦和麦茬稻的配套优质高产高效栽培技术有待进一步提高。

（四）小麦-水稻复种技术

1. 稻茬麦栽培技术

1）种植方式与品种选择

沿淮、淮北地区中稻茬小麦多采用适墒旋耕机条播种植方式，主要选择一些优质、高产、抗病的半冬性品种，如堰展 4110、阜麦 936、烟农 999、涡麦 99、新麦 26、济麦 22、紫麦 19、涡麦 9 号、烟农 19、荃麦 725、皖麦 52、百农 207、烟 5158、连麦 2 号、淮麦 22、淮麦 35、淮麦 40 等。

江淮丘陵和沿江地区中稻茬小麦主要采用适墒旋耕机条播种植方式，品种以抗（耐）渍涝性好、抗赤霉病的弱春性或春性中熟高产品种为主，如轮选 22、扬麦 25、镇麦 9 号、镇麦 13、苏麦 188 等；晚粳稻茬小麦应采用免耕或旋耕人工撒播机开沟覆土种植方式，品种以抗（耐）渍涝性好、抗赤霉病的春性早熟品种为主，如扬麦 13、扬麦 18、宁麦 13、扬麦 20、镇麦 168、皖西麦 0638、扬麦 22、苏隆 128、皖麦 606、镇麦 9 号等。

2）整地、播种、施肥要求

稻茬麦栽培重点是深沟平畦，开好三沟（畦沟、腰沟、围沟），做到能排能灌。大力推广稻茬麦旋耕机条播技术，力求一播全苗，壮苗越冬。每公顷施纯氮 195～225kg，五氧化二磷 105～120kg，氧化钾 75～90kg。氮素化肥的 60%～70% 底施，30%～40% 在拔节期追施。

3）田间管理重点

田间管理重点主要有病虫草害综合防治、科学追施、防渍涝为害和防早衰等。

2. 麦茬稻栽培技术

1）主要栽培方式与品种选择

安徽麦茬稻栽培主要采取育秧移栽和大田直播两大种植方式，具体有水（旱）育秧人工栽插、塑料软盘育秧抛栽、工厂化育秧机插、水田人工撒直播、水田机条（点）直播和旱田机条直播 6 种播栽方法。

目前，淮北、江淮西部和江南地区的麦茬稻多以中籼稻人工栽插或机插栽培为主，品种宜选择生育期在 135～145d 的中、晚熟优质高产杂交中籼稻和常规籼稻品种，如丰两优 1 号、丰两优 4 号、皖稻 153、隆两优华占、徽两优 898、Y 两优 957、荃优 822 等。江淮中、东部地区和沿淮部分地区的麦茬稻多以中粳和单季晚粳稻人工栽插、机插或直播栽培为主。人工栽插品种，宜选生育期在 145～160d 的迟熟优质超高产籼粳杂交稻品种，如甬优 1540、甬优 2640 等；机插栽培品种，宜选择生育期在 135～145d 的中、晚熟优质（专用）高产常规中、晚粳稻品种或杂交粳稻品种，如秀水 121、武运粳 31、嘉花 1 号、青香软粳、皖垦粳 2 号、宁粳 7 号、镇稻 18、镇糯 19、皖稻 68、皖垦糯 1 号、甬优 2640、中禾优 1 号等；直播栽培品种，宜选择生育期在 130～145d 的早、中熟优质（专用）高产常规中、晚粳稻品种，如当粳 8 号、武运粳 31、苏秀 867、皖垦粳 2 号、镇稻 18、镇糯 19、皖垦糯 2 号等。

2）栽培技术要点

（1）适期播种，培育适龄壮秧，保证安全齐穗。麦茬稻的适宜播种期主要根据前茬小麦的成熟收获期、收割整地时间和所用品种的生育期长短、秧龄弹性及当地水稻安全齐穗期来确定，原则上是宜早不宜迟。大苗人工栽插和钵苗机插，宜在小麦成熟收割前 20d 左右播种育秧，控制移栽秧龄 25～30d；毯苗机插的宜在小麦成熟收割前 10～15d 播种育秧，控制移栽秧龄 18～25d；直播种植，要尽量抢早播种，中熟、早熟、特早熟品种要分别控制在 6 月 15 日前、6 月 22 日前和 6 月 28 日前播种。

（2）合理密植，构建高产群体基础。安徽单季稻高产和超高产栽培的适宜每公顷有效穗数：大穗型杂交稻品种为 240 万～300 万，中穗型常规稻品种为 300 万～360 万。合理的播栽群体密度：人工栽插的，杂交稻行株距 30cm×15cm，每穴栽 3～4 茎蘖苗，每公顷栽 22.5 万穴左右，共 67.5 万～90 万基本茎蘖苗；常规稻行株距 25cm×16cm，每穴栽 4～5 茎蘖苗，每公顷栽 24 万～25.5 万穴，共 90 万～120 万基本茎蘖苗。钵苗机插杂交稻的，行株距 33cm×14cm 或宽窄行（23～33）cm×16cm，每穴栽 3～4 茎蘖苗，每公顷栽 21.75 万穴左右，共 67.5 万～90 万基本茎蘖苗。毯苗机插，杂交稻行株距 30cm×15cm 或 25cm×18cm，每穴栽 2～4 株种子苗，每公顷栽 22.5 万穴左右，共 60 万～75 万基本苗；常规稻行株距 30cm×14cm 或 25cm×17cm，每穴栽 4～5 株种子苗，每公顷栽 22.5 万～27 万穴，共 90 万～105 万基本苗。直播适宜播种量，杂交稻 19.5～27kg/hm^2，成秧 60 万～75 万株/hm^2；常规稻 37.5～45kg/hm^2，每公顷成秧 90 万～120 万株。

（3）科学管水、精准施肥，调控形成高产高效群体结构。本田期施肥种类和数量，主要根据选用品种、目标产量、栽培方式和当地土壤养分状况，运用养分平衡法配方施肥原理来确定主要养分用量和缺乏中、微量养分的补充量，安徽各地麦茬稻高产栽培施肥量为中籼（杂交）稻施纯 N 210～270kg/hm^2、P$_2$O$_5$ 82.5～105kg/hm^2、K$_2$O 150～210kg/hm^2，中粳和单季晚粳稻施纯 N 240～315kg/hm^2、P$_2$O$_5$ 90～112.5kg/hm^2、K$_2$O 180～255kg/hm^2。多采取重施深（全层）施基肥，早施蘖肥，稳施壮秆促花肥，增施保花肥，看苗补施粒肥和补足缺素微肥，全面提升肥料利用率的施肥策略。人工栽插和机插栽培的，氮肥各期比例为基肥 40%～45%、苗蘖肥 20%～25%、壮秆促花肥 10%～15%、保花肥 15%～20%、粒肥 0%～10%；磷肥一次基施；钾肥基施 40%～45%、分蘖期施

15%~20%、拔节孕穗期施 25%~30%、破口抽穗期施 15%~20%。直播栽培的，氮肥各期比例为基肥 35%~40%、苗蘖肥 25%~30%、壮秆促花肥 10%~15%、保花肥 15%~20%、粒肥 0%~10%；磷肥基施 70%，拔节孕穗期施 30%；钾肥基施 30%~35%、苗蘖期两次施 25%~30%、拔节孕穗期施 25%~30%、破口抽穗期施 15%~20%。

栽插田管水多采取薄皮水栽秧，浅水活棵、分蘖，封行前保持水层抑草；直播田采取露田播种，湿润出苗至 3 叶期结合施肥灌浅水分蘖。当大田苗数（茎蘖总数）达到目标有效穗数的 80% 时，立即排水烤田；对于大田基本苗多、够苗早的田块，要早烤、重烤，干湿交替搁田到拔节后施壮秆肥时复水，防止分蘖过多造成群体恶化和病虫害加重从而减产。孕穗和抽穗灌浆期间，保持浅水层，若遇高温热害天气，有条件的可灌深水护苗。后期注意保持田间湿润，防止断水过早影响籽粒充实和稻米品质。

（4）实施病虫草害绿色综合防控。

二、冬闲-双季稻复种模式

（一）区域分布

冬闲-早稻-晚稻复种模式，曾经是安徽省沿江、江南地区主导粮食生产模式，近年来面积不断下降，目前全省总面积大约在 33.3 万 hm^2。

（二）生产潜力

该模式在安徽省双季稻区两季每公顷单产潜力可达 16.5~18.0t，其中早稻单产 6.75~9.0t，双季晚稻单产 7.5~9.75t。

（三）存在问题

该模式存在的主要问题有：①生产季节相对紧张。安徽省沿江地区地处双季稻区的北缘，双季稻生产的温、光资源不充裕，生产季节紧张的矛盾较突出，特别是"双抢"（早稻抢收晚稻抢栽）有效时间短，制约了双季稻的平衡增产和规模化种植经营。②品种配套有问题。目前双季稻品种相对缺乏，适宜机插、直播等轻简化栽培的优质高产抗病品种更少。③全程机械化生产技术尚未完全突破，用工量相对较多。目前，双季稻生产上的机耕、机整、机防、机收问题已基本解决，但在栽插秧环节，特别是双季晚稻移栽，目前仍然以人工为主，至今还没有十分成熟的栽插机械装备和配套完善的技术模式，严重制约了种粮大户发展双季稻规模化生产。④存在灾害风险。直播早稻播种出苗期间，易受"倒春寒"低温连阴雨灾害影响，造成不能一播全苗和烂秧问题，严重的需要翻板复种；迟播迟栽和品种选用不当的双季晚稻易遭受"寒露风"天气为害，造成"翘头穗"减产甚至绝收。⑤两季秸秆的全量还田，加剧了稻田土壤秸秆腐化分解过程中有毒有害物质积累，特别是双季晚稻秧苗栽后淹水期间，大量早稻秸秆在高温条件下快速分解，易发生秧苗根系中毒，造成赤枯僵苗。

（四）双季稻高产栽培技术

1. 早稻栽培技术

1）早稻主要栽培方式与品种选择

目前，安徽早稻栽培多采取水田人工撒直播、水田机条（点）直播、水（旱）育秧人工栽插、塑料软盘育秧抛栽、工厂化育秧机插 5 种播栽方式。

直播种植品种，宜选择抗倒、耐低温性好的，生育期在 97～106d 的早熟和特早熟常规籼稻品种，如中早 25、竹青、早籼 788 等。工厂化育秧机插、水（旱）育秧人工栽插、塑料软盘育秧抛栽的品种，宜选择生育期在 105～112d 的早中熟和中熟高产早籼常规稻或杂交稻品种，如中早 39、中组 143、嘉兴 8 号、早籼 902、早籼 110、中嘉早 17、株两优 120、陵两优 7713 等。

2）栽培技术要点

（1）适期播栽。安徽直播早稻的播种期，要根据 4 月上中旬天气趋势预报来确定，一般在 4 月 5 日至 15 日期间，抓住"冷尾暖头"播种；对于一些特早熟品种，其直播播种期最多可延迟到 4 月 20 日左右。采用工厂化育秧机插、大棚（温室）旱育秧手插或抛栽，适宜播种期在 3 月 20 日至 3 月底，移栽期在 4 月 18 日至 25 日；采用小拱棚湿润育秧移栽，适宜播种期在 4 月初，移栽期在 4 月下旬。

（2）合理密植。安徽早稻高产稳产栽培的适宜每公顷有效穗数：常规品种直播为 390 万～480 万，常规品种毯苗机插和抛栽的为 330 万～420 万，早杂品种旱育秧机插和人工栽插的为 300 万～360 万。合理的播栽群体密度：直播适宜每公顷播种量为 75.0～90.0kg，每公顷成秧 120 万～210 万株。早杂品种人工栽插行株距 20cm×15cm，每穴栽 3～4 茎蘖苗，每公顷栽 33 万穴左右，共 90 万～120 万茎蘖苗。毯苗机插的，杂交稻行株距 25cm×11.2cm，每穴栽 2～4 苗，每公顷栽 34.5 万～36 万穴，共 90 万～120 万苗；常规稻行株距 25cm×10.2cm，每穴栽 4～5 茎蘖苗，每公顷栽 37.5 万～39 万穴，共 120 万～150 万茎蘖苗。常规稻品种抛栽，每公顷抛 40.5 万～48 万穴，共 135 万～165 万茎蘖苗。

（3）精准配方施肥。本田期施肥种类和数量，要根据品种目标产量、栽培方式和当地土壤养分状况，运用养分平衡法配方施肥原理来确定主要养分用量和缺乏中、微量养分的补充量。安徽直播早稻施肥量一般为每公顷施纯 N 135～180kg、P_2O_5 57～67.5kg、K_2O 90～150kg。氮肥基肥施 40%～45%，蘖肥施 2 次（3 叶期前后和 5～6 叶期），共 30%～35%，穗肥施 20%～25%；磷肥基肥施 70%，拔节后补施 30%；钾肥基肥施 35%～40%，5～6 叶期施 25%～30%，穗肥期施 30%～35%。

机插、手插和抛栽早稻，施肥量一般为每公顷施纯 N 157.5～202.5kg、P_2O_5

67.5～90kg、K₂O 120～165kg。氮肥基肥施 55%～60%，蘖肥施（栽插活棵后）20%～25%，穗肥施 20%～25%；磷肥基肥施 100%；钾肥基肥施 45%～50%，拔节期施 20%～25%，孕穗后施 25%～30%。

（4）科学管水。栽插田管水多采取薄皮水栽秧，浅水活棵、分蘖，封行前保持水层抑草；直播田采取露田播种，湿润出苗至 3 叶期结合施肥灌浅水分蘖。当大田苗数（茎蘖总数）达到目标有效穗数的 80% 时，立即排水烤田；对于大田基本苗多、够苗早的田块，要早烤、重烤，并干湿交替搁田至拔节后复水，防止分蘖过多造成群体恶化和病虫害加重从而减产。孕穗和抽穗灌浆期间，保持浅水层，若遇高温热害天气，有条件的可灌深水护苗。后期注意保持田间湿润，防止断水过早影响籽粒充实和稻米品质。

（5）实施病虫草害绿色综合防控。

2. 双季晚稻栽培技术

1）双季晚稻主要栽培方式与品种选择

目前，安徽双季晚稻以湿润育秧人工栽插、塑料软盘育秧抛栽两大栽培方式为主，少数采用直播"早还晚"，双晚机插栽培处在试验研究和示范推广阶段。

双晚品种主要根据当地晚稻安全齐穗期和前茬早稻收获期来选择适宜生育特性的品种。塑料软盘育秧抛栽，因其秧龄弹性相对较小，要根据前茬早稻收获期早晚来选择相应熟期的品种。早稻让茬早的，可选择全生育期在 133～138d 的优质早中熟晚粳稻品种，如镇稻 18、安选晚 1 号、皖稻 86、皖垦糯 2 号、华粳 40、当粳 8 号等；或全生育期在 113～120d 的优质杂交晚籼稻品种，如新优 188、荃香优 822 等。早稻让茬迟的，要选择全生育期在 120～130d 的优质早熟和特早熟晚粳稻品种，如宁粳 3 号、苏秀 867、皖稻 92 等。湿润育秧人工栽插，可选择全生育期在 135～140d 的中熟高产晚粳稻品种，如武运粳 35、秀水 121、当粳 8 号等；或全生育期在 115～122d 的优质杂交晚籼稻品种，如五丰优 5466 等。"早还晚"直播，要选择感温性强的优质早熟或早中熟早籼稻品种，如嘉兴 8 号、早籼 902 等。

2）栽培技术要点

（1）适期播种，培育适龄壮秧，确保安全齐穗。双季晚稻的播种期，要根据早稻收获让茬期、品种特性和育秧移栽方式确定。湿润育秧人工栽插，选用中熟高产晚粳品种的适宜播种期在 6 月 15 日至 20 日，适宜秧龄 28～30d，两次化控秧龄可延长至 35d；选用杂交晚籼品种，适宜播种期在 6 月 20 日至 25 日，适宜秧龄 25～28d，两次化控秧龄可延长至 30d 左右。塑料软盘育秧抛栽，选用早熟或早中熟高产晚粳品种的适宜播种期在 6 月 20 日至 25 日，适宜秧龄 22～25d，两次化控秧龄可延长至 30d；选用早熟杂交晚籼稻品种，适宜播种期在 6 月 23 日至 28 日，适宜秧龄 23～25d，两次化控秧龄可延长至 28d 左右；选用感光性强的特早熟晚粳稻品种，最迟播种期可推迟到 6 月底至 7 月初，秧龄控制在 25d 左右。直播"早还晚"，选用当季新种子的，播种期控制在 7 月 24 日前；选用上年陈种子的，播种期控制在 7 月 28 日前。

（2）合理密植。安徽双季晚稻高产稳产栽培的适宜每公顷有效穗数：育秧移（抛）栽的，常规晚粳品种为 360 万～420 万，晚籼杂交稻品种为 300 万～360 万；直播"早还晚"为 525 万～600 万。由于移栽双晚和直播"早还晚"生产季节紧张，易发生高温热害缓苗和赤枯僵苗，大田有效分蘖期短，有效分蘖补偿潜力有限，需要有足够的基本苗才能实现目标穗数。双季晚稻合理的播栽群体密度：人工栽插的，常规稻品种行株距 20cm×13.3cm，每穴栽 4～6 茎蘖苗，每公顷栽 37.5 万穴左右，共 180 万左右茎蘖苗；杂交稻品种行株距 20cm×15cm，每穴栽 3～5 茎蘖苗，每公顷栽 33 万穴左右，共 105 万～135 万茎蘖苗。抛栽的，常规稻品种每公顷抛45 万～49.5 万穴，共 150 万～210 万茎蘖苗；杂交稻品种每公顷抛 42 万～45 万穴，共 120 万～150 万茎蘖苗。直播"早还晚"，每公顷播种量为 165～195kg，每公顷成秧 450 万～525 万株。

（3）精准配方施肥。双晚稻田肥料运筹，主要根据品种目标产量、栽培方式、当地土壤养分状况和前茬早稻施肥情况，运用养分平衡法配方施肥原理来确定主要养分用量和缺乏中、微量养分的补充量。安徽双季晚稻手插和抛栽生产，晚粳品种高产施肥量一般为每公顷施纯 N 187.5～240kg、P_2O_5 67.5～5.5kg、K_2O 135～165kg；晚籼品种高产施肥量一般为每公顷施纯 N 150～172.5kg、P_2O_5 60～75kg、K_2O 120～150kg。氮肥基肥施 55%～60%，蘖肥施（栽插活棵后）20%～25%，穗肥施 20%～25%；磷肥基肥施 100%；钾肥基肥施 45%～50%，拔节期施 20%～25%，孕穗后施 25%～30%。

直播"早还晚"施肥量一般为每公顷施纯 N 105～120kg、P_2O_5 45～60kg、K_2O 75～90kg。氮肥基肥施 50%，3 叶期前后施 20%，拔节期施 15%，破口期施 15%；磷肥一次基施；钾肥基施 50%，穗肥期施 50%。

（4）科学管水。人工栽插田，采取浅水栽秧，栽后遇阴雨天留浅水活棵，遇晴热高温天气时灌深水护秧至活棵。抛栽田，采取花杂水（1cm 以下水层）抛秧，抛栽后遇阴雨天气时露田至活棵立苗；遇晴热高温天气时，在抛栽后第二天上午灌浅水护秧至活棵。直播"早还晚"田，采取露田播种，湿润出苗至 2 叶 1 心期，2 叶1 心期后灌浅水。分蘖前期，尽量保持浅水层以抑制杂草和早稻落粒谷萌发；分蘖中后期，以浅水和露田间歇灌溉为主，特别是早稻秸秆还田量较大的田块，要在活棵后增加露田次数，延长露田时间，防止根系中毒和赤枯、僵苗发生。当大田苗数（茎蘖总数）达到目标有效穗数的 90% 时排水烤田，采取先烤后搁至拔节。孕穗期至抽穗灌浆期保持浅水层，后期以湿润灌溉为主，收割前 10d 断水。

（5）实施病虫草害绿色综合防控。

三、油菜-水稻复种模式

（一）区域分布

油菜-水稻复种模式，具有改善土地肥力、促进稻农增收、推进农旅融合等特点，是安徽省重要的粮油生产模式之一，主要分布地区为江淮和沿江、皖南地区。

（二）生产潜力

该模式在安徽周年每公顷单产潜力可达 12.0～13.5t，其中油菜籽产量为 2.25～3.75t，水稻稻谷产量为 9.0～10.5t。

（三）存在问题

该模式存在的主要问题有：①油菜-水稻周年复种模式的季节茬口较紧张，局限了油菜的播栽方式和水稻品种熟期的选择。例如，油菜直播生产要求前茬水稻必须在 10 月中旬前成熟收获，限制了长生育期晚熟高产水稻品种的应用；若用晚熟迟茬复种油菜，只能采取育苗移栽的方式。②水稻秸秆全量还田的稻茬田播栽油菜，其机械化耕整、播栽难度加大，受土壤墒情、质地和天气条件制约较多；适宜油菜免耕少耕机械化栽培的装备和配套技术有待研究完善与集成推广。③稻茬油菜相对易受渍涝为害；油菜茬中稻，存在干旱和高温热害风险。

（四）油菜-水稻复种技术

1. 稻茬油菜栽培技术

1）稻茬油菜主要栽培方式与品种选择

目前，安徽稻茬油菜主要有少免耕机条播、少免耕机开沟撒直播和育苗移栽三种种植方式。对于在 10 月中旬及以前收割的稻茬田和进行油稻规模化种植的大户，推荐采用油菜直播生产方式；对于一些有充足农业劳动力的小规模油菜种植户及在 10 月下旬后让茬的稻茬田，应采取育苗移栽方式种植。在直播适宜播种期间，稻茬田土壤墒情和天气条件适宜时，建议采用少免耕机条播方式；当遇阴雨天气，稻田土壤过湿软烂，墒情一时难以改善无法进行机条播时，建议及时开沟排水，待土壤稍干爽后，采用少免耕机开沟撒直播方式抢早播种。

稻茬种植油菜品种，主要根据接茬播种期早晚和种植、收获方式来选择。在选用适宜本区域种植的高产稳产、抗（耐）菌核病、抗倒的双低优质杂交或常规油菜品种前提下，早茬直播选用抗寒能力强、冬前不易抽薹、冬性偏强的半冬性中晚熟品种；迟茬直播选择苗期抗寒能力强、春发性较好的早熟半冬性品种；育苗移栽可选择分枝多、分枝节位低、株型高大繁茂、抗寒能力强、冬前不易抽薹、冬性偏强的半冬性晚熟品种；实行机械收获的，要选择具有植株矮壮、抗倒伏、分枝节位高、分枝夹角小、二次分枝少、耐密植、抗裂角特性的品种。

2）栽培技术要点

（1）播期。稻茬少免耕机条播和少免耕机开沟撒直播油菜的适宜播期为 9 月下旬至 10 月中旬，最佳播期为 9 月 25 日至 10 月 5 日；稻茬移栽油菜适宜播期为 9 月 10 日至 25 日。

（2）播、栽前大田准备。水稻收获前 10～15d 排水晒田，遇干旱天气，播种前一周灌"跑马水"润田造墒，以便适墒耕整播种。采取低桩（10cm 以下）机收水稻，水稻秸秆粉（切）碎全量还田，人工及时散开成堆的秸秆。水稻收割后遇阴雨天气，要及时开好"围沟"和"腰沟"排水，防止田面积水。

（3）肥料运筹。按每公顷产 2.25～3.75t 油菜籽，每公顷施 N 225～345kg，P_2O_5 90～150kg，K_2O 210～300kg，高产栽培取上限，反之取下限，并根据当地土壤有效硼的丰缺情况，足量补施硼肥。要求氮肥基施 35%、苗肥 35%、腊肥 10%、苔肥 20%；磷肥一次基施；钾肥基施 40%、苗肥 15%、腊肥 25%、苔肥 20%；硼肥以基施为主，或在苔期结合防治病虫害叶面喷施 1 或 2 次。

（4）直播田耕整与播种。稻田土壤墒情适宜、耕性良好时，采用少免耕机条播方式种植。可用油菜专用条播机，一次性完成开沟、施肥、播种等作业；也可在浅旋耕灭茬整地基础上用小麦免耕条播机或油菜精量播种机进行播种。播种行距为 40cm，播种深度 1～2cm，每公顷大田播种量 2.25～3.0kg。采用小麦免耕条播机播种，每公顷种子与 150～180kg 颗粒整齐的复合肥拌匀，装入排种箱进行调试后播种。播种时注意匀速行驶，确保落籽均匀，防止漏播、重播。播种后，用开沟机挖通"三沟"，并清理疏通畦沟。

无油菜播种机械的农户，或在适宜播种期间遇阴雨天气，造成稻田土壤软烂、耕性不良无法使用机械条播时，采用少免耕机开沟撒直播方式播种。方法是在稻田土壤适墒期，或在阴雨天气后及时排水降湿到土壤爽水可进行开沟抛碎土时，先在稻茬上撒施基肥，然后直接撒播种子或进行浅旋耕灭茬后撒播种子，大田播种量 3.0～3.75kg/hm²。播种后，用开沟机按畦宽 150～200cm、沟宽 20～25cm、沟深 15～20cm，开挖"三沟"，沟土均匀覆盖畦面，覆土厚度 1.5～2.0cm。

（5）移栽田育苗与耕整、栽植。对于在 10 月下旬后让茬的稻茬田，并有较充足农业劳动力的小规模油菜种植户，可采取育苗免耕移栽方式种植。实施"肥床、早播、稀育、化控"培育油菜苗龄 35～40d、苗高 16～18cm、绿叶 6～8 片、根颈粗 0.5～0.8cm、无高脚、叶片青绿厚实的大壮苗并移栽。

水稻收割让茬后，直接在稻茬田面撒施基肥，用开沟机按畦宽 150～180cm 开沟做畦，开通腰沟和围沟，开沟碎泥土均匀覆盖畦面。

移栽方法，可采用平锹引缝栽苗或机开沟摆栽。移栽密度为每公顷 7.5 万～10.5 万株，采用宽行距（50～60cm）窄株距栽植，提倡一穴双株，以减少用工和保证密度。栽植深度以不露根颈、不埋心叶为宜，栽后浇定根水。

（6）田间管理包括追肥、管水、杂草防除、病虫害防治。

追肥：早施苗肥，直播油菜在 3～4 叶期，移栽油菜在栽后 1～2 周，趁小雨前每公顷撒施尿素 75～120kg；重施腊肥，越冬期间（12 月下旬至 1 月上旬）每公顷追施尿素 90～135kg、氯化钾 75～105kg；看苗稳施苔肥，油菜现蕾至苔高 6～10cm 期间（1 月下旬至 2 月上旬）每公顷追施尿素 75～150kg、氯化钾 75～105kg；适量补施花角肥，基肥未施硼或硼肥用量不足的田块，在苔期每公顷用硼砂 1.5～2.25kg 叶面喷施 1～2 次；终花至结荚期，每公顷用磷酸二氢钾 3.0～4.5kg，氮肥不足的田块再加尿素 400～500g 兑水 80～100kg 喷施。

管水：直播田播种后和移栽田移栽后，如果遇干旱天气时要及时灌半沟水湿润土壤抗旱，保证出苗和活棵。冬前苗期遇严重干旱时，要及时浇（灌）水抗旱，保持土壤湿润；遇阴雨天气，要加强清沟沥水，排涝降渍，确保冬前能够多长多发。越冬期和春后，重点加强清沟理水，排水降渍，达到雨停沟干要求。

杂草防除：采取播种前或移栽前用除草剂封闭与后续选用合适除草剂进行茎叶除草相结合的方式防除杂草。

病虫害防治：实施病虫害绿色综合防控，重点防治油菜菌核病。

3）收获方法

对于种植适于机收品种的油菜田，或高密度直播油菜田，其收获期油菜角果层成熟度相对较整齐，可采取一次性联合机收，即在油菜 9 成熟（叶片基本落光，主轴上角果 70% 变黄，籽粒深褐色，分枝角果籽粒呈浅褐色）时，选用全喂式联合收割机收获，一次性完成收割、脱粒、茎秆粉碎分离、菜籽清选等农艺过程。

对于移栽一些种植密度较低、个体分枝多、角果成熟度差异较大、不适于一次性机收的田块，可采取机械分段收获或人工分段收获。机械分段收获，是在全田 8 成以上油菜主轴角果转黄时，先用割晒机将油菜植株割倒晾晒，待油菜后熟、干燥后，用专用联合收割机拾捡脱粒，完成脱粒、茎秆粉碎分离、菜籽清选等收获过程。人工分段收获，即在全田 8 成以上油菜主轴角果转黄时，先人工收割油菜植株，在田间就地摊晒或运至晒场堆放 4～5d 促进后熟，再选晴天用人工或机械脱粒。

2. 油菜茬中稻栽培技术

1）主要栽培方式与品种选择

安徽地区油菜的收获让茬时间普遍在 5 月上、中旬，茬口期相对较早，接茬水稻的品种和播栽方式选择空间相对较大。为实现油菜-水稻周年增产增效，目前油菜茬中稻，规模种植户多选用中迟熟杂交中籼稻、籼粳杂交稻和常规中粳稻品种，进行毯苗机插或钵苗机插生产，或选用中迟熟常规中粳稻品种进行直播生产。一些小规模种植户多选用中迟熟常规中粳稻品种进行直播生产，部分选用中迟熟杂交中籼稻、籼粳杂交稻品种进行育秧手插生产。

油菜茬中稻钵苗机插和育秧手插栽培，宜选择生育期在 150～160d 的迟熟优质高产中籼杂交稻和籼粳杂交稻品种，如 Y 两优 900、中禾优 1 号等。毯苗机插栽培，宜选择生育期在 140～150d 的中迟熟优质高产中籼杂交稻和籼粳杂交稻品种，如隆两优 1988、荃优 822、甬优 2640 等。直播栽培，宜选择生育期在 135～145d 的中熟优质（专用）高产中粳常规稻品种，如盐粳 15 号、武运粳 27 号等。

2）栽培技术要点

油菜茬中稻的适宜播种期：钵苗机插和旱（湿润）育壮秧手插栽培在 4 月 15 日至 25 日播种，控制移栽秧龄 28～32d；毯苗机插栽培 4 月 20～30 日播种，控制移栽秧龄 18～25d；直播栽培在油菜收获后即可整田播种。

油菜茬中稻机插、人工栽插和直播的播栽方法、肥料运筹、肥水管理、病虫草害防控等技术要求，可参照前述麦茬稻的相同栽培方式实施。

四、冬闲－单季稻种植模式

（一）区域分布

受粮食生产成本，特别是用工成本上升比较经济效益下降的影响，以及近年来土壤休耕政策的引导，近年全省各地稻作区的冬闲－单季稻种植模式面积逐年增加。

（二）生产潜力

该模式有利于土壤休整和地力恢复。由于该模式的水稻播栽时间不受茬口限制，可以大幅度提前播栽期，能够运用生育期较长的迟熟超高产品种进行机插超高产栽培，或进行直播轻简化高效栽培，进一步提高一季稻生产潜力和效益。目前，超高产栽培每公顷单产潜力可达 12.0～13.5t，少数单产已达 15.0t 左右；直播栽培单产潜力可达 9.0～9.75t。

（三）存在问题

该模式存在的主要问题有：①冬闲期长达 5 个多月，存在温光资源等的浪费问题，影响土地周年产出水平和粮食总产量；②播栽期大幅提前，易出现单季稻的温度敏感期遭遇高温天气，造成高温热害减产；③选用长生育期高产品种，延长大田生长期，增加了病虫草害防治难度和成本，以及遭遇干旱等天气灾害的风险。

（四）冬闲－单季稻种植技术

1. 主要栽培方式与品种选择

冬闲茬单季稻的播栽和收获时间不受茬口限制，其种植品种和栽培方式的可选择空间很大。目前，安徽省主要栽培方式以选用长生育期迟熟高产品种进行机插超高产栽培和选用生育期较长优质高产品种进行直播轻简化高效栽培为主。

冬闲茬单季稻钵苗机插超高产栽培，宜选择生育期在 155～165d 的迟熟高产籼粳杂交稻品种，如甬优 7850、甬优 1540、嘉优 5 号等。毯苗机插高产栽培，宜选择生育期在 150～160d 的迟熟优质高产中籼杂交稻、籼粳杂交稻品种和优质高产迟熟中、晚粳常规稻品种,如 Y 两优 957、嘉优 5 号、当粳 8 号、南粳 9108 等。直播栽培,宜选择生育期在 145～155d 的迟熟优质(专用)高产中、晚粳常规稻品种,如盐粳 15 号、镇稻 18、嘉花 1 号、当粳 8 号、镇糯 19 号等。

2. 栽培技术要点

冬闲茬单季稻的适宜播种期:籼粳杂交稻钵苗机插超高产栽培在 4 月 10～20 日播种,控制移栽秧龄 25～30d;毯苗机插栽培在 4 月 15～25 日播种,控制移栽秧龄 18～25d;直播栽培在 4 月 20～30 日播种。

冬闲茬单季稻钵苗机插、毯苗机插和直播的播栽方法、肥料运筹、肥水管理、病虫草害防控等技术要求,可参照前述麦茬稻的相同栽培方式实施。

五、绿肥-单季稻复种模式

(一)区域分布

随着水稻绿色、有机生产的发展,以及近年来土壤培肥相关政策的引导,安徽省江淮和沿江、江南地区稻田秋末套种绿肥(紫云英),紫云英还田后复种单季稻的面积在逐年扩大。

(二)生产潜力

该模式有利于土壤培肥和地力恢复,适用于发展水稻绿色、有机生产及乡村旅游,是实施单季稻超高产栽培生产的好模式。实施绿色、有机生产的,绿色或有机食品级稻谷产量潜力在 $4.5～6.0t/hm^2$;实施超高产栽培的单产潜力可达 $12.0～13.5t/hm^2$,少数已达 $15.0t/hm^2$ 左右。

(三)存在问题

该模式存在的主要问题有:①对绿肥种植的重视程度不够,品种资源少,配套栽培技术研究缺失,播种和田间管理较粗放,易受冬春渍涝为害,绿肥产量普遍不高;②绿肥让茬早,接茬单季稻播栽期大幅提前,易出现单季稻的温度敏感期遭遇高温天气,造成高温热害减产;③实施绿肥复种单季稻绿色或有机生产,提高了稻谷品质,但大幅降低了单位土地面积的粮食产能,若过度发展扩大将影响粮食总产;④实施绿肥茬单季稻机插超高产栽培,选用长生育期高产品种,延长大田生长期,增加了病虫草害防治难度和成本,以及遭遇干旱等天气灾害的风险。

(四)绿肥-单季稻复种技术

1. 紫云英高产栽培技术要点

(1)播期。安徽江淮和沿江、江南地区稻田秋末紫云英套种紫云英的适宜播种期为 9 月下旬至 10 月中旬，宜早不宜迟，但要保证稻肥共生期不超过 25d。

（2）播种前准备如下。

稻田排水与保墒。中稻茬在水稻收割前 10～15d、晚稻茬在收割前 20～25d 排水，后保持稻田土壤湿润至紫云英播种；若在播种期遇干旱稻田土壤缺墒，要灌一次"跑马水"造墒。

种子处理。播种前要晒种 1～2d，用 0.2% 的钼酸铵溶液浸种 24h，或用 0.2% 的磷酸二氢钾溶液浸种 10～12h，捞出晾干。

（3）适时定量播种。中稻田在水稻收割前 7～10d 播种，晚稻田在水稻收割前 15～25d 播种。亩用种量 2～2.5kg，拌细砂均匀撒播，套种稻田。

（4）田间管理如下。

抗旱防渍保全苗。播种后遇干旱天气，要灌一次"跑马水"，保持土壤湿润，保证紫云英种子正常吸水发芽，也能满足水稻后期水分要求，有利于灌浆结实。晚稻收割后，及时开好"三沟"，保证"三沟"畅通，防止渍涝为害。

科学追肥促高产。实施肥稻绿色和有机生产的，可在紫云英 3～4 叶期或春后返青期，施用草木灰、腐熟农家肥，或符合有机食品生产使用要求的商品有机肥料等，促进绿肥生长。实施绿肥茬单季稻超高产栽培，在水稻收获后至 12 月上旬每亩大田追施过磷酸钙 15～20kg，在返青后每亩追施 45% 三元复合肥（15% 氮、15% 五氧化二磷、15% 氧化钾）7～10kg，大幅提高鲜草产量。

防治病虫保丰产。紫云英主要有蚜虫、蓟马、潜叶蝇、白粉病、菌核病等病虫害。实施肥稻绿色和有机生产的，必须选择绿色或有机食品生产标准许可使用的防治方法和药剂进行防治；实施绿肥茬单季稻超高产栽培的，要选择绿色防控的对路农药进行防治。

（5）适时翻犁压青。4 月中旬在紫云英盛花期翻压。

2. 绿肥（紫云英）茬单季稻绿色、有机生产技术

1）主要栽培方式与品种选择

实施绿肥茬单季稻绿色和有机生产，主要是在取得绿色或有机食品稻米产地环境评估认证的基础上，选用适宜当地种植的优质（国标一级或国、省评优质金奖）品种或特色水稻品种，通过育秧人工栽插或机械栽插方式，按照绿色食品或有机食品稻米生产标准规范要求，生产出达到绿色或有机食品标准要求的稻谷，开发高品质、高附加值的稻米产品，以提升产业经济和生态效益。目前常用的优质和特色水稻品种有黄华占、玉针香、桃优香占、荃优 822、青香软粳、南粳 9108、南粳 5055 等籼、粳稻品种。

2）栽培技术要点

绿肥茬优质（特色）品种单季稻的绿色和有机种植播栽期，主要根据选用品种的生育特性来确定，将该品种的抽穗扬花和灌浆结实期放在当地天气条件最佳季

节（8月下旬至9月中旬），重点是避开高温结实和保证安全齐穗。一般中籼和中粳稻品种在5月上、中旬播种，晚籼和晚粳品种在5月中、下旬播种。

绿肥茬优质（特色）品种单季稻绿色和有机种植的栽插密度，主要根据选用品种的株型、分蘖特性和绿色、有机、优质生产的低肥水平要求，采取宽行（距）窄株（距）合理密植方式，提高后期群体冠层通透性，降低病虫害发生为害。一般籼稻品种栽插行株距为30cm×13.3cm，每穴栽4~5茎蘖苗，每公顷栽24万穴左右，共105万~120万基本茎蘖苗；粳稻品种行株距25cm×15cm，每穴栽5~6茎蘖苗，每公顷栽25.5万~27万穴，共120万~135万基本茎蘖苗。

绿肥茬优质（特色）品种单季稻绿色和有机种植的育秧、大耕整、栽插、施肥、管水和病虫草害防控等农艺操作，要严格执行绿色食品或有机食品稻米的生产技术规程和投入品使用规范，严格控制禁用和限用化肥、农药等投入品使用。

3. 紫云英茬单季稻机插高产栽培技术

实施紫云英茬单季稻机插高产栽培，其技术要求基本同前述的冬闲田机插超高产栽培。

六、稻-再生稻种植模式

（一）区域分布

发展再生稻，是解决双季稻北缘地区生产季节紧张矛盾，降低生产成本，实现一种两收，提高稻米品质和生产效益的有效途径之一。近年来，稻-再生稻种植模式在安徽皖南山区、沿江地区和江淮地区推广面积有所增加，安庆市发展势头最强。

（二）生产潜力

该模式可实现周年每公顷单产稻谷12.0~15.0t，其中头季稻单产9.0~9.75t，再生季单产3.0~5.25t。

（三）存在问题

该模式存在的主要问题有：①缺少再生生产专用或配套的播栽和收割机械装备，现有履带联合收割机收获头季稻时对稻桩碾压面积过大，损毁严重，严重影响全田再生穗数，造成再生稻产量难以提高，是目前再生稻生产面临的主要难题。②适宜当地再生稻生产的品种资源有限，尤其是优质再生稻品种不多，可供选择的品种较少。③再生稻优质高产配套集成技术有待进一步研究和完善，需要各地进行本土化和熟化试验示范研究，促进新技术成果推广应用。④安徽沿江地区双季生产季节相对较紧张，要求头季稻成熟收获期要早（8月中旬前），留桩高度要高（利用高节位腋芽快速成穗），导致头季稻多在高温期间抽穗结实和成熟，存在高温热害减产降质风险；若头季成熟收割期推迟，会造成再生季安全齐穗风险；同时,机收留茬高度越高对稻桩碾压损伤越严重。

(四)稻-再生稻种植技术

1. 头季稻栽培技术

1)头季稻主要栽培方式与品种选择

再生稻生产的头季稻,主要采用水(旱)育秧人工栽插或工厂化育秧机插等两种播栽方式。

安徽再生稻品种,多选择优质高产、分蘖力和再生能力强、综合抗性好、耐肥抗倒、不早衰的早熟中籼杂交稻品种,如丰两优香 1 号、晶两优 1212、甬优 4901、隆两优华占、C 两优华占、徽两优 898、旱优 73 等。近两年,安徽省的南陵、庐江等县开展早籼杂交稻品种再生试验示范,选用品种有株两优 120、陵两优 7713 等。

2)栽培技术要点

(1)适期播栽。安徽地区再生稻头季育秧的播种期要力求早播,可根据 3 月中、下旬天气情况,争取在 3 月中旬末至下旬中期,抓住"冷尾暖头"播种。采用工厂化培育毯苗机插的,适宜移栽秧龄 25～28d(叶龄 3.5 叶左右);大棚(温室)旱育秧手插的,适宜移栽秧龄 28～33d(叶龄 4.5～5.5 叶)。

(2)合理密植。头季稻毯苗机插,中籼杂交稻品种行株距 30cm×13cm,亩栽 1.7 万穴,每穴栽 2～3 个种子苗;早籼杂交稻品种行株距 25cm×14cm,亩栽 1.9 万穴,每穴栽 2～3 种子苗。头季稻旱育秧手插的,中籼杂交稻品种行株距 30cm×15cm,亩栽 1.5 万穴,每穴栽 3～4 茎蘖苗;早籼杂交稻品种行株距 25cm×14cm,亩栽 1.7 万穴,每穴栽 3～4 茎蘖苗。

(3)精准配方施肥。头季稻机插和手栽,中籼杂交稻品种大田期每公顷施纯 N 180～195kg、P_2O_5 90～97.5kg、K_2O 150～195kg。氮肥基施 50%,蘖肥施 20%,穗肥施 30%;磷肥一次基施;钾肥基施 50%、拔节期施 30%、孕穗后施 20%。早籼杂交稻品种大田期每公顷施纯 N 165～180kg、P_2O_5 75～90kg、K_2O 120～165kg。氮肥基肥施 55%,蘖肥施(栽插活棵后)20%,穗肥施 25%;磷肥一次基施;钾肥基肥施 50%,拔节期施 20%～25%,孕穗后施 25%～30%。

(4)科学管水。采取薄皮水栽秧,浅水活棵、分蘖,封行前保持水层抑草;当大田苗数(茎蘖总数)达到目标有效穗数的 80% 时,立即排水烤田;对于大田基本苗多、够苗早的田块,要早烤、重烤,干湿交替搁田到拔节后复水,防止分蘖过多造成群体恶化和病虫害加重。孕穗和抽穗灌浆期间,保持浅水层,若遇高温热害天气,有条件的可灌深水护苗。灌浆期后,采取间歇灌溉,干干湿湿,以利养根保叶,防止早衰。收割前 7～10d,要加强排水晒田,达到收割时田块干硬,减少碾压毁兜。

(5)实施病虫草害绿色综合防控,强化纹枯病防治。

（6）适时收割，合理安排留桩高度。当头季稻达到9成熟时，抢晴天采用稻麦联合收割机收割。收割时最好采用窄履带宽割台的收割机，行走路线回字形，轻仓收割，就近卸谷，尽量减少碾压毁蔸。若收割日期在立秋前，留桩高度为35cm左右（主要保留稻株大部分倒三节位及其以下全部节位）；若收割日期在8月15日以后，机留桩高度为45cm左右（主要保留稻株大部分倒二节位及其以下全部节位）；若收割日期在立秋至8月15日之间，留桩高度为40～45cm（主要保留稻株少部分倒二节位和全部倒三节位及其以下全部节位）。收割后，及时将部分明显堆积在稻桩上的切碎秸秆分散开，防止影响再生苗抽出。

2. 再生季栽培技术要点

（1）施好促芽肥。在头季收割前10d左右，每公顷施尿素75～105kg和钾肥75kg，促进腋芽萌发。

（2）早施促蘖提苗肥。在头季收获后立即灌水湿润软化土壤，然后留浅水层施促蘖提苗肥，用量为每公顷施尿素112.5～150kg。

（3）合理管水。头季稻收割后，及时灌水湿润软化土壤，保持浅水施促蘖提苗肥，施肥后让其自然落干，以后采取湿润灌溉，干湿交替至成熟。

（4）补施粒肥。再生稻抽穗期，用喷施宝+磷酸二氢钾进行根外追肥，促进抽穗整齐、提高结实率、增加粒重，达到提质增产目的。

（5）实施病虫害绿色综合防控，重点防治稻瘟病和稻曲病。

（6）适时收割。当再生稻达九成熟时，及时收割。

七、稻-虾立体种养模式

（一）区域分布

"稻虾共生"生态种养（稻-虾立体种养）模式具有稳粮、促渔、增效、提质、生态特点，成功解决了国家"要粮"、农民"要钱"的两大问题，是提高农民种粮积极性的现代农业发展新模式。安徽省是全国稻虾养殖主要集中区域，小龙虾养殖面积148万亩，其中稻虾综合种养90万亩，面积仅次于湖北；小龙虾养殖产量13.7万t，总量居全国第二位，产量达16万多吨，产值近50亿元，占全省渔业总产值的10%以上，取得了显著的社会、经济和生态效益，有效推动了粮食生产由政府补贴推动型向内生效益型发展。2017年，安徽霍邱县、宿松县和长丰县小龙虾产量分别达12 271t、11 865t和11 150t，规模居全国前列。

（二）生产潜力

该模式一般每公顷产量为水稻6.0～6.75t，小龙虾1.65t左右，平均每公顷效益在3.9万元以上。

（三）存在问题

该模式存在的主要问题有：①总体发展水平不高。总体发展比较分散、零碎，不利于系统地指导当前大面积、集约化的稻田生产模式。②盲目跟风，缺乏合理规划。发展稻虾共作模式要充分考虑地下水位、土壤类型、水资源供给和水质环境等稻田条件。稻虾共作应选择在阳光充足，生态环境良好，水源充足，远离污染，水质清澈，排灌方便的田块进行。对于地下水位低、砂性土壤、不保水的漏水田，以及水资源不充足的田块，则不适合进行稻虾共作。③稻虾共作模式技术体系尚不完善。该模式中主要包括的优质稻品种标准、稻田田间工程建设、稻田水分管理技术、小龙虾投食和水稻有机耦合肥料运筹技术、小龙虾健康养殖技术和稻田绿色防控技术共6个方面的关键技术有待进一步标准化和规范化。④重养轻种现象普遍，粮食产量难以保证。在当前稻虾共作模式中，由于稻米的经济效益不高，重养轻种现象普遍，经营主体迫切追求养殖高产，稻田建设上环沟往往过深、过宽，水稻减产风险大，丧失了稳粮增效的初衷。

（四）稻-虾立体种养技术

1. 水稻机械化栽培技术

1）品种选择

选择抗病力强、耐肥力强、不易倒伏、株型紧凑、品质优的水稻品种，如南粳5055等。

2）机械化栽植

在种养面积较大时，可优先采用抛秧、钵苗机插秧等新型高效大苗移栽技术，秧龄控制在25～30d。采用钵苗机插时，粳稻株行距及基本苗建议为33cm×15cm，一般21万穴/hm²左右，每穴3～4棵秧苗，保证60万～90万/hm²基本苗。杂交稻行株距宜选用33cm×18cm，栽植以16.5万穴/hm²为宜。

3）肥水管理

采用浅-深-浅的精确水分管理原则，即水稻移栽后保持田中浅水位3～5cm，通过副埂隔离，将小龙虾限制于环沟中网围区域活动，避免虾对水稻秧苗的危害；当水稻返青生长后，可以适当提高水位，让虾进入全田活动，此时水深控制在5～10cm；9月前后落浅水位至5cm左右，便于捕虾，直至畦面脱水，在环沟中将虾捕完。中期晒田放水的量以短时期、刚露出田面为宜。

采用有机无机配施精确定量施肥技术，基肥每公顷施缓释复合肥525kg+沼渣、堆肥等腐熟有机肥15～30t［或分次灌溉沼液累计150t左右（按沼液与水1∶9混合，灌溉期主要为基施约60t、分蘖期约60t和抽穗期约30t；或水稻全生育期灌溉养殖池塘富营养化水4500t左右）］。分蘖肥每公顷施尿素105kg左右。穗肥每公顷施尿素75kg左右。

4）病虫害防治

病虫害主要防治稻瘟病、纹枯病、白叶枯病、稻卷叶螟等。以生物防治为主，配合低毒高效农药进行化学防治，深水用药。

2. 小龙虾养殖技术

1）科学田间工程建设

以低洼田为示范田，同时要求地质淤泥较少，以壤土为宜；要求水源充足且水质清澈、排灌方便，周围没有污染源。选择田块 50 亩为一单元，四边开边沟，边沟上宽 4～6m，下宽 2～3m，深 1～1.2m，沟的总面积占稻田面积的 13% 左右。

2）小龙虾放养规模

每年 4 月上中旬可在虾沟或大田中直接放养虾苗进行养殖，每亩放养小龙虾苗 20kg。投放应在晴天早晨、傍晚或阴天进行，避免阳光直射，投放时将虾筐浸入水中 2～3 次，每次 1～2min，沿田四周均匀投放在环沟水草上。

3）水质管理技术

小龙虾喜欢在水质清新、溶氧量充足的水域里栖息生长，要求水质溶氧量在 3mg/L 以上，pH 7～8，透明度保持在 40cm 左右，氨氮含量 0.05mg/L 以下，亚硝酸氮 0.06mg/L 以下。稻虾共作过程中，每半个月泼洒 1 次生石灰调节水质，用量为 225kg/hm^2。

4）小龙虾喂养技术

商品饲料蛋白含量以 26%～30% 为宜，适当搭配新鲜的动物性饵料，如鱼粉、螺蚌肉等，以及植物性饵料，如小麦、玉米、豆粕、植物油脂饼等。稻虾养殖开始时不投喂，5～6 月适当投喂一些，日投喂量占虾种量的 5%～8%，分上午、下午两次投喂，上午占日投量的 30%，下午占 70%，投喂量根据天气、水质及蜕壳、摄食情况适量调整。

平时要坚持勤检查虾的吃食情况，当天投喂的饵料在 2～3h 内被吃完，说明投饵量不足，应适当增加投饵量，如在第二天还有剩余，则投饵量要适当减少。

八、稻-鸭共育生态种养模式

（一）区域分布

稻-鸭共育生态种养模式利用了鸭食性杂和运动量大的生活习性，通过鸭的采食和活动，达到为稻田除草、治虫、松土、施肥等效果，有利于稻田系统的碳循环、氮循环，减少病虫草害发生，实现减投减药。

（二）生产潜力

稻-鸭共育生态种养模式可实现每公顷净收益 3.6 万～4.5 万元，较常规单一种植模式增效 4～5 倍。

（三）存在问题

该模式存在的主要问题有：①稻鸭共作下，养鸭技术模式有待进一步优化，包括放养鸭种类、密度和鸭龄等；②稻鸭共作下，水稻丰产优质栽培技术有待进一步明确，包括水稻品种类型、栽植密度和肥水运筹技术等；③鸭稻米、稻田鸭相关品牌建设需要持续推进。

（四）稻–鸭共育生态种养技术

1. 水稻机械化栽培技术

1）品种选择

选择耐肥力强、不易倒伏、株型紧凑、分蘖能力中等、品质优的大穗型水稻品种，如甬优 1540 等。

2）钵苗大苗稀植摆栽

采用钵苗大苗带蘖摆栽，秧龄控制在 30～35d。摆栽秧秧龄 30～35d，叶龄 4.5～5.5 叶，苗高 15～20cm，单株茎基宽 0.3～0.4cm，平均单株带蘖 0.3～0.5 个。建议粳稻株行距：33cm×15cm，一般 21 万穴/hm^2 左右，每穴 3～4 棵秧苗，保证 60 万～90 万/hm^2 基本苗。

3）肥水管理

科学控制稻田水深。一般情况下，水深以鸭掌正好能够接触到稻田泥土为宜，以便鸭在稻田中活动时对稻田泥土进行搅拌。在鸭子逐渐成长之后，水的深度可以逐渐增加。排水沟内始终保持 10～15cm 深的水层，或在补饲棚田边挖面积为 4m^2 的水坑，深度以 0.5m 为宜，供鸭洗澡。鸭出稻田后，采取湿润灌溉方法，以增强稻根活力，防止稻株发生倒伏。需要晒田时，可将鸭子赶到田边的河、塘内过渡 3～4d。

采用有机无机配施精确定量施肥技术，基肥每公顷施缓释复合肥 525kg+农家有机肥 15t。分蘖肥每公顷施尿素 105kg 左右。穗肥每公顷施尿素 75kg 左右。

4）病虫害绿色防治

水稻生产全程采取生物农药进行防治，不使用化学农药。在水稻破口初期，重点预防穗颈瘟、纹枯病、稻曲病、螟虫等。

2. 鸭养殖技术

1）雏鸭选择

选择 10～12 日龄高邮鸭和绍兴鸭雏鸭进行放养。

2）放养时间与密度

于水稻移栽后的 7～10d 进行放养，每公顷放养密度为 150～225 只。

3）鸭子喂养

酌情辅助人工补饲并建立条件反射，在雏鸭进入稻田放养的最初 1～2 周，每天傍晚需要补喂小麦、稻谷1次，弥补田间食物不足。随着鸭龄的增大，饲料量适当增加，每天每只鸭补料50~75g。为了培养雏鸭"招之即来"的习性，每次喂料时伴以呼唤、吹哨或敲击声，建立条件反射，以利于鸭群管理。7月中旬，水稻开始灌浆时，要将鸭群从稻田赶出，引入围棚内进行逐只捕捉。

第三节　安徽省稻田耕作制度的展望

一、发展多熟种植，提高资源利用率

多熟种植对于提高耕地综合生产能力和确保国家粮食安全具有重要意义。随着农业科技程度不断提高，以及经济生态效益最大化，区域性作物单一种植的面积不断扩大。坚持发展多熟制种植，对充分利用自然资源，遏制地力衰退、耕地撂荒，防止水土流失，提高肥、水、作物秸秆等资源利用率具有重要作用。安徽省地貌复杂多样，水稻栽培遍及全省各地，但空间分布差异很大。因此，需要因地制宜地发展多样化区域模式。沿江地区地势低，地下水位高，排水不畅，传统的稻田耕作制度多为绿肥-中稻一年一熟或油菜-中稻一年二熟，部分地势较高、排水良好的稻田，搭配部分小麦-中稻，在光热水肥条件较好、机械化程度较高的地区，种植双季稻。江淮丘陵地区，地貌岗冲相间，灌溉条件差。塝田以稻麦一年二熟为主，也接茬西瓜、玉米、油菜、花生。冲田大多种一季中稻，形成冬闲（沤田）-中稻一年一熟的耕作制度。大别山区河谷平原以小麦（油菜）-中稻一年二熟为主、海拔较高的地区，以休闲-中稻一年一熟为主。皖南山区热量条件优于大别山区，以油菜-中稻一年二熟为主。高产、高效、低成本仍是耕作制度发展的重要趋势。近几十年来，全球气候变暖，温室效应明显，喜温作物和越冬作物复种面积增加，种植区界限向北抬升。发展多熟制，推广多熟种植技术，不断吸收育种与栽培的最新成果，开发适应气候环境变化与市场经济条件的粮食作物（粮）、经济作物（经）、饲料作物（饲）、园艺作物（园）等多元结构和多熟生产种植模式。通过不同品种类型的合理选择和科学搭配，充分利用光温水等资源，采用连作或套作模式发展多元化种植。

二、提高装备水平，发展水稻轻简高效生产

水稻的耕作栽培制度最精细，生产环节最多，季节性最强，劳动强度最大，用工量也最多。在土地流转和适度规模化经营的大背景下，提高装备水平，推广水稻生产全程机械化和轻简化生产是必由之路。目前，安徽省水稻耕整地机械化水平90%以上，收获水平90%以上，水稻耕种收综合机械化水平为75%以上。但水稻种植、高效植保、烘干机械化水平是水稻生产全程机械化的薄弱环节，更是关键环节。水稻种植模式呈多元化，并逐步向轻简化发展。现阶段以机插秧技

术为主，机直播为辅，人工插秧和撒播方式的并存状态，而且机摆栽方式也在试验示范阶段。育栽环节采用毯苗或钵苗工厂化育秧与机械栽插发展势头良好，以及新型包衣缓控释肥的成功研发为发展一次性施肥提供了技术支持，田间作业次数减少，劳动投入大幅度下降，为稳定水稻生产做出了贡献。稻田高效植保呈现单一功能的植保机械被综合复式植保机械取代；智能化植保机械，如无人植保直升机、自走式喷杆喷雾机等机械得到快速发展。在安徽省政府部门农机、农艺、农信融合发展的推动下，在农机推广机构、生产企业、科研院校、农民专业合作社等社会组织的参与下，安徽省农机、农艺融合将进一步深入。各级农机部门通过探索、试验、示范和推广，明确水稻机械化发展的方向；坚持农机与农艺相结合，使农业装备技术与现代农业发展产生良性循环，必将产生 1+1 > 2 的效果；健全组织机构，加大宣传力度，营造良好的推广水稻机械栽植社会氛围，还应加强技术培训，为正确使用水稻机械栽植做好理论准备。轻简高效生产和全程机械化将是安徽省稻田耕作制度的重要发展方向。

三、突出绿色生产，推广稻田新型耕作制度

直播和机械化等轻简栽培技术已成为水稻生产的主流技术。为满足轻简化绿色生产需要，培育筛选适合新的耕作制度的品种是当务之急。例如，直播稻易倒伏，增加机械化收获难度，要求品种具有茎秆粗壮、抗倒伏的特性。水稻平衡栽培技术体系成为安徽省水稻生产主推技术，同时配套秸秆全量机械还田，并在此基础上衍生出了机插侧深施肥技术，目前上述技术被生产扩大应用，引领、支撑安徽水稻绿色丰产增收的发展，并辐射带动长江中下游地区水稻绿色生产。以水稻小龙虾共生为主的稻田综合种养模式，具有较高的经济效益，为满足稻虾（鱼、鸭、蛙等）共生的需求，要求水稻品种生育期适宜、茎秆粗壮、抗倒伏和抗病虫害等。水稻品种的更新要紧跟耕作制度变化的步伐，培育适合新耕作方法的优质多抗高产高效新品种。依据土壤养分检测结果，科学制定测土配方施肥方案，集成推广种肥同播、机械深施、水肥一体化、缓释肥等高效施肥技术，提高肥料利用率；推广农作物秸秆还田增施腐熟剂技术，发展紫云英、豌豆、蚕豆等冬季绿肥，耕地用养结合，提升稻田综合生产力；推广高效生物农药，推广使用机械化植保和飞防植保，理化诱控等绿色防控技术；遵照水稻需水特性，推广水稻浅湿干间歇灌溉、精确定量灌溉技术，促进水肥耦合。水稻减肥减药节水绿色化生产是必然的发展趋势。稻田生态种养是一种新型的复合耕作制度，是符合国家农业供给侧结构性改革要求和发展方向的重要绿色高产高效创新模式。稻-鱼、稻-鸭、稻-虾、稻-蟹等多种综合生态种养模式逐渐发展成为产出高效、资源节约、环境友好的绿色农业生产方式，是调整农业产业结构、推进农业转型升级，农业生产提质、增效，以及农民增收和适应市场需求的重要途径。同时，为顺应综合种养健康快速发展，应加强高档优质专用水稻品种筛选与选育、优质水稻绿色高效种植技术、水产动

物种苗繁育技术、水产动物优质安全高效养殖技术等关键技术研究。推动稻田综合种养科技、生产、生态、加工、市场和文化协同发展，提高稻田综合种养的生态、经济和社会效益，成为稻田新的经济增长点和技术的研究热点。

四、调整种植结构，提升稻田整体效益

新中国成立以来，特别是 1978 年以后，安徽省稻田耕作制度不断优化调整，在发展水稻等粮食生产的同时，积极发展经济作物和其他作物，稻田种植制度逐步向粮经饲菜等多元结构方向转变，稻田间套轮作方式不断丰富。例如，油菜-早稻-番茄、春马铃薯-早稻-晚稻、早稻-白菜-大蒜、番茄-晚稻、早稻-蔬菜、早稻-豆类（玉米）、鲜食玉米-晚稻、麦（油）-瓜/稻、黑麦草-水稻等稻田耕作制度的发展，带动了经济作物发展，提高种植业的整体效益。

安徽省地处长三角，生态环境良好，人多地少，经济发展相对滞后，要以确保国家粮食安全为前提，以数量质量效益并重、竞争力增强、可持续发展为主攻方向，瞄准市场需求，优化作物布局，促进品质提升、循环利用。在稻田轮作复种中仍以粮食生产为主体，保障人民生活的基本需求。在保证粮食安全的前提下，积极增加经济作物、饲料作物的比重，把种植业由传统的粮、经二元结构，建成粮、经、饲三元结构，以解决饲料缺口问题，扩大产业结构调整空间，使畜牧业及畜产品加工业发生革命性变革，并培肥地力。在三元种植结构的基础上，进一步向粮、经、饲、瓜、菜、肥等多元结构和专业化方向发展，扩大产业结构调整空间。各种作物在轮作复种中的比重，视各地人均耕地面积、各作物单产水平、经济效益和社会需求而定。发展稻田种养结合，将种稻与养鱼、养蛙、养鸭等养殖业有机地结合起来，形成多种立体、高效、多样化种养模式，形成"肥多→粮多→肉（蛋）多→效益高"的生态良性循环。

五、围绕丰产优质高效，集成推广生态安全稻作新技术

水稻是我国第一大粮食作物，提高稻米产量对解决中国人民的温饱和保障国家粮食安全具有重要意义，因此长期以来高产栽培成为水稻种植追求的最主要目标。安徽水稻高产栽培技术从 20 世纪 70 年代总结"三黄三黑"的高产栽培经验开始，到 80 年代的"四少四高"栽培，再到 90 年代的双季稻"稀长大"栽培，一直到 21 世纪初的超级稻超高产栽培，安徽水稻栽培技术不断提升，并带动安徽省水稻单产水平不断提高。近年来，稻田综合种养（稻鸭共育、稻虾共育、稻鱼共作）、水稻一种两收、经-稻连作（或轮作）等稻田绿色增效模式的应用，平衡栽培的育秧技术、整地和机插技术和大田管理技术，配套秸秆全量机械还田、机插侧深施肥技术的推广，以及稻田丰产优质高效生态安全稻作新技术的全面提升，为安徽省水稻绿色生产和粮食安全做出重要贡献[3-5]。

参 考 文 献

[1]　李成荃. 安徽稻作学. 北京: 中国农业出版社, 2008.
[2]　方有德. 安徽耕作制度. 北京: 中国农业科技出版社, 2002.
[3]　吴文革. 优质水稻绿色生产模式与技术. 合肥: 合肥工业大学出版社, 2020.
[4]　张洪程. 水稻钵苗精确机插高产栽培新技术. 北京: 中国农业出版社, 2014.
[5]　凌启鸿. 水稻精确定量栽培理论与技术. 北京: 中国农业出版社, 2006.

第七章　江西省稻田耕作制度改革与发展 [①]

江西省，简称赣，位于长江中下游交接处的南岸，地处 24°29′N～30°4′N、113°34′E～118°28′E，东邻浙江、福建，南连广东，西接湖南，北毗湖北、安徽。江西气候四季变化分明。春季温暖多雨，夏季炎热湿润，秋季凉爽少雨，冬季寒冷干燥。2016 年全省平均气温为 18.9℃，降水量为 1983mm，日照为 1570h。全年气候温暖，光照充足，雨量充沛，无霜期长，具有亚热带湿润气候特色。

江西省全省面积 16.69 万 km²，2016 年末全省森林覆盖率 63.1%。全境以山地、丘陵为主，山地占全省总面积的 36%，丘陵占 42%，岗地、平原、水面占 22%。江西省全省耕地面积 2.82×10⁶hm²，其中水田 2.27×10⁶hm²。江西省是长江经济带的黄金水稻种植区，还是新中国成立以来从未间断向国家输出商品粮的两个省份之一，具有起源早、历史久，产量高、贡献大，以及条件优、潜力大等优势特征[1]。

第一节　江西省稻田耕作制度历史回顾

在旧石器末期，长江中游地带的山洞遗址（江西省万年县仙人洞和吊桶环）已出现食用水稻的痕迹，这些山洞遗址附近有丰富的水源，同时亦为野生水稻的自然生长区[2]。江西省素有鱼米之乡的美誉，万年县作为鄱阳湖东南岸一颗璀璨的明珠，更是成为现今世界上年代最早的栽培稻遗址之一。江西稻作文化延续至今已有 12 000 余年历史，悠久的历史和传统使江西万年成为全球重要的农业文化遗产地。2012 年 12 月 3 日，"全球重要农业文化遗产保护与管理经验交流会暨万年稻作文化遗产保护与发展研讨会"在江西省万年县召开，来自联合国粮食及农业组织驻北京办事处、农业部国际服务交流中心等组织、部门的工作人员和相关专家出席了此次研讨会[3]。

20 世纪 90 年代，中外考古学家联合对万年县仙人洞和吊桶环遗址进行多次考古发掘，在该遗址的旧石器晚期的 G 层（距今 15 000～20 000 年）发现了大量野生稻植硅石，特别是在该遗址新石器时代早期的 E 层（约 12 000 年前）发现存有栽培稻植硅石，把世界栽培水稻的历史推前了 5000 年，仙人洞、吊桶环遗址成为当今所知世界上最早的栽培稻遗址之一，把世界稻作起源由 7000 年前推移到 12 000 年前。这次考古发现有力地昭示了赣鄱地区是中国乃至世界的稻作起源中心，万年也因此被考古界公认为世界稻作起源地之一。

[①] 本章执笔人：周　泉（江西农业大学生态科学研究中心，E-mail: zhouquanyilang@163.com）

黄国勤（江西农业大学生态科学研究中心，E-mail: hgqjxes@sina.com）

从 1993 年对江西万年的农耕考古中发现，明朝以后形成的向朝廷上贡的贡米制度和目前还保留的传统长芒稻种，使得万年县的农耕文化成为一个传统农业文化系统。在这 12 000 余年漫长的历史演变中，万年形成了野生稻—人工栽培野生稻—栽培稻—稻作文化这一稻作发展历程，构成了百年贡米产业、千年贡谷遗存、万年稻作起源的稻作文化系统。2010 年，万年稻作文化系统正式被联合国粮食及农业组织批准为全球重要农业文化遗产（Globally Important Agricultural Heritage Systems，GIAHS），2013 年被农业部列为首批中国重要农业文化遗产（China National Important Agricultural Heritage Systems， China-NIAHS）。

新中国成立以来，江西省稻田耕作制度主要经历了如下几个阶段[4]。

一、第一阶段（1949～1959 年）：“三变”阶段

20 世纪 50 年代初期，农业部提出在全国进行三改（单季改双季、间作改连作、灿稻改粳稻）的耕作制度，江西即在全省进行了三变（单季变双季、中稻变早稻、旱地变水田）的稻田耕作制度，这一大规模的稻田种植制度改革，使江西水稻种植面积由 1949 年的 225.39 万 hm^2 增加到 1958 年的 300.40 万 hm^2，净增 75.01 万 hm^2，约增长 1/3；水稻单产由 1949 年的 107kg/亩提高到 20 世纪 50 年代末期的 132～138kg/亩；稻谷总产也由 1949 年的 361.72 万 t 增加到 1958 年的 589.09 万 t，净增 227.37 万 t，增长 62.86%；水稻复种指数由 1949 年的 95.28% 提高到 1958 年的 111.12%，净增 15.84 个百分点，年递增 1.76 个百分点。

根据资料调查[5]，这一阶段江西稻田多以一熟制、二熟制为主，复种方式有一季早（中）稻–秋作、冬闲（绿肥）–早（中）稻，亦有少量绿肥（休闲）–双季稻。

二、第二阶段（1960～1977 年）：“双三制”阶段

20 世纪 60 年代初期，针对稻田种植的水稻高秆品种（如南特号、莲塘早、油粘子、农垦 8 号等）存在不耐肥、易倒伏的弱点，广大农业科技工作者，尤其是育种科技工作者集中攻关，在水稻品种的矮化育种上取得重要突破，先后育成了以矮脚南特、广陆矮、珍珠矮和晚粳农垦 58 为主的三矮一粳良种，并于 60 年代中期在全国广泛推广；之后，还成功选育了 6044、7055、井农 3 号、赣南早 11 号等一批具有秆矮、早熟（中熟）、高产的水稻品种，于 20 世纪 60 年代后期在省内外广泛推广。

进入 20 世纪 70 年代，江西稻田种植制度的发展迈入了双三制阶段，即双季稻三熟制大发展阶段。这一阶段具有以下几个特点[6]：推广杂交稻、发展双季稻、稻谷大增长。这一时期突出表现在两个方面：一是三熟复种方式增多。这时在全省占有较大面积的复种方式有肥–稻–稻、油–稻–稻、蚕豆（豌豆）–稻–稻、麦（大麦或小麦）–稻–稻等。二是水稻复种指数居历史最高水平。1970 年全省水稻复种指数只有 135.72%，1977 年则达到 143.06%。

三、第三阶段（1978～1989 年）："双杂"阶段

20 世纪 80 年代，江西稻田种植制度进入双季稻大面积推广阶段，即"双杂"阶段。这一阶段具有几个明显的特点：一是"双杂"推广面积不断扩大，到 1988 年江西省早稻杂优面积占早稻面积的 20%，晚稻杂优占二晚面积的 69%。二是吨粮田大量涌现，1987 年吨粮田面积最大的县有南昌县和上犹县，分别为 2122.79hm²和 1567.12hm²；其次是石城县和永新县，分别为 391.73hm² 和 333.73hm²，到 1989 年，全省已建成的吨粮田达 19.3 万 hm²，且基本上都是双杂田。三是稻谷产量迅速增加，已由 1980 年的 1188.24 万 t 增加到 1989 年的 1529.56 万 t，平均年增 34.132 万 t，年均增长率近 3%。1984 年全省人均占有粮食达历史最高水平（452.90kg/人），并首次出现了"卖粮难"。

四、第四阶段（1990～1999 年）："三高"阶段

进入 20 世纪 90 年代，我国开始实行社会主义市场经济。为适应市场经济的要求，农业也开始由单纯追求产量向高产、优质（高质）、高效，即"三高"并重的方向发展，同时江西稻田种植制度的调整和改革也进入了"三高"阶段，即在全省大力发展与推广具有高产量、高质量和高经济效益的稻田种植模式，这标志着江西稻田种植制度的演变和发展进入了又一重要阶段。这一阶段的主要特点和标志是：高产、高效种植模式增多；优质品种增多；优质稻面积大。

五、第五阶段（2000～2015 年）：多样化发展阶段

进入 21 世纪，随着稻田效益进一步下降，更多的种植模式开始逐渐发展，形成多样化的发展局面[7]。双三制模式主要有绿肥-早稻-晚稻、油菜-早稻-晚稻、大（小）麦-早稻-晚稻、蚕（豌）豆-早稻-晚稻、马铃薯-早稻-晚稻，其中绿肥-早稻-晚稻进一步发展为混播绿肥（紫云英×肥田萝卜×油菜）-早稻-晚稻、混播绿肥（紫云英×肥田萝卜×大麦）-早稻-晚稻、混播绿肥（紫云英×肥田萝卜×黑麦草）-早稻-晚稻等多种冬肥混播形式，其目的在于提高冬季绿肥鲜草产量，从而有利于培肥地力和发展畜牧业，促进双季稻的高产稳产。二熟制模式主要有冬季休闲型和秋季休闲型，冬季休闲型如冬闲-早稻-晚稻、冬闲-早稻-甘薯、冬闲-大豆-甘薯等，秋季休闲型如绿肥-稻、油菜-稻、麦-稻、马铃薯-稻等。另外，还有多样化的稻田轮作系统，如稻棉轮作、稻蔗轮作、稻薯轮作、稻瓜轮作、稻菜轮作、稻烟轮作、稻菌轮作、稻药轮作、稻草轮作、稻鱼轮作、稻鸭轮作等。

六、第六阶段（2016 年至今）：绿色发展阶段

2016 年 9 月，《长江经济带发展规划纲要》正式印发，确立了长江经济带"一轴、两翼、三极、多点"的发展新格局，习近平总书记明确指出，推动长江经济带

发展必须坚持生态优先、绿色发展的战略定位。2017年9月30日,中共中央办公厅、国务院办公厅印发《关于创新体制机制推进农业绿色发展的意见》,指出推进农业绿色发展,是贯彻新发展理念、推进农业供给侧结构性改革的必然要求。江西省作为我国长江经济带水稻生产发展的重要省份,是长江经济带的黄金水稻种植区,推动江西省水稻绿色发展,以水稻绿色发展来推动江西省绿色生态建设,对长江流域实施习近平总书记提出的"生态优先、绿色发展"整体战略具有重要意义。

2016年,江西省人民政府办公厅发布《关于推进绿色生态农业十大行动的意见》,2017年,江西省农业厅印发《关于加快农业绿色发展推进国家生态文明试验区建设的实施意见》,2018年,中共江西省委办公厅、江西省人民政府办公厅印发《关于创新体制机制推进农业绿色发展的实施意见》等一系列文件,均标志着江西省稻田耕作制度进入了绿色发展阶段。2018年,江西省农业厅发布《2018年江西省粮油绿色高效主推技术》,其中包括绿色优质稻栽培技术、周年绿色优质高效轮作模式:油菜+优质稻、双季稻"三控"绿色节本增效栽培技术、水稻病虫害统防统治与绿色防控技术、双季机插稻高产栽培技术、机收再生稻栽培技术、有机稻栽培技术、早籼晚粳优质高效栽培技术、水旱轮作优质高效栽培技术、稻鱼(稻鳅、稻鳖等)共作绿色生态种养技术、稻鸭共作绿色生态种养技术、稻虾共作绿色生态种养技术、双季稻稻草还田技术、紫云英(绿肥)种植技术。

第二节　江西省稻田耕作制度的现状与问题

新中国成立以来,江西省逐步形成了多种稻田耕作制度并存的局面。从熟制来看,一熟、二熟和三熟并存;从耕作方式来看,少免耕、秸秆覆盖(还田)等保护性耕作均有应用;从作物类型来看,紫云英、油菜、小麦、蚕(豌)豆、马铃薯、蔬菜等冬季作物呈现多样化;从稻田效益来看,稻田综合种养成为新的增长极。总体来看,江西省稻田耕作制度发展过程中受社会时代背景的影响较大。为解决基本的温饱问题,通过三熟制提高水稻产量和稻田复种指数;为提高稻田生产效益,向高产、高质、高效要求;为保护农田生态环境,逐步走生态优先、绿色发展道路。

一、江西省稻田耕作制度现状

(一)多种熟制并存

多年来,随着江西省稻田耕作制度的不断发展,逐渐形成了一熟、二熟和三熟并存的局面,总体来看一季稻种植面积略有增加,双季稻播种面积还略有下降(图7-1)。产生上述现象的原因有:一是在少熟制地区,由于生产条件的改善和设施农业的兴起,已经有较多的多熟制存在;二是在多熟制地区,由于工业化、城市化的兴起,农业比较效益的相对下降,农民进城打工增多,从而稻田熟制下降已呈明显趋势;三是即使同一地区,自然条件和生产水平相近,但因其他方面的原因,稻田熟制也存在多样化现象。其中,江西有少部分稻田一年只种植一季水稻,造成资源的严重浪费,对稻区农业及农村经济的可持续发展构成不利影响。

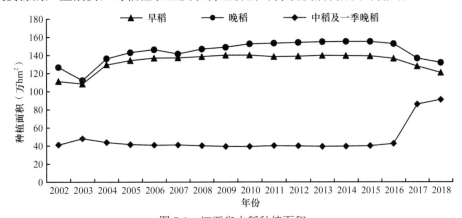

图 7-1　江西省水稻种植面积

数据来源于《江西省统计年鉴》(2003~2019 年)

(二)冬种模式多样化

发展冬季农业,开发冬闲田,可以增加土地产出,是增加农民收入和改善稻田地力的一个良好途径。目前,江西省冬季农业呈现多样化的发展趋势,冬种模式主要分为冬肥模式、冬菌模式、冬菜模式、冬油模式 4 种。①冬肥模式。在冬闲田种植绿肥,能增加土壤有机质含量,改善土壤结构,大幅度减少化肥施用量甚至不施化肥,具有明显的经济效益和生态效益。实行绿肥与水稻轮作,是一种行之有效的轮作制度,也是决定水稻大规模长期增产的关键。②冬菌模式。冬菌模式一般主要依靠大棚生产,以香菇和平菇居多。目前香菇除小部分来自传统的段木栽培外,袋料栽培是香菇生产的主体,有三种主要模式,即春播夏出(简称夏菇),出菇期在 6~9 月;春播秋冬出(简称冬菇),出菇期在 9 月至来年 5 月;夏播秋出(简称秋菇),出菇期在 10 月至来年 5 月。③冬菜模式。随着农民对冬季农业的不断重视,冬种蔬菜逐渐成为江西省较为普遍的种植模式。冬季蔬菜种植是冬季农业的重要组成部分,对保障"两节"(元旦、春节)市场供给至关重要,因此,抓好冬季蔬菜生产意义重大。晚稻收割后,可安排越冬露地和保护地蔬菜栽培,宜选用抗病虫、优质高产、抗逆性强、商品性能好、适合经济区种植的蔬菜品种。露地蔬菜种植可选择大白菜、萝卜、胡萝卜、花椰菜、白菜、甘蓝、芹菜、生菜、韭菜等;保护地蔬菜可安排春季大棚茄果类蔬菜栽培、大棚叶菜及大棚春季瓜类蔬菜栽培等。④冬油模式。经过多年的发展,优势油菜产业已初步形成。在加快油菜生产发展中,推广新品种和油菜高效栽培技术,优势油菜特别是优势杂交油菜面积大幅增长。例如,都昌县 66.67hm² 油棉双熟基地平均单产逾 150kg/亩;南昌、上饶、九江三市实施水田油菜免耕直播综合配套等先进技术，产量大幅度增长；安义、永新等油菜平均单产达 100kg/亩以上，最高达 200kg/亩。

（三）稻田综合种养日趋成熟

随着我国现代农业建设的不断深入和现代农业技术的创新发展，稻田综合种养呈现出特种化、规模化、产业化、标准化发展的新趋势，在稳定粮食生产、提高农产品质量、促进农民增收、改善农村生态环境等方面发挥了显著的积极作用。江西省稻田综合种养发展历史悠久，第一阶段，20 世纪 80 年代以平板式稻田养鱼和稻鱼轮作为代表的起步发展阶段，主要解决了山区及水面少的地区农民吃鱼难的问题，养殖规模达到 23 800hm^2，产量达 3465t，每公顷产量达到 145.6kg。第二阶段，20 世纪 90 年代中期以稻鱼工程技术为核心的稻田养殖高产高效新技术得到大力发展，为技术形成阶段。江西省有 82 个县（市、区）开展稻田养鱼，总产量 10 687.3t，使稻田养鱼单产提高到每公顷 300kg 以上，涌现出一批像万载县黄茅镇、株潭镇等稻田养鱼万亩镇。经过 30 多年的发展，江西省稻田综合种养进入了第三阶段，即快速发展阶段。这一新阶段的突出特征是稳粮增收，渔稻互促，绿色生态，形成了稻-鱼、稻-虾、稻-鳖、稻-蟹、稻-蛙、稻-鳅 6 种稻渔综合种养新技术模式，尤以稻-虾、稻-鳖综合种养模式发展迅猛，在全省得到大力推广。

2012 年 3 月 9 日，全国渔业科技促进年稻田综合种养技术示范标志性活动启动仪式在江西南昌举行，同时还启动了稻田综合种养技术的相关公益性行业科研专项和示范推广项目[8]，开启了江西稻田综合种养快速发展的新篇章。近年来，江西省稻田综合种养得到快速发展，被农民誉为小粮仓、小水库、小肥料厂、小银行，具有稳粮、节水、生态和增收等作用[9]。据不完全统计，2017 年江西省稻田综合种养面积达 46 667hm^2，新增 14 000hm^2，以稻-虾为主，稻-虾每公顷均增效 21 090 元以上，带动农民增收近 5 亿元，农药、化肥使用量减少 30% 以上，发展成效显著。

二、江西省稻田耕作制度存在的问题

（一）熟制缩减，复种指数降低

近年来，江西省普遍存在稻田熟制缩减的问题，突出表现在：①三熟制变二熟制，二熟制变一熟制。省内一些地区大量闲置土地，使稻田多熟种植的三熟制变为二熟制，如紫云英（油菜、马铃薯或蔬菜）-早稻-晚稻模式变成了早稻-晚稻模式或紫云英（油菜、马铃薯或蔬菜）-一季稻模式，使原本适合发展三熟制的地区，变成只种植二季（二熟）作物；原本适合种植双季稻的地区，只种植一季稻（中稻或一季晚稻）。②稻田复种指数降低。由于稻田熟制下降，稻田复种指数必然降低。根据研究[10]，20 世纪 90 年代后，复种效率（复种指数）出现降低的主要原因在于，改革开放后城镇化、工业化进程加快，城乡差距悬殊，中国农业从业人口的大量

流失及劳动力成本提高很可能是这一阶段影响复种变化的重要因素，而这一区域
（江西等南方地区）耕地复种指数降低所导致的粮食减产对国家粮食安全产生较大
影响。

（二）稻田撂荒，农田休闲

稻田撂荒是江西省稻田耕作制度发展存在的突出问题，已成为维护区域粮食
安全的重大障碍。稻田撂荒主要表现在三个方面：一是季节性休闲，如冬闲田、秋
闲田，作者近些年的调查和估算显示，江西省现有稻田面积中，冬闲田面积高达
1800 多万亩，大部分没有得到应有的开发利用；二是全年撂荒问题，有的种植户
全年外出打工，或因旱涝等自然灾害，导致区域稻田出现全年撂荒问题；三是长年
休闲、长期撂荒的问题，由于稻田自然条件差，基础设施特别是灌溉条件不能满
足生产需要，或因人口搬迁导致稻田长年休闲、长期撂荒，无法耕种、无人耕种。

（三）养地不足，地力衰退

近年来，由于农户养地意识薄弱，加上部分政府部门对土地实行流转政策
等，农户只注重用地，看中农作物生产带来的直接经济利益，未积极养地，使稻
田土壤贫瘠，主要表现在养地的环节和次数减少，养地的手段和措施缩减，农田
基础设施老化、弱化，甚至"带病"运转，使江西省稻田耕作制度的养地强度明显
减弱[11]，导致稻田土壤酸化、土壤理化性状变劣、土壤肥力下降等。每年大量的化
肥、农药直接施入农田，很容易造成一些有害化学元素在土壤中的积累，对农田
生态造成破坏及地下水污染。多熟制是一种高投入、高产出的集约型农业生产系统，
土地利用的强度很大，如果不重视土壤培肥及改良，难以持续发展。加上农田熟
制变低，很多稻田实行长期连作，使土壤养分循环利用受到阻滞，土壤地力自然
不断衰退[12]。

（四）土壤污染，稻田酸化

目前，全省水田土壤总体偏酸，土壤 pH 低于 6.5 的不同程度酸化水田面积合
计达到 $2.26×10^6 hm^2$，占比达到 99.58%。与 1979～1983 年相比，2005～2012 年
全省水田土壤 pH 平均值下降了 0.4 个单位，酸化面积增加了 $0.16×10^6 hm^2$，酸化
面积占比提高了 7.54 个百分点。江西是我国矿产资源大省，也是受重金属污染面
积较广的省份之一。20 世纪 50 年代，江西几乎不存在土壤重金属污染等问题，综
合污染指数为 0，50～70 年代，综合污染指数上升为 0.18，70～90 年代，综合污
染指数飙升为 6.29。随着江西经济社会发展的进一步加快，各类矿山开采破坏了
当地生态环境，鄱阳湖流域生态环境也遭到了严重破坏，目前江西土壤重金属污
染特征呈现为由矿区逐渐向厂区、郊区和农区扩散，重金属污染的防治、保护鄱
阳湖一湖清水成为人们高度关注的环境问题。

（五）管理粗放，资源浪费

管理粗放，资源浪费主要表现在三个方面。一是作物秸秆资源的浪费。江西省作物秸秆资源（主要是稻草资源）是一项重要的农业资源，具有多方面的功能和用途。充分、合理地利用稻草等作物秸秆资源，对于农业增产、增收、增效具有直接作用。然而，目前江西省稻草资源并未得到充分的开发利用，浪费十分严重。据调查，当前江西稻草资源浪费的现象和途径主要有：①直接焚烧。水稻收获后，将稻草直接在田间焚烧，既浪费资源，又破坏土壤结构，还污染生态环境，一举多害。②乱丢乱放。水稻收获后，稻草随处乱丢、乱放，结果满田、满地、满路、满村皆是稻草污染。③不加管理，听之任之。当水稻收割后，把稻谷挑走，稻草则无人管理，听之任之，任凭风吹、雨打，其结果必然是满山遍野都是稻草，轻者污染环境，重者堵塞水沟、水渠、水道，影响农田灌溉，给农业的可持续发展带来诸多不利。二是畜禽粪便资源的浪费。畜禽粪便满地跑、到处流，既浪费资源，又污染环境。三是其他农业资源的浪费，如生活垃圾（瓜皮果壳、剩饭剩菜等）、生活污水、河塘污泥（淤泥）等的浪费，等等。

（六）劳力缺乏，务农积极性差

当前，农业劳力缺乏是全国各地普遍存在的问题，在江西省表现尤其明显。其主要原因在于：一是种稻是一个苦活、累活，劳动强度大，且多在室外（露天）作业，易受到不良天气影响，多数人（特别是青年人）是不愿意干这个活的。二是种植水稻效益低，种稻这种苦活、累活，本来应该是报酬高、工钱多，但恰恰相反，往往是报酬低、工钱少，远远不如干其他工作（如进城打工，或搞二、三产业等）。三是农村条件差、环境差，养不住青年农民。因此，只能是老年人种稻，或者无人种稻——荒田，稻田休闲、撂荒。

（七）机械化程度低，机械化成本高

江西省水稻机械化的发展困境：一是机械化程度低，机耕、机收的机械化水平较高，但生产环节的综合机械化水平有限（表 7-1），另外水稻施肥、植保和烘干环节的机械化水平明显不足（表 7-2）；二是机械化成本高，机耕、机收、机插或机播等机械化成本在水稻生产中的成本也不断提高，并逐渐成为主要的生产成本之一，2006 年平均机械化成本约为总成本的 7.27%，到 2015 年达到 17.97%（图 7-2）。

表 7-1　江西省水稻机械化生产环节机械化程度（%）

年份	机耕	机械种植（机播、机插）	机收	综合机械水平
2006	62	0.62	40	34.2
2007	65	1.3	50	39
2008	70	2.5	55	42.5

续表

年份	机耕	机械种植（机播、机插）	机收	综合机械水平
2009	75	3	59	46
2010	80	8.5	62	50
2011	83	13	66	56.9
2012	84.5	17.5	68	59.5
2013	91	9.5	86	65
2014	94.37	13.32	87	68
2015	94.36	20.75	91.24	71.3

注：数据由江西省农业机械化管理局提供

表7-2 江西省水稻机械施肥、植保和烘干情况

年份	机械施肥面积 （×10⁶hm²）	植保机械化面积 （×10⁶hm²）	烘干产能 （×10⁶t）	烘干装备保有量 （台/套）
2010	0.26	0.37	1.77	600
2011	0.34	0.43	1.54	800
2012	0.27	0.47	1.58	906
2013	0.24	0.46	1.88	500
2014	0.21	0.47	2.16	1148
2015	0.22	0.50	5.14	2409

注：数据由江西省农业机械化管理局提供

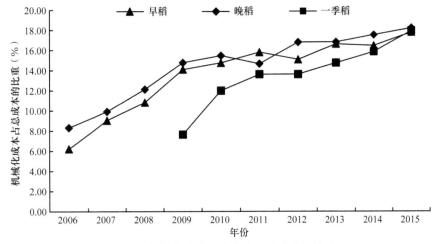

图7-2 机械化成本占水稻生产总成本的比重

机械化问题具体体现在以下几个方面。一是农业机械装备问题。目前采用的独轮船板底盘，运输转移不便、作业时壅泥涌水的问题成为限制江西水稻移栽机械发展的最大障碍。另外,耕整地机械化水平虽然较高,但机型老旧、耗能高。二是农机农艺融合问题。机插秧因品种熟制、种植模式和栽插的农艺要求不同而推广受限。在我国的双季稻区,早中晚稻种植茬口紧,样式多,品种变化快,农机农艺融合难度较大。三是农机推广服务问题。随着农机化的快速发展,机具保有量逐年上升,机手及服务组织自身维修保障服务能力不足;作业信息、零配件供应、燃油保障等服务滞后;机械插秧、植保和烘干等专业化和社会化服务发展速度不快;农机技术培训和基层农机服务、技术指导能力有待提升。四是全程机械化生产问题。农田基础设施落后,阻碍了水稻机械化的发展;田间管理机械化才刚刚起步;收获机械化发展较快,但作业质量还需提高;干燥机械化需要大力发展;农机社会化服务体系有待完善。五是智能化农机应用。目前,我国高端动力机械和配套农机具的对外依存度达到90%以上,与国外差距较大。但在农业机器人和无人机等方面国外处在研发初期,国内企业和技术可以赶超,应加大科研投入力度。

(八)种养失调,技术集成弱

江西稻渔综合种养正经历快速发展期,种养面积不断扩大,质量效益不断提高,农田环境得到改善,保渔增收不断凸显,实现了一水两用、一田双收、粮渔共赢、生态高效的农业可持续发展新模式。但稻渔综合种养大规模产业化推进过程中,在技术上存在问题,如综合种养模式和产业化配套技术有待进一步提升,综合种养的应用基础理论研究有待进一步深化,种植养殖生产全程技术服务有待进一步加强等;也存在管理上的问题,如稻田养殖基础设施的提升、行业主管部门的引导、复合型种植养殖技术研发团队打造等[9]。

归纳起来,江西稻渔综合种养主要面临以下三个方面的问题:一是宣传引导迅速,盲目发展突出。江西省各地加大了对稻渔综合种养的宣传示范引导,迅速刮起了一股发展稻渔综合种养的热潮,忽视了市场需求、形势分析、技术应用和生产实际等问题,造成农户盲目跟风发展,加大生产投入,养殖亏本的情况时有发生。二是面积扩增迅速,规模仍然不够。近几年,江西省稻渔综合种养发展态势良好,呈现星火燎原之势。但同时也要清醒地认识到,稻田大多数还是一家一户,设施陈旧老化、沟渠不畅、流转难度大,与连片规模、统一管理、形成效益、打造品牌的稻渔综合种养发展要求仍有差距。稻渔综合种养作为稳粮增效、富民强农的良好模式,其现有规模与江西省适宜发展的稻田资源仍不匹配,与农业大省的地位仍不相称。江西省连片过千亩、高标准的稻渔综合种养基地仍然屈指可数,还未达到应有的发展规模和发展高度。三是模式发展迅速,推广仍然不够。在稻渔综合种养发展进程中,各地结合实际、因地制宜,形成了稻-虾、稻-鱼、稻-蛙、稻-蟹等行之有效的模式,进一步丰富了稻渔综合种养的内涵。但由于各地认识程度不同,这些模式做法还没有形成典型,基本以农民群众自发探索、自发借鉴为主。种养模式下水稻品种的选用、田间病虫草害的防控、苗种(小龙虾)繁育技术等缺乏基础性研究。稻渔综合种养模式总结、提升、推广不够，成为除稻田资源、水资源条件等客观因素外导致各地发展不平衡的重要原因。

第三节　江西省稻田耕作制度的展望

一、江西省稻田耕作制度改革发展的必要性

人类农业从古代的刀耕火种发展到现代的耕作制度，不仅仅是由无序到有序、从经验到科学的简单时空跨越，而且是农耕制度向科学化、系统化和现代化的质的飞越与演变过程，亦即形成了当今的现代耕作制度。耕作制度，也称农作制度，是指一个地区或生产单位的作物种植制度，以及与之相适应的养地制度的综合技术体系，包括种植制度和养地制度两大部分。

（一）稻田耕作制度改革是实现农业现代化的必然要求

农业现代化是指由传统农业转变为现代农业，把农业建立在现代科学的基础上，用现代科学技术和现代工业来装备农业，用现代经济科学来管理农业，创造一个高产、优质、低耗的农业生产体系和一个合理利用资源、保护环境、有较高转化效率的农业生态系统。目前，江西省稻田耕作制度仍然处在传统农业阶段或传统农业向现代农业转化的初级阶段，距离实现农业现代化还有很大差距，江西省稻田的农业机械化、农业产业化、农业信息化、生产技术科学化、劳动者综合素质等方面与现代农业的要求还相距甚远。因此，必须改革江西省稻田耕作制度，为实现农业现代化奠定基础。

（二）稻田耕作制度改革是农业可持续发展的必然要求

耕作制度随农业的产生而产生，随农业的发展而发展，可持续农业是世界农业的发展方向。耕作制度与可持续农业的关系主要体现在：可持续农业是耕作制度改革与发展的基本方向，耕作制度中的农业结构调整与优化是农业生产持续发展的核心问题，科学合理的耕作制度是实现农业可持续发展的根本保障。江西省稻田耕作制度在经历了三变、双三制、双杂、三高、多样化等发展阶段之后，正朝着绿色发展的方向迈进，但距离农业可持续发展还有很长的路要走，传统稻田耕作制度的弊端依然存在。目前，江西省最常见的稻田耕作制度依然是冬闲-早稻-晚稻和紫云英-早稻-晚稻，冬闲-早稻-晚稻造成的光、热、水资源的浪费非常严重，地力也不断下降，紫云英-早稻-晚稻这种长期简单的双三制连作带来的不利影响在逐渐显现，加重了土壤次生潜育化[13]。

（三）稻田耕作制度改革是提高农田效益的必然要求

种田不赚钱、种稻不合算是影响稻田耕作制度发展的重要因素。稻田耕作制

度的经济效益低，是农民不愿意种地而弃稻打工的主要原因。农民种植农作物越来越懒散，连作种植模式较多，而没有良好的肥料和病虫草害管理措施，导致作物产量低，收益甚微。稻田多熟耕作制组成结构较复杂，作物种类较多，管理方式不一，没有组织专门的稻田耕作制度培训会或培训班，农民种植管理技术一般；另外，江西省稻田耕作制度生产的风险大，自然灾害频发，紧急避险机制应用不广泛，导致水稻及其他作物的产量低，经济效益明显降低。因此，从提高农田效益的角度来看，江西省稻田耕作制度改革势在必行。

二、江西省稻田耕作制度改革与发展的对策

稻田耕作制度的改革、创新与发展，对于挖掘稻田生产潜力、提升稻田综合效益具有重要作用。江西省稻田耕作制度的发展，必须按照生态优先、绿色发展的要求，以长江经济带发展推动经济高质量发展这一重大国家战略为指导思想，以调整种植制度、强化养地制度为切入点和突破口，全方位推进稻田耕作制提质增效、转型升级，并最终建立江西省绿色稻田耕作制度，从而实现江西省稻田耕作制度绿色发展。

（一）开发冬季农业，提高资源利用率

发展冬季农业不仅是生态经济的关键要求，也是发展高效生态农业的重要途径。研究发现，有冬季作物处理的各项生态服务价值平均比冬闲处理要高；发展冬季农业可以增加干物质积累，提高稻田农产品服务价值、保持土壤功能价值、保持涵养水分功能价值、保持土壤养分积累有机质价值、保持净化空气价值；发展冬季农业，尽可能提高冬季农业的第一性生产能力，可以在很大程度上提高稻田净化空气价值。

1. 合理利用冬季气候资源，提高资源利用率

气候资源是指光、热、水、风及可开发利用的大气成分，是大力开发冬季农业最基本的客观条件。目前冬季土地闲置的情况依然没有从根本上改善，导致冬季气候资源的利用率偏低。根据江西省冬生长季的要求，规定 11 月至次年 4 月为冬生长季，全省冬季气候资源条件较好，热量丰富，降水适宜，非常适合冬季作物的生长。如果能够充分合理地利用冬季气候资源，将从周年整体上大幅提高资源利用率。

2. 提高土地利用率，改良土壤质地

长期水泽对于农田土壤的改良非常不利，冬季农业的开发将形成水田向水旱轮作过渡的耕作方式，不仅可以提高复种指数和土地利用率，还可以在一定程度上改善土壤质地，有利于解决用地和养地的矛盾，促进农田土壤质地的良性循环。

在耕地扩大潜力有限，粮作面积又须稳定、总产仍要稳步提高的多重压力下，发展冬季农业与旱作农业，扩大复种面积已成为改革耕作制度、挖掘粮食生产潜力的关键。

3. 调整农业结构，提高农业生物多样性

传统的农业结构在生态农业和循环农业等冲击下已经开始逐渐显现出它的弊端，冬季农业的发展是调整农业结构的一条良好途径，有利于解决作物间争地矛盾，可以在不同程度上提高农业生物多样性。农业生物多样性的提高还可以减少化肥、农药等的使用，对减少农业污染和改善生态环境具有重要的意义。

(二) 加快应用推广稻田保护性耕作制

江西水稻生产素有精耕细作的优良传统，其中也包含着少耕、免耕、覆盖等多种保护性耕作的模式和技术，可以说，这些保护性耕作的模式和技术为江西的水稻生产发挥了重要作用。尤其是改革开放 40 多年来，稻田保护性耕作技术得到更进一步的推广和应用，并取得了显著的经济效益、生态效益和社会效益。具体表现在：①增产。稻田采用保护性耕作措施，一般可比常规耕作增产 5%~8%。②增收。保护性耕作可比常规耕作单位面积增收 6%~12%。③节约资源。保护性耕作能起到明显的节时（充分利用季节）、节水、节肥、节能、省工、省力和节本的效果。④保护生态。保护性耕作对防止水土流失、提高土壤肥力、保护生物多样性及促进农业可持续发展等具有不可替代的作用。多年来，江西省稻田已形成多种保护性耕作模式，主要包括绿肥套播、板田油菜、稻茬板麦、稻底蚕豆、禾根豆、再生稻、半旱式栽培、免耕栽插晚稻、水稻直播、免耕抛秧、稻草还田、简化栽培等[14]。

保护性耕作作为耕作制度中的一项重要内容，既是传统农业增产增收的重要措施，又是现代高效农业发展不可或缺的技术，因此可以说，保护性耕作是世界农业和耕作制度发展的重要方向。同时，江西作为我国南方典型的双季稻区之一，随着现代农业的不断发展，以及工业化、城市化和城镇化进程的加快，只有大力发展和广泛推广稻田保护性耕作技术与模式，才有利于实现农业发展、农民增收和生态环境安全，从而实现社会经济与资源、生态、环境的协调发展。

(三) 全面推行稻田水旱轮作和复种轮作

20 世纪 50 年代初，江西省稻田以种一季稻为主。60 年代以来，随着农业科学技术的发展，生产条件的改变，双季稻面积日益扩大；与此同时，冬季绿肥也逐年推广，至 70 年代绿肥-双季稻已成为江西省主要的复种制度。但是，近年来，由于大多数稻田长期绿肥-双季稻重茬连作，土壤肥力逐步下降，产量停滞不前，为此，必须认真研究改革不合理的种植制度，实行科学的轮作制，才能获得持续的高产稳产。轮作就是在一定的土地上和年限里，按照一定顺序逐年轮种不同的作物和复种的方式,合理轮作有助于提高土壤肥力,实现稳产高产,减轻病虫草害,错开农时,有利于全年高产[13]。

合理复种轮作,就是要根据当地的自然条件、生产技术水平及历史种植习惯,因地制宜地改革单一的种植制度,建立合理的农业结构和耕作制度,搞好作物布局,做到用地与养地结合,充分利用自然资源,提高土地利用率,以收到最大的经济效益。第一,在调整复种制的基础上逐步推广水旱轮作。目前,江西省现有的复种轮作方式中,如油菜(蚕豆)-双季稻、春大豆-晚稻或早稻-秋大豆、早稻-秋红薯、早稻-玉米(高粱)等,这些轮作方式都有利于改善土壤结构、理化性状和生物学特性,消除水稻土潜育层,并获得水稻增产。第二,保证一定比例的豆科作物。在复种轮作中安排一定的豆科作物有很多好处,豆科作物能固定空中的氮,提高土壤肥力;稻豆复种单产较高,经济效益好;还可以提供高蛋白质的食物。第三,安排适当的饲料作物。在复种轮作中安排一定面积的稻田种植玉米、高粱、豆类和蔬菜等饲料作物,不仅可以建立合理轮作制,提高粮食单产和总产,还解决了饲料问题,使全省畜牧业得到更大的发展。第四,发展经济作物。在保证粮食总产和单产稳步提高的基础上,广开门路,因地制宜地大力发展各种经济作物,增加农民收入,提高效益。

(四)因地制宜地发展农-牧-渔业系统和稻田综合种养

农-牧-渔业系统即农牧渔业综合发展,其重要性在于把农、牧、渔三者有机结合起来,充分利用资源,形成良性循环的耕作制度。江西地处中亚热带地区,气候、雨量都宜发展一年多熟,粮食生产与多种经营综合发展,有利于实现农-牧-渔业系统。农-牧-渔业系统具有以下特点:一是农牧结合。实现粮多—畜牧多—肥多-粮多的良性循环。江西有丰富的农副产品和4000多万亩草山草坡,是发展畜牧的优越条件,同时又是转化粮食增收创汇的出路,结合则两利,不结合则两败。二是农渔结合,江西水面占土地面积的10%,水田占耕地的85%,有利于发展渔业,稻田养鱼可充分利用前所未用的资源,具有投资少、见效快、效益高的优点[15]。

稻田综合种养技术模式符合现代农业和渔业的发展导向,是拓展水产养殖空间,提高农田综合效益,以及促进农业增效、农民增收的有效手段,对保障粮食和水产品安全供给,有效减少农业面源污染具有极其重要的意义。应从以下几个方面抓好稻田综合种养产业发展工作:一是编制发展规划;二是提升科技水平;三是创建示范基地;四是培育经营主体;五是打造稻渔品牌;六是推进三产融合[9]。

(五)控制稻田土壤酸化,修复稻田土壤污染

耕地是人类生存的基础、发展的载体,耕地质量的优劣关系到粮食安全、农产品质量安全,以及农业可持续发展。江西耕地土壤酸化的本质是酸性的成土母质,主要原因是长期大量施用生理酸性化肥,可以通过增施石灰和科学施肥来控

制土壤酸化。调酸增钙施用石灰不仅可以中和土壤中的活性酸，还能增加土壤中交换性钙的含量；科学施肥要尽量选择施用中性至碱性的化学肥料，氮肥尽量选择尿素和碳酸氢铵等品种，同时要增施有机肥、种植绿肥、秸秆还田，改善土壤的理化性状，增加土壤的缓冲能力[16]。江西要做好重金属污染土壤修复工作，要重视将风险预防理念贯穿于土壤污染管理的全过程，建立健全有效的土壤环境保护法律法规，加强土壤环境监管，注重污染土壤修复的环境管理与工程示范，建立土壤污染整治基金和土壤污染治理市场体系，搭建土壤污染治理修复与资源可持续利用的科技交流平台。

（六）加强稻田耕作制度的科学研究

针对当前稻田多熟种植存在的技术不配套、熟制缩减、面积下降、模式单一、推广不力、效益降低、地力衰退、耕地撂荒等问题，只有加强科学研究，强化技术研发力度，才能进一步提高稻田多熟种植的推广力度[12]。具体从6个方面开展工作：第一，开展多熟种植农作物品种选育和种质创新攻关，将水稻与配套复种作物的常规育种方法和现代生物技术有机结合，争取育成适合江西各生态区域大面积种植的高产优质产品；第二，研究新品种高产优质高效配套栽培技术，以三熟制作为周年增产增效的目标，以播期、密度、施肥种类、施肥量等主要栽培因子为研究对象，实现规范化、标准化；第三，开展稻田间套作条件下的农机农艺配套技术研究[17]，提高劳动生产率；第四，加强稻田多熟种植模式的研究，尽快形成适宜江西不同地区的技术模式；第五，开展技术培训和示范推广，推进标准化生产；第六，开展间套作产品深加工技术及产业化研究，除搞好传统农产品的产业开发外，还应发展新兴农产品的加工，走就地生产就地转化的道路，发展项目+公司+农户、项目+公司+基地+农户等产业化模式。

（七）加大创新耕作制度的政策扶持力度

一是注重政策导向。政府应出台相应的扶持政策，积极鼓励各类经营主体与农户开展耕作制度创新，研究推广新型耕作制度模式，促进农业增效和农民增收。二是注重资金扶持。财政部门应安排专项资金，对当地特色耕作制度从技术推广、设施补助、项目立项、成果奖励等多个环节予以重点扶持。三是注重绩效考核。健全创新耕作制度推广考核激励机制，把创新耕作制度作为各市、县农业局目标责任制考核内容，明确奖罚措施。四是注重宣传报道。及时总结创新耕作制度应用过程中的经验和成效，及时宣传先进典型，争取各级领导和社会各界对创新耕作制度工作的重视及支持[18]。

三、江西省稻田耕作制度发展的前景展望

新中国成立以来，江西省稻田耕作制度经历了三变、双三制、双杂、三高、

多样化发展阶段，形成了多种稻田耕作制度并存的局面，并逐步向绿色发展阶段迈进。但江西省稻田耕作制度仍然存在一系列问题，如熟制缩减、稻田撂荒、地力衰退、土壤污染、资源浪费、劳力缺乏、机械化程度低、种养失调等。

　　未来，江西省稻田耕作制度的发展，必须按照生态优先、绿色发展的要求，一熟、二熟和三熟并存，其中三熟是主体，冬季农业多样化发展，农闲田逐渐消失，水旱轮作和复种轮作成为常态，稻田保护性耕作全面推广，在保障粮食安全的前提下，适度发展稻田综合种养。从而，培养绿色的稻田本底，形成绿色的生产过程，产出绿色的稻田产品，努力构建水稻生产绿色发展体系[19]，实现稻田耕作技术更加优化，稻田土壤质量明显提升，水稻品种资源更加丰富，水稻栽培技术更加轻简高效，稻田节水、节肥、节药成效更加明显，稻田病虫草害绿色防控技术更加成熟，水稻生产机械化水平大幅提高，水稻秸秆全利用。

参 考 文 献

[1] 黄国勤, 周泉, 陈阜, 等. 长江中游地区水稻生产可持续发展战略研究. 农业现代化研究, 2018, 39(1): 28-36.

[2] 郭静云, 郭立新. 论稻作萌生与成熟的时空问题. 中国农史, 2014, 33(5): 3-13.

[3] 黄国勤, 等. 江西农业文化遗产研究. 北京: 中国农业出版社, 2018.

[4] 黄国勤. 江西稻田耕作制度的演变与发展. 耕作与栽培, 2005, (4): 1-3.

[5] 黄国勤, 刘隆旺, 王小鸿, 等. 论江西稻田耕作制度, 面向 21 世纪的中国农作制. 石家庄: 河北科学技术出版社, 1998.

[6] 黄国勤. 江西农业. 北京: 新华出版社, 2000.

[7] 黄国勤. 中国南方稻田耕作制度的发展. 耕作与栽培, 2006, (3): 1-5.

[8] 李明爽. 全国稻田综合种养技术示范行动启动仪式在南昌举行. 中国水产, 2012, (4): 23.

[9] 傅雪军, 银旭红, 李彩刚. 江西稻渔综合种养产业发展思考. 江西水产科技, 2018, (2): 51-53.

[10] 何文斯, 吴文斌, 余强毅. 1980～2010 年中国耕地复种可提升潜力空间格局变化. 中国农业资源与区划, 2016, 37(11): 7-14.

[11] 张雯, 侯立白, 蒋文春, 等. 辽西北地区机械化保护性耕作技术体系效益评价. 辽宁农业科学, 2006, (2): 42-44.

[12] 官春云, 黄璜, 黄国勤, 等. 中国南方稻田多熟种植存在的问题及对策. 作物杂志, 2016, (2): 1-7.

[13] 郭其述. 改革单一的种植制度　实行合理的复种轮作. 农业现代化研究, 1980, (1): 24-28.

[14] 黄国勤. 江西稻田保护性耕作的模式及效益. 耕作与栽培, 2005, (1): 16-18.

[15] 钟树福. 试论江西稻区农-牧-渔业系统. 江西农业大学学报, 1986, (3): 38-44.

[16] 夏文建, 徐昌旭, 刘增兵, 等. 江西省农田重金属污染现状及防治对策研究. 江西农业学报, 2015, 27(1): 86-89.

[17] 夏俊芳, 张国忠, 许绮川, 等. 多熟制稻作区水田旋耕埋草机的结构与性能. 华中农业大学学报, 2008, 27(2): 331-334.

[18] 俞燎远. 浙江省创新耕作制度的实践与思考. 中国农技推广, 2017, 33(11): 21-23.

[19] 周泉, 黄国勤. 江西省水稻绿色生产的问题与对策研究. 中国农业资源与区划, 2020, 41(2): 9-15.

第八章 湖北省稻田耕作制度改革与发展 [①]

第一节 湖北省稻田耕作制度历史回顾

水稻是湖北省最主要的粮食作物，湖北省素有鱼米之乡的美名，水稻种植历史悠久，是水稻起源地之一，湖北省荆门市五三农场出土了新石器时代遗址的炭化稻谷遗存，距今已有 7000 年左右的历史。新中国成立以来，水稻一直是湖北省种植面积最大、总产最高的农作物，全省水稻播种面积占粮食总播种面积的 50% 以上，总产占 70% 左右，商品粮占 80%。湖北省水稻生产不论播种面积，还是总产、单产水平，在全国都占有举足轻重的地位。1974 年，湖北省水稻播种面积达到历史播种面积最高点（309.8 万 hm²）；1990 年，水稻播种面积为 263.7 万 hm²，占全国水稻总播种面积的 8%，在各省（直辖市、自治区）中居第 5 位；到 2000 年，湖北省水稻播种面积 199.5 万 hm²，占全国总播种面积的 6.7%，在各省（直辖市、自治区）居第 8 位。1990 年，湖北省水稻总产为 1798 万 t，在全国居第 5 位；1997 年，水稻总产 1820 万 t，在全国居第 4 位；2000 年为 1497 万 t，仅次于湖南、江苏、四川位居第 4 位，与江西相当。在平均单产上，2000 年，湖北省水稻平均亩产 500kg，在南方稻区仅次于江苏、上海、四川居第 4 位，比全国平均亩产（418kg）高出近 20%。其中，中稻亩产达到 590kg，比全国平均水平（467kg/667m²）高出 26.3%[1]。

湖北省地处长江中游，全省除高山区域外，大部分地区均属于亚热带季风性湿润气候，全省年平均气温在 15～17℃，年均降水量 800～1600mm，为我国二熟制和三熟制过渡地带。稻田耕作制度以中稻和一季晚稻为主，早稻和双季晚稻并存。近年来，以再生稻为主要模式的"新三熟"、以"稻虾共作"为主的稻田综合种养模式发展迅速，已逐渐成为湖北省稻田耕作制度发展的优势和特色。根据水稻熟制和主要种植模式变化历程可以将湖北省稻田耕作制度发展分为 4 个时期。

一、早、晚双季稻迅速发展期（1949～1977 年）

新中国成立后的三十年是湖北省早稻–晚稻双季稻种植模式的迅速发展期。全省双季稻面积由 1949 年的 3.3 万 hm² 发展到 1977 年的历史最高水平（121.4 万 hm²），增长了 35.8 倍。与此同时，出现中稻和一季晚稻种植面积的急剧下降，由 1949

---

① 本章执笔人：朱　波（长江大学，E-mail: 1984zhubo@163.com）

刘章勇（长江大学，E-mail: lzy1331@hotmail.com）

年的 149.1 万 hm² 降低到 1977 年的 75.3 万 hm²，降幅近 50%。自 1971 年双季稻面积首次超过中稻和一季晚稻面积之后，近十年的时间里中稻和一季晚稻的种植面积持续处于较低水平，而双季稻占据湖北省水稻生产的主导地位。这一时期早稻-晚稻双季稻的种植面积增长迅速，由于晚稻的单产水平增长幅度远小于中稻和一季晚稻，而且双季晚稻的单产水平也低于一季稻的单产水平，说明存在双季晚稻区域布局不合理、盲目将一季稻改为双季稻的现象。湖北省部分地区由于水资源或者气候条件不足，如夏季低温、寒露风等并不利于双季晚稻的生产。虽然湖北省早稻-晚稻双季稻的种植面积迅速增长对稻谷总产的提高具有一定推动作用，如全省稻谷总产于 1972 年突破 1000 万 t，但是随着社会发展和水稻生产技术水平的提高，区域布局不合理的地区双季稻的增产优势和种植效益逐渐下降，从而迎来了早稻-晚稻双季稻面积的回落。

二、早、晚双季稻面积回落期（1978～2000 年）

改革开放后的二十年是湖北省早稻-晚稻双季稻布局回归理性，一季中稻和晚稻逐渐恢复的阶段。到 2000 年时，湖北省早稻-晚稻面积已经降到 50.4 万 hm²，相比 1977 年的 121.4 万 hm² 减少了 58.5%，一季早稻的面积也呈下降趋势。同时，一季中稻和晚稻的种植面积上升到 2000 年的 109.8 万 hm²。这一时期较为明显的是部分双季稻改为一季中稻或一季晚稻，全省水稻周年种植面积虽然有一定减少，但是稻谷产量呈稳定增长趋势，于 1997 年达到历史稻谷最高产量，突破 1800 万 t，其原因主要是水稻单产水平的提升，例如，中稻和一季晚稻单产接近 600kg/亩，早稻-晚稻两季稻谷单产超过 800kg/亩[1]。

三、三熟和二熟稻作制稳定期（2001～2010 年）

2000 年以后，湖北省水稻生产基本稳定在中稻和一季晚稻面积之和与早稻-晚稻双季稻面积三比一的格局，此期间中稻和一季晚稻、早稻-晚稻双季稻面积基本维持稳定，全省稻谷产量也是稳中有升。

这一阶段虽然历时较短，但是湖北省水稻耕作制度从品种到耕作栽培技术也经历了几次规模较大的变革。首先是水稻品种和品质的改变，由于杂交水稻的产量优势及其大范围推广，湖北省水稻品种中籼稻占据了绝大多数，粳稻仅占水稻播种面积的一成，湖北省也由此提出了"籼改粳"的政策措施；在提高稻米品质方面，湖北省于 1996 年开始新一轮发展优质稻米。特别是 1999 年，湖北省委、省政府把优质稻发展列入湖北省"四优工程"（优质稻、优质油、优质果、优质猪）之首后，优质稻的发展更加迅速[2]。2001 年，全省符合国家优质稻标准的水稻种植面积达 73.3 万 hm²，占全省水稻种植面积的 30% 以上，全省 198.8 万 hm² 水稻 90% 以上实现了部颁标准优质化。2003 年，全省国标优质稻种植面积约占水稻总面积的 50%。通过湖北省水稻产区分布和品质区划，全省已经形成三大优质稻生产区域：

一是江汉平原（以四湖地区为主）的优质籼粳混作区，包括潜江、松滋（现为宿松）、洪湖、枝江、天门、荆州（包括监利、石首、公安、江陵等）等县市，水稻面积 50 万 hm²；二是鄂中丘陵、鄂北岗地优质中籼稻生产基地，包括安陆、当阳、京山、远安、沙洋、钟祥、应城、曾都、广水、襄阳（包括宜城、枣阳等）等县市，水稻面积 40 万 hm²；三是鄂东、鄂东南名特优和高档优质稻生产基地，包括黄梅、武穴、蕲春、团风、浠水、孝南、孝昌、咸安、嘉鱼、通城、崇阳、赤壁等县市，水稻面积 46.7 万 hm²。以上三大区域水稻面积 136.7 万 hm²，总产量可达 1000 万 t 以上[3]。

这一时期稻田冬季茬口组成发生了剧烈变化，稻田冬季作物由传统的绿肥，如绿肥（紫云英、肥田萝卜）、油菜和冬小麦各占三分之一逐渐改变为油菜和冬小麦各占二分之一，后又转变为冬小麦和冬闲各占二分之一，稻茬冬季绿肥和油菜仅见零星种植。其中，冬闲田的面积呈上升趋势，稻田熟制由传统的三熟、二熟向二熟、一熟转变。与之相伴的是水稻耕作栽培技术的剧烈变革：①土壤培肥上摆脱了对传统绿肥和有机肥的依赖，转变到完全依靠化学肥料提供水稻营养和稻田培肥，同时稻田病虫草防治也完全依赖于化学农药的使用；②稻田耕作方式实现了传统的牛耕向机耕转变，水稻种植和收获也实现了由人力向机械作业的转变；③水稻栽培技术趋向于轻简化，由传统的水育秧改为旱育秧、工厂化育秧，甚至出现了直播水稻。

进入 21 世纪，在生物技术、化学技术，以及农业机械化的装备下，湖北省基本完成了水稻耕作制度由传统稻作向现代稻作的转变，实现了水稻高产、优质生产并摆脱了水稻生产过程中对人力劳动的依赖。但是，新时期社会经济发展对水稻生产又提出了新的问题和要求，如经济快速发展背景下高投入高产出型水稻生产的可持续性，长期大量化学品投入对水稻食品安全、稻田土壤肥力，以及生态环境健康的影响等。

四、"稻-再生稻"和"稻虾共作"迅速发展期（2011 年至今）

近十年来，湖北省水稻生产无论是面积，还是单产、总产都呈现稳定上升态势。2015 年，湖北省水稻播种面积、稻谷总产和单产均达到近年来的新高，水稻播种面积达到 218.8 万 hm²，其中中稻和一季晚稻面积约 133.3 hm²，早稻-晚稻双季稻面积超过 46.7 万 hm²，周年稻谷总产超过 1800 万 t，中稻和一季晚稻单产达到 640kg/亩，早稻-晚稻两季稻谷单产超过 850kg/亩[4]。

在湖北省水稻生产稳步发展的同时，受供给侧结构改革、劳动力成本快速上升和经济效益等因素综合影响，湖北省稻田耕作制度出现两个具有区域优势和特色的稻作模式：一是在三季不足、两季有余地区，乃至部分具备三熟条件的地区大面积发展了以"稻-再生稻"为主体的"新三熟"模式；二是在地势低洼，水资源相对丰富的地区发展了以"稻虾共作"为主的稻田综合种养模式。这两种稻作模式面积增长迅速，农民自发发展的热情高涨。其中，再生稻面积由 2008 年的

3.5 万 hm² 增加到 2017 年的 16.2 万 hm²，稻田综合种养面积由 2010 年的 8.4 万 hm² 增加到 2017 年的 29.2 万 hm²。

第二节　湖北省稻田耕作制度的现状及面临的主要问题

一、湖北省稻田耕作制度的现状与特点

当前湖北省水稻发展处于以中稻和一季晚稻为主，早稻-晚稻双季稻、再生稻，以及稻田综合种养模式并存的相对稳定状态，全省年水稻种植面积稳定在 200 万 hm² 以上，周年稻谷产量在 1700 万 t 以上，稻谷平均单产约 550kg/亩。同时，湖北省水稻生产机械化水平和规模化经营程度大幅度提高，除少数丘陵山地外，水稻机耕、机插、机收已基本普及，2015 年全省水稻生产规模经营的总面积达到 43.9 万 hm²，水稻生产土地流转总面积达到 44.4 万 hm²，水稻生产新型经营主体——家庭农场、种粮大户、合作社，以及企业经营的数目分别为 3776 户、22 010 户、16 583 户、1947 户[4]。湖北省稻米加工企业也显著发展，2015 年稻米加工企业达到 75 家，国家级企业 10 家，涌现出了像福娃集团有限公司、黄冈东坡粮油集团有限公司等一批年加工能力在 100 万 t 大米以上的名牌龙头企业，在引领水稻产业发展的同时，也产生了扶贫就业等社会效益[5]。

近年来，受经济社会发展、市场调控，以及政策导向等因素的影响，再生稻及稻田综合种养模式发展迅速，正逐渐成为提高稻田效益，提升稻谷品质和改善稻田生态环境的新生力量。其中，再生稻具备"一种两收"的特点，在减少稻田生产劳动力、化学品投入，以及机械作业成本的基础上，比一季稻大幅度增产增效，而且再生稻第二季稻谷的稻米品质较优，在湖北省乃至整个长江中下游区域已形成品牌效应，产生了较大的社会影响[6]。稻田综合种养模式，尤其是"稻虾共作"可以实现在稻田同时进行稻谷生产和水产养殖，在发展稻田高效生态种养、提升稻田种养经济效益、提高资源环境利用效率、稳定稻谷粮食生产等方面具有明显优势。"稻虾共作"模式也因此被农业部（现农业农村部）誉为"现代农业发展的成功典范，现代农业的一次革命"[7]。

纵观新中国成立后 70 多年来湖北省稻田耕作制度的发展变迁历程，从最初的"单改双"，到"双改单"，再到"籼改粳"，最后到现在如火如荼的"再生稻"和"稻虾共作"，每一个过程都顺应了当时社会发展对水稻生产的现实需求。在人均口粮占有量不足的年代，大力发展早稻-晚稻双季稻，对于提高区域粮食总产、满足人们基本的粮食需求起到了重要作用；当人均口粮占有量达到一定程度，基本粮食需求得到保障时，同时水稻单产水平也发展到一定高度，为了提高水稻生产效益、促进农户增收，稻田耕作制度"双改单"对解放农业劳动力起到了很好的作用；经济社会发展到一定程度后人们对稻米的需求从量转向质，对优质稻米的需求增加，

因而，为了减缓稻谷库存压力，实现水稻产业升级，水稻生产又进行了由生产普通稻米向生产优质高档大米的转变；在经济效益、食品安全和农业生态绿色发展要求越来越高的今天，"再生稻"和"稻虾共作"作为水稻绿色发展的典范得到大力发展。比较每次稻田耕作制度变革过程可以发现，稻田耕作制度变革所需的时间在缩短，经过三十年大力发展早稻-晚稻双季稻，双季稻改为单季稻所用时间为二十年，近十年来"再生稻"和"稻虾共作"迅速发展。上述一系列变化产生的原因：一方面，湖北省得天独厚的水资源、稻田土壤资源和气候资源条件满足了多种稻田耕作制度并存的自然资源要求；另一方面，科技水平的进步对水稻生产起到了良好的推动作用，高产优质水稻品种的选育、绿色高效水稻栽培技术，稻田生态种养模式的研究，以及新兴科技产品对水稻生产的武装，如无人机、信息农业技术、精准农业等为稻田耕作制度改革提供了技术支持。由此可见，在可预期的未来，在社会飞速发展的背景下，湖北省稻田耕作制度变革和发展的速度及频率将会越来越快。

二、湖北省稻田耕作制度面临的主要问题

湖北省稻田耕作制度发展至今虽然在稳定水稻播种面积和稻谷产量、提升稻米品质、促进稻农增收等方面取得较大成效，但其发展过程中依然面临几个亟待解决的瓶颈问题。

（一）水稻种植成本上升，比较经济效益下降

近十年来，湖北省不同类型的水稻（早籼稻、中籼稻、晚籼稻、粳稻）在种子、农药、化肥、机械作业费和人工成本上大部分成倍增长。有关研究表明，与2005年相比，2015年湖北省水稻生产种子成本由25.3～31.3元/亩增长到52.0～132.8元/亩，农药费用由11.9～52.0元/亩上升到39.4～74.4元/亩，化肥投入由56.0～77.5元/亩增加到109.5～143.5元/亩，机械作业费由30.7～56.6元/亩增长到144.7～151.5元/亩，人工成本从159.8～172.7元/亩上升到458.1～518.7元/亩。同时，规模化经营过程中稻田的租金成本也在显著增长，"稻虾共作"模式中幼虾成本非常高。虽然稻谷产量稳步增长，稻谷收购价格也有所上扬，但是水稻种植效益呈下降趋势。种植水稻经济效益远低于经济作物。在水稻种植成本持续高涨的背景下，水稻生产经营的风险增加，抵抗市场价格波动、灾害性气候（高温热害、低温冷害、涝渍灾害）等的能力下降，这些都不利于湖北省水稻产业的稳步健康发展[8]。

（二）稻田土壤肥力下降，生态环境压力加大

湖北省稻田土壤中高产田面积为67.6万hm^2，占全省水稻田总面积的30.9%，中、低产田占69.1%。稻田土壤肥力提升压力较大，但是由于绿肥和有机肥使用的大幅减少，以及长期单一使用化肥，因此稻田土壤肥力下降的趋势明显，如土

壤酸化，全省 pH 5.5 以下的稻田土壤占比达到了 29.1%，稻田土壤重金属污染状况也堪忧。稻田土壤质量下降不仅增加了土壤培肥的压力，还成为水稻可持续生产的制约因素。与土壤肥力下降相对应的是稻田化肥和农药的使用量依然维持在高位，2015 年，湖北省每季水稻生产化肥（折纯量）和农药施用量分别达到 970kg/hm^2 和 35kg/hm^2 [9]，远超国际公认的安全标准。投入的肥料，尤其是氮、磷化肥的利用率不高，向水体、大气（气态氮）中损失的比例较大；稻谷农药残留超标严重，这些都成为制约水稻绿色发展的瓶颈。"稻虾共作"模式中虽然实现了稻田综合高效种养，但是养虾季节大量投入的饲料、虾药等成为水体面源污染的潜在威胁。

（三）缺乏整体规划布局，盲目跟风现象严重

湖北省委、省政府对水稻产业发展高度重视，在稻田耕作制度改革与发展中起到了重要作用，如 2016 年湖北省政府出台了《湖北省水稻产业提升计划（2016—2020 年）》，提出了"集成绿色高效模式，提升科技支撑能力"等重点内容。但是全省水稻产业发展依然缺乏整体布局和规划，水稻产业稳定发展的压力较大，同时又存在稻谷库存严重、稻农丰产歉收的问题，对于水稻发展目标和区划有待进一步明确。另外，盲目跟风发展、不规范管理的现象严重，尤其是受经济效益驱动下的"稻虾共作"发展迅速。虽然该模式比传统的"稻-油"模式或"稻-麦"模式平均纯收入增加近 4.5 万元/hm^2，农民自发养虾积极性高涨，但是在一些资源条件，如地势、土壤类型、地下水位、水资源等不足的地区盲目开挖虾沟，导致了稻田经营效益下降、耕地资源破坏严重等问题。由于养虾的经济效益远高于种植水稻，实际"稻虾共作"模式下"重虾轻稻"的现象严重，存在肆意扩大稻田虾沟面积，滥用虾饲料、虾药等投入品，以及养虾懒种稻甚至不种稻等管理不规范的问题[10]。此外，相关技术研究滞后于生产，如"稻虾共作"模式下长期连续淹水对稻田土壤次生潜育化的风险、虾沟稻田养殖废水污染物监测和治理、再生稻专用收割机的研制等，以及病虫草害的绿色高效防控技术等关键技术均未得到充分研究。

（四）冬闲田资源浪费严重，稻田生态功能利用不足

冬季作物是稻田耕作制度中的重要组成部分，稻田冬季作物的发展不仅对当季作物产生影响，还关系到稻田生态系统，以及水稻产业的整体发展。受农村劳动力转移和农业生产比较经济效益较低的影响，湖北省稻田冬闲田问题突出，导致稻田熟制减少，光、热、水土等资源浪费严重。冬季作物除具有生产农产品和经济产出效益外，还具备培肥土壤（豆科绿肥）、控制氮磷向水体流失（冬季覆盖作物）和景观美化（紫云英、油菜花期）等生态功能[11]。冬闲田面积增加，冬季作物播种面积的减少将使稻田的生态功能降低。有研究表明，再生稻的第二季水稻生产受土壤肥力水平的影响，与当年或当季施用的化肥无关[12]。因此，应用冬季

作物，尤其是绿肥作物培肥稻田土壤，对于合理发展再生稻具有重要意义。"稻虾共作"模式下也可充分利用冬季枯水期虾沟、田埂等空余地发展冬季作物，既可作为虾的饲料来源，又对稻田土壤培肥、生态景观建设等产生积极作用。

第三节　湖北省稻田耕作制度改革方向与发展前景

一、湖北省稻田耕作制度改革的必要性与发展方向

如前所述，湖北省稻田耕作制度从历史的变革中走来，也必将在变革中继续向前发展。而且，随着社会需求的不断变化，以及科学技术水平的飞速进步，稻田耕作制度改革的频率将加快，每次改革所需的时间也将缩短。首先，在水稻生产经营规模化和商业化发展的背景下，优质稻米、高档稻米（如再生稻第二季稻米、绿色稻米、有机稻米）、特色稻米（如虾稻稻米、富硒稻米）是提升水稻产业竞争力和产业结构升级的重要发展方向，也符合现阶段物资丰富状态下人们的消费需求。这就要求水稻生产、稻米加工、商品稻米市场营销三者协调同步发展。水稻生产作为产业上游，应符合稻米加工与消费市场的规范和标准要求。因地制宜，根据市场定位和产能结构合理规划稻田耕作制度也就显得非常有必要[13]。科技发展步伐的加快，将使越来越多的新品种（如再生稻品种、虾稻品种）、新技术（如绿色生物农药、无人机、信息技术等）应用到水稻生产中，合理地接纳这些新技术，将其武装到稻田耕作制度中，实现水稻生产的现代化也是稻田耕作制度发展的使命。其次，除了稻米生产功能，稻田生态功能越来越受到各界重视。"稻虾共作"模式就是其中的典范，稻田营造的适于水产动物（如虾、鱼等）和禽类（如鸭、鸡）生长的环境为发展稻田高效综合种养模式提供了基础与条件。虽然稻田综合种养在我国传统农业中由来已久（如稻田养鸭、稻田养鱼），但是在现代农业大步前进的今天，在满足人们日益增长的物质需求、生态环境需求，以及解决常规现代农业面临的诸多问题上具有重要意义。常规现代稻作制度虽然实现了水稻产量的大幅提高，但其带来的生态环境问题和压力已成为水稻产业稳步健康发展的瓶颈因素，如稻田耕地质量下降、农业面源污染严重、温室气体排放增加等。找到解决这些问题的突破口，实现水稻产业绿色发展是湖北省稻田耕作制度改革和发展的重要任务。

二、湖北省稻田耕作制度演变的驱动力分析

分析新中国成立以来湖北省稻田耕作制度变革的历程可以发现，社会需求的转变和科技水平的发展是稻田耕作制度演变的两大主要驱动力。在市场和经济的推动下，湖北省稻田耕作制度改革，实现水稻产业升级迎来了新的契机。第一，人们对稻米的消费逐渐从"量"的需求过渡到对"质"的要求。从2011年至2015年，

湖北省城镇居民人均稻米消费从 80.7kg 减少到 73.6kg，农村居民人均稻米消费从 162.9kg 减少到 152.1kg。居民对优质高档稻米的需求增加了。根据长江大学 2017 年对全省 30 多个水稻生产县（市）1000 户居民的调查，有意购买单价 5～8 元优质绿色标识大米的占比达 86%，支付意愿比 5 年前提高近 50%。第二，随着社会的食品安全意识、环保意识、生态意识加强，对稻田生产过程的要求和监督也更为严格。稻田耕作制度改革在促进水稻生产向绿色生产方式转变、普通稻米向绿色稻米发展，控制水稻生产对生态环境的影响，以及增强稻田生态景观功能等方面将发挥越来越大的作用。第三，科技发展日新月异，高新科技产品和技术不断应用到水稻产业上是大势所趋，也是助推稻田耕作制度变革的重要力量。

三、湖北省稻田耕作制度改革与发展的对策和前景展望

（一）加强水稻产业发展顶层规划，引导稻田耕作制度有序调整

尽快制订可操作的水稻发展近、中期发展规划，引导水稻种植结构有序调整。按照种植面积"调山区、稳丘陵、增平原"的原则，建设江汉平原单双季优质稻优势产业板块，鄂中丘陵与鄂北岗地优质中稻优势产业板块，以及鄂东、鄂东南双季优质稻优势产业板块。打造以黄冈市等传统优势产区为中心的粳稻板块；打造以孝感市为中心的香稻优势板块；因地制宜打造"稻渔共生"、水稻"一种两收"高产高效优势板块[14]，为种植大户、家庭农场、专业合作组织等新型生产主体提供生产、加工、销售等全产业链的服务，推进适度规模化经营。

（二）建立水稻绿色生态补偿机制，加大绿色惠农补贴

建立水稻绿色生产的报备、鉴定和补偿机制，采取现金奖励、项目扶持、政府贴息、税收减免等优惠政策，加大对水稻绿色生产技术应用主体（企业、合作社等）、物化产品提供主体（肥药机具生产销售企业）的补贴力度，加大对绿色优质品种、生态控虫技术、生物农药、绿肥种植等的补贴力度，建议将再生稻纳入生态补贴。整合水稻生态补贴资金和部分惠农补贴资金，打造水稻绿色生产的专项补贴资金，打入农民专用的绿色惠农卡，宣传引导农户进行水稻绿色生产[15]。

（三）聚焦"双水双绿"，引领稻田综合种养绿色发展

湖北的稻虾共作模式无论是规模还是经济效益在全国甚至全世界都处于领先地位，当前应该适当控制稻虾共作模式的扩张速度，加快该模式绿色生产技术的研发步伐，引领稻田综合种养绿色发展，使之屹立于"稻虾共作"绿色生产世界之巅。当前应聚焦综合种养模式中存在的重虾轻稻、水产品养殖健康水平不高、稻田种养的田间布局不合理、绿色饲料开发不够等亟待解决的问题，特别是"稻虾共作"模式下秸秆腐烂、龙虾饲料及其代谢废弃物、土壤长期淹水等对稻田水土环境的负面影响等问题[16]，展开集中攻关研究，推动"稻虾共作"绿色生产模式可持续发展。

（四）改善水稻生长环境，提升可持续生产能力

用绿色发展的新理念引领生产，按照"一控两减三基本"的要求，改善水稻生长环境，加强农业面源污染防治，切实减少对耕地和水资源的污染。推广冬闲田种植绿肥、秸秆粉碎还田技术，以及农作物秸秆、畜禽粪便等农业废弃物资源化利用技术。加快高效缓控释肥和生物肥料的研发，提高化肥的利用率。

（五）强化绿色优质专用品种的选育推广，提高良种覆盖率

改革水稻品种审定制度，增加绿色水稻和专用水稻品种的审定办法，加快优质品种的审定，引导育种主体加强对绿色优质专用、再生稻等品种的选育[17]。实施种业创新工程，加大优质品种的选育力度，大力推进育繁推一体化。加大优质品种的推广力度，实行每个县（市、区）优选 2 或 3 个主导品种，推进一乡（镇）一品、一区（高产创建示范区、现代农业示范区）一品，提高良种覆盖率。

（六）集成绿色高效模式，提升科技支撑能力

重点推广水稻集中育秧、机械插秧等高效种植技术，大力推广病虫统防统治、测土配方施肥、缓控释肥等绿色生产技术，加快推广秸秆粉碎还田、机械深松耕整等标准化作业技术，配套推广防高温热害、洪涝灾害、寒露风等避灾减灾技术。抓好周年作物配套和粮饲统筹，形成具有区域特色的早稻-晚稻双季稻、稻-麦、油-稻-再生稻等种植模式，水稻集中育秧全程机械化生产技术模式，稻渔共生、稻牧共作等稻田高效种养模式[18]。

（七）加大品牌培育力度，提升产品市场竞争力

以供给侧改革为着力点，以优质、绿色、生态、安全的理念开发多元化的稻米产品及加工制品。支持稻米加工企业开展技术升级和工艺创新，以"福娃""国宝"等品牌为基础，打造一批全国知名大米品牌。突出区域特色，创建一批有机稻米、再生稻米、富硒米及地理标志产品品牌。加大湖北大米品牌的宣传推介力度，鼓励企业积极引入"互联网+"模式，促进线上线下融合发展，提升品牌营销能力和产品市场竞争力。

（八）加大宣传培训力度，培育水稻绿色生产经营主体

根据各地化肥农药减施潜力，制定化肥农药使用指南。培养减肥减药典型农民，制订"生态农民"资格认定标准。制定明确的管理办法和考核机制，对农资经营者学历提出明确要求，农资经营者需要有农学、植保、农药等相关专业中专以上学历或者达到专业教育培训机构一定学时以上的学习经历，具备指导农户施肥用药的能力。加强绿色水稻品种、技术等相关知识教育和培训，提高生产者的绿色生产技能；打造绿色高效生产示范基地，通过典型示范、展览展示、经验交流等形式，

提高浙江省农户参与绿色生产的主动性和积极性。加强绿色理念、政策措施等各方面宣传解读，使每一位种粮农民、农资经营者和技术服务主体都能理解"绿色发展"的深刻内涵，提高绿色意识，自觉投身于绿色生产。

参 考 文 献

[1] 《湖北农村统计年鉴》编辑委员会. 湖北农村统计年鉴 (2001). 北京: 中国统计出版社, 2001.

[2] 黄其振, 陈杰. 湖北省农业科技发展 40 年回顾及启示. 湖北农业科学, 2018, 57(24): 175-180.

[3] 《湖北农村统计年鉴》编辑委员会. 湖北农村统计年鉴 (2011). 北京: 中国统计出版社, 2011.

[4] 《湖北农村统计年鉴》编辑委员会. 湖北农村统计年鉴 (2019). 北京: 中国统计出版社, 2019.

[5] 湖北省农业厅. 湖北省粮食作物绿色高效模式 30 例. 武汉: 湖北科学技术出版社, 2018.

[6] 段门俊, 吴芸紫, 田玉聪, 等. 不同品种再生稻产量及品质比较研究. 作物杂志, 2018, (2): 61-67.

[7] 冯香诏, 田玉聪, 高珍珍, 等. 水稻播期和品种对稻-虾模式光温水资源利用效率的影响. 河南农业科学, 2020, 49(5) : 48-54.

[8] 戴贵洲. 关于湖北农业供给侧结构性改革的思考. 政策, 2016, (6): 24-26.

[9] 万丙良, 游艾青. 湖北水稻种植业发展对策思考. 农业科技管理, 2018, 37(2): 56-60.

[10] 曹凑贵, 江洋, 汪金平, 等. 稻虾共作模式的"双刃性"及可持续发展策略. 中国生态农业学报, 2017, 25(9): 1245-1253.

[11] Nie J W, Yi L X, Xu H S, et al. Leguminous cover crop *Astragalus sinicus* enhances grain yields and nitrogen use efficiency through increased tillering in an intensive double-cropping rice system in Southern China. Agronomy, 2019, 9: 554.

[12] 刘歆, 朱容, 朱波, 等. 水稻再生力及产量与头季稻农艺性状的相关性. 南方农业学报, 2019, 50(12): 2688-2694.

[13] 曹鹏, 张建设, 蔡鑫, 等. 关于推进湖北水稻产业高质量发展的思考. 中国稻米, 2019, 25(6): 24-27.

[14] 罗昆. 湖北省再生稻产业发展现状及对策. 湖北农业科学, 2016, 55(12): 3001-3002.

[15] 赵天瑶, 曹鹏, 刘章勇, 等. 基于 CVM 的荆州市稻田生态系统的景观休闲旅游价值评价. 长江流域资源与环境, 2015, 24(3): 498-503.

[16] 管勤壮, 成永旭, 李聪, 等. 稻虾共作对土壤有机碳的影响及其与土壤性状的关系. 浙江农业学报, 2019, 31 (1): 113-120.

[17] 沈升, 赵伏伟, 邱先进, 等. 湖北省水稻品质提高途径与栽培技术. 中国稻米, 2019, 25(3): 140-142.

[18] 黄发松, 王延春. 湘、鄂、赣发展晚粳稻生产的条件和建议. 中国稻米, 2010, 16(6): 67-68.

第九章　湖南省稻田耕作制度改革与发展[①]

　　湖南省地处24°38′N～30°08′N、108°47′E～114°15′E，下辖13个市级行政单位。湖南省位于亚热带湿润气候带，年平均气温16～18℃，积温5000～5800℃，无霜期270～310d，日照时数1300～1800h，太阳总辐射为3330～4040MJ/m²，热量充足。年降雨量为1300～1600mm，全年50%～70%的降水集中在4～7月，但河网密布，水资源丰富[1]。湖南省具有光热资源丰富、热量充足、雨水集中和无霜期长的气候特点。湖南省的自然条件和气候资源，有利于发展水稻生产，有利于发展双季稻多熟种植。

　　湖南山地多、平原少，是一个以山地、丘陵为主的省份。湖南省耕地面积为413.50万hm²，其中水田和水浇地面积为330.60万hm²，占全省耕地总面积的80.0%。全省人均耕地为0.06hm²，仅为全国人均耕地的59.20%，不到世界人均水平的1/5。湖南省是我国中部地区典型的农业大省，农作物种类以水稻为主。湖南水稻种植面积和水稻总产居全国之首，湖南省水稻生产的持续发展对保障区域和国家粮食安全具有重要的战略意义，是我国长江中游重要的双季稻主产区。

第一节　湖南省稻田耕作制度现状

　　湖南省稻田耕作制度的发展与水稻生产和栽培技术发展密切相关。2006年湖南省水稻面积377.72万hm²，其中早稻面积135.59万hm²，双季晚稻面积141.95万hm²，中稻和一季晚稻面积115.63万hm²。2006年湖南省水稻产量2414.5万t，其中早稻产量747.6万t，双季晚稻产量884.9万t，中稻和一季晚稻产量782.0万t。2006年以来湖南水稻面积变化幅度不大（图9-1），但水稻产量呈现逐年增加的发展态势（图9-2），到2017年水稻面积423.87万hm²，其中早稻面积144.82万hm²，双季晚稻面积149.92万hm²，中稻和一季晚稻面积129.13万hm²；水稻产量2740.4万t，其中早稻产量846.5万t，双季晚稻产量961.3万t，中稻和一季晚稻产量932.6万t。

　　湖南省稻田耕作制主要包括稻田三熟制、稻田二熟制及稻田一熟制。稻田三熟制主要种植模式为油菜-双季稻、大麦-双季稻、绿肥-双季稻、马铃薯-双季稻、牧草-双季稻、蔬菜-双季稻等。稻田二熟制主要种植模式为冬闲-双季稻、油菜-晚稻、马铃薯-晚稻、春玉米-晚稻、烤烟-晚稻等。稻田一熟制主要种植模式为冬闲-中稻和绿肥-一季稻。湖南省稻田耕作制种植面积年际变化见图9-3。2006年湖南省稻田面积291.77万hm²，其中稻田三熟制面积48.08万hm²，占稻田面

　　① 本章执笔人：张　帆（湖南省土壤肥料研究所，E-mail：zhangfan898@sina.com）

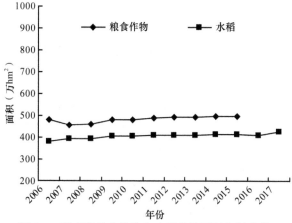

图 9-1　湖南省粮食作物和水稻种植面积年际变化

图 9-1 数据根据《湖南农村统计年鉴》（2006～2017 年）整理，图 9-2～图 9-6 同

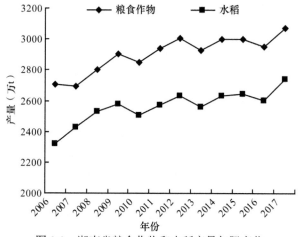

图 9-2　湖南省粮食作物和水稻产量年际变化

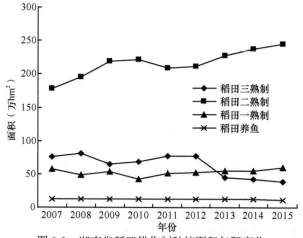

图 9-3　湖南省稻田耕作制种植面积年际变化

积的 16.5%；二熟制稻田种植面积 178.48 万 hm²，占稻田面积的 61.2%；一熟制
稻田种植面积 64.34 万 hm²，占稻田面积的 22.0%。2006 年以来稻田二熟制种植
面积呈现逐年增加态势，2012 年以来稻田三熟制种植面积逐年减少。到 2016 年
湖南省稻田三熟制面积为 38.44 万 hm²，占稻田面积的 10.8%；稻田二熟制面积为
244.79 万 hm²，占稻田面积的 68.9%；稻田一熟制面积为 60.37 万 hm²，稻田综合
种养面积主要指稻田养鱼面积 11.63 万 hm²。

湖南稻田典型耕作制种植面积年际变化见图 9-4。2007 年，稻田三熟制油
菜-双季稻模式即油稻稻面积为 61.45 万 hm²，占稻田三熟制面积的 81.57%；稻
田二熟制冬闲-双季稻模式即冬闲稻稻和油稻模式面积分别为 120.37 万 hm² 和
45.53 万 hm²，分别占稻田二熟制面积的 67.42% 和 25.5%。2016 年，稻田三熟制
油菜-双季稻模式面积为 36.94 万 hm²，占稻田三熟制面积的 96.1%；稻田二熟制冬
闲-双季稻模式和油稻模式面积分别为 164.62 万 hm² 和 79.03 万 hm²，分别占稻田
二熟制面积的 67.2% 和 32.3%。

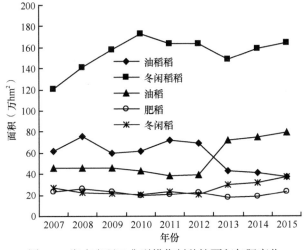

图 9-4 湖南省稻田典型耕作制种植面积年际变化

湖南省稻田机械化面积年际变化见图 9-5，湖南省水稻种植机械化面积年际变
化见图 9-6。2010 年以来，湖南省手栽稻、抛栽稻、直播稻面积逐年减少，机插稻、
机直播面积逐年增加，水稻种植环节机械化水平不断提高。2017 年，湖南省水稻
机械耕地面积 429.20 万 hm²；水稻机械收获面积 372.91 万 hm²；水稻机械种植面积
128.66 万 hm²，其中水稻机械播种面积 7.08 万 hm²，水稻机械插秧 118.10 万 hm²。

2018～2019 年两年湖南水稻种植面积表现为持续缩减状态，2018 年湖南水稻
种植面积较上年减少了 5.5%，2019 年湖南水稻种植面积较 2018 年减少了 2.88%，
水稻种植面积缩减的主要原因是镉污染地区稻田种植结构调整及"双改单"[2]。

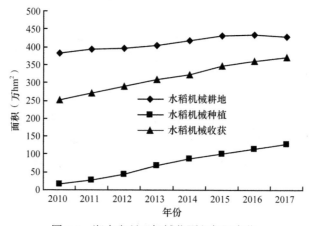

图 9-5　湖南省稻田机械化面积年际变化

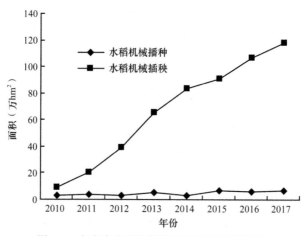

图 9-6　湖南省水稻种植机械化面积年际变化

第二节　湖南省稻田耕作制度的改革与调整

　　湖南省稻田耕作制度的改革与发展都是立足于自然资源条件，以国家农业宏观政策为导向，结合社会制度、生产条件、工业化程度、经济发展水平及科学技术能力等因素逐渐形成和发展。湖南省稻田耕作制是在农业基础设施的改善，稳产高产农田建设，农业科学技术的研究与创新，栽培技术的改进与提高，农业机械的推广上进行改革与完善。在耕地资源不足和人口增加的双重压力下，稻田多熟种植能提高光、热、水、土等自然资源的利用率，提高耕地生产能力和种植指数，增加农作物总产量，有效缓解农作物争地和农产品供需之间的矛盾。总结回顾湖南省 70 年稻田耕作制度的改革与发展，可以将其分为 4 个时期。

一、以粮食增产为目标的多熟制发展期[3]

新中国成立前，湖南省稻田以一季稻为主，且水稻单产低。新中国成立后，1950 年中共中央和中央人民政府制定的农业方针中心任务是发展国民经济，恢复发展农业生产，主攻粮食生产；20 世纪 50 年代初期湖南省委提出单季改双季、间作改连作、旱地改水田、冬闲改冬种的指示精神，均从农业宏观政策上促进了湖南农业迈进以粮食增产为目标的多熟种植制度发展时期。湖南省双季稻面积 1950 年仅为 16.67 万 hm^2，1954 年为 25.33 万 hm^2，1956 年发展为 92.67 万 hm^2，到了 1970 年已经达到 424.15 万 hm^2。双季稻播种面积多倍提高的同时，注重用地与养地相结合，提高土壤肥力以促进双季稻的可持续发展。冬闲田种植绿肥紫云英（紫云英–双季稻轮作和紫云英–一季稻轮作）为稻田多熟种植制度发展起了重要的推动作用。

20 世纪 70 年代，三系杂交水稻新品种选育与突破，部分三系杂交水稻组合应用于生产，进一步促进了稻田多熟种植制度的发展。稻田多熟种植制度研究以春玉米–杂交晚稻、烤烟–杂交晚稻、油菜–双季稻等新型水旱轮作为主。这一时期农田基本建设得到改善，化肥、农药、农膜及农机等物质条件的推广应用进一步促进了稻田多熟种植制度的稳定发展。1978 年湖南省水稻面积为 452.44 万 hm^2，水稻总产为 187.71 亿 kg，占粮食总产量的 89.90%。

二、以农业结构调整与优化为目标的多熟制发展期[3]

改革开放后是农业发展的重要转型期，粮食连年丰收，人民群众温饱问题得到解决，农村推行家庭联产承包责任制，计划经济逐步转向市场经济等，促使需要发展适应市场经济规律的农业结构。稻田多熟种植制度由"粮–粮"型转变为"粮–经–饲"三元结构，首先是研究开发稻田冬季农业，大力发展稻田油菜、蔬菜、大麦等；其次是积极推广和发展水旱轮作技术，主要是玉米和烤烟与水稻轮作种植结构；最后是充分挖掘稻田的综合生产潜力，主要是麦–稻–稻、油–稻–稻及薯–稻–稻三熟种植模式和稻–萍–鱼稻田种养结合模式。通过吨粮田开发与建设，稻田多熟种植制度的研究与发展，1990 年湖南水稻面积 437.04 万 hm^2，总产为 251.73 亿 kg，占粮食总产量的 93.48%。

20 世纪 90 年代以后，稻田多熟种植制度进入结构优化发展阶段。稻田多熟种植制度以水稻持续高产高效、节本增效、减灾避灾耕作制度、提高产品质量为目标进行模式优化、技术创新及关键配套技术的集成与开发。在实施和建设吨粮田的基础上，进行了水稻大面积高产与超高产栽培，在全省推广了水稻节本增效轻型耕作栽培技术、水稻盘育抛栽技术、测土配方施肥技术、节水灌溉与病虫综合防治技术，到 1999 年复种指数达 249.8%，初步形成了以多熟种植为主的农作技术体系。在粮食连年丰收、粮食库存积压而造成财政负担过重条件下，湖南省对稻田耕作制度进行了战略调整,即减少双季稻面积,发展优质旱粮和高效经济作物。尽管水稻面积减少到 389.61 万 hm²,但水稻总产增加到 287.50 亿 kg。

三、以保障粮食安全与社会稳定为目标的多熟制发展期

2000 年中国加入了世界贸易组织（World Trade Organization，WTO）,国内外市场需要我们用现代科学技术和工业装备武装农业,用现代的管理方法和经营理念推进农业,实现农业产业化。然而从 2000 年开始,我国粮食生产能力连年滑坡,出现耕地面积、粮食播种面积、粮食产量和人均占有量连续 4 年减少;北粮南运、部分粮食主产区变主销区;据估算 16 亿人口峰值期对粮食的需求量巨大,上述问题使中国粮食安全问题再次被高度重视[4]。

湖南双季稻是多熟制的基础生产单元,水稻生产即耕、种、管、收全程机械化是世界农业机械化中最困难的领域,那么对稻田三熟制如油-稻-稻、紫云英-稻-稻生产的成套机械化更是难上加难。稻田多熟种植制度季节性矛盾十分突出,稻田耕作频繁与强度大,进而致使土壤用地与养地矛盾突出。农业生产上由于种粮比较效益低,大量农村劳动力向城市与工业转移。受以上因素的影响,湖南省 2001～2003 年每年与 2000 年相比,水稻面积分别减少 5.25%、9.1%、12.5%;稻谷总产分别减少 4.9%、16.2%、18.1%。养地作物紫云英和油菜种植面积由 20 世纪 80 年代初的 133.3 万 hm² 和 16.92 万 hm²,分别减少至 2008 年的 82.76 万 hm² 和 2 万 hm²。

从 2004 年开始湖南迈进以保障粮食安全与社会稳定为目标的稻田多熟种植制度发展时期。良种、农资、农机补贴,以及国家免除农业税,极大地调动了农民种粮的积极性,促进了稻田复种指数的提高,水稻种植面积呈现逐年上升,稻谷产量也逐年增加。这一时期稻田多熟种植模式已发展为油菜-双季稻、紫云英-双季稻、黑麦草-双季稻、马铃薯-双季稻及榨菜-双季稻等与油菜-水稻、烤烟-水稻、春玉米-水稻及蔬菜-水稻等水旱轮作模式并存,稻田综合种养（如稻田养鸭、稻田养鱼）点缀。生产上加快机械化收割与机械化插秧,养地上强调保护性耕作、水稻与冬季作物秸秆还田,施肥上注重稻田固碳减排、减少氮磷面源污染,光热水土资源调控上强化防灾减灾与节水增产,推广上以样板区、示范区带动全覆盖,经营上促进水稻专业化生产与加工,稻田可持续发展上倡导循环农业理念。到 2015 年,湖南省水稻面积 2742.73 万亩,稻谷总产 2644.81 万亩,其中稻田综合种养 182.61 万亩,机插稻面积为 609.53 万亩。

四、以提质增效和绿色发展为目标的稻田多熟制发展期

2017 年,中央一号文件明确指出推进农业供给侧结构性改革,促进农业农村发展由过度依赖资源消耗、主要满足量的需求,向追求绿色生态可持续、更加注重满足质的需求转变。党的十九大报告首次提出了实施乡村振兴战略,并把"产业

兴旺、生态宜居、乡风文明、治理有效、生活富裕"作为乡村振兴战略的总要求。
2018年，中央一号文件明确提出开展农业绿色发展行动，实现投入品减量化、生
产清洁化、废弃物资源化、产业模式生态化，强调要以绿色发展引领乡村振兴。
我国农业主要依靠资源消耗的粗放经营方式没有从根本上改变，农业绿色发展才
刚刚起步。

湖南是一个典型的农业大省，是全国粮、棉、油、菜、果、茶、猪、鱼等重
要农产品的生产基地。但长期以来，农业生产中种养脱节，过分依赖化肥和农药，
废弃物资源得不到有效利用，导致耕地质量下降、农业面源污染、农产品质量安
全等问题凸现，对湖南粮食生产、农民增收及农业可持续发展造成严重威胁。同时，
因长株潭耕地重金属镉污染、农村畜禽养殖业污染、农村生活垃圾污染、乡镇企
业"三废"污染等湖南农村生态环境问题日益严重，严重制约着湖南农业和农村经
济的发展。

以"绿水青山就是金山银山"理念为指引，将绿色发展贯穿于农业生产的全
过程，中国农业绿色发展之路进入了新的征程。湖南稻田多熟种植制度研究与发
展也进入以农业提质增效、绿色发展与乡村振兴为目标的阶段。2016年以来，油
菜-双季稻（或油菜-水稻）以减农药、减化肥为重点；稻田综合种养上呈现多样化
发展，稻田养虾（小龙虾）养蟹崭露头角；稻田环境逐步改善，农田生态系统建设
稳步推进；冬季作物-双季稻轮作模式注重光热资源优化配置，提高稻草秸秆资源
利用率，构建与完善节水、节肥、节药及种地养地相结合。

第三节 湖南省稻田耕作制度的发展展望

面对农业面源污染日趋严重，化肥、农药等投入品过量施用，畜禽养殖粪污
处置不当，以及农用地膜和农药包装物回收不足等问题，当前中国农业发展不仅
要转变农业发展方式，又要协调好资源、环境与农业发展的相互关系，更重要的
是转变价值导向、思想观念、消费习惯等，推动形成同环境资源承载力相匹配、
生产生活生态相协调的农业发展格局。

湖南作为长江中游双季稻的主产区，农业发展如何突破传统过程中面临的瓶
颈等，稻田耕作制度的绿色发展是关键。

（1）稻田耕作制度发展仍继续以经济、社会、生态环境的可持续发展为目标，
做到农业生产效率高和农业面源污染少，降低农药化肥使用量，节约利用和改善
水土资源，提高农业废弃物的综合利用率，注重农田生态环境的保育。

（2）在这个转型时代水稻生产不再以增产为目标，必须把供给绿色优质的农产
品放到最突出位置，稻田耕作制度发展要勇于改革破局和系统整合。从良种、肥
水管理、耕作与栽培、光热资源高效利用及农业机械化等诸方面系统整合，形成
一系列完整的可持续发展的水稻绿色种植体系。农产品主要是水稻生产以市场需

求为导向，满足城乡居民不断增长的对绿色、优质、安全农产品的消费需求，促进农民增收农业增效。

（3）农业机械化已经成为农业生产的主要方式，作业效率高又能降低生产成本，代表着现代农业的发展方向。稻田耕作制度发展要以实现全程机械化为目标，合理搭配作物进行轮换倒茬和间套作时兼顾机械化操作的可行性。

（4）大数据时代下，信息技术能够采集社会生产生活中的各种数据信息，通过充分挖掘获取相应的知识和规律，为各行业的升级提供支持。稻田耕作制度的发展充分利用新一代人工智能发展的历史机遇，从机械化播种到收获、病虫害发生和发展、植物生长发育、水肥系统化管理及光热雨水等气象监测上，积极推进和实现农业人工智能。

参 考 文 献

[1]　唐海明, 肖小平. 多熟种植模式下双季稻田生态功能特征研究. 长沙: 湖南科学技术出版社, 2017.
[2]　赵正洪, 戴力, 黄见良, 等. 长江中游稻区产业发展现状、问题与建议. 中国水稻科学, 2019, 33(6): 553-564.
[3]　肖小平, 汤文光, 杨光立. 湖南农作制构建与技术创新. 长沙: 湖南科学技术出版社, 2017.
[4]　高旺盛, 陈源泉, 杨世琦. 论新时期中国国情下的粮食安全观//中国农学会耕作制度分会. 粮食安全与耕作制度建设会议论文集, 2004.

下　篇

研　究　篇

第十章　冬作–双季稻三熟制的研究与发展 [①]

第一节　冬作–双季稻三熟制模式的水稻生长发育特征

在长江中游双季稻区，紫云英–双季稻和油菜–双季稻是稻田主要的复种方式，大麦或小麦–早稻–晚稻的复种方式也有一定的面积，具有总产量高和经济效益高的特点；还有少量蚕豆或豌豆–早稻–晚稻复种模式的种植区域。除不同的复种轮作方式对水稻生长发育特征产生较大差异外，还有施肥方式、化肥的施肥量、绿肥的品种、绿肥的还田和翻压方式等均对水稻生长和水稻植株地上部分生理生化特征产生较大差异。为了充分了解冬季作物–双季稻三熟制模式的水稻生长发育特征的影响，不同的学者进行的研究也较多，以水稻生长过程中生理特性、生长状况、光合特性、产量及物质养分积累的差异等生物学特性方面的研究为主。

一、水稻生长过程中分蘖的动态变化

水稻分蘖消长动态是水稻群体与个体发育的一个重要指标。唐海明等[1]研究表明在早稻的生长发育进程中，以冬季休闲处理作为对照，黑麦草–双季稻和紫云英–双季稻处理早稻分蘖发生快，分蘖高峰苗多，分蘖成穗率也较高；其次为翻耕移栽油菜–双季稻和翻耕马铃薯–双季稻处理。

与早稻各处理相比，不同冬季作物对晚稻分蘖动态的影响存在明显差异。翻耕马铃薯–双季稻和黑麦草–双季稻处理晚稻的分蘖速度快，分蘖数均高于对照，其中以翻耕马铃薯–双季稻的分蘖成穗率最高；紫云英–双季稻和翻耕移栽油菜–双季稻处理的晚稻分蘖速度在生育前期较慢，分蘖数均低于对照，在分蘖后期则高于对照。

分蘖受水稻品种的影响也较大，吕伟生等[2]对油–稻–稻种植模式下水稻的研究表明，不同产量类型早稻品种分蘖成穗特性存在一定的差异，高产类型分蘖呈稳增缓降的发展态势。成穗率随产量水平的降低而依次降低，高产类型显著高于低产类型，而分蘖增长率、分蘖下降率及高峰苗数各类型间无显著差异。晚稻品种同早稻表现出类似的规律，但低产类型分蘖下降率显著高于中高产类型。晚稻品种分蘖增长率、分蘖下降率及高峰苗数相对较高，成穗率则低于早稻。可见，分蘖力中等、高峰苗数适中、成穗率较高是油–稻–稻三熟制下双季稻高产品种基本的分蘖成穗特性。

① 本章执笔人：谢佰承（湖南省气象科学研究院，E-mail：xbcyyhn@163.com）
　　张　帆（湖南省土壤肥料研究所，E-mail：zhangfan898@sina.com）

二、干物质积累量和根冠比

水稻生长前期植株贮存的干物质会转运到水稻成熟期的籽粒库，因此水稻干物质积累的多少直接影响产量的高低，同时也是形成水稻产量的基础条件和重要的物质来源。不同冬季覆盖作物还田后对水稻植株干物质积累具有一定的影响。唐海明等[1]研究表明，早稻分蘖期至成熟期，各种双季稻三熟制种植模式的植株根系、茎、叶干物质量均高于双季稻休闲种植模式，且各冬季覆盖作物处理之间无显著性差异，但马铃薯-双季稻处理的植株根系干重、茎叶鲜重、茎叶干重均显著高于对照和其他处理；移栽油菜处理和翻耕马铃薯处理植株的根冠比均高于对照及黑麦草-双季稻处理、紫云英-双季稻处理，但无明显差异，这两个处理在晚稻植株体内的所有指标均高于对照，其中根系鲜重、干重和根冠比与对照无显著差异（$P > 0.05$），茎叶鲜重、干重均显著高于对照（$P \leqslant 0.05$）。

周春火[3]对比了双季稻不同复种模式对水稻生长的影响，与冬种油菜和冬闲相比，冬种紫云英明显提高水稻干物质积累量，生育后期分配在叶片中的干物质比例增加，干物质表观输出率和转换率明显提高，差异达显著或极显著水平。相关分析发现，早、晚稻产量与基叶干物质表观输出率和转换率呈显著正相关。冬种紫云英对双季稻叶面积提高有明显作用，除早稻分蘖期外，早、晚稻其他主要生育时期叶面积指数（leaf area index，LAI）均呈紫云英-稻-稻处理＞油-稻-稻处理。这说明紫云英-稻-稻处理水稻后期叶片光合能力强于其他两种处理。冬种紫云英和油菜有利于颖花分化，实际颖花数和分化颖花数均呈紫云英-稻-稻处理＞油-稻-稻处理＞休闲-稻-稻处理。

钱晨晨[4]的研究也发现紫云英-双季稻模式有利于提高早稻的干物质积累量和氮素利用率，尤其是紫云英与氮肥配施处理的干物质积累量高于冬闲-双季稻处理（对照），其中紫云英配施氮肥 90kg（N）/hm^2 和 120kg（N）/hm^2 的干物质积累量最多，分别达 9.65t/hm^2 和 9.97t/hm^2，比对照分别增加 11.18% 和 14.86%。不同紫云英配施氮肥处理在水稻播种-分蘖期及抽穗-灌浆期干物质积累量较大，分别占成熟期干物质量的 19.26%～24.77% 和 45.23%～52.75%，这两个生育阶段是干物质主要积累时期。有机无机肥配施有利于促进植株干物质积累。徐昌旭等[5]研究结果也显示，翻压 22 500kg/hm^2 紫云英后，与施用 100% 化肥（N150 kg/hm^2、P_2O_5 75kg/hm^2、K_2O 120kg/hm^2）相比，减少化肥用量可以促进干物质的积累；减少化肥用量20%，水稻干物质积累量平均增加18.8%，而化肥用量减少到常规用量的40%～60% 时，干物质积累量并没有减少。可见，紫云英配施氮肥能达到减氮增效目的，是双季稻区域较理想的施肥模式。

三、水稻产量

(一)不同施肥方式对水稻产量的影响

赵娜等[6]研究指出,紫云英翻压增产的主要原因是化肥施用量减少,有效穗、实粒数及千粒重等产量构成因素得到提高。王琴等[7]研究指出,配施适量的紫云英比单施等量的化学肥料的水稻产量略有提高,当配施的紫云英超过一定量时,会导致水稻贪青迟熟,产量降低。总之,化肥与紫云英配合,短期内可以保持产量稳中有升,同时减少化肥用量,提高经济收益和农作物品质;而从长期来看,紫云英作为绿肥施用,也可以提高土地肥力、控制养分流失、改良土壤性状。

土壤水、肥、气、热等因素的综合作用影响作物的生长发育和产量,吕玉虎等[8]研究指出,紫云英与化肥配合,一是满足了水稻对速效养分的吸收利用,二是利用紫云英缓慢释放养分的特点,全生育期提供水稻所需养分,因而对水稻的营养生长和生殖生长均有益,比单施化肥提高了有效穗数和每穗实粒数,水稻产量得以提高。

马艳芹和黄国勤[9]针对紫云英双季稻模式中不同施氮量进行了研究,即冬闲+不施氮、紫云英+不施氮、紫云英+减量施氮(90kg/hm^2)、紫云英+常规施氮(150kg/hm^2)、紫云英+高量施氮(225kg/hm^2)。结果表明,与冬闲处理相比,紫云英配施氮肥的各处理早稻和晚稻每穗粒数分别增加23.20%、14.15%,产量分别增加了17.75%和28.32%,其中早稻和晚稻产量均以紫云英+常规施氮最高,分别增加了20.55%和30.49%,其次为紫云英+减量施氮处理,分别增加了19.48%和28.13%;与冬闲处理相比,冬种紫云英后各处理早稻和晚稻干物质量增幅分别为15.57%~36.21%和14.41%~24.89%,水稻群体吸氮量2年平均增幅为60.24%~93.04%;与单施紫云英相比,紫云英还田配施氮肥各处理早稻和晚稻干物质量增幅分别为20.14%~28.35%和14.79%~18.07%,水稻群体吸氮量2年平均增幅为40.73%~69.53%;与紫云英+常规施氮处理相比,紫云英+减量施氮处理下的氮肥回收效率、氮肥利用率和氮肥偏生产力分别提高了43.18%、64.55%和56.14%。

谢志坚[10]研究表明,在翻压紫云英22 500kg/hm^{2}后配施化肥,与紫云英配施100%化肥相比,施用80%化肥用量可有效促进早稻有效穗数、穗粒数,以及实粒数等经济学性状的形成,而且水稻(早稻和晚稻)产量并未出现减产,甚至有提高早稻产量的趋势,这有利于早稻有效穗数、穗粒数及实粒数等经济学性状的形成,提高早稻产量,但是过量减少(40%~60%)化肥用量,水稻产量显著降低,降幅达10%~24%。

(二)不同覆盖方式对水稻产量的影响

不同冬季覆盖作物还田对早稻产量性状有一定的影响。关于稻草还田对水稻产量的影响报道较多，有研究[11]认为稻草还田可以显著提高晚稻产量，也有报道认为[12]稻草还田有利于提高早稻产量，但对晚稻产量无影响，还有研究表明[13]不管是早稻还是晚稻，稻草还田均能增加水稻产量。高菊生等[14]研究认为，与冬闲双季稻相比，绿肥-稻-稻种植方式可显著提高稻谷产量，延迟水稻生育期，对分蘖速率影响不大，而油-稻-稻种植能促使晚稻提早成熟，空秕率下降，千粒重增加。胡人荣[15]对油-稻-稻三熟制进行总结认为油-稻-稻的经济效益高，同时为双季稻提供足量优质的有机肥料；稻田冬季耕种油菜，加速土壤的熟化过程，增加土壤的通透性，还能较好地解决绿肥双季稻连作所带来的早稻坐蔸迟发问题。

张鸿和樊红柱[16]研究认为，覆膜栽培可增加水稻根系质量。唐海明等[17]的研究指出，冬季不同覆盖作物处理（免耕直播黑麦草-双季稻、免耕直播紫云英-双季稻、免耕直播油菜-双季稻、免耕稻草覆盖马铃薯-双季稻和冬闲-双季稻）残茬还田后早、晚稻植株的根系、地上部分（茎和叶）干物质量均高于冬闲，这可能是不同冬季作物残茬还田后在土壤中进行分解，为水稻地下部分的生理活动提供了大量能源和增加了土壤中的营养物质，增强了水稻植株地下和地上部分的生理活性，使根系的吸收、合成及运输能力大幅度上升，促进了植株对营养物质的吸收和水稻的生长，增加了植株地下和地上部分干物质积累。在早稻生育期，各处理不同部位干物质积累量大小顺序不同，这可能受还田冬季作物还田量、秸秆类型及秸秆在土壤中分解速率差异的影响，由于紫云英和黑麦草在稻田土壤中较易腐烂、分解，在分解过程中增强了微生物的活性，增加了稻田土壤养分，为水稻植株提供了相应的营养物质，从而增加了紫云英-双季稻和黑麦草-双季稻处理早稻植株根系与茎干物质的积累。同时，受不同还田作物秸秆还田量及作物秸秆在晚稻生育期分解程度的影响，各处理晚稻植株不同部位干物质的积累有所差别。其中，马铃薯地上茎和油菜的秸秆在早稻生育后期和晚稻整个生育期中的分解进程较缓慢、持续时间较长；且由于马铃薯处理在早稻翻耕时，不仅有马铃薯的部分地上茎翻压还田，还有部分覆盖稻草翻压还田，相应地增加了稻田土壤中的营养物质，能为晚稻生长发育提供较多的营养物质，从而增加了马铃薯-双季稻处理晚稻植株地下、地上部分的生长与干物质的积累。在冬闲-双季稻处理中，冬季生长的杂草翻压后也能增加稻田部分土壤中的养分。齐穗期和成熟期，各处理早、晚稻的穗干物质量均高于冬闲，这可能是由于冬季作物残茬还田后，增加了土壤中营养物质，为水稻生长提供了良好的条件，增加了水稻植株营养物质的积累，生长后期能为水稻穗（库）的生长提供充足的营养物质，从而增加了水稻的穗干物质量。各处理早、晚稻的穗干物质量大小顺序不同，这可能与其在生育后期水稻植株各部位的干物质分配、茎鞘转运率差异及植株根系、剑叶生理活动强弱有关。

唐海明等[17]的研究表明：紫云英-双季稻和马铃薯-双季稻处理早稻的株高高于对照及其他处理；不同处理早稻有效穗数均高于对照，分别比对照增加31.45万/hm²、37.30万/hm²、15.25万/hm²、28.60万/hm²；各处理的穗长均明显高于对照；黑麦草–双季稻、紫云英–双季稻、油菜–双季稻、马铃薯–双季稻4个不同处理的每穗总粒数均高于对照，分别比对照增加 1.3 粒/穗、4.5 粒/穗、10.5 粒/穗、1.2 粒/穗，但差异不明显；紫云英–双季稻和油菜–双季稻处理的结实率均显著高于对照及其他处理；4 个处理的千粒重分别比对照增加 0.87g、0.31g、0.54g、0.93g；早稻产量均明显高于对照，分别比对照增加 420.70kg/hm²、424.72kg/hm²、282.76kg/hm²、317.25kg/hm²，以紫云英–双季稻处理增长最大。

各处理晚稻的有效穗数均明显高于对照，分别比对照增加 30.20 万穗/hm²、33.55 万穗/hm²、13.45 万穗/hm²、36.90 万穗/hm²；马铃薯–双季稻处理晚稻的穗长为最长，显著高于对照和其他处理；各处理的每穗总粒数均高于对照，分别比对照增加 11.17 粒/穗、23.34 粒/穗、9.40 粒/穗、27.84 粒/穗，各处理的结实率均高于对照，紫云英–双季稻处理和马铃薯–双季稻处理均达显著水平；各处理的千粒重分别比对照增加 0.63g、0.72g、0.38g、0.78g；晚稻产量均明显高于对照，分别比对照增加 248.28kg/hm²、427.60kg/hm²、179.32kg/hm²、455.18kg/hm²，以马铃薯–双季稻处理增加最多。

通过对稻田不同冬季覆盖作物种植模式的调整，不仅具有节水增效、培肥地力的功能，还具有减少病虫害和防止杂草生长的作用，且对主作物的产量提高有不同程度的促进作用。陈启德等[18]通过定位试验研究表明，不同冬季绿肥作物覆盖，水稻产量增加 5%～26%。高菊生等[19]通过长期有机无机肥配施定位试验，发现水稻产量可增加 14.5%。4 种不同冬季覆盖作物使早稻产量分别比对照增加4.55%、5.35%、1.28% 和 4.26%，晚稻产量分别比对照增加 3.85%、4.02%、1.40%和 5.96%，即对晚稻的增产效果优于早稻。考虑到不同种植模式的轮作效应，在南方双季稻区可因地制宜地发展黑麦草–双季稻、紫云英–双季稻和马铃薯–双季稻，这样既可培肥土壤，又可提高稻田全年综合生产能力和经济效益。同时，王丽宏等[20]的研究也发现了类似规律，对比没有覆盖作物的处理，黑麦和豆科覆盖作物处理的田地能够提高后续作物籽粒的产量，早稻产量中冬闲田处理高于冬季覆盖作物处理，这可能是由于覆盖作物大量的根系分泌物与脱落物有效养分没有完全释放到土壤被早稻根系吸收利用，对水稻的产量少有影响。但是无论是理论产量还是实测产量，处理间方差分析均没有显著差异。对晚稻来说，覆盖作物处理晚稻产量均高于冬闲田，表现为油菜＞黑麦草＞紫云英＞冬闲杂草，但处理间差异不显著。

（三）不同耕作方式对水稻产量的影响

不同的耕作方式对土壤的扰动作用强度不同，影响土壤理化与生物性状，进而影响作物生长发育和产量。南方双季稻区，在双季稻–紫云英三熟种植模式下，唐海明等[21]的研究表明，不同土壤耕作方式结合秸秆还田措施对双季水稻植株叶片生理生化特性、干物质积累和产量均具有明显的影响。早稻和晚稻各个主要生育时期，土壤翻耕、旋耕均有利于显著提高植株叶片超氧化物歧化酶（superoxide dismutase，SOD）、过氧化物酶（peroxidase，POD）和过氧化氢酶（catalase，CAT）活性，降低叶片丙二醛含量；增加植株叶面积指数和叶片叶绿素含量，增强叶片净光合速率和蒸腾速率，改善植株叶片的光合能力。物质生产方面，土壤翻耕和旋耕处理水稻植株物质生产能力强，干物质积累多，而且在各器官间的分配合理。可见，绿肥还田结合土壤旋耕、翻耕措施可增强植株叶片保护酶（超氧化物歧化酶、过氧化物酶和过氧化氢酶）活性和改善光合性能（叶面积增加和净光合速率提高），是水稻获得较高产量的生理机制之一。

　　不同土壤耕作方式对水稻产量具有明显的影响，以翻耕处理最高，旋耕处理次之，免耕处理最低。其原因可能是翻耕处理在土壤耕作过程中适当加大翻耕深度有利于降低土壤容重与紧实度、改善土壤结构、显著提高土壤的蓄水保肥能力、培肥耕层土壤。与休闲处理相比，秸秆还田（紫云英和稻草秸秆）结合土壤耕作措施（翻耕和旋耕）明显使水稻产量增加，早稻和晚稻产量均表现为土壤翻耕＞旋耕＞免耕＞休闲处理。但在各个秸秆还田处理间（翻耕、旋耕、免耕）水稻产量和收获指数均无显著差异，这可能是不同的土壤耕作方式与秸秆还田的互作效应所致，其效应在短期试验的基础上表现不明显，需进一步研究。

第二节　冬作-双季稻三熟制模式对稻田土壤的影响

一、对稻田土壤物理结构的影响

　　土壤容重是表示土壤松紧状况的指标，随土壤孔隙状况而变化，与土壤质地、结构和土壤有机质密切相关。毛管孔隙度对作物根系吸收养分和水分至关重要，通气孔隙是空气的通道，毛管持水量是土壤为作物提供水分的容积。这些要素互相联系，构成土壤向植物提供养分和水分等的环境基础。在不同复种轮作过程中，耕作措施、水分管理和进入土壤有机残体的差异导致土壤物理特性的变化。熊云明等[22]研究认为，稻田轮作有利于土壤团粒结构形成，容重降低，非毛管孔隙度增加，气、液比值增大，从而改善了土壤物理性状，有利于改善土壤通气性。王子芳等[23]研究也表明，水旱轮作消除了因长期淹水对土壤结构的不良影响，土壤颗粒逐渐团聚，有利于土壤结构和孔隙的发育，为调节土壤水、热、气、肥状况奠定了基础。周春火等[24]研究表明，与冬闲相比，冬种紫云英和油菜有利于土壤物理性状改善，土壤容重均有下降趋势，而总孔隙度、毛管孔隙度、毛管持水量均有增加趋势，复种两年期间，处理间变化规律相似，土壤容重变化规律表现为紫云英-稻-稻＜油-稻-稻＜休闲-稻-稻，处理间总孔隙度、毛管孔隙度和毛管持水量均为紫云英-稻-稻＞油-稻-稻＞休闲-稻-稻，总之，冬种紫云英和油菜对土壤容重和孔隙度有积极作用，总孔隙度、毛管孔隙度和毛管持水量均有增加，处理间显著高于对照；各土层砂粒含量下降，黏粒含量增加，粉粒不同土层有不同规律，更具优化土壤结构的趋势。

唐海明等[17]研究表明，早晚稻成熟期，与冬闲–双季稻模式相比，不同冬季覆盖作物秸秆还田措施均有利于提高稻田耕层（0～20cm）不同土层土壤各级团聚体的含量，这种水旱轮作是影响土壤团聚体水稳性结构的因素，它使根际土壤与其产生的胶凝物质结合，从而改善土壤中各级团聚体的水稳性结构。马铃薯秸秆还田处理稻田0～5cm、5～10cm和10～20cm土壤中各级团聚体含量均为最高，而冬闲对照处理稻田0～5cm、5～10cm和10～20cm土壤中各级团聚体含量均为最低，这表明在马铃薯秸秆还田条件下双季稻田土壤有较高的土壤团聚体稳定性，有利于稻田土壤团聚体水稳性的形成。在冬季覆盖作物–双季稻种植模式下，冬季覆盖作物秸秆还田措施通过促进水稻根系的生理活性，进而影响土壤团聚体的水稳性结构，冬季覆盖作物秸秆还田措施能提高土壤有机碳和0.05～0.01mm级土壤团聚体含量。

二、对稻田土壤化学性质的影响

（一）有机质

稻田复种轮作由于水旱交替，土壤肥力发生变化，土壤有机质是土壤的重要组成部分，与作物产量和土壤肥力密切相关。淹水条件下，土壤还原细菌占优势，有机质进行嫌气分解，增加了有机质的积累；在旱作时，氧化还原电位升高，有机质分解增加。高菊生等[25]研究指出，长期双季稻紫云英复种轮作显著提高了稻田土壤有机质含量。刘春增等[26]研究认为，紫云英与化肥配施，能保持或增加耕层土壤有机质含量。刘英等[27]研究发现，种植紫云英，土壤有机质含量比试验前提高。

（二）土壤养分

关于复种轮作对土壤氮素的贡献，胡奉壁等[28]认为，肥稻稻复种轮作三年后土壤全氮和碱解氮均有增加，全氮增加0.18mg/kg，碱解氮增加14.9mg/kg，而油稻稻复种轮作三年后均会下降，土壤全氮和碱解氮分别下降0.49mg/kg和27.4mg/kg。周春火等[29]的研究也指出，与冬闲相比，冬种紫云英和油菜土壤有机质、全氮、碱解氮、有效磷和速效钾含量增加。冬种油菜对土壤有效磷增加效果最明显。这主要是因为豆科植物紫云英能够利用根瘤菌共生固氮，其有机质转化快，既增加土壤养分循环中的氮，也增加了土壤有效磷、速效钾和有机质，提高了土壤肥力；冬种油菜能活化土壤中磷、钾等养分，改变了养分形态和有效性，从而增加了土壤养分含量。

紫云英还田矿化后土壤氮含量升高，已经被大量研究证实，吴增琪等[30]研究表明，紫云英种植可以增加土壤碱解氮和速效钾含量，且翻压量越大，增加越多。许建平等[31]研究结果显示，绿肥与水稻复种轮作，最佳施氮量呈逐年下降的趋势，土壤理化性状得到改善，养分得到积累。冬种紫云英条件下减施20%～40%化肥处理的土壤全氮含量与单施化肥处理相当，有些试验点前者甚至显著高于后者[32-36]。

同样，绿肥对磷、钾和中微量元素也有一定的活化作用。高菊生等[14]研究发现，长期冬种紫云英、油菜、黑麦草均能促进土壤磷、钾释放。兰忠明等[37]报道认为，缺磷胁迫能促进紫云英分泌有机酸，显著增强对难溶性磷的分解，其根茬腐解液中还存在促进水稻生长的活性物质，具有增产效益。赵晓齐和鲁如坤[38]研究也表明紫云英还田能够向土壤中释放磷素，并且活化土壤磷素，降低土壤对磷素的固定。刘英等[27]研究结果显示，种植紫云英后，碱解氮含量比试验前增加14.3%～42.9%，土壤中速效磷含量为试验前的1.78倍。

诸多研究[39-41]表明，种植和翻压紫云英后，土壤有机质、碱解氮、速效磷、速效钾含量明显提高；熊云明等[42]研究表明，稻田轮作有利于有机质和速效养分的提高；陈勇等[43]认为轮作不仅影响养分的含量，还影响养分形态，特别是对磷含量增加的影响明显。唐海明等[44]认为，在生长发育的各个时期，黑麦草-双季稻、紫云英-双季稻和马铃薯-双季稻中冬季覆盖作物秸秆还田处理稻田土壤有机碳、土壤全氮含量均明显高于冬闲-双季稻处理。

上述研究均表明，覆盖作物一方面向土壤中增加了外源养分的输入，另一方面也活化土壤非活性养分，利于作物吸收养分，达到增产培肥的目的。

（三）酸碱度

植物生长需要适宜的酸碱环境，土壤pH过高或过低会影响土壤中磷、铁、锌、镁和钙等元素的有效性，同时会对作物产生毒害。吴浩杰等[45]的试验表明，在水稻插秧后土壤pH逐渐升高，于孕穗期达到最高值。在水稻生长的各时期，紫云英-双季稻处理土壤pH均显著高于对照组，化肥的施用会造成水稻土壤中H^+增加，酸化土壤，然而在化肥和紫云英共同作用下，由于紫云英植株体内含有较多的灰化碱和有机氮，加入酸性土壤后碱性物质释放，有机氮矿化，消耗质子使土壤pH上升。这与王阳等[46]的研究相一致，翻压紫云英有利于提高酸性水稻田的pH，在土壤中的分解具有明显的阶段性，第一阶段分解的主要是一些易矿化的有机物，而后则为相对难分解的有机物，如纤维素等。前期可能会因为紫云英易矿化分解有机质之后，产生的水溶性有机质、有机酸含量提高；而在后期，由于易矿化有机物的矿化分解，pH呈上升态势。

王艳秋等[47]对紫云英-稻-稻模式的研究也表明，冬种紫云英在一定程度上降低了碱性土壤pH，提高了酸性土壤pH，即种植翻压绿肥有助于改善土壤pH。冬种紫云英提高了酸性土壤的pH，避免长期施用化肥导致的土壤酸化，其原因可能是绿肥翻压投入了大量有机物质，有机物中碱性物质的输入抵消了被收获生物量中碱性物质的输出，避免土壤碱性物质的过度消耗。

（四）氧化还原电位

土壤溶液的氧化还原电位（Eh）是表示其氧化还原性的指标，氧化还原电位越高，说明其氧化性越强，当为负值时，溶液显示出还原性，土壤 Eh 直接影响部分离子的活性及迁移转化途径[48]。淹水时土壤 Eh 会下降，土壤 Eh 受土壤中电子供体和电子受体的相对丰度控制。土壤中电子受体主要是硝酸根、四价锰、三价铁、硫酸根等氧化态物质，电子供体主要是易分解有机碳。关于复种轮作对还原性物质的研究还不是很多，周春火[3]研究表明，与冬闲相比，冬种紫云英和油菜使土壤还原性物质增加和土壤 Eh 下降，但至成熟期差异减小。这可能是因为与冬闲相比，冬种紫云英和油菜为土壤提供了额外的电子受体、能量及碳源，从而水稻种植后土壤 Eh 降低。因而在复种轮作的水稻生产中，应注意及时搁田、晒田，以减轻还原性物质过多造成的毒害，提高土壤 Eh。

（五）土壤碳库

外源有机碳加入土壤后，在土壤生物、酶的作用下发生一系列生物化学反应，一部分被转化为土壤有机碳，另一部分被矿化释放。在多数研究中，常以土壤有机碳含量来表示各处理土壤的固碳效应。目前众多研究[49-54]均表明，冬种绿肥、绿肥和化学肥料配施，以及稻草还田等耕作方式均能显著增加土壤活性有机质含量和碳库管理指数，且有利于土壤碳素有效率的增加，改变了土壤有机碳组分。兰延[55]研究指出，相对于冬季空闲，绿肥轮作处理显著增加了土壤碳库管理指数，且相关分析表明碳库管理指数能够指示土壤肥力水平的变化，土壤碳库管理指数上升表明土壤肥力上升，反之则表明土壤肥力下降，用碳库容量来评价土地肥力也被更多的研究者所接受，李增强等[56]研究了冬季覆盖作物秸秆还田对土壤碳库的影响，发现双季稻田不同层次土壤总有机碳和活性有机碳含量均受到较大影响。且不同品种的绿肥在腐解过程中对土壤有机质的动态变化影响效果不一样，一般情况下紫云英等豆科绿肥腐解较快，黑麦草等禾本科绿肥腐解较慢。这与肖小平[49]等研究结果相一致，在提高土壤碳库管理指数各指标方面紫云英还田效果大于黑麦草和油菜残茬还田的效果。

杨曾平等[57]研究 28 年双季稻种植下连续冬种绿肥对土壤质量的影响，结果表明，新鲜的高质量（低 C/N）植物残体激发土壤原有机质矿化，低质量（高 C/N）秸秆更利于土壤碳积累，形成更多的腐殖质，利于土壤腐殖质更新积累和有机碳固持。高 C/N 的油菜与黑麦草对土壤有机质的贡献要显著高于低 C/N 的紫云英。综上可知，新鲜绿肥对土壤碳库的影响，取决于绿肥植物体的碳、氮组成，高 C/N 的有机残体促进土壤有机质积累，低 C/N 的豆科绿肥可能对土壤有机质的稳定性贡献更大。各处理稻田土壤的固碳效应大小顺序表现为马铃薯-双季稻＞紫云英-双季稻＞黑麦草-双季稻＞油菜-双季稻＞冬闲-双季稻。

土壤活性有机碳氮占土壤有机碳和全氮的比例更能反映土壤活性有机碳、氮对施肥响应的敏感程度。骆坤等[58]的研究表明，相对于单施化肥，有机肥配施化肥能提高土壤活性有机碳氮占土壤有机碳和全氮的比例。刘春增等[26]的研究表明，单施紫云英和紫云英配施化肥较单施化肥更有利于提高土壤活性有机碳氮占土壤有机碳和全氮的比例。可能是紫云英翻压后在微生物的作用下大部分有机物分解成溶解态，部分被微生物固定，只剩下很少一部分难降解的稳定态，紫云英对土壤有机碳、氮活性组分的贡献大于对难降解组分的贡献。

三、对稻田土壤微生物特征的影响

土壤微生物对土壤环境的变化反应敏感，在不同的复种轮作体系中，外源物质还田为微生物创造了良好的土壤条件，促进了微生物生长，无论哪种覆盖耕种方式，土壤微生物总量均随土层深度增加而降低，随种植时间延长而增加。

冬种紫云英和油菜显著增加土壤微生物总量，这是因为冬种作物使土壤矿质养分、碳源、能源，以及纤维素等微生物生长所需物质增加，促进了土壤微生物数量的增加。不同微生物类群变化有不同规律，冬种紫云英和油菜有利于微生物总量的增加，不同微生物类群中细菌数量紫云英-稻-稻＞油-稻-稻＞休闲-稻-稻，差异极显著；真菌数量差异无规律，放线菌数量休闲-稻-稻＞紫云英-稻-稻＞油-稻-稻，差异显著或极显著。

王秀呈[59]对水稻根际土微生物群落的研究表明，冬季应用绿肥明显改变了根际土微生物群落结构，明显降低了微生物多样性，却增加了微生物的数量。不同绿肥对稻田土微生物的影响也不一致，紫云英和黑麦草均提高了稻田土的微生物多样性，油菜却降低了稻田土微生物的多样性。在微生物群落结构上，各绿肥与冬闲对照组之间也没有明显差异。总之，长期绿肥轮作能显著增加土壤及水稻根际细菌的数量，改变微生物的组成，进而促进了水稻根际有益微生物的富集。

单施化肥降低了土壤中细菌的占比，但增施紫云英使细菌/真菌提高，使土壤向细菌化方向发展。万水霞等[60]的研究提出，紫云英与化肥配施显著提高了土壤中的细菌、真菌数量，并且随着紫云英用量的增加而升高，施用紫云英处理的微生物总量增加了48.26%～115.78%，微生物活度增加了5.88%～29.41%。土壤中不同种类微生物数量的比值反映了土壤微生物群落组成的变化。但紫云英施用量超过22 500kg/hm^{2}时，不同处理间细菌、真菌数量没有显著性差异。过量的紫云英翻压，其腐解时间相对延长，其腐解过程易引起土壤氧化还原电位的降低，产生大量H$_2$S、有机酸等，同时还会积累一些有害离子，使微生物数量下降。因此紫云英翻压量并不是越大越好，适量紫云英与化肥配施才能获得良好的微生态环境。

四、对稻田土壤酶活性的影响

土壤酶活性是土壤生物活性和土壤肥力的重要指标。其中土壤过氧化氢酶、转化酶、磷酸酶、脲酶活性之间的关系及总体活性对评价土壤肥力水平有重要意义[61, 62]。杨曾平[63]研究表明，长期实行冬季紫云英—双季稻种植，可显著提高微生物的种类，增强土壤转化酶、脱氢酶、脲酶活性，酶活性的提高优于黑麦草和油菜的效果，其中土壤磷酸酶、脲酶和过氧化氢酶与有机质和大多数土壤养分存在线性关系，而转化酶和纤维素酶与土壤养分相关性不大。周春火[3]也指出，冬种紫云英和油菜可促进土壤酶活性增强，水稻成熟期土壤脲酶、转化酶和过氧化氢酶的活性均为紫云英-稻-稻>油-稻-稻>休闲-稻-稻处理，并随复种时间延长呈增加趋势。

第三节　冬作-双季稻三熟制模式对稻田温室气体排放的影响

甲烷（CH_4）和氧化亚氮（N_2O）是大气中两种重要的温室气体，稻田 N_2O 排放量占我国农田总排放量的7%～11%。全球稻田 CH_4 年总排放量达30Tg（20～40Tg），占大气 CH_4 总来源的8%～13%。近年来，约57%的稻田在水稻生长期采用间隙灌溉的水分管理措施，更加大了稻田 N_2O 的排放。

土壤中甲烷的变化主要由微生物活动引起，微生物活动又受环境中植物种类、肥料状况、水分情况、氧气浓度、土壤温度等影响，有研究表明稻田 CH_4 和 N_2O 排放受耕作制度、作物类型、肥料种类、施肥方式和田间水分管理等多种因素的影响。产甲烷杆菌在厌氧条件下能对土壤中的有机物质进行分解、转化，最终产生甲烷，但当土壤环境处于有氧条件下，甲烷又会被氧化菌所氧化，从而造成甲烷排放量减少[64-66]。有研究表明[67, 68]，种植绿肥紫云英翻压还田后不仅能提升土壤肥力，使水稻增产，同时对稻田温室气体的排放也存在一定的抑制作用，能降低稻田 CH_4 排放。李侃[69]研究表明，冬水田 CH_4 排放量远大于水旱轮作系统的排放量，且冬水田的 CH_4 排放量比稻麦轮作系统的 CH_4 排放量高出269.14%，比稻油轮作系统的 CH_4 排放量高出54.65%。江长胜等[70]通过研究不同耕作制度对冬灌田 CH_4 排放的影响发现，采用水旱轮作后，稻田 CH_4 排放量明显降低，且稻-麦轮作和稻-油菜轮作全年 CH_4 排放量分别为冬灌田的43.8%和40.6%。

土壤 N_2O 的产生主要源于反硝化细菌参与下的反硝化作用，反硝化作用的强弱程度与土壤温度密切相关，土壤温度升高，土壤反硝化作用加强，导致土壤 N_2O 的排放量增加[71]，肥料的添加及施用量的多少对 N_2O 的释放也起着重要作用，施用氮肥可促进土壤中 N_2O 的排放[72]。熊正琴等[73]通过研究冬季耕作制度对农田氧化亚氮排放的影响发现，水稻田冬种紫云英后，N_2O 平均排放通量比冬闲对照的 N_2O 排放通量低。

唐海明等[74]通过研究不同冬季作物对冬闲期稻田 CH_4 和 N_2O 排放的影响，发现种植冬季作物处理的 CH_4 和 N_2O 的排放量要高于冬闲田处理。廖秋实等[75]通过对不同耕作方式下农田油菜季土壤温室气体的排放进行研究，发现 4 种耕作方式下 CH_4 排放通量在整个油菜季出现波动，N_2O 的排放通量在整个油菜季波动较小，相对比较稳定，但在施肥后 N_2O 的排放通量有明显的上升。江长胜[76]研究表明，采用水旱轮作后，N_2O 排放量显著增加，且稻–麦轮作和稻–油菜轮作两种轮作方式下 N_2O 排放量分别为冬灌田的 3.7 倍和 4.5 倍。陈义等[77]通过研究稻麦轮作稻田中 N_2O 的排放规律总结出，稻季 N_2O 的排放主要在施肥后，呈现单高峰特征，而麦季 N_2O 的排放与施肥和降水密切相关，在施肥和大降雨后，麦季 N_2O 排放量会大幅度增加，呈现多高峰特征。

合理的有机无机肥配施可实现水稻高产，但对于稻田温室气体排放强度的研究结果还不统一。朱波等[78]发现黑麦草鲜草翻压还田虽然增加了稻田 CH_4 排放，但能减少 N_2O 排放；郭腾飞[79]认为施用有机肥和氮肥均增加了 CO_2、CH_4、N_2O 的排放，但相对于施氮肥的处理秸秆还田（有机肥）增加了 CO_2 和 CH_4 排放，减少了 N_2O 排放。

因此，如何科学合理地减少稻田 CH_4 和 N_2O 排放，发展高效减排的水稻生产模式已成为各界关注和研究的热点问题。

一、稻田 CH_4 排放通量的动态变化

（一）稻田覆盖有机物的影响

有机物还田后大量分解，在产甲烷菌的参与下产生大量 CH_4；晚稻 CH_4 排放的营养物质主要来源于早稻根茬，在厌氧条件下被产甲烷菌利用，产生 CH_4。不同的有机物料还田对 CH_4 排放的影响也不尽相同，研究表明[79]，豆科绿肥较稻草还田能够产生更多的 CH_4，原因是绿肥的 C/N 明显低于秸秆，分解产物以脂肪酸等为主，秸秆则以酚酸为主，一般羧基与直链碳相连的还原力强于与苯环相连，更易产生 CH_4。郑聚锋等[80]认为不同有机物料处理下土壤氧化 CH_4 能力可能与物料的 C/N 有关，因为有机物料的 C/N 会影响甲烷氧化菌群落。同时，有机无机肥料配施对甲烷氧化菌（MOB I 和 MOB II）的多样性和丰富度都有显著提高，显然，通过调节物料 C/N 提高土壤对 CH_4 的氧化能力是降低土壤 CH_4 排放的有效途径之一。蒋静艳等[81]研究结果也表明，在晚稻生育期，翻耕还田处理的稻草完全与土壤接触，处于还原状态，产生较多的 CH_4；同时，受不同还田作物秸秆还田量及作物秸秆在晚稻生育期分解程度的影响，各处理晚稻田 CH_4 排放量有所差别。蔡祖聪等[82]的研究结果表明，在间歇灌溉条件下，随着土壤氧化还原电位（Eh）的下降，稻田 CH_4 排放通量极显著地增加。刘金剑等[83]研究结果表明，晚稻田 CH_4 排放的季节变化和土壤 Eh 呈显著负相关。各处理稻田的 CH_4 平均排放通量和总排放量均明显高于冬闲，这与胡立峰等[65]的研究结果相一致。

不同冬季覆盖作物秸秆还田后稻田 CH_4 排放量不同。韩广轩等[84]研究结果表

明，冬种黑麦草鲜草秸秆翻压还田、半量尿素与半量黑麦草鲜草混施处理的 CH_4 排放通量分别比对照增加371%和210%。唐海明等[85]的研究指出，CH_4 排放通量为早稻插秧后较低，随着翻压有机物的腐解及水稻生长发育的加快，呈先增加后降低的抛物线型变化趋势。不同生育期稻田 CH_4 排放集中于水稻分蘖期；在水稻生育后期，则保持较低的 CH_4 排放水平。与冬闲稻田相比，种植冬季作物促进了稻田生态系统 CH_4 的排放，免耕直播黑麦草处理稻田产甲烷细菌和甲烷氧化细菌的数量均显著高于免耕直播紫云英及冬闲，大小顺序为免耕直播黑麦草＞免耕直播紫云英＞冬闲。

（二）生育期的影响

双季稻的不同生育期 CH_4 排放量不同，聂江文等[86]的研究表明，不同施肥处理稻季 CH_4 排放规律基本一致，早稻和晚稻生长季各处理 CH_4 排放均集中在分蘖期与抽穗期，商庆银[87]的研究结果表明，在双季稻-紫云英种植方式下，稻田 CH_4 排放主要来自水稻种植季，其中，晚稻 CH_4 排放占年度排放量的60.8%～71.7%，并且 CH_4 排放速率随着田间水层深度的增加而增加。CH_4 排放主要集中在水稻生长初期，这与其他研究结果相一致[65, 88]。韩广轩等[89]的研究表明，水稻油菜轮作条件下，稻田 CH_4 排放具有明显的季节变化，呈前低后高的变化趋势，CH_4 排放峰出现在水稻抽穗扬花期。

田卡等[90]的研究指出，各处理稻田 CH_4 排放通量都在水稻幼穗分化前达到峰值，在水稻幼穗分化后呈现排放低值，稻草还田处理提高了水稻幼穗分化前稻田 CH_4 的排放通量。稻草还田处理的稻田 CH_4 排放量比稻草不还田处理提高41.8%（$F=11.1^{**}$，$P < 0.01$）。冬种绿肥处理的稻田 CH_4 排放量比冬闲处理略有提高，增幅为11.3%，但差异未达显著水平。CH_4 排放强度与 CH_4 排放量趋势一致，早稻季高于晚稻季（$F=25.0^{**}$，$P < 0.01$）。

（三）耕作方式的影响

一般认为少耕等保护性耕作措施减少了对土壤的扰动，使土壤原有结构得到保持，减弱了土壤碳氧化程度，这会降低温室气体的排放，可大大降低土壤碳汇的强度。相比于翻耕，免耕可有效减少稻田 CH_4 的排放[91]。

（四）施肥量的影响

CH_4 排放总量随紫云英施用比例的增加而增加，这与刘红江等[92]研究结果相一致，主要原因是紫云英增加了产甲烷菌的营养物质，进而导致 CH_4 的排放总量增加。但相比于 CK（不施肥），单施尿素减少了 CH_4 的排放，这是由于增施氮肥，稻田耕层土壤中的亚硝酸根高于不施氮肥处理，进而土壤 CH_4 被亚硝酸根氧化而被消耗，它是土壤 CH_4 氧化的另一种途径，最终导致 CH_4 的排放降低。

在水稻生长中后期，稻田 CH_4 排放较少的可能原因，一方面是晒田期间田间土壤处于较强的氧化状态，产甲烷菌活性受损，复水后也没能很好地恢复，且产生的 CH_4 又多被氧化；另一方面是在水稻生长后期，水稻生理活动减弱，对 CH_4 的传输能力下降。稻田 CH_4 氧化率受耕种方式的影响，采用耕作强度低的少耕或免耕的管理方法，可增强土壤 CH_4 氧化能力，减少 CH_4 排放。秸秆还田是为了保持土壤肥力和保护环境，但秸秆还田也显著促进了 CH_4 排放。

二、稻田 N_2O 排放通量的动态变化

田间水分管理和肥料施用是影响稻田土壤 N_2O 排放的两个主要因素。从稻田土壤 N_2O 排放通量特征可以看出，各处理的 N_2O 排放规律相似，N_2O 排放主要在早稻播种生长前期与晚稻生长后期，此时稻田土壤处于有氧状态，有利于 N_2O 的产生，这与张岳芳等[93]研究结果一致。

商庆银等[94]的研究表明，双季稻-紫云英种植方式下，稻田 N_2O 排放主要来自紫云英生长季，占周年 N_2O 排放通量的 39.7%～64.2%。与持续淹水相比，间歇灌溉能够显著地促进水稻种植季稻田 N_2O 的排放，但中期烤田并没有导致 N_2O 排放显著增加。

聂江文等[95]的研究表明，不同施肥处理下 N_2O 排放通量有较为明显的季节变化规律。N_2O 累积排放量随紫云英施用比例的增加而减小，且单施紫云英处理的 N_2O 累积排放量为负值。各处理 N_2O 排放通量有较明显的季节变化规律。早稻季 N_2O 排放峰集中在早稻播种后的无淹水状态，以及分蘖初期，最大峰值出现在播种后第 3 天的单施尿素（CF）处理，为 1092.2μg/(m^2·h)；晚稻 N_2O 排放峰主要集中在水稻分蘖期和后期干湿交替阶段,最大峰值出现在 CK 处理后期干湿交替阶段,为 795.7μg/(m^2·h)。

稻田 N_2O 的产生和排放与水分、氧气、温度、有机质含量、pH 等因素有关。选择合适的耕种方法是减少 N_2O 排放量的重要途径，有研究[96]表明耕作土壤比免耕土壤能产生和排放更多的 N_2O，采用免耕法 N_2O 排放量将减少 5.2%。唐海明等[74]研究结果表明，早稻大田生育期，各处理稻田 N_2O 排放变化规律基本一致，稻田 N_2O 排放高峰集中在晒田期；各处理稻田 N_2O 排放量均明显高于冬闲，这可能是不同冬季作物还田后，在土壤中进行分解，发生化学反应，能同时满足土壤微生物反应底物和能量的需要，为土壤的硝化和反硝化作用提供了条件，促进了土壤反硝化作用的进行，对稻田土壤 N_2O 排放有极大的促进效应。各处理稻田 N_2O 排放量的大小顺序不同，可能与各作物秸秆还田量及秸秆在水稻生育期分解速率不同有关。在晚稻大田生育期，不同处理稻田的 N_2O 排放量均明显高于冬闲，其原因在于，一方面，不同冬季作物还田后，早稻田土壤中大部分被分解，晚稻田土壤中仍有部分分解活动，从而影响土壤中硝化和反硝化作用的相对强弱、N_2O 在土壤中的扩散速率及其土壤有机质的分解速率，进而影响产生 N_2O 的微生物的基质；另一方面，早稻的秸秆部分还田加上翻耕处理，对土壤搅动程度较大，促

进了硝化和反硝化作用。此外，聂江文等[95]的观测发现，单施紫云英处理晚稻季 N_2O 负排放，对此需要开展深入研究。

三、稻田温室气体的综合效应

唐海明等[85]通过对双季稻多熟制不同种植模式、不同土壤耕作与秸秆还田方式连续 3 年定位观测，证明在双季稻多熟制条件下，由于不同土壤耕作和秸秆还田方式改变了土壤的理化性状及生物学过程，显著影响稻田温室气体的排放；在早、晚稻生育时期温室气体排放以 CH_4 为主，冬闲季节以 CO_2 为主，双季稻多熟制保护性耕作的碳汇效应明显，秸秆还田可以显著增加土壤有机碳储量，0～20cm 耕层秸秆还田的土壤有机碳密度增加 10.10%；在秸秆还田条件下，免耕与传统翻耕相比，稻田温室气体排放导致的综合温室效应降低 34.45%，其中 CH_4 减排了 14.5%；免耕秸秆还田保护性耕作的温室气体减排效应明显，投入减少 39.13%；土壤排放减少 34.45%，如果湖南省双季稻田将翻耕秸秆还田改为免耕秸秆还田，每年可减少 6.29Tg 的碳排放量。

不同冬季覆盖作物还田后对稻田 CH_4 和 N_2O 排放具有明显的促进作用。在水稻（早稻和晚稻）生育期，稻田 CH_4 总排放量表现为翻耕稻草覆盖马铃薯-双季稻＞翻耕移栽油菜-双季稻＞免耕直播黑麦草-双季稻＞免耕直播紫云英-双季稻＞冬闲-双季稻。稻田 N_2O 总排放量表现为免耕直播黑麦草-双季稻＞翻耕移栽油菜-双季稻＞免耕直播紫云英-双季稻＞翻耕稻草覆盖马铃薯-双季稻＞冬闲-双季稻。

还田冬季作物种类与其对稻田综合温室效应的影响关系密切。翻耕稻草覆盖马铃薯-双季稻处理的 CH_4 和 N_2O 综合温室效应最大，翻耕移栽油菜-双季稻和免耕直播黑麦草-双季稻处理次之，免耕直播紫云英-双季稻最小。

商庆银等[94]的研究表明，就稻田 CH_4 和 N_2O 排放量而言，主要受灌水模式的影响较大，为了抑制双季稻种植季稻田 CH_4 的大量排放，应采用中期烤田或间歇灌溉替代持续淹水。聂江文等[95]的研究表明，稻田生态系统中 CH_4 与 N_2O 的排放具有一定的互为消长关系，但在一些其他生态系统中，CH_4 与 N_2O 的排放并不具有消长关系。因此，需要通过 CH_4 与 N_2O 的综合效应来评价对温室效应的贡献。相比于 CK，施有机肥处理可以显著降低稻田综合温室效应，虽然增加了 CH_4 排放，但稻田 N_2O 排放显著降低，甚至在晚稻季为负值。CH_4 的增温效应要远高于 N_2O，稻田增温潜势主要取决于稻田 CH_4 的排放，这与郭腾飞等[97]研究结果相同。虽然稻田 N_2O 排放量较低，但秦晓波等[98]认为，虽然在短时间内 N_2O 的增温效应要小于 CH_4，但在长时间尺度下，N_2O 在大气中的存在时间更为久远，而且随着时间延长其对温室效应的影响会越来越大；但也有学者认为稻田产生的 N_2O 会存在后续效应，需要考虑周年的 N_2O 排放来科学评估 CH_4 与 N_2O 的增温效应。因此，在研究稻田等湿地生态系统温室气体排放的过程中，既不能忽视 N_2O 的排放，也要从周年试验进行考虑。不同处理稻季 CH_4、N_2O 排放规律基本一致,在等氮量施用条件下,稻田 CH_4 累积排放量随紫云英施用比例的增加而增加;稻田 N_2O 累积排放量随紫云英施用比例的增加而减小。除了单施尿素处理 CH_4 对全球增温潜势的贡献率略低于 N_2O,其余施肥方式 CH_4 对全球增温潜势的贡献率均大于 N_2O,故双季稻田减排措施应着重于减少 CH_4 排放。

第四节　冬作–双季稻三熟制模式的养分循环

据统计,中国稻田单季氮肥用量平均为 $180kg/hm^2$,比世界平均水平高 75% 左右,氮肥吸收利用率仅为 30%~35%。化学氮肥的过量施用,不仅降低氮肥利用效率,还极易造成土壤中氮素盈余、资源浪费、水体富营养化等环境问题。作物秸秆还田可减缓植株生长后期的缺素问题,提高作物生物量和干物质积累量。紫云英等绿肥的施用能促进水稻植株地上部分对土壤氮、磷、钾的吸收与积累[99, 100]。高洪军等[101]指出,在肥料用量不变的基础上增加有机肥的施用,能提高土壤肥力和氮肥利用率。不同的土壤耕作制度、耕作方式和施肥方式均能影响农田生态系统部分服务功能(如土壤有机碳、水分和养分等),从而影响农田生态系统的可持续发展。有机物料和化学氮肥配施被认为是提高氮肥利用率的重要手段之一。谭力彰等[102]研究表明,有机无机氮肥混施不仅可以增加稻谷产量,还可以提高氮肥利用率。通过有机肥料部分替代氮肥可以显著增加水稻产量、水稻氮素吸收量和氮肥利用率。

根据稻田土壤基础地力,进行合理的耕作模式和养分管理,在增加水稻产量的同时提高氮肥利用率,减少环境污染和温室气体排放,实现水稻优质、高产、高效是当前水稻生产面临的重要课题。

一、氮素吸收和利用

氮素是土壤肥力中最活跃的组成部分,施用氮肥显著提高水稻氮素吸收量,合理施氮更促进氮素向稻谷积累。王秀斌等[103]对机插双季稻进行研究,认为施氮与不施氮相比,显著增加早、晚稻氮素积累量,增幅分别为 43.7%~67.4% 和 63.8%~107.7%。如何保证水稻尽可能地吸收氮素养分,在保持稳产增产的同时,提升氮素利用率,众多学者对此看法不一。廖育林等[12]认为,通过减少 20% 常规尿素与绿肥紫云英配施或者减少 40% 控释尿素与紫云英配施可以使早稻增产并促进植株氮素吸收,从而提高氮肥利用率和农学效率;鲁艳红等[104]的研究表明,在南方双季稻种植区,氮肥减量下添加氮素抑制剂在保证水稻稳产的同时,有利于氮素利用率的提升及土壤氮素平衡的保持。

钱晨晨等[105]的研究表明,紫云英与氮肥配施处理的氮素积累量均高于对照,增幅为 6.95%~18.68%。紫云英配施氮肥有利于提高早稻的干物质积累量和氮素利用率，其中以紫云英配施氮肥 90kg(N)/hm² 和 20kg(N)/hm² 效果较优，比其他施肥处理分别增加 3.94%～14.08% 和 6.65%～14.90%，可实现减氮增效目标，是较理想的施肥模式。

杨滨娟等[106]在"紫云英–双季稻"种植体系中的研究指出，在早稻的不同生育期水稻植株含氮量和吸氮量不同。施氮和冬种绿肥条件下水稻植株含氮率随生育进程逐渐降低，分蘖期最高，成熟期最低，而植株吸氮量均随着生育进程不断增加，至成熟期达最大值，紫云英翻压 60%+施氮 60% 能够显著提高氮肥利用率，改善稻田氮素循环；徐昌旭等[5]研究了翻压 22.5t/hm² 紫云英鲜草配施不同比例化肥对早稻稻谷和稻草氮、磷、钾吸收的影响，认为紫云英翻压并配施 80% 的常规化肥最有利于早稻稻谷和稻草对氮、磷、钾的吸收，这二者研究结果较一致。朱波等[107]研究黑麦草鲜草与尿素混施对双季稻田肥料氮利用率及氮循环特征的影响，结果表明，双季稻种植下黑麦草替代 50% 尿素与单施尿素相比，氮素吸收量一致，但增加了水稻生物量和稻谷产量，减少了因施用尿素导致的 N_2O 排放。总之，翻压不同秸秆和施肥量对氮素的吸收与转运影响较大。

二、对养分循环的影响

在相同的土壤类型、水分管理及其他栽培措施条件下，养分平衡状况对养分效应高低有明显作用。例如，当某种养分供应过量时，可能会造成其他养分的缺乏或毒害从而导致减产。朱启东等[108]认为，单施大量氮肥会破坏植物体内激素的平衡，使植物的生长受到严重影响，配合施用磷、钾肥则可使植物生长得到改善；朱启东研究认为，不同施氮水平对氮、磷、钾利用效率也有显著影响。综合考虑双季稻产量效应及氮、磷、钾的有效吸收利用，双季稻施氮量以 105～146 kg/hm² 较为适宜。肥料施用不合理、养分损失大和养分供应与作物对养分需求不同步是导致养分利用效率低的主要原因。普通化肥养分释放速率快，肥效期短，前期无效损失大，用紫云英替代部分化肥施用有利于实现紫云英养分与化肥养分的合理耦合，控释尿素代替普通化肥尿素可以延缓养分释放速率，具有肥效的长效性和养分供应持续稳定性的特点。因此，适当减少化肥施用量，采用缓控释肥代替速效肥料或有机无机肥合理配施等都是提高肥料养分利用效率的有效途径。

周兴等[109]的研究结果表明，早稻采用适宜比例紫云英替代部分化肥氮、钾，晚稻减施部分化肥氮、钾的施肥方法从总体上有利于水稻植株对氮、钾吸收积累量的提高，同时有利于氮、钾肥料利用率，以及农学效率和偏生产力的提高。而在相同用量紫云英配施下将普通氮肥尿素改用控释尿素时，进一步提高了水稻植株对氮、钾的吸收积累量及氮、钾肥料利用率。与全量化肥处理相比，紫云英配施尿素或控释尿素土壤全氮、碱解氮和速效钾含量均有所提高，说明其对于土壤氮钾养分的保持和提高也是有利的。在南方双季稻种植区，在绿肥紫云英利用条件下可适当减少早晚稻氮、钾化肥用量。综合考虑作物的产量效应、养分吸收利用效率及土壤肥力的维持和提高，在氮肥品种采用普通尿素条件下，早稻可用紫云英替代 40% 氮肥、20% 钾肥，晚稻减施 40% 氮肥、20% 钾肥。如果将尿素改为控释尿素，可以按这一替代和减施比例施用，也可适当提高早稻紫云英的替代比例和晚稻氮钾肥减施比例，实现双季稻高产稳产和氮钾养分的高效利用。

唐海明等[110]在大麦–双季稻的研究中指出，早稻和晚稻成熟期各化肥施肥处理植株各部位的干物质积累量、茎和叶物质转运率及茎叶物质贡献率均高于 CK 处理；植株抽穗后物质同化贡献率均高于 CK 处理，长期施肥增加了水稻各部位干物质和养分积累并促进养分向穗部转运，其中以秸秆还田、有机肥配施化肥措施最有利于提高水稻群体干物质和养分积累与转运。同时，唐海明等对紫云英–双季稻种植土壤不同耕作方式的研究表明，早稻和晚稻成熟期，秸秆还田措施促进了水稻植株各器官干物质积累和转运；以土壤翻耕、旋耕结合秸秆还田措施更有利于水稻植株群体养分的积累与转运。

张浪等[111]指出，冬种紫云英和黑麦草过腹（鸡粪）还田能有效提高土壤有机质、全氮、铵态氮、硝态氮含量，且冬季种植紫云英过腹（鸡粪）还田效果最好，更有利于满足后季水稻生长的养分需求，同时利于稻田土壤用养循环，具有较大的发展潜力。

第五节　冬作–双季稻三熟制模式的效益及综合评价

面对双季稻田生态环境的恶化，许多学者从理论和实证的不同视角开始研究稻田的生态服务功能效益，研究人类稻作活动对稻田生态服务功能的综合评价及影响。大部分研究表明，冬季作物的种植，以及秸秆还田均有利于水稻的增产。农田冬季作物不仅能够充分利用稻田冬春季的光热资源，还有利于提高土壤有机质含量、改善土壤质量和土壤养分利用效率、减少土壤侵蚀，并且能够抑制田间杂草和水稻病虫害[112]。孙卫民等[113]研究表明，冬季作物–双季稻的复种模式比冬季休闲模式的生态服务功能优越，在农产品供给、气体调节、净化空气、水分保持功能价值方面都有明显优势，其中以冬季种植蚕豆模式的服务总价值最高，综合评价最优。

目前，有多种稻田冬季开发模式和效益不尽相同。正确评价不同种植模式的生态经济效益，筛选具有可持续性、适合区域特性的冬季绿色高效循环复合种植模式。由于种植模式生态经济效益的组成往往是多方位、多层次、多指标的，因此要准确、全面地评价不同种植模式的优劣，必须首先建立种植模式综合评价指标体系。王超[114]通过灰色关联分析法对稻田不同轮作系统的生态经济效益进行综合评价，结果表明：在稻田轮作系统中，以轮作处理（黑麦草–早稻–晚稻、紫云英–早稻–晚稻、黑麦草–中稻–紫云英 × 油菜–早稻–晚稻、黑麦草–早稻–晚稻、紫云英–早玉米–晚稻）的综合效益最佳,而连作处理的综合效益最差。杨滨娟等[115]利用指数法对稻田冬季复种轮作系统的效益进行综合评价,各系统的总和效益指数表现为绿肥–早稻–晚稻＞蔬菜–甘蔗/大豆≫冬闲–早稻–晚稻,表明稻田冬种紫云英模式的绿肥–早稻–晚稻种植模式能兼顾三大效益,有利于农业生产的可持续发展,她的研究还指出,混播绿肥–早稻–晚稻→混播绿肥–早稻–玉米‖芝麻的系统可持续发展指数高,为 0.0315,而油菜–早稻–晚稻→油菜–早稻–玉米–花生较低,为 0.0148。可持续发展指数在 1 以下,表明这种种植系统给环境带来了很大的压力,不可更新资源的利用量较大,造成了环境负载率较高,导致可持续发展指数较低,其中混播绿肥–早稻–晚稻→混播绿肥–早稻–玉米‖芝麻模式是值得推广的。

王淑彬等[116]以江西省常见的 3 种农田生态系统（冬闲–早稻–晚稻、油菜–早稻–晚稻、紫云英–甘蔗‖大豆）为研究对象,结果表明,紫云英–甘蔗‖大豆生态系统能值利用率经济效益较高,但是要求具有较高的管理水平;而油菜–早稻–晚稻生态系统购买能值投入较高,环境压力较大,但是此种植模式能值产出较高,且冬种油菜也有利于双季稻的生产。与前人研究结果类似,杨滨娟研究稻田水旱轮作几种模式中油菜–早稻–晚稻→油菜–早稻–玉米‖花生的总能值投入和总能值产出均较高,在能值密度和能值投入率方面也表现较好,但环境负载率较高,为6.495。孙卫民等[117]研究也指出,双季稻田冬季作物的种植有利于提高稻田的光合生产力和光能利用率。从环境资源能值/总投入能值和可持续发展指数来看,双季稻田冬季种植蚕豆和豌豆的种植模式比稻田冬季休闲具有一定的优势。双季稻田冬季种植油菜的种植模式的能值投入和能值产出率均最大,是一个高投入高产出的种植模式,虽高产出以环境资源的消耗为代价,但其环境资源所占比例在稻田种植模式中较小,有利于该模式的可持续发展。因此,双季稻田冬季种植油菜为最佳选择。

除此之外,马艳芹和黄国勤[118]研究指出,与冬闲处理相比,冬种紫云英处理下的农产品总产出增幅达 7.56%～20.83%,气体调节功能价值增幅为 21.64%～37.61%,稻田生态系统服务功能总价值增幅 15.15%～41.39%,尤其以紫云英与氮肥配施效果较好,其中紫云英+优化施氮处理在农产品供给总价值、产投比、气体调节功能价值、涵养水分价值等方面最高。

谢志坚等[119]研究指出,农产品与轻工业原料供给服务价值是双季稻种植系统中主要的生态功能服务价值（＞60%）,其次为大气调节与净化和水分涵养服务价值（15%～22%）,而土壤养分累积服务价值最低（＜2%）。将紫云英纳入双季稻种植系统可显著增加各项生态功能服务价值,尤其是显著增加稻田系统在冬闲期间的农产品供给、大气调节与净化、水分涵养和土壤养分累积等生态功能服务价值,对充分利用我国南方稻区丰富的自然资源、深度开发冬季农业及其关联产业和发展现代可持续生态农业均具有积极影响,值得大面积推广。

第六节　冬作−双季稻三熟制模式资源利用率及效益比较研究

轮作、间套作及复种等多熟种植能在时间、空间及土地上集约高效地利用光、温、水等自然资源，是我国精耕细作的农艺模式的精华。探索生态环境友好、资源高效利用、保障粮食安全的种植模式是现代种植制度的研究热点。

张帆[120]分析比较冬闲−双季稻（CK）、马铃薯−双季稻、黑麦草−双季稻、紫云英−双季稻、油菜−双季稻等 5 种轮作模式的光热资源利用率、氮磷钾养分资源利用效率及经济效益。结果表明（表 10-1～表 10-4）：①马铃薯−双季稻模式年总光能利用率显著高于其他模式；马铃薯−双季稻模式轮作周年光能生产效率比黑麦草−双季稻、紫云英−双季稻、油菜−双季稻模式分别提高了 0.16g/MJ、0.18g/MJ、0.21g/MJ（$P < 0.05$）；轮作周年积温生产效率比黑麦草−双季稻、紫云英−双季稻、油菜−双季稻模式分别提高了 1.24 kg/($hm^2 \cdot ℃ \cdot d$)、1.36kg/($hm^2 \cdot ℃ \cdot d$)、1.52kg/($hm^2 \cdot ℃ \cdot d$)（$P < 0.05$）。②各模式轮作周年 P 养分干物质生产效率差异不显著（$P > 0.05$）；各轮作模式周年 N 养分干物质生产效率大小顺序为马铃薯−双季稻（73.23kg/kg）＞冬闲−双季稻（69.84kg/kg）＞油菜−双季稻（68.30kg/kg）＞黑麦草−双季稻（65.47kg/kg）＞紫云英−双季稻（60.99kg/kg）；各轮作模式周年 K 养分干物质生产效率大小顺序为紫云英−双季稻（70.63kg/kg）＞冬闲−双季稻（66.10kg/kg）＞油菜−双季稻（57.58kg/kg）＞黑麦草−双季稻（56.37kg/kg）＞马铃薯−双季稻（47.91kg/kg）。③各轮作模式下早、晚稻氮磷钾偏生产力差异不显著（$P > 0.05$），晚稻氮磷钾收获指数差异显著（$P < 0.05$）。④各轮作模式下周年经济效益大小顺序为马铃薯−双季稻＞油菜−双季稻＞黑麦草−双季稻＞紫云英−双季稻＞冬闲−双季稻。马铃薯−双季稻模式为高投入高产出型，黑麦草−双季稻和油菜−双季稻模式为低投入中产出型，紫云英−双季稻模式为低投入低产出型。综合来看，马铃薯−双季稻模式适合在湖南双季稻区推广应用。

表 10-1　不同冬季作物−双季稻轮作模式的光温生产效率与周年利用率

处理	光能生产效率（g/MJ）				年总光能利用率（%）
	冬季作物	早稻季	晚稻季	轮作周年	
CK		0.58±0.07ab	0.86±0.09ab	0.73±0.08a	0.63±0.07c
马铃薯−双季稻	0.52±0.16a	0.66±0.05a	0.94±0.03a	0.73±0.05a	0.95±0.08a
黑麦草−双季稻	0.43±0.07ab	0.58±0.02ab	0.70±0.08c	0.57±0.05b	0.64±0.04c
紫云英−双季稻	0.28±0.06b	0.56±0.04b	0.84±0.04ab	0.55±0.04b	0.64±0.03c
油菜−双季稻	0.26±0.08b	0.62±0.05ab	0.76±0.07bc	0.52±0.06b	0.78±0.10b

续表

处理	有效积温生产效率[kg/(hm²·℃·d)]				年有效积温利用率（%）
	冬季作物	早稻季	晚稻季	轮作周年	
CK		3.71±0.43ab	4.92±0.53ab	4.39±0.49ab	64.31
马铃薯-双季稻	5.47±1.74a	4.21±0.34a	5.39±0.20a	4.98±0.36a	78.50
黑麦草-双季稻	3.38±0.52b	3.74±0.11ab	4.04±0.46c	3.74±0.31bc	94.37
紫云英-双季稻	2.19±0.46b	3.59±0.22b	4.83±0.23ab	3.62±0.26c	94.37
油菜-双季稻	2.03±0.61b	3.97±0.29ab	4.38±0.39bc	3.46±0.42c	97.63

注：同列不同小写字母表示在 0.05 水平上差异显著，下同

表 10-2　不同冬季作物-双季稻轮作模式的氮磷钾干物质生产效率（kg/kg）

处理	N			
	冬季作物	早稻	晚稻	轮作周年
CK		62.56±5.17a	75.17±7.25ab	69.84±5.32ab
马铃薯-双季稻	62.41±4.55a	68.59±7.76a	82.69±5.10a	73.23±2.98a
黑麦草-双季稻	66.15±5.74a	65.35±2.97a	65.38±7.67b	65.47±3.15bc
紫云英-双季稻	45.54±8.11b	63.04±5.23a	68.70±3.82b	60.99±1.70c
油菜-双季稻	66.98±4.60a	64.25±0.36a	72.61±5.50ab	68.30±2.18ab

处理	P			
	冬季作物	早稻	晚稻	轮作周年
CK		387.89±11.03a	497.97±51.51a	450.28±31.40a
马铃薯-双季稻	431.50±83.54ab	336.07±84.11a	510.78±21.50a	422.54±58.83a
黑麦草-双季稻	342.26±53.48b	371.51±17.30a	472.84±53.93a	395.07±32.07a
紫云英-双季稻	549.87±76.89a	401.70±18.96a	443.23±20.75a	446.47±24.37a
油菜-双季稻	399.38±34.45b	379.47±12.68a	448.06±40.10a	412.74±18.77a

处理	K			
	冬季作物	早稻	晚稻	轮作周年
CK		69.74±7.67ab	64.27±5.39ab	66.10±5.49ab
马铃薯-双季稻	27.69±2.28b	63.05±5.92b	55.20±1.82b	47.91±1.92d
黑麦草-双季稻	34.79±2.38b	75.87±5.64a	75.03±9.76a	56.37±2.97cd
紫云英-双季稻	66.86±31.26a	74.38±2.94a	72.29±2.06a	70.63±8.36a
油菜-双季稻	36.60±1.15b	69.04±4.59ab	66.23±5.76a	57.58±1.85bc

表 10-3　不同冬季作物–双季稻轮作模式的早、晚稻氮磷钾利用率

处理	早稻					
	偏生产力（kg/kg）			收获指数（%）		
	N	P	K	N	P	K
CK	25.14±4.88a	220.72±42.78a	77.43±15.01a	57.9±3.7a	72.5±7.8a	12.8±2.5ab
马铃薯–双季稻	24.52±3.80a	215.24±33.34a	75.51±11.70a	53.6±5.6a	71.8±12.1a	10.3±2.7b
黑麦草–双季稻	27.09±1.23a	237.82±10.83a	83.43±3.80a	62.7±7.3a	75.2±4.4a	14.5±2.4ab
紫云英–双季稻	25.50±2.54a	223.87±22.30a	78.54±7.82a	61.7±1.0a	76.6±4.5a	15.0±1.3a
油菜–双季稻	25.54±3.30a	224.20±28.91a	78.66±10.14a	56.0±3.7a	75.7±5.0a	13.0±2.2ab

处理	晚稻					
	偏生产力（kg/kg）			收获指数（%）		
	N	P	K	N	P	K
CK	29.82±5.95a	342.08±68.25a	120.01±23.94a	55.8±0.8c	72.5±0.4c	11.5±0.4d
马铃薯–双季稻	29.97±2.30a	343.84±26.39a	120.63±9.26a	41.8±1.4d	68.4±0.3d	9.04±0.1e
黑麦草–双季稻	29.10±5.11a	333.76±58.62a	117.09±20.56a	65.2±0.3a	77.8±0.3a	17.1±0.6a
紫云英–双季稻	33.34±2.54a	382.38±29.08a	134.15±10.20a	60.8±0.9b	77.1±0.2b	15.7±0.3b
油菜–双季稻	30.34±4.35a	348.00±49.87a	122.09±17.49a	63.5±1.8a	77.0±0.3b	14.7±0.2c

表 10-4　不同冬季作物–双季稻轮作模式的经济效益比较（元/hm²）

处理	产值				成本			经济效益		
	冬季作物	早稻	晚稻	轮作周年	冬季作物	双季稻	轮作周年	冬季作物	双季稻	轮作周年
CK		10 408.95	16 939.15	27 348.10		16 600.00	16 600.00		10 748.10	10 748.10
马铃薯–双季稻	34 140.91	10 150.49	17 026.26	61 317.66	17 273.10	16 600.00	33 873.10	16 867.81	10 576.75	27 444.56
黑麦草–双季稻	4 887.73	11 215.66	16 527.35	32 630.74	716.20	16 600.00	17 316.20	4 171.53	11 143.02	15 314.55
紫云英–双季稻		10 557.76	18 934.79	29 492.55	1 115.10	16 600.00	17 715.10	−1 115.10	12 892.55	11 777.45
油菜–双季稻	5 550.00	10 573.43	17 232.16	33 355.59	1 018.56	16 600.00	17 618.56	4 531.44	11 205.59	15 737.03

参 考 文 献

[1]　唐海明, 汤文光, 肖小平, 等. 冬季覆盖作物对南方稻田水稻生理生化及生长特性的影响. 中国生态农业学报, 2010, 18(6): 1176-1182.

[2]　吕伟生, 肖国滨, 叶川, 等. 油–稻–稻三熟制下双季稻高产品种特征研究. 中国农业科学, 2018, 51(1): 37-48.

[3] 周春火. 不同复种方式对水稻生长发育和土壤肥力影响研究. 江西农业大学博士学位论文, 2012.

[4] 钱晨晨. 紫云英翻压还田与氮肥配施对水稻生长、稻田重金属含量及养分平衡的影响. 江西农业大学硕士学位论文, 2017.

[5] 徐昌旭, 谢志坚, 曹卫东, 等. 翻压绿肥后不同施肥方法对水稻养分吸收及产量的影响. 中国土壤与肥料, 2011, (3): 35-39.

[6] 赵娜, 郭熙盛, 曹卫东, 等. 绿肥紫云英与化肥配施对双季稻区水稻生长及产量的影响. 安徽农业科学, 2010, 38(36): 20668-20670.

[7] 王琴, 张丽霞, 吕玉虎, 等. 紫云英与化肥配施对水稻产量和土壤养分含量的影响. 草业科学, 2012, 29(1): 92-96.

[8] 吕玉虎, 潘兹亮, 王琴. 翻压紫云英后化肥用量对稻田养分动态变化及产量效应的影响. 中国农学通报, 2011, 27(3): 174-178.

[9] 马艳芹, 黄国勤. 紫云英还田配施氮肥对稻田土壤碳库的影响. 生态学杂志, 2019, 38(1): 129-135.

[10] 谢志坚. 填闲作物紫云英对稻田氮素形态变化及其生产力的影响机理. 华中农业大学博士学位论文, 2016.

[11] 段华平, 牛永志, 卞新民. 耕作方式和秸秆还田对直播稻田土壤有机碳及水稻产量的影响. 水土保持通报, 2012, 32(3): 23-27.

[12] 廖育林, 鲁艳红, 谢坚, 等. 紫云英配施控释氮肥对早稻产量及氮素吸收利用的影响. 水土保持学报, 2015, 29(3): 190-195, 201.

[13] 程洋. 稻田不同冬绿肥种植模式的生产效益、养分利用及土壤培肥效应. 华中农业大学硕士学位论文, 2016.

[14] 高菊生, 徐明岗, 董春华, 等. 长期稻-稻-绿肥轮作对水稻产量及土壤肥力的影响. 作物学报, 2013, 39(2): 343-349.

[15] 胡人荣. 关于发展油稻稻三熟制的若干问题. 中国油料, 1981, (1): 14-17.

[16] 张鸿, 樊红柱. 川西平原雨养条件下地膜覆盖对水稻产量的影响研究. 西南农业学报, 2011, 24(2): 446-450.

[17] 唐海明, 汤文光, 肖小平, 等. 双季稻区冬季覆盖作物残茬还田对水稻生物学特性和产量的影响. 江西农业大学学报, 2012, 34(2): 213-219.

[18] 陈启德, 汪沄滨, 曾庆曦, 等. 稻田种植绿肥的增产效果及对土壤肥力的影响. 西南农业学报, 1995, (S1): 117-123.

[19] 高菊生, 曹卫东, 李冬初, 等. 长期双季稻绿肥轮作对水稻产量及稻田土壤有机质的影响. 生态学报, 2011, 31(16): 4542-4548.

[20] 王丽宏, 曾昭海, 杨光立, 等. 冬季作物对水稻生育期土壤微生物量碳、氮的影响. 植物营养与肥料学报, 2009, 15(2): 381-385.

[21] 唐海明, 逢焕成, 肖小平, 等. 双季稻区不同栽培方式对早稻生育期、干物质积累及产量的影响. 作物学报, 2014, 40(4): 711-718.

[22] 熊云明, 黄国勤, 王淑彬, 等. 稻田轮作对土壤理化性状和作物产量的影响. 中国农业科技导报, 2004, (4): 42-45.

[23] 王子芳, 高明, 秦建成, 等. 稻田长期水旱轮作对土壤肥力的影响研究. 西南农业大学学报(自然科学版), 2003, (6): 514-517, 521.

[24] 周春火, 潘晓华, 吴建富, 等. 不同复种方式对水稻产量和土壤肥力的影响. 植物营养与肥料学报, 2013, 19(2): 304-311.

[25] 高菊生, 徐明岗, 王伯仁, 等. 长期有机无机肥配施对土壤肥力及水稻产量的影响. 中国农学通报, 2005, (8): 211-214, 259.

[26] 刘春增, 常单娜, 李本银, 等. 种植翻压紫云英配施化肥对稻田土壤活性有机碳氮的影响. 土壤学报, 2017, 54(3): 657-669.

[27] 刘英, 王允青, 张祥明, 等. 种植紫云英对土壤肥力和水稻产量的影响. 安徽农学通报, 2007, (1): 98-99, 189.

[28] 胡奉壁, 胡祥托, 李林, 等. 稻田不同复种制度土壤肥力演变规律的定位监测研究. 湖南农业科学, 2001, (4): 27-29.

[29] 周春火, 潘晓华, 吴建富, 等. 不同复种方式对早稻产量和氮素吸收利用的影响. 江西农业大学学报, 2013, 35(1): 13-17, 32.

[30] 吴增琪, 朱贵平, 张惠琴, 等. 紫云英结荚翻耕还田对土壤肥力及水稻产量的影响. 中国农学通报, 2010, 26(15): 270-273.

[31] 许建平, 徐瑞国, 施振云, 等. 水稻-绿肥(蚕豆)轮作减少氮化肥用量研究. 上海农业学报, 2004, (4): 86-89.

[32] 吕玉虎, 刘春增, 潘兹亮, 等. 紫云英不同翻压时期对土壤养分和水稻产量的影响. 中国土壤与肥料, 2013, (1): 85-87.

[33] 万水霞, 唐杉, 蒋光月, 等. 紫云英与化肥配施对土壤微生物特征和作物产量的影响. 草业学报, 2016, 25(6): 109-117.

[34] 谢志坚, 徐昌旭, 许政良, 等. 翻压等量紫云英条件下不同化肥用量对土壤养分有效性及水稻产量的影响. 中国土壤与肥料, 2011, (4): 79-82.

[35] 周兴, 廖育林, 鲁艳红, 等. 肥料减施条件下水稻土壤有机碳组分对紫云英-稻草协同利用的响应. 水土保持学报, 2017, 31(3): 283-290.

[36] 刘春增, 刘小粉, 李本银, 等. 紫云英配施不同用量化肥对土壤养分、团聚性及水稻产量的影响. 土壤通报, 2013, 44(2): 409-413.

[37] 兰忠明, 林新坚, 张伟光, 等. 缺磷对紫云英根系分泌物产生及难溶性磷活化的影响. 中国农业科学, 2012, 45(8): 1521-1531.

[38] 赵晓齐, 鲁如坤. 有机肥对土壤磷素吸附的影响. 土壤学报, 1991, (1): 7-13.

[39] 曹艳花. 长期豆科绿肥轮作水稻根内生细菌多样性及促生功能研究. 东北农业大学硕士学位论文, 2012.

[40] 鲁艳红, 廖育林, 聂军, 等. 紫云英与尿素或控释尿素配施对双季稻产量及氮钾利用率的影响. 植物营养与肥料学报, 2017, 23(2): 360-368.

[41] 何亮珍, 郭嘉, 付爱斌, 等. 双季稻冬闲田种植绿肥对土壤理化性质的影响. 作物研究, 2017, 31(4): 405-407, 414.

[42] 熊云明, 黄国勤, 曹开蔚, 等. 论长江中下游双季稻区发展"黑麦草-水稻"轮作系统. 江西农业学报, 2003, (4): 47-51.

[43] 陈勇, 周伟, 杨蕞杰, 等. 稻田水旱轮作系统不同轮作模式的土壤磷钾养分特征研究//中国农学会耕作制度分会. 中国农学会耕作制度分会 2016 年学术年会论文摘要集. 乌鲁木齐, 2016: 76.

[44] 唐海明, 程凯凯, 肖小平, 等. 不同冬季覆盖作物对双季稻田土壤有机碳的影响. 应用生态学报, 2017, 28(2): 465-473.

[45] 吴浩杰, 周兴, 鲁艳红, 等. 紫云英翻压对稻田土壤镉有效性及水稻镉积累的影响. 中国农学通报, 2017, 33(16): 105-111.

[46] 王阳, 刘恩玲, 王奇赞, 等. 紫云英还田对水稻镉和铅吸收积累的影响. 水土保持学报, 2013, 27(2): 189-193.

[47] 王艳秋, 高嵩涓, 曹卫东, 等. 多年冬种紫云英对两种典型双季稻田土壤肥力及硝化特征的影响. 草业学报, 2017, 26(2): 180-189.

[48] 张丽莉, 武志杰, 陈利军, 等. 不同种植制度土壤氧化还原酶活性和动力学特征. 生态环境学报, 2009, 18(1): 343-347.

[49] 肖小平, 唐海明, 聂泽民, 等. 冬季覆盖作物残茬还田对双季稻田土壤有机碳和碳库管理指数的影响. 中国生态农业学报, 2013, 21(10): 1202-1208.

[50] 刘兵. 双季稻不同耕作与种植方式对产量和农田碳排放的影响. 华中农业大学硕士学位论文, 2013.

[51] 孙国峰, 徐尚起, 张海林, 等. 轮耕对双季稻田耕层土壤有机碳储量的影响. 中国农业科学, 2010, 43(18): 3776-3783.

[52] 吴家梅, 纪雄辉, 彭华, 等. 南方双季稻田稻草还田的碳汇效应. 应用生态学报, 2011, 22(12): 3196-3202.

[53] 胡志华, 李大明, 徐小林, 等. 不同有机培肥模式下双季稻田碳汇效应与收益评估. 中国生态农业学报, 2017, 25(2): 157-165.

[54] 杨滨娟, 孙丹平, 张颖睿, 等. 不同水旱复种轮作方式对稻田土壤有机碳及其组分的影响. 应用生态学报, 2019, 30(2): 456-462.

[55] 兰延. 稻田冬种复种模式优化研究. 江西农业大学硕士学位论文, 2014.

[56] 李增强, 张贤, 王建红, 等. 紫云英施用量对土壤活性有机碳和碳转化酶活性的影响. 中国土壤与肥料, 2018, (4): 14-20.

[57] 杨曾平, 徐明岗, 聂军, 等. 长期冬种绿肥对双季稻种植下红壤性水稻土质量的影响及其评价. 水土保持学报, 2011, 25(3): 92-97, 102.

[58] 骆坤, 胡荣桂, 张文菊, 等. 黑土有机碳、氮及其活性对长期施肥的响应. 环境科学, 2013, 34(2): 676-684.

[59] 王秀呈. 稻–稻–绿肥长期轮作对水稻土壤及根系细菌群落的影响. 中国农业科学院硕士学位论文, 2015.

[60] 万水霞, 唐杉, 王允青, 等. 紫云英还田量对稻田土壤微生物数量及活度的影响. 中国土壤与肥料, 2013, (4): 39-42.

[61] 王允青, 曹卫东, 郭熙盛, 等. 不同还田条件下紫云英腐解特征研究. 安徽农业科学, 2010, 38(34): 19388-19389, 19391.

[62] 颜志雷, 方宇, 陈济琛, 等. 连年翻压紫云英对稻田土壤养分和微生物学特性的影响. 植物营养与肥料学报, 2014, 20(5): 1151-1160.

[63] 杨曾平. 长期冬种绿肥对红壤性水稻土质量和生产力可持续性影响的研究. 湖南农业大学博士学位论文, 2011.

[64] 成臣, 曾勇军, 杨秀霞, 等. 不同耕作方式对稻田净增温潜势和温室气体强度的影响. 环境科学学报, 2015, 35(6): 1887-1895.

[65] 胡立峰, 李琳, 陈阜, 等. 不同耕作制度对南方稻田甲烷排放的影响. 生态环境, 2006, (6): 1216-1219.

[66] 邓丽萍. 稻田复种轮作对作物产量、土壤肥力及农田温室气体排放的影响. 江西农业大学硕士学位论文, 2017.

[67] 秦晓波. 减缓华中典型双季稻田温室气体排放强度措施的研究. 中国农业科学院博士学位论文, 2011.

[68] 张广斌, 张晓艳, 纪洋, 等. 冬季秸秆还田对冬灌田水稻生长期 CH_4 产生、氧化和排放的影响. 土壤, 2010, 42(6): 895-900.

[69] 李侃. 稻田土壤微生物量与温室气体排放的研究. 四川农业大学硕士学位论文, 2006.

[70] 江长胜, 王跃思, 郑循华, 等. 耕作制度对川中丘陵区冬灌田 CH_4 和 N_2O 排放的影响. 环境科学, 2006, (2): 207-213.

[71] 高嵩涓. 冬绿肥-水稻模式下的土壤微生物特征及硝化作用调控机制. 中国农业大学博士学位论文, 2018.

[72] 徐华, 蔡祖聪, 贾仲君, 等. 前茬季节稻草还田时间对稻田 CH_4 排放的影响. 农业环境保护, 2001, (5): 289-292.

[73] 熊正琴, 邢光熹, 施书莲, 等. 轮作制度对水稻生长季节稻田氧化亚氮排放的影响. 应用生态学报, 2003, (10): 1761-1764.

[74] 唐海明, 肖小平, 孙继民, 等. 种植不同冬季作物对稻田甲烷、氧化亚氮排放和土壤微生物的影响. 生态环境学报, 2014, 23(5): 736-742.

[75] 廖秋实, 郝庆菊, 江长胜, 等. 不同耕作方式下农田油菜季土壤温室气体的排放研究. 西南大学学报 (自然科学版), 2013, 35(9): 111-118.

[76] 江长胜. 川中丘陵区农田生态系统主要温室气体排放研究. 中国科学院研究生院 (大气物理研究所) 博士学位论文, 2005.

[77] 陈义, 唐旭, 杨生茂, 等. 稻麦轮作稻田中 N_2O 排放规律的研究. 土壤通报, 2011, 42(2): 342-350.

[78] 朱波, 易丽霞, 胡跃高, 等. 黑麦草鲜草翻压还田对双季稻 CH_4 与 N_2O 排放的影响. 农业工程学报, 2011, 27(12): 241-245.

[79] 郭腾飞. 施肥对稻麦轮作体系温室气体排放及土壤微生物特性的影响. 中国农业科学院博士学位论文, 2015.

[80] 郑聚锋, 张平究, 潘根兴, 等. 长期不同施肥下水稻土甲烷氧化能力及甲烷氧化菌多样性的变化. 生态学报, 2008, (10): 4864-4872.

[81] 蒋静艳, 黄耀, 宗良纲. 水分管理与秸秆施用对稻田 CH_4 和 N_2O 排放的影响. 中国环境科学, 2003, (5): 105-109.

[82] 蔡祖聪, 沈光裕, 颜晓元, 等. 土壤质地、温度和 Eh 对稻田甲烷排放的影响. 土壤学报, 1998, (2): 3-5.

[83] 刘金剑, 吴萍萍, 谢小立, 等. 长期不同施肥制度下湖南红壤晚稻田 CH_4 的排放. 生态学报, 2008, (6): 2878-2886.

[84] 韩广轩, 朱波, 高美荣. 水稻油菜轮作稻田甲烷排放及其总量估算. 中国生态农业学报, 2006, (4): 134-137.

[85] 唐海明, 肖小平, 帅细强, 等. 双季稻田种植不同冬季作物对甲烷和氧化亚氮排放的影响. 生态学报, 2012, 32(5): 1481-1489.

[86] 聂江文, 王幼娟, 吴邦魁, 等. 紫云英还田对早稻直播稻田温室气体排放的影响. 农业环境科学学报, 2018, 37(10): 2334-2341.

[87] 商庆银. 长期不同施肥制度下双季稻田土壤肥力与温室气体排放规律的研究. 南京农业大学博士学位论文, 2012.

[88] 刘威. 冬种绿肥和稻草还田对水稻生长、土壤性质及周年温室气体排放影响的研究. 华中农业大学博士学位论文, 2015.

[89] 韩广轩, 周广胜. 土壤呼吸作用时空动态变化及其影响机制研究与展望. 植物生态学报, 2009, 33(1): 197-205.

[90] 田卡, 张丽, 钟旭华, 等. 稻草还田和冬种绿肥对华南双季稻产量及稻田 CH_4 排放的影响. 农业环境科学学报, 2015, 34(3): 592-598.

[91] 徐华, 蔡祖聪, 李小平, 等. 冬作季节土地管理对水稻土 CH₄ 排放季节变化的影响. 应用生态学报, 2000, (2): 215-218.

[92] 刘红江, 郭智, 张丽萍, 等. 有机-无机肥不同配施比例对稻季 CH₄ 和 N₂O 排放的影响. 生态环境学报, 2016, 25(5): 808-814.

[93] 张岳芳, 周炜, 陈留根, 等. 太湖地区不同水旱轮作方式下稻季甲烷和氧化亚氮排放研究. 中国生态农业学报, 2013, 21(3): 290-296.

[94] 商庆银, 成臣, 杨秀霞, 等. 秸秆还田下不同水分管理对稻田单位产量全球增温潜势的影响//中国作物学会. 2014 年全国青年作物栽培与生理学术研讨会论文集. 扬州, 2014: 111.

[95] 聂江文, 王幼娟, 田媛, 等. 紫云英与化学氮肥配施对双季稻田 CH₄ 与 N₂O 排放的影响. 植物营养与肥料学报, 2018, 24(3): 676-684.

[96] 冯珺珩, 黄金凤, 刘天奇, 等. 耕作与秸秆还田方式对稻田 N₂O 排放、水稻氮吸收及产量的影响. 作物学报, 2019, 45(8): 1250-1259.

[97] 郭腾飞, 梁国庆, 周卫, 等. 施肥对稻田温室气体排放及土壤养分的影响. 植物营养与肥料学报, 2016, 22(2): 337-345.

[98] 秦晓波, 李玉娥, 万运帆, 等. 免耕条件下稻草还田方式对温室气体排放强度的影响. 农业工程学报, 2012, 28(6): 210-216.

[99] 魏云霞. 紫云英与油菜、黑麦草混播种植和利用效应研究. 华中农业大学硕士学位论文, 2013.

[100] 范呈根. 稻草不同还田方式对水稻产量、养分吸收特性和土壤肥力的影响. 江西农业大学硕士学位论文, 2017.

[101] 高洪军, 朱平, 彭畅, 等. 黑土有机培肥对土地生产力及土壤肥力影响研究. 吉林农业大学学报, 2007, (1): 65-69.

[102] 谭力彰, 黎炜彬, 黄思怡, 等. 长期有机无机肥配施对双季稻产量及氮肥利用率的影响. 湖南农业大学学报 (自然科学版), 2018, 44(2): 188-192.

[103] 王秀斌, 徐新朋, 孙静文, 等. 氮肥运筹对机插双季稻产量、氮肥利用率及经济效益的影响. 植物营养与肥料学报, 2016, 22(5): 1167-1176.

[104] 鲁艳红, 聂军, 廖育林, 等. 氮素抑制剂对双季稻产量、氮素利用效率及土壤氮平衡的影响. 植物营养与肥料学报, 2018, 24(1): 95-104.

[105] 钱晨晨, 王淑彬, 杨滨娟, 等. 紫云英与氮肥配施对早稻干物质生产及氮素吸收利用的影响. 中国生态农业学报, 2017, 25(4): 563-571.

[106] 杨滨娟, 黄国勤, 王超, 等. 稻田冬种绿肥对水稻产量和土壤肥力的影响. 中国生态农业学报, 2013, 21(10): 1209-1216.

[107] 朱波, 易丽霞, 胡跃高, 等. 黑麦草鲜草翻压还田对双季稻田肥料氮循环的影响. 中国农业科学, 2012, 45(13): 2764-2770.

[108] 朱启东, 鲁艳红, 廖育林, 等. 施氮量对双季稻产量及氮磷钾吸收利用的影响. 水土保持学报, 2019, 33(2): 183-188.

[109] 周兴, 廖育林, 鲁艳红, 等. 减量施肥下紫云英与稻草协同利用对双季稻产量和经济效益的影响. 湖南农业大学学报 (自然科学版), 2017, 43(5): 469-474.

[110] 唐海明, 肖小平, 李超, 等. 长期施肥对双季稻区水稻植株养分积累与转运的影响. 生态环境学报, 2018, 27(3): 469-477.

[111] 张浪, 周玲红, 魏甲彬, 等. 冬季种养结合对双季稻生长与土壤肥力的影响. 中国水稻科学, 2018, 32(3): 226-236.

[112] 聂军, 杨曾平, 郑圣先, 等. 长期施肥对双季稻区红壤性水稻土质量的影响及其评价. 应用

生态学报, 2010, 21(6): 1453-1460.

[113] 孙卫民, 黄国勤, 程建峰, 等. 江西省双季稻田多作复合种植系统的能值分析. 中国农业科学, 2014, 47(3): 514-527.

[114] 王超. 浙江省土地利用效益综合评价及空间差异分析. 新疆师范大学学报 (自然科学版), 2015, 34(1): 78-83.

[115] 杨滨娟, 黄国勤, 陈洪俊, 等. 稻田复种轮作模式的生态经济效益综合评价. 中国生态农业学报, 2016, 24(1): 112-120.

[116] 王淑彬, 王开磊, 黄国勤. 江南丘陵区不同种植模式稻田生态系统服务价值研究——以余江县为例. 江西农业大学学报, 2011, 33(4): 636-642.

[117] 孙卫民, 黄国勤. 不同复种模式对双季稻田生态服务功能的影响. 江西农业大学学报, 2012, 34(6): 1105-1111.

[118] 马艳芹, 黄国勤. 紫云英配施氮肥对稻田生态系统服务功能的影响. 自然资源学报, 2018, 33(10): 1755-1765.

[119] 谢志坚, 贺亚琴, 徐昌旭. 紫云英-早稻-晚稻农田系统的生态功能服务价值评价. 自然资源学报, 2018, 33(5): 735-746.

[120] 张帆. 冬季作物-双季稻轮作模式资源利用效率及经济效益比较研究. 农业资源与环境学报, 2021, 38(1): 87-95.

第十一章　早籼晚粳双季稻模式的研究与发展 [①]

　　自农业部 20 世纪 50 年代提出单季稻改双季稻以来[1]，南方地区已成为我国双季稻的主产区。2017 年，我国双季稻总播种面积达 1071.91 万 hm^2，主要分布在南方地区，其中长江中下游播种面积占 61.26%，产量占双季稻区总产量的 62.63%，且长江中下游双季稻区现有的种植模式多为早籼晚籼模式。然而，随着育种技术的突破，人们对稻米的需求已从高产转变到优质。在过去 15 年中，杂交籼稻整精米率和胶稠度略有提高，垩白度、垩白粒率和直链淀粉含量下降，籼米品质提高受到限制[2]；而常规粳稻整精米率不断提高，且常规粳稻和杂交粳稻外观品质不断改善，更高的整精米率和胶稠度，以及较低的垩白度和垩白粒率使得粳稻更受欢迎。故不少学者提出了晚籼改晚粳，即早籼晚粳的种植模式。

　　早籼晚粳种植模式，即在双季稻生产中，早季种植籼稻，晚季种植粳稻。前人研究表明，与传统的早籼晚籼相比，早籼晚粳模式无论是晚稻还是周年产量均呈现出增加的趋势[3,4]；且在经济效益方面，早籼晚粳收益较早籼晚籼高约 4000 元/hm^2。在晚季条件下，大量研究表明，与籼稻相比，粳稻在环境适应、养分吸收，以及群体生长上更具有优势[5-8]。因此，长江中下游双季稻区适度发展早籼晚粳种植模式对于提高水稻产量和稻米品质、增加农户收入具有现实指导意义。

　　长江流域是传统的籼粳混种区，发展粳稻生产能够充分利用光热资源，挖掘增产潜力。双季晚稻通过籼改粳可延长灌浆成熟期[9]，有效利用中后期光温资源[10]，产量品质优势更为明显[11]。粳稻有一定感光性，适度迟插不会影响成熟，能解决中籼稻播期早、秧龄大、不利于机械插秧问题。同时，粳稻根系系统更强[7]，不易落粒，降低了机损，更适合机收。因此，种植粳稻利于全程机械化的应用，从而实现长江流域水稻优质高效栽培。

　　本章节通过介绍长江中下游双季稻区的温光资源分配和品种现状，比较早籼晚粳模式与传统的早籼晚籼模式在温光资源利用、品种搭配、生理生态方面的差异，探讨适宜于长江中下游稻区的早籼晚粳品种类型及其高产生理特性，为长江中下游双季稻改良提供理论参考。

---

①　本章执笔人：殷　敏（中国水稻研究所，E-mail：1603811077@qq.com）
　　　　　　　　陈　松（中国水稻研究所，E-mail：chensong02@caas.com）

第一节　长江中下游早籼晚粳双季稻温光资源分布

一、双季早稻的分布、面积和种植区气候特点

长江中下游双季早稻主要分布在湖北、湖南、江西和浙江 4 个省份[12]。近年来，安徽省双季稻种植面积有所增加。《中国农业统计资料》显示，2017 年我国早稻总播种面积达 514.16 万 hm²，播种面积最大的省份为湖南省，其次依次为江西、广东、广西、安徽、湖北、海南、福建、浙江、云南 9 个省（自治区），其中长江中下游早稻播种面积较大的省份有浙江省（8.64 万 hm²）、安徽省（20.74 万 hm²）、江西省（127.92 万 hm²）、湖北省（17.4 万 hm²）、湖南省（144.82 万 hm²），约占早稻总播种面积的 62.14%。

王丹[13]研究长江中下游水稻光温特性与品种配置，结果表明，两年（2014～2015 年）早稻全生育期平均温度约 25.0℃，光照辐射量约 1821.1MJ/m²。艾治勇等[14]通过研究长江中游（湖北、湖南、江西）50 个气象站农业气候资源指出，近 25 年（1985～2009 年）早稻生长期平均气温为 20.8℃，日照时数 707.9h，降水量 877.0mm。早季温光差异较大，主要与三方面因素有关。一是地域间的差异：①气温，长江中下游早季平均温度由北向南有逐渐递增的趋势。王瑞峰[15]研究江西省近 56 年（1961～2016 年）早稻生长季（4～7 月）气候资源特征时指出，赣南赣北早稻生长季平均温度相差较大，赣北早季温或低于 18℃，而赣南可达到 25.7℃，南北相差 7.7℃左右。②日照时数，江西省南昌市南昌县 2014 年早季移栽至成熟日照时数约 403.1h[16]，而安徽宣城 1981～2010 年 4～7 月平均日照时数可达到 700～800h[17]，不同纬度和海拔地区日照时数相差较大。③降水量，湖南长沙 55 年间早季降水量在 412.6～1164.8mm[18]，江西最高降水量可达到 1200mm 左右[16]。二是年份间的差异，前人研究表明[19, 20]，长江中下游早季平均气温和积温总体呈上升趋势，增速分别为 0.2℃/10 年和 48.9℃/10 年，日照时数具有减少的趋势，江西每 10 年日照时数减少 12h[19]。三是品种间的差异，不同的品种生育期长短不一，对早季温光资源利用的大小也存在差异。王丹[13]研究表明，供试早季品种间全生育期平均相差 32d，平均温度仅相差 1.1～1.3℃，平均光照辐射相差 458.4MJ/m²，不同品种间太阳辐射利用相差较大，且主要体现在营养生长期。

基于温光资源在年际的变化情况，大量研究表明，长江中下游地区 ≥ 10℃初日提前[14, 21]，将有利于早稻提前播种。日平均温度稳定通过 10℃初日的 80% 保证率日期通常被认为是长江流域水稻安全播期[22]。为了验证早稻能否提前播种，王尚明等[16]于 2014～2015 年研究江西省南昌市南昌县早稻不同播期数据，结果表明，播种早（3 月 10 日）、移栽早的早稻全生育期更长，产量更高，3 月中旬播种较下旬播种的早稻增产效益高达 37.2%～41.1%。别建业等[23]研究表明，湖北荆州地区露地育秧最早播期为 3 月 23 日左右，日平均温度上升 2℃时播期可提前至

3月14日，这与吕伟生等[24]研究结论相似。章竹青等[18]通过分析未来长江中下游地区早季温光趋势和早稻安全播期，预测长沙早季未来稳定通过10℃日期将提前，光照资源未来5年将逐渐转多，早稻播期可提前5～7d，适合选用中迟熟品种以提高产量。

二、双季晚稻的分布、面积和种植区气候特点

双季晚稻分布与早稻相近，2017年我国双季晚稻播种面积557.75万hm²，主要分布在江西、浙江、安徽、福建、湖北、湖南、广东、广西、海南和云南10个省（自治区），播种面积较大的省（自治区）有江西、湖南、广东、广西4个，其中浙江、安徽、江西、湖北、湖南长江中下游稻区双季晚稻播种面积分别达9.47万hm²、20.77万hm²、136.68万hm²、20.24万hm²、149.92万hm²，约占双季晚稻总播种面积的60.44%。

刘胜利[25]通过分析南方8个双季稻主要种植省份163个地面气象站1980～2012年气象数据，结果显示，长江中下游双季晚稻种植区域平均温度达24.2℃，平均降水量为494.3mm，光照辐射2004.0MJ/m²左右；比较不同地域间的温光资源发现，不同省份间平均温度相差较小，变幅在23.0～25.1℃；降水量和光照辐射间差异较大，平均降水幅度在458.9～522.7mm，最低辐射为1920.0MJ/m²左右，最高约2102.4MJ/m²。对于年份间的温光资源差异，吴珊珊等[26]研究江西省近51年气象因子，结果显示，1961～2011年江西省双季晚稻生长季温度为24～26℃，多年平均降水量为548mm，幅度在250～800mm，日照时数700～1100h，年份间日照时数相差较大，且近年来呈减少趋势。对于品种间的温光资源差异，不同晚稻品种生育期内平均温度在24.4～26.2℃，尽管品种间全生育期天数相差33d左右，温度变化幅度较小，辐射量相差471.2MJ/m²左右，全生育期短的品种营养生长期相对较短，累积辐射较小，生殖生长期和灌浆期差异不大[25]。

随着长江中下游晚季辐射和积温在年际的变化，大量研究表明，长江中下游双季晚稻安全齐穗期有推迟的趋势[24, 27]，秋季日温稳定通过20℃以上的日期被认为是晚稻的安全齐穗期[28]，安全齐穗期延长为双季晚稻延迟收获提供了温光保障。生产上，现有的籼稻收获期一般在10月中下旬，而粳稻收获往往能延迟到11月中上旬[29]。以浙江省杭州市2016～2018年为例，10月中旬至11月上旬的平均温度约17℃，累积日照时数和太阳辐射分别在124h和398MJ/m²左右，约占传统晚籼稻全生育期温光资源的16%和19%（中国气象数据网，http://data.cma.cn）。因此，与晚籼稻相比，双季晚粳稻更能充分利用土地和温光资源。

三、早籼晚粳双季稻温光分配指标及区域性分布

结合长江中下游温光特征，黄文婷[30]模拟比较不同熟性搭配下双季稻的产量，发现越迟熟的晚稻搭配模型产量越高，且长江中下游从北至南双季稻安全播种至

安全齐穗的安全生长期逐渐延长，湖南和浙江南部地区，以及江西大部分地区可达到 190d 以上，适合种植中晚熟双季稻；通过模型优化长江中下游双季稻熟性搭配发现，占比最大的熟性搭配模型为中熟早稻+晚熟晚稻，与谢远玉等[27]研究结论一致。因此长江中下游南部地区较长的安全生长期为晚熟品种，尤其是粳稻生产提供了扩大种植面积的可能性。

双季稻早籼晚粳搭配种植模式试验区域，主要集中在长江中下游湖北、湖南、江西等地。唐云鹏[31]于 2013 年在湖南省浏阳市研究不同品种搭配模式和不同栽培模式下太阳辐射利用差异，结果表明，双季稻早籼晚粳搭配模式累计截获太阳辐射 910.7MJ/m²，周年产量达 16.7t/hm²，其中早籼稻中嘉早 17 生育期总辐射量 1428.1MJ/m²，不同栽培模式下平均辐射利用率 1.53g/MJ；晚粳稻甬优 8 号生育期总辐射量 1640.8MJ/m²，不同栽培模式下平均辐射利用率 1.47g/MJ。

第二节　长江中下游早籼晚粳双季稻发展概况

一、现有主栽早籼稻及其特性

近 5 年来长江中下游主栽早籼稻品种及其产量表现如表 11-1 所示。不同品种在长江中下游作早稻种植时，生育期一般在 3 月下旬至 7 月中旬。从表 11-1 中可以看出，主栽早籼品种全生育期 116d 左右，产量变幅在 6.2～8.1t/hm²，平均有效穗数和每穗粒数分别达 261.0 穗/m² 和 126.2 粒/穗，结实率和千粒重最高可分别达到 85% 和 27.6g。不同早稻品种产量性状存在一定差异，其大小在很大程度上受苗期低温冷害的影响，且不同早籼稻品种耐寒性也有一定差异[32]。前人研究[33,34]认为，中嘉早 17 和株两优 819 幼苗受低温处理后会受到严重损伤，低温胁迫下叶片和根系中丙二醛含量会大幅增加，且常温恢复后仍保持较高水平，耐寒性较差。另有研究[35,36]表明，中早 39 和湘早籼 45 抗冷性亦较弱。

表 11-1　近 5 年来长江中下游主栽早籼稻品种及产量表现

品种	全生育期（d）	产量（t/hm²）	有效穗数（穗/m²）	每穗粒数（粒/穗）	结实率（%）	千粒重（g）
中嘉早 17	114	7.0	278.9	107.7	84.0	27.6
中早 39	113	8.1	265.4	135.9	82.2	27.3
潭两优 83	116	7.0	233.9	108.3	85.0	26.3
湘早籼 45	110	6.2	290.9	108.4	77.5	25.5
两优 287	124	7.0	237.9	156.3	77.4	22.0
株两优 819	118	7.5	259.1	140.5	72.9	22.9

二、主栽晚籼稻与潜在可利用粳稻

目前国内对双季晚稻品种的研究大多集中在晚籼稻，从表 11-2 中可以看出，近5年来长江中下游主栽晚籼稻品种产量和生育特性变幅较大。全生育期在125d左右，平均产量8.3t/hm²，有效穗数和每穗粒数分别达328.1穗/m²和179.0粒/穗，结实率和千粒重分别在75.8%～83.2%和22.8～28.7g。水稻的最终产量是外界环境因子综合作用的结果，而齐穗期至灌浆期低温冷害和光照是影响长江中下游地区双季晚稻产量的重要因子[37]。周庆红等[38]研究认为，超级杂交晚稻五丰优T025在遮阴条件下生育期随光照强度减弱明显推迟，且遮光程度越大，一次枝梗、二次枝梗和颖花退化率越高，产量、有效穗数和每穗粒数越低，但结实率略有提高。另有研究[39]表明，不同氮处理下，抽穗扬花期低温会造成晚稻五丰优T025不同程度减产，且施氮量（＞180kg/hm²）越高越不利于双季晚稻抵御寒露风的影响。

表11-2　近5年长江中下游主栽晚籼稻品种及产量表现[9]

品种	全生育期（d）	产量（t/hm²）	有效穗数（穗/m²）	每穗粒数（粒/穗）	结实率（%）	千粒重（g）
黄华占	122	7.6	335.4	123.1	83.2	22.8
天优华占	126	9.1	312.1	151.6	78.5	25.2
五优308	130	8.6	351.7	265.0	75.8	28.7
五丰优T025	130	8.4	341.5	231.3	83.0	24.9
湘晚籼17号	117	7.6	299.9	124.0	82.5	26.1

随着育种技术的突破，近年来粳稻育种取得实质性的进展。由宁波市种子有限公司和中国水稻研究所分别选育的粳型杂交稻甬优和春优系列近年来在浙江省大面积推广。据报道[40,41]，甬优538和春优927在浙江省种植产量可分别高达12.1t/hm²和13.1t/hm²，全生育期160d以上，有效穗188.2～204.5穗/m²，每穗粒数295.2～328.5粒/穗，结实率高达93.1%，千粒重23.0g左右。与现有的主栽晚籼稻相比，甬优和春优系列产量大幅提高，其主要体现在全生育期显著延长，每穗粒数增加。程建平等[42]认为，相比于晚籼稻，晚粳稻抽穗扬花的下限温度更低，耐低温能力更强，因此晚粳代替晚籼更有利于提高湖北省双季晚稻生产的安全系数。此外，程飞虎和周培建[43]认为，江西省适度发展晚粳稻有利于提高水稻单产，尤其是在遭受寒露风影响下，晚粳稻的产量优势更加明显。

第三节　早籼晚粳双季稻综合生产力分析

一、产量优势

研究表明，尽管长江中下游生产上应用的晚稻品种多为杂交籼稻，增产潜力较大，但单产仍不及粳稻，尤其是杂交粳稻[9]。与早籼晚籼双季稻种植模式相比[3]，早籼晚粳周年产量17.6～18.8t/hm²，显著增产11.3%～20.5%，这与庞博[4]研究结果一致，且周年产量的差异均主要体现在晚稻上。林益增等[44]研究发现，与双季晚籼稻相比，籼粳杂交稻甬优 1538 较杂交籼稻五优华占平均增产 14.6%～26.4%。陈波等[11]研究结果表明双季晚稻不同类型品种中，平均产量籼粳杂交稻＞粳粳杂交稻＞常规粳稻＞杂交籼稻，且品种间的差异均达到极显著水平。因此，综合前人研究，结果表明，早籼晚粳模式更有利于双季稻产量的提高，且晚粳稻不同类型品种增产潜力大小不一，籼粳杂交稻和杂交粳稻较常规粳稻更具有产量优势。

　　作者对不同类型粳稻 2017～2018 年在长江下游作双季晚稻种植时的产量表现进行分析，发现不同类型双季晚稻产量表现因选择品种和年份不同而有所差异（表 11-3）[45]。2 年平均产量依次为籼粳杂交稻（9.2t/hm²）、杂交粳稻（8.1t/hm²）、晚籼稻（7.9t/hm²）和常规粳稻（6.9t/hm²）；品种年际变幅分别为 10.5%、10.0%、6.3% 和 15.0%。不同品种类型间以籼粳杂交稻的产量最高，除其 2017 年与晚籼稻无显著差异外，均显著高于其他类型晚稻，分别增产 13.4%～35.3%（2017 年，不含晚籼稻）和 14.0%～30.9%（2018 年）；杂交粳稻的产量虽低于籼粳杂交稻，但比常规粳稻高 14.8%～19.3%（2017 年和 2018 年）；杂交粳稻与晚籼稻产量差异因年份不同而有所差异，2017 年较晚籼稻显著降低 9.3%，而 2018 年显著增加 13.4%；常规粳稻的平均产量最低，较晚籼稻减产 1.2%～24.0%，但产量因品种和年份不同变幅较大，如 2018 年，嘉 58、南粳 46、秀水 134 产量在 8.0t/hm² 以上，要显著高于当年的晚籼稻，这说明双季常规粳稻仍存在巨大的产量潜力。

表 11-3　2017～2018 年不同类型晚稻产量差异（t/hm²）

类型	品种	2017 年	2018 年
晚籼稻（IR）	黄华占	7.9±0.4c	7.5±0.2gh
	天优华占	7.6±0.2cd	7.8±0.2fg
	C 两优华占	8.9±0.2a	7.9±0.3efg
常规粳稻（IJR）	嘉 58	5.9±0.1fg	8.5±0.2cd
	嘉禾 218	6.1±0.3f	6.1±0.1i
	南粳 46	5.6±0.1g	8.3±0.3de
	南粳 9108	6.6±0.1e	7.2±0.1h
	秀水 134	6.6±0.3e	8.0±0.1ef
杂交粳稻（HJR）	常优 5 号	7.4±0.3d	8.7±0.2c
	嘉优 5 号	7.3±0.1d	8.8±0.3c
籼粳杂交稻（IJHR）	春优 84	8.3±0.2b	
	春优 927		10.6±0.4a
	甬优 1540	8.4±0.2b	9.9±0.4b
	甬优 538	8.3±0.3b	9.5±0.2b

续表

类型	品种	2017 年	2018 年
平均值	晚籼稻（IR）	8.1±0.6a	7.7±0.3c
	常规粳稻（IJR）	6.2±0.4c	7.6±0.9c
	杂交粳稻（HJR）	7.4±0.2b	8.8±0.3b
	籼粳杂交稻（IJHR）	8.3±0.2a	10.0±0.5a
方差分析			
品种类型（T）	65.60**		
年份（Y）	62.52**		
T×Y	13.95**		

注：不同小写字母代表同一年份不同晚稻类型间存在显著性差异（$P < 0.05$，Duncan）；** 表示 $P < 0.01$

二、产量构成

水稻产量由有效穗数、每穗粒数、结实率和千粒重构成，四者相乘即为水稻的理论产量。花劲等[46]研究表明，双季晚稻不同类型品种的有效穗数，常规粳稻略高于杂交籼稻，且均显著高于杂交粳稻；杂交粳稻的每穗粒数和总颖花量略高于杂交籼稻，并显著高于常规粳稻；杂交籼稻的结实率和千粒重均低于常规粳稻与杂交粳稻。郭保卫等[47]的研究结果与花劲等的研究结果相似，即有效穗数上常规粳稻＞杂交籼稻＞杂交粳稻＞籼粳杂交稻；籼粳杂交稻和杂交粳稻的每穗粒数较高，其次为杂交籼稻，常规粳稻最低；但杂交粳稻的总颖花量显著低于杂交籼稻，品种间的大小趋势表现为籼粳杂交稻＞杂交籼稻＞杂交粳稻≈常规粳稻，且籼粳杂交稻的千粒重显著低于其他类型品种[47]。然而，徐春梅等[48]比较机插条件下晚季常规籼稻、杂交籼稻、常规粳稻和杂交粳稻产量差异，结果显示，在安徽庐江种植时，常规粳稻有效穗数最高，其次为杂交粳稻，常规籼稻最低，而浙江富阳品种间有效穗数差异表现为杂交籼稻＞常规粳稻＞常规籼稻＞杂交粳稻；每穗粒数则均表现为杂交籼稻≈杂交粳稻＞常规籼稻＞常规粳稻；品种间总颖花量在不同生态区表现趋势并不一致，前者表现为杂交粳稻＞杂交籼稻，后者与之相反，但常规籼稻总颖花量均最低；结实率均表现为常规粳稻最高，杂交粳稻最低（浙江富阳杂交粳稻略高于常规籼稻）；千粒重上晚籼稻均不及晚粳稻。由此可见，不同类型晚稻品种在产量构成上的优势不尽相同，且存在品种和纬度间的差异。

除此之外，作者认为不同类型晚稻品种的产量结构差异与年份存在显著互作（表 11-4）[45]。不同类型晚稻品种有效穗数差异，总体而言依次为晚籼稻＞杂交粳稻＞常规粳稻＞籼粳杂交稻（2018 年常规粳稻＞晚籼稻）；其中籼粳杂交稻显著低于晚籼稻，2017～2018 年分别降低 26.1% 和 28.8%；常规粳稻和杂交粳稻与晚籼稻间差异不显著（2017 年常规粳稻除外）。每穗粒数则为籼粳杂交稻＞晚籼稻＞杂交粳稻＞常规粳稻；籼粳杂交稻每穗粒数最高（平均 289.5 粒/穗），分别比常规粳稻、杂交粳稻和晚籼稻高 127.3%、90.6% 和 64.9%；与晚籼稻相比，常规粳稻和杂交粳稻分别降低 26.6%～28.4% 和 8.4%～18.9%。不同类型品种库容差异与每穗粒数类似，并表现为籼粳杂交稻（平均 $63.6 \times 10^3/m^2$）显著高于其他类型晚稻，其次为籼稻（平均 $53.1 \times 10^3/m^2$），常规粳稻最低（平均 $36.9 \times 10^3/m^2$）。结实率 60.7%～77.2%；总体而言，常规粳稻（75.0%～77.2%）要略高于杂交粳稻，并显著高于晚籼稻和籼粳杂交稻；2017 年籼粳杂交稻略高于晚籼稻，2018 年略低。千粒重上，晚籼稻和籼粳杂交稻无显著差异（22.5～23.0g），但均显著低于粳稻（常规粳稻平均 26.4g，杂交粳稻平均 27.7g）。综上所述，与晚籼稻相比，籼粳杂交稻有效穗少、穗型大、库容高、千粒重和结实率相似；而常规/杂交粳稻则表现为有效穗多、千粒重大、穗型小。与早籼晚籼相比，籼粳杂交稻较高的每穗粒数和颖花量，以及常规粳稻和杂交粳稻较高的结实率与千粒重使得早籼晚粳模式增产潜力更大。

表 11-4　2017～2018 年不同类型晚稻产量构成差异

年份	类型	有效穗数（穗/m²）	每穗粒数（粒/穗）	结实率（%）	千粒重（g）	库容（×10³/m²）
2017	晚籼稻（IR）	303.8±16.7a	169.4±23.3b	60.7±10.6b	22.5±1.2b	51.2±5.4b
	常规粳稻（IJR）	269.5±30.8b	121.4±18.2c	77.2±5.1a	26.9±1.6a	32.7±6.3d
	杂交粳稻（HJR）	282.6±30.6ab	137.4±7.8c	72.1±8.2a	27.5±2.5a	38.7±2.4c
	籼粳杂交稻（IJHR）	224.4±15.0c	263.0±32.5a	63.7±6.6b	22.9±1.3b	58.6±4.2a
2018	晚籼稻（IR）	306.3±39.7a	181.7±29.1b	67.0±5.7b	23.0±0.8c	55.0±6.9b
	常规粳稻（IJR）	310.3±20.4a	133.3±15.5c	75.0±5.8a	26.0±1.3b	41.2±3.4d
	杂交粳稻（HJR）	299.2±15.4a	166.4±8.1b	65.7±8.3b	27.9±2.3a	49.7±0.9c
	籼粳杂交稻（IJHR）	218.2±14.6b	316.0±32.8a	65.2±7.0b	22.9±0.9c	68.6±3.4a
方差分析						
品种类型（T）		41.65**	195.52**	15.97**	49.54**	126.37**
年份（Y）		5.15*	23.52**	0.02ns	0.00ns	52.96**
T×Y		4.10**	3.54*	2.36ns	1.11ns	1.82ns

注：不同小写字母代表同一年份不同晚稻类型间存在显著性差异（$P < 0.05$，Duncan）；** 表示 $P < 0.01$；* 表示 $0.01 \leqslant P < 0.05$；ns 表示 $P \geqslant 0.05$

三、生育期

前人研究表明，早籼晚粳双季稻周年生育期比早籼晚籼更长，其中早稻全生育期在 110d 左右，与早籼晚籼模式基本一致，但晚粳稻全生育期长达 150d 左右，较籼稻显著延长约 15d[3]。张洪程等[9]认为，与双季晚籼稻相比，双季晚粳稻的营养生长期、生殖生长期和灌浆期分别延长 4～6d、2d 和 5～8d，最终导致全生育期延长 12～15d；在比较不同类型品种不同生育期时发现，晚粳稻全生育期的延长主要体现在营养生长期和灌浆期，其中以籼粳杂交稻和粳粳杂交稻灌浆期延长最为显著。这一研究结果与花劲等[46]四年定位试验结果保持一致，杂交粳稻（包括籼粳杂交稻及粳粳杂交稻）和常规粳稻全生育期分别较杂交籼稻延长14～21d和8～11d，晚籼晚粳间生殖生长期无显著差别（2011年杂交粳稻较杂交籼稻延长6d除外），营养生长期和灌浆期分别相差2～10d和1～6d。但不同的是，张洪程等[9]研究数据表明，晚粳稻全生育期的延长主要体现在灌浆期的延长。花劲等[46]的研究表明，晚粳稻营养生长期推迟天数多于灌浆期。总之，不同试验结果均表明，双季稻早籼晚粳模式具有更长的生育期，且主要体现在营养生长期和灌浆期的延长。

　　比较不同类型粳稻2017～2018年在长江下游作双季晚稻种植时的生育期差异，作者发现水稻生育期在品种和年份间存在显著差异，且除营养生长期外，品种和年份间互作效应不显著（表11-5）[45]。全生育期总体上表现为籼粳杂交稻＞杂交粳稻＞常规粳稻＞晚籼稻；与晚籼稻相比，籼粳杂交稻、杂交粳稻和常规粳稻分别显著延长14～18d、11～15d和9～11d。进一步从主要生育阶段来看，营养生长期在不同类型晚稻品种间略有差异（56～59d）；穗发育期晚籼稻最长，分别为24d（2017年）和25d（2018年），略高或显著高于其他类型品种，而常规粳稻、杂交粳稻和籼粳杂交稻间无显著差异（除2018年籼粳杂交稻显著高于杂交粳稻外）；灌浆期常规粳稻、杂交粳稻和籼粳杂交稻显著高于晚籼稻，分别延长12～16d、13～20d和15～22d。综上，与晚籼稻相比，作者认为晚粳稻营养生长期变化较小，穗发育期略有缩短，而灌浆期均显著延长。

表11-5　不同类型晚稻2017～2018年生育期差异（d）

年份	类型	营养生长期	穗发育期	灌浆期	全生育期
2017	晚籼稻（IR）	58a	24a	35c	117c
	常规粳稻（IJR）	58a	21a	47b	126b
	杂交粳稻（HJR）	58a	22a	48b	128ab
	籼粳杂交稻（IJHR）	58a	23a	50a	131a
2018	晚籼稻（IR）	58a	25a	42b	125c
	常规粳稻（IJR）	57b	22ab	58a	137b
	杂交粳稻（HJR）	59a	19b	62a	140ab
	籼粳杂交稻（IJHR）	56b	24a	64a	144a
方差分析					
品种类型（T）		12.81**	4.93**	64.32**	41.02**
年份（Y）		11.18**	0.00ns	115.18**	94.65**
T×Y		12.81**	1.18ns	2.16ns	0.80ns

注：营养生长期，播种期至幼穗分化期；穗发育期，幼穗分化期至齐穗期；灌浆期，齐穗期至成熟期。不同小写字母代表同一年份不同晚稻类型间存在显著性差异（$P < 0.05$，Duncan）；** 表示 $P < 0.01$；ns 表示 $P \geqslant 0.05$

与晚籼稻相比，晚粳稻灌浆期显著延长。前人研究表明，晚稻生育后期易受低温冷害的影响，结实率和粒重降低[49]。一般以抽穗开花期5d平均温度＜22℃（晚籼稻）或者＜20℃（晚粳稻）作为晚稻受低温冷害标准[50]。本研究中2017年和2018年该冷害起始日分别为10月11日和10月2日（晚籼稻）、10月10日和10月12日（晚粳稻）；而晚籼齐穗期分别在9月15日和9月17日，晚粳分别在9月11日和9月13日，表明不同类型品种均能安全齐穗，且籼稻和粳稻低温冷害分别主要集中在灌浆中后期（齐穗后15d至成熟期）和灌浆后期（齐穗后30d至成熟期）。曾研华等[51]等研究表明，花后不同时段低温处理对籽粒灌浆影响表现为前期＞中期＞后期；不同时段低温处理下籽粒最终粒重双季粳稻无显著差异，但对于晚籼稻中浙优1号，灌浆中期和后期低温处理粒重分别降低1.0%和0.7%。由此可见，低温冷害可能会降低籼稻最终粒重，对粳稻影响可能并不大。

作者对4种不同类型双季晚稻品种主要农艺性状（有效穗数、每穗粒数、结实率、千粒重、成熟期库容、营养生长期、生殖生长期、灌浆期、全生育期）进行主成分分析（表11-6，图11-1，图11-2）[45]，结果表明，晚稻品种间的差异主要集中在前4个主成分，累计方差贡献率达84.0%；其中主成分1（PCA1）特征值3.4，方差贡献率达37.7%，主要包括每穗粒数和库容；主成分2（PCA2）特征值2.2，方差贡献率24.7%，主要包括灌浆期和全生育期；主成分3特征值1.0，方差贡献率11.2%，主要为营养生长期；主成分4特征值0.9，方差贡献率为10.4%，主要为生殖生长期。由此可见，主成分1主要由穗粒因子构成，主成分2、3和4主要由生育期因子构成。

表 11-6 晚稻主要农艺性状特征值及贡献率

主成分	特征值	贡献率（%）	累计贡献率（%）
1	3.4	37.7	37.7
2	2.2	24.7	62.4
3	1.0	11.2	73.6
4	0.9	10.4	84.0
5	0.7	8.3	92.3
6	0.6	6.6	98.9
7	0.1	1.1	100.0
8	0.0	0.1	100.1
9	0.0	0.0	100.0

不同类型品种主成分1和主成分2因子载荷如图11-2所示。籼粳杂交稻中每穗粒数因子和库容因子贡献度最高，其次为灌浆期因子和全生育期因子；常规粳稻和杂交粳稻近似重叠，品种特征无显著差异，且有效穗数因子、结实率因子、千粒重因子、灌浆期因子和全生育期因子贡献度较高；有效穗数因子、每穗粒数因子

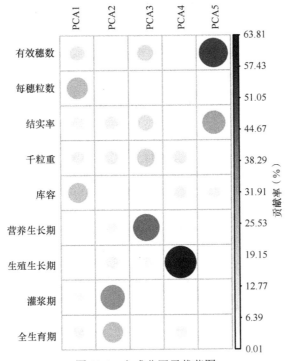

图 11-1　主成分因子载荷图

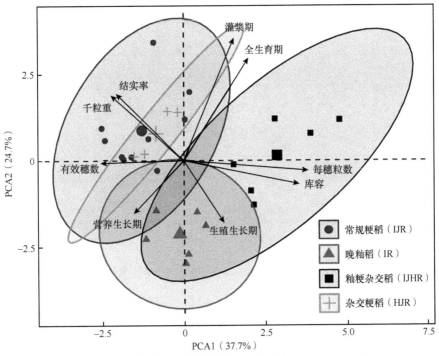

图 11-2　不同类型品种主成分 1 与主成分 2 因子载荷图

和库容因子在晚籼稻不同品种中贡献度不一,且灌浆期因子对晚籼稻贡献度极低。由此可见,籼粳杂交稻表现为少穗多粒、灌浆期长;常规粳稻和杂交粳稻均表现为多穗少粒、灌浆期长;晚籼稻则为穗粒兼顾、灌浆期短。

对籼稻和粳稻 2017～2018 年产量与主要农艺性状(有效穗数、每穗粒数、结实率、千粒重、库容和灌浆期)进行相关分析(图 11-3)。结果表明,晚粳稻(常规粳稻、杂交粳稻和籼粳杂交稻)产量与有效穗数相关性不显著,与结实率($r=-0.55$)和千粒重($r=-0.51$)显著负相关,与每穗粒数、库容和灌浆期极显著正相关,相关系数分别为 0.78、0.88 和 0.71;而晚籼稻产量与主要农艺性状间相关性均不显著,其原因可能是供试晚籼稻品种较少,且品种间差异较小。

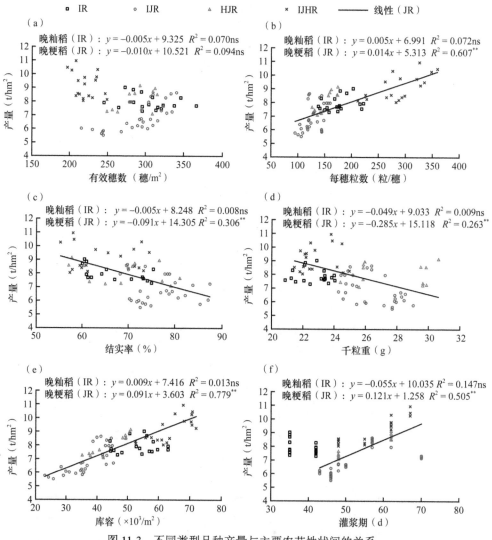

图 11-3 不同类型品种产量与主要农艺性状间的关系

** 表示 $P < 0.01$;ns 表示 $P \geqslant 0.05$

四、干物质积累

随生育期的推移，早籼晚籼和早籼晚粳干物质积累逐渐增加。段里成等[3]研究表明，双季稻不同种植模式下，成熟期生物量早稻间差异不明显，但晚粳显著高于晚籼。庞博[4]研究指出，晚稻干物质的积累主要在拔节孕穗期至成熟期；在拔节期前，晚粳稻干物质积累量较高，但与晚籼稻间差异不显著；拔节期至齐穗期，晚粳稻干物质积累量显著高于晚籼稻，且在抽穗至成熟期晚粳稻干物质积累亦相对较高。杨丽敏[52]研究结果表明，在不同移栽秧龄条件下，移栽秧龄为30d时，晚稻鄂粳杂3号仅在幼穗分化期和孕穗期干物质积累略高于籼杂稻两优华6，乳熟期和成熟期干物质积累量略低于籼稻；移栽秧龄为45d时晚粳稻自幼穗分化至成熟期干物质积累量均较低；随移栽秧龄延长，晚籼晚粳干物质积累均降低，且粳稻干物质减少量更高。分析二者试验差异时发现，与杨丽敏[52]试验结果相比，庞博[4]试验品种采用的是籼粳杂交稻甬优8号，因此不同类型粳稻品种干物质积累也存在差异；作者认为可能还涉及秧龄弹性与早穗的问题，晚粳稻45d的秧龄更易引起早穗现象。郭保卫等[47]研究表明，播种至拔节期杂交粳稻和常规粳稻干物质积累量显著或极显著高于杂交籼稻和籼粳杂交稻，但拔节期至抽穗期籼粳杂交稻显著或极显著高于杂交籼稻、杂交粳稻和常规粳稻，抽穗期至成熟期杂交籼稻极显著低于其他类型粳稻。然而，徐春梅等[48]研究结果显示，机插条件下齐穗期干物质积累量整体上籼稻较粳稻略有提高，且籼稻齐穗期提前导致籼稻移栽至齐穗期群体生长速率较粳稻增加；而成熟期干物质积累量则表现为粳稻高于籼稻，表明粳稻灌浆期干物质增量较籼稻高，这可能是由粳稻较长的灌浆期造成的；齐穗-成熟期群体生长速率在不同生态区表现并不一致，安徽庐江表现为常规粳稻＞杂交籼稻＞杂交粳稻＞常规籼稻，浙江富阳杂交籼稻＞常规籼稻＞杂交粳稻＞常规粳稻，品种间差异较小。综上，不同类型品种间干物质积累亦存在品种和纬度间的差异，但整体上早籼晚粳模式在各生育期干物质积累上更具有潜力。

五、群体动态

分蘖成穗率高低和叶面积指数大小是反映一个群体是否优良的重要特征。庞博[4]研究结果显示，早籼晚籼和早籼晚粳群体茎蘖数均先增加后降低并趋于稳定，且在移栽后30～35d茎蘖数达到最高，但不同晚稻品种茎蘖数在不同年份间表现并不一致，2012年晚粳茎蘖数占优势，2013年却相反。张军[53]和郭保卫等[47]研究结果显示，双季晚稻在不同生育期茎蘖数大小均表现为拔节期＞抽穗期＞乳熟期＞成熟期；拔节期不同类型品种表现为杂交籼稻＞常规粳稻＞杂交粳稻；张军[53]研究结果表明，抽穗期杂交籼稻茎蘖数最大，而郭保卫等[47]研究表明常规粳稻最大；乳熟期和成熟期研究结果相一致，表现为常规粳稻＞杂交籼稻＞杂交粳稻。总体上，两项研究结果均表明，晚粳稻分蘖数不如晚籼稻，但成穗率上晚籼稻仅达

68%，不及晚粳稻的 73%～76%。作者认为上述结果还应该考虑供试品种的分蘖成穗特性。对于群体叶面积指数，晚稻自移栽至抽穗期逐渐增加，往后逐渐降低[53]；晚粳稻叶面积指数和光合势在营养生长期和生殖生长期比晚籼稻低或相当，而灌浆成熟期显著高于晚籼稻。抽穗期群体叶面积指数晚籼稻显著高于晚粳稻[53]，郭保卫等[47]的研究结果表明，抽穗期群体叶面积指数籼粳杂交稻最高，其次为杂交籼稻；抽穗期有效叶面积率和高效叶面积率籼粳杂交稻最高，杂交籼稻最低。因此，在群体动态上，早籼晚粳群体茎蘖数可能不及早籼晚籼，但与晚籼稻相比，晚粳稻在灌浆结实期具有更高的叶面积指数、有效叶面积率和高效叶面积率，为生育后期群体受光大小奠定了结构基础。

六、稻米品质

近年来，随着生活水平不断提高，居民消费结构升级，人们对外观好、口感佳的优质稻米的需求不断增加[54]。稻米品质一般分为加工品质、外观品质、蒸煮食味品质和营养品质。其中，加工品质包括糙米率、精米率和整精米率，外观品质包括垩白度、垩白粒率、垩白大小和透明度等，蒸煮食味品质主要有糊化温度、消减值、直链淀粉含量、崩解值、峰值黏度、热浆黏度和最终黏度等，营养品质包括蛋白质和氨基酸含量等。作为稻米流通的重要评估特性，外观品质和加工品质直接影响着稻米的经济效益；直链淀粉含量与米饭吸水性和黏性密切相关，直接影响着稻米的食用口感；蛋白质和氨基酸是人体内不可或缺的营养物质，直接影响着稻米的营养价值。大量研究表明，种植密度和施氮量[55-58]、光照[59]、温度[60-62]，以及 CO_2 浓度[63]等环境条件与稻米品质形成密切相关，除此之外，稻米品质亦受品种基因型影响，即不同类型品种间稻米品质亦存在差异。

陈波等[11]综合比较双季晚稻不同品种杂交籼稻、常规粳稻、杂交粳稻和籼粳杂交稻各 5 个品种后，发现加工品质上精米率、整精米率和糙米率常规粳稻最高，其次依次为杂交粳稻、籼粳杂交稻和杂交籼稻；外观品质变化趋势与加工品质接近；蒸煮食味品质上直链淀粉含量杂交籼稻、籼粳杂交稻、常规粳稻、杂交粳稻依次降低，胶稠度与加工品质和外观品质变化相吻合；营养品质中蛋白质含量杂交籼稻最高，籼粳杂交稻次之，常规粳稻最低。由此可见，加工品质和蒸煮食味品质上，晚粳稻优于晚籼稻，尤其是常规粳稻；而外观品质和营养品质上晚籼稻更占有优势。这一结果与许仁良等[64]研究中季杂交粳稻、常规粳稻和杂交籼稻在外观品质、蒸煮食味品质和营养品质上的结果具有类似趋势，且随施氮量的增加，加工品质和营养品质提高，而外观品质和适口性变差。

第四节　早籼晚粳双季稻温光资源利用差异分析

一、光能利用效率

水稻产量和品质均受到生长季内温光资源的制约，通常用生育阶段内光能利用效率（RUE）、累积有效积温、日照时数、太阳辐射、积温利用率、日照时数利用率和太阳辐射时数利用率等指标来表征水稻温光资源利用大小。对不同类型品种而言，生育进程不同会导致温光资源利用大小存在较大差异。唐云鹏[31]研究双季稻不同品种搭配模式时发现，在不同品种栽培条件下晚籼稻天优华占和晚粳稻甬优8号光能利用效率分别在1.37～1.66g/MJ和1.30～1.54g/MJ，总体上晚籼稻RUE较晚粳稻高，但差异并不显著。花劲等[46]对江西双季稻区进行品种筛选，结果显示，杂交粳稻和常规粳稻播种–拔节期、抽穗–成熟期、全生育期积温与日照时数利用率均显著或极显著高于杂交籼稻，拔节–抽穗期无显著差异。陈波[10]研究双季稻不同类型品种在不同纬度的性状时也得出类似结论，同一纬度下晚粳稻间的积温和日照时数利用率均明显较杂交籼稻高，不同纬度下晚粳稻积温利用率亦较晚籼稻高。对于晚季机插稻而言，徐春梅等[48]研究结果显示，晚稻在不同生态区（安徽庐江和浙江富阳）播种至齐穗、齐穗至成熟和全生育期三个生育阶段积温利用率、日照时数利用率和太阳辐射时数利用率趋势表现为粳稻大于籼稻，尽管安徽庐江地区晚稻灌浆期有效积温利用率籼稻更高，但整体上籼稻温光利用效率仍不及粳稻。总体上，粳稻尤其是杂交粳稻在温光资源利用上具有较大优势。

作者对不同类型粳稻在晚季种植时的温光资源利用（表11-7）差异进行分析发现，随着生育期的延长，全生育期内累积有效积温（日平均气温≥10℃）、日照时数和太阳辐射表现出籼粳杂交稻＞杂交粳稻＞常规粳稻＞晚籼稻的趋势，如籼粳杂交稻全生育期累积有效积温、日照时数和太阳辐射分别为2139.0℃、799.2h和2083.2MJ/m²，较晚籼稻显著高4.6%、10.1%和8.3%[45]。由于籼稻和粳稻营养生长期差异不大，营养生长期内温光资源利用大小基本相当，平均累积有效积温、日照时数和太阳辐射分别为1166.6℃、439.5h和1077.5MJ/m²，粳稻略低于籼稻；穗发育期籼稻累积有效积温、日照时数和太阳辐射与粳稻无显著差异（杂交粳稻除外，如2018年累积有效积温、日照时数和太阳辐射分别为334.1℃、117.9h和299.3MJ/m²，较晚籼稻显著低23.0%、16.3%和22.6%）；灌浆期籼稻和粳稻间的温光资源大小差异显著，粳型水稻累积有效积温、日照时数和太阳辐射分别为522.9～627.9℃、168.5～288.3h和580.6～745.3MJ/m²，较籼稻显著增加19.4%～43.4%、7.1%～83.3%和20.1%～54.2%。粳稻全生育期温光资源积累量显著提高，其中主要贡献来自灌浆期的延长。

与2018年相比，2017年晚粳稻（常规粳稻和籼粳杂交稻）齐穗前20d和齐穗后15d日照时数分别降低21.8%～29.1%和17.0%～28.0%；且齐穗前20d的日照

表 11-7　2017~2018 年不同类型晚稻不同生育阶段温光资源配置差异

年份	类型	营养生长期			穗发育期		
		有效积温（℃）	日照时数（h）	辐射量（MJ/m²）	有效积温（℃）	日照时数（h）	辐射量（MJ/m²）
2017	晚籼稻（IR）	1187.7b	449.5a	1097.8a	433.5a	126.6a	360.3a
	常规粳稻（IJR）	1187.7a	449.5a	1097.8b	380.1a	110.5ab	312.7a
	杂交粳稻（HJR）	1187.7b	449.5a	1097.8a	402.6a	107.3b	327.4a
	籼粳杂交稻（IJHR）	1187.7b	449.5a	1097.8a	412.9a	113.7ab	338.4a
2018	晚籼稻（IR）	1157.0a	432.3a	1066.3a	434.1a	140.9a	386.6a
	常规粳稻（IJR）	1130.3b	425.7b	1045.1b	387.8a	128.5ab	340.3ab
	杂交粳稻（HJR）	1176.1a	437.1a	1081.5a	334.1b	117.9b	299.3b
	籼粳杂交稻（IJHR）	1118.8b	422.8b	1035.9b	418.4a	138.3a	368.9a
方差分析							
品种类型（T）		12.81**	12.81**	12.81**	4.85**	5.67**	5.01**
年份（Y）		151.25**	547.95**	222.51**	1.07ns	21.78**	1.40ns
T×Y		12.81**	12.81**	12.81**	1.51ns	0.60ns	1.08ns

年份	类型	灌浆期			全发育期		
		有效积温（℃）	日照时数（h）	辐射量（MJ/m²）	有效积温（℃）	日照时数（h）	辐射量（MJ/m²）
2017	晚籼稻（IR）	419.3b	88.8d	426.2c	2040.5c	664.9c	1872.2c
	常规粳稻（IJR）	532.4a	168.5c	580.6b	2100.2b	728.5b	1979.1b
	杂交粳稻（HJR）	522.9a	185.7b	589.8ab	2113.2ab	742.5ab	2003.0ab
	籼粳杂交稻（IJHR）	530.6a	198.7a	613.6a	2131.2a	762.0a	2037.7a
2018	晚籼稻（IR）	456.5b	225.7b	540.6b	2047.6b	786.8b	1973.3c
	常规粳稻（IJR）	595.4a	273.1a	703.5a	2113.5a	815.1a	2068.6b
	杂交粳稻（HJR）	627.9a	288.3a	745.3a	2138.1a	831.2a	2105.8ab
	籼粳杂交稻（IJHR）	609.7a	287.5a	744.1a	2146.8a	836.5a	2128.7a
方差分析							
品种类型（T）		29.40**	69.42**	56.94**	40.14**	36.39**	40.32**
年份（Y）		33.19**	529.12**	116.76**	5.31*	306.87**	76.48**
T×Y		1.13ns	4.80**	0.43ns	0.25ns	3.81*	0.10ns

注：营养生长期，播种期至幼穗分化期；穗发育期，幼穗分化期至齐穗期；灌浆期，齐穗期至成熟期。不同小写字母代表同一年份不同晚稻类型间存在显著性差异（$P < 0.05$，Duncan），** 表示 $P < 0.01$；* 表示 $0.01 \leqslant P < 0.05$；ns 表示 $P \geqslant 0.05$

辐射下降4.3%～6.5%。前人研究表明,粳稻产量与穗分化前后光照条件关系紧密[65],穗分化期日照条件不仅会使粳稻颖花退化,影响穗粒结构[66],还会影响水稻生长速率(CGR)[67],而水稻齐穗前后的CGR是影响粳稻干物质转运和最终产量形成的重要因子[68]。因此,作者推测齐穗前后日照条件的变化,可能是影响晚粳稻产量的关键因子。

双季晚稻籼改粳最主要的变化在于灌浆期的延长(表11-5),从而显著提高全生育期温光资源积累量(表11-7)。在调节库源矛盾时,延长灌浆期有助于弥补一般大穗粳稻品种库容大但源不足的缺陷,从而提高籽粒充实度和结实率[69,70]。龚金龙[71]提出在保持水稻群体库容足够大的基础上,可通过提早抽穗或延长灌浆结实时间以提高水稻单产。孟天瑶[72]、韦还和等[73]亦发现,杂交稻在穗粒数增加的情况下,可通过延长灌浆期,提高灌浆量,从而实现产量的进一步提高。本研究中,粳型晚稻灌浆期比晚籼稻显著延长,使其有效积温、日照时数和太阳辐射分别增加24.7%～37.5%、21.0%～123.8%和30.1%～44.0%;而籼粳杂交稻在高库容(平均63.6×10^3/m^2)的情况下,灌浆期较籼稻延长15～22d;相关分析表明(图11-3),粳型晚稻产量与灌浆期均呈极显著正相关(r=0.71,P<0.0001)。因此,作者认为在双季晚稻中应用籼粳杂交稻,能够兼顾品种的大穗优势和晚季粳稻的长灌浆期优势,从而实现温光资源的充分利用与库源协调,进而提高双季晚稻的产量。

二、叶片光合速率

与晚籼稻相比,庞博[4]研究表明,2012～2013年晚粳稻齐穗期和乳熟期剑叶净光合速率均较高,整体上双季稻早籼晚粳比早籼晚籼模式净光合速率显著提高7.81%(2012年乳熟期)和17.03%(2013年齐穗期)。分析群体生长率和净同化率时,陈波[10]指出移栽-拔节期群体生长率杂交籼稻最高;拔节-抽穗期籼粳杂交稻最高,其次是杂交籼稻;抽穗-成熟期杂交籼稻最低,籼粳杂交稻最高;杂交籼稻在移栽-拔节期的净同化率显著高于粳稻,但拔节-齐穗期显著低于籼粳杂交稻和杂交粳稻,齐穗-成熟期没有显著差异,因而作者指出,双季晚稻生育前期杂交籼稻具有较高的群体生长率和净同化率,这与其生育前期个体生长优势是分不开的,而拔节后籼粳杂交稻群体生长率和净同化率较高,为后期干物质积累和转运提供有力保障。

三、齐穗期基因实时荧光定量PCR

感光性、感温性和基本营养生长性是水稻在特定季节与地域生长发育的适应特征[74]。长期以来,我国水稻种植形成了以秦岭—淮河为界的南籼北粳的种植格局。近年来,随着育种技术不断突破,居民消费结构升级,高产优质稻米需求不断上升,尤其以粳米的供需矛盾更为突出[54],因此,近年来长江中下游平原籼米改粳米日渐明显。水稻品种具有区域性,而这种区域性是由抽穗期决定的。适宜的抽穗期与水稻高产稳产密切相关，是决定品种种植区域和种植制度的关键[75]。因此解决粳稻提前开花问题对北粳南移具有重要意义。

实时荧光定量 PCR（real-time quantitative PCR，RT-PCR）是一种常用来检测目标基因表达量的方法[76]，通过 RT-PCR 技术可以更简单、快速地观测基因与性状间的关联性。与双季稻早籼晚籼模式相比，早籼晚粳全生育期相对延长，但齐穗期略有提前。前人研究[77]表明，北粳南移后全生育期缩短，齐穗期提前。因此，在进行北粳南移的品种筛选时，可通过 RT-PCR 技术，定量检测已知控制水稻开花齐穗的基因在不同品种齐穗期时的表达量，用于判断品种区域适应性。水稻开花是个复杂的生物进程，主要受自身遗传特性和外部环境因素的共同调控[78]。近年来，大量研究表明，参与调控植物开花的途径主要有光周期途径、春化途径、赤霉素途径和自主途径等[79]。目前认为，光周期途径是调控水稻开花的关键途径[80]。通过数量性状基因座（quantitative trait locus，QTL）定位方法已在水稻中成功克隆了大量参与光周期途径调控水稻开花的基因，如 heading date 1（Hd1）、heading date-3a（Hd3a）、early heading date 1（Ehd1）、rice indeterminatel 1（RID1）等。据现有研究报道[81-83]，水稻中存在两条相对保守的调控其开花时间的途径：Hd1-Hd3a/RFT1 和 Ghd7-Ehd1-Hd3a/RFT1 途径，前者 Hd1 基因在短日照条件下能够促进水稻抽穗，但长日照则会延迟抽穗[84]；成花素基因 Hd3a 和 RFT1 则分别主要在短日照和长日照下促进开花[85-87]。后者 Ghd7 基因在长日照条件下被磷酸化，进而抑制 Ehd1 转录水平，延迟开花[88]；除此之外，OsMADS51 基因被证实在短日照条件下能上调 OsGI 及其下游基因的表达以促进水稻开花[89]，Ghd7 基因在短日照条件下几乎不表达，而在长日照条件下抑制 Ehd1 的表达并延迟开花[90]，RID1/Ehd2/OsId1 在长日照和短日照条件下均能促进 Ehd1 的表达进而促进开花[91-93]。Ehd1 被认为可能是调控水稻开花的特有基因[94]，它可直接调控叶片中成花素基因的表达[95]，并在短日照条件下直接促进一些花器官基因的表达[96]。我国南方地区属于短日照地区，因此 Hd1 和 Hd3a 基因可能在粳稻齐穗时表达量上升。孙宇琪等[97]指出，Ghd7 基因经自然变异后的等位基因 Ghd7-0（Ghd7 片段完全缺失）主要分布在我国南方双季稻区，故而北粳南移后 Ghd7 基因表达量可能会降低甚至不表达，导致 Ehd1 基因转录水平提高，提前开花。

四、齐穗期全基因组关联分析

全基因组关联分析（genome-wide association study，GWAS）是一种在全基因组范围内寻找特定性状与候选基因间关系的分析方法[98-100]。北粳南移后，利用 GWAS 分析可寻找控制晚籼晚粳间抽穗开花基因的位点，为 RT-PCR 检测提供理论支撑。通过在长江中下游地区对干旱胁迫下的 533 份籼稻和粳稻材料进行 GWAS 分析，白璐[101]研究结果显示，在正常灌溉条件下与籼稻抽穗期显著相关的单核苷酸多态性（single nucleotide polymorphism，SNP）位点位于第 6 和第 8 号染色体附近，与粳稻抽穗期显著相关的 SNP 位点位于第 3、6、7 号染色体附近；在干旱条件下，与籼稻抽穗期显著相关的 SNP 位点位于第 8 号染色体附近，与粳稻抽穗期显著相关的 SNP 位点位于第 3、5、6、7、9 号染色体附近。这表明与抽穗期相关的 SNP 位点在不同类型品种和不同环境条件下的表达并不完全一致。叶靖[102]对 244 个东北粳稻品种在沈阳和杭州环境下进行抽穗期 GWAS 分析，结果显示在沈阳环境下，与抽穗日期显著相关的 SNP 位点有 2 个，分别位于第 1 和第 6 号染色体上；在杭州环境下，与抽穗日期显著相关的 SNP 位点有 6 个，分别位于第 6、7、8、9、11 和第 12 号染色体上。因此，同一品种与抽穗期相关的 SNP 位点在不同环境下也会有所差异。

五、展望

近年来，随着育种技术的突破，现有杂交籼稻品种在产量甚至米质上已无法满足人们的需求，优质粳米需求不断增加，导致长江中下游粳稻种植面积不断扩大。但是粳稻在南移过程中，大多数品种产量和米质不相协调，如常规粳稻产量低但米质优。因此，品种筛选已成为北粳南移研究的重点之一。

随着对水稻增产潜力及其生理特性的不断研究，水稻理想株型育种，以及籼粳亚种间杂交育种的不断深入和创新，大穗型/重穗型品种已成为高产、超高产水稻品种[103]。大幅度扩大产量库容是水稻高产的前提，朱庆森等[104]对品种演进过程中籼稻库容的特征进行分析，认为随着产量提高，品种库容特征表现为有效穗小幅降低，而每穗粒数大幅度增加的趋势。该试验观察到，与晚籼稻相比，籼粳杂交稻有效穗数略有降低，但每穗粒数大幅度提高，因此在一定穗数的基础上，通过大/重穗，扩大库容，是实现双季晚稻高产稳产的重要途径。除了库容，双季晚粳稻最主要的生理特征在于灌浆期延长，高效且充分利用这部分温光资源是实现晚粳稻高产的关键。Meng 等[7]研究发现籼粳杂交稻的源强表现为灌浆期更高的叶面积指数、叶片光合速率，更大、更长、更深的根系系统，此外，籼粳杂交稻在养分（总氮、磷、钾）吸收上的优势亦对产量具有促进作用[8]。鉴于此，作者认为籼粳杂交稻不仅兼顾库大、源强的优势，又保持粳稻耐低温、灌浆期长的特征，可以作为筛选与培育双季高产晚粳稻的模式品种。

主成分分析表明，常规粳稻和杂交粳稻品种特征无明显差异，多为灌浆期长（47～62d）、有效穗多（269.5～310.3 穗/m²）、千粒重大（26.0～27.9g）和结实率高（65.7%～77.2%），其千粒重和结实率分别显著高于籼粳杂交稻 13.7%～22.2% 和 13.1%～21.2%（2018 年杂交粳稻除外）。与大穗型籼粳杂交稻相比，朱宽宇等[105]研究发现，中穗型常规粳稻弱势粒最大灌浆速率、平均灌浆速率和最终粒重更高。Mohapatra 等[106]认为水稻籽粒灌浆充实度高低主要取决于穗上弱势粒。因此，作者认为常规粳稻灌浆程度可能更高。水稻产量潜力高低除受库容大小限制外，还与籽粒灌浆充实度有关[107]。本研究亦发现，2018 年嘉 58、南粳 46 等产量达到

8t/hm² 以上。由此可见，常规粳稻亦具较大的增产潜力，在保持现有的高结实率和粒重条件下，足穗增粒、增加库容，对于粳稻品种筛选和高产栽培具有重要意义。

本研究中，籼粳杂交稻库容大、产量高，但粒重低且结实率不高。张盼[108]指出，"库"相对过大会严重限制杂交粳稻品质的提高。因此，建立不同类型双季晚粳稻的适宜库容，以及达到产量与品质相统一还有待下一步研究探索。同时，在今后研究中，不仅可以从表型上分析籼粳杂交稻高产生理机制，还可结合 GWAS 和 RT-PCR 等技术探索北粳南移过程中的分子遗传机制。

参 考 文 献

[1] 左震东, 杨守仁, 陈温福, 等. "北粳南引" 的重新研究. 安徽农业科学, 1993, (4): 295-298.

[2] Feng F, Li Y J, Qin X L, et al. Changes in rice grain quality of indica and japonica type varieties released in China from 2000 to 2014. Frontiers in Plant Science, 2017, 8: 1863.

[3] 段里成, 庞博, 商庆银, 等. 双季稻 "早籼晚粳" 栽培模式周年产量构成与经济效益分析. 江苏农业科学, 2016, 44(9): 82-85.

[4] 庞博. 双季稻 "早籼晚粳" 栽培模式生育特性研究. 江西农业大学硕士学位论文, 2014.

[5] Prasad P V V, Boote K J, Allen L H, et al. Species, ecotype and cultivar differences in spikelet fertility and harvest index of rice in response to high temperature stress. Field Crops Research, 2005, 95(2-3): 398-411.

[6] 李霞, 戴传超, 程睿, 等. 不同生育期水稻耐冷性的鉴定及耐冷性差异的生理机制. 作物学报, 2006, 32(1): 76-83.

[7] Meng T Y, Wei H H, Li X Y, et al. A better root morpho-physiology after heading contributing to yield superiority of japonica/indica hybrid rice. Field Crops Research, 2018, 228: 135-146.

[8] Wei H H, Meng T Y, Li C, et al. Comparisons of grain yield and nutrient accumulation and translocation in high-yielding japonica/indica hybrids, indica hybrids, and japonica conventional varieties. Field Crops Research, 2017, 204: 101-109.

[9] 张洪程, 许轲, 张军, 等. 双季晚粳生产力及相关生态生理特征. 作物学报, 2014, 40(2): 283-300.

[10] 陈波. 江西双季晚稻不同类型品种综合生产力及其形成特征. 扬州大学博士学位论文, 2017.

[11] 陈波, 李军, 花劲, 等. 双季晚稻不同类型品种产量与主要品质性状的差异. 作物学报, 2017, 43(8): 1216-1225.

[12] 王春乙, 姚蓬娟, 张继权, 等. 长江中下游地区双季早稻冷害、热害综合风险评价. 中国农业科学, 2016, 49(13): 2469-2483.

[13] 王丹. 长江中下游地区早、中、晚季水稻光温特性和品种配置研究. 华中农业大学硕士学位论文, 2016.

[14] 艾治勇, 郭夏宇, 刘文祥, 等. 农业气候资源变化对双季稻生产的可能影响分析. 自然资源学报, 2014, 29(12): 2089-2102.

[15] 王瑞峰. 江西省早稻物候期和产量对气候变化的响应研究. 南昌工程学院硕士学位论文, 2019.

[16] 王尚明, 张崇华, 胡逢喜, 等. 南昌县不同播栽期早稻比较试验. 湖北农业科学, 2017,

56(10): 1818-1821.

[17] 孙秀邦, 田青, 王周青, 等. 宣城地区双季早稻种植气候适宜度评价. 中国稻米, 2015, 21(1): 34-36.

[18] 章竹青, 陈朝晖, 邱庆栋, 等. 长沙早稻生长季气候资源变化特征及预测分析. 湖南农业科学, 2017, (2): 49-52, 56.

[19] 龙志长, 刘顺意, 谢佰承. 气候变暖对长沙双季稻生育期的影响. 作物研究, 2018, 32(6): 467-473.

[20] 廖德华, 郭鑫宇, 卓红秀. 气候变化背景下南康早稻品种熟性搭配. 农业科技通讯, 2018, (10): 229-232.

[21] 杨爱萍, 王保生, 刘文英, 等. 气候变暖对江西双季早稻适播期的影响. 气象与减灾研究, 2013, 36(3): 50-56.

[22] 曹秀霞, 万素琴, 吴铭. 湖北省早稻适宜播期及其气候风险. 中国农业气象, 2014, 35(4): 429-433.

[23] 别建业, 刘凯文, 苏荣瑞, 等. 气候变暖对早稻产量与生育进程的影响. 湖北农业科学, 2015, 54(8): 1801-1803, 1821.

[24] 吕伟生, 曾勇军, 石庆华, 等. 近 30 年江西双季稻安全生产期及温光资源变化. 中国水稻科学, 2016, 30(3): 323-334.

[25] 刘胜利. 气候变化对我国双季稻区水稻生产的影响与技术适应研究. 中国农业大学博士学位论文, 2018.

[26] 吴珊珊, 王怀清, 黄彩婷. 气候变化对江西省双季稻生产的影响. 中国农业大学学报, 2014, 19(2): 207-215.

[27] 谢远玉, 黄淑娥, 田俊, 等. 长江中下游热量资源时空演变特征及其对双季稻种植的影响. 应用生态学报, 2016, 27(9): 2950-2958.

[28] 高亮之, 李林, 郭鹏. 中国水稻生长季与稻作制度的气候生态研究. 农业气象, 1983, (1): 50-55.

[29] 陈波, 周年兵, 郭保卫, 等. 江西双季晚稻不同纬度产量、生育期及温光资源利用的差异. 中国农业科学, 2017, 50(8): 1403-1415.

[30] 黄文婷. 基于模拟产量的长江中下游优化水稻种植制度的研究. 华中农业大学硕士学位论文, 2016.

[31] 唐云鹏. 双季稻不同品种搭配与种植模式的产量及其形成机理研究. 湖南农业大学硕士学位论文, 2014.

[32] 蔡晓丽. 高氮与低温处理对双季超级杂交水稻产量形成的耦合效应及其生理机制. 江西农业大学硕士学位论文, 2014.

[33] 赵杨, 邹应斌. 4 个早稻品种苗期低温胁迫的耐寒性比较. 作物研究, 2014, 28(6): 581-584.

[34] 赵杨, 魏颖娟, 邹应斌. 低温胁迫下早稻幼苗叶片和根系的生理指标变化及其品种间差异. 核农学报, 2015, 29(4): 792-798.

[35] 李正达, 杨沅树, 黄瑛, 等. 不同早稻品种机插经济性状及产量情况. 中国农技推广, 2019, 35(2): 35-37.

[36] 肖辉海, 郝小花, 吴小辉, 等. 不同早籼稻品种幼苗期的耐冷生理鉴定. 湖南文理学院学报(自然科学版), 2012, 24(1): 46-50.

[37] 邱新法, 曾燕, 黄翠银. 影响我国水稻产量的主要气象因子的研究. 南京气象学院学报, 2000, (3): 356-360.

[38] 周庆红, 吕伟生, 符明金, 等. 光、氮互作对超级晚稻产量形成的影响. 中国稻米, 2013,

19(4): 35-38, 43.

[39] 曹娜, 熊强强, 陈小荣, 等. 不同施氮量对晚稻抵御抽穗扬花期低温的影响. 应用生态学报, 2018, 29(8): 2566-2574.

[40] 孙健, 秦叶波, 陈少杰, 等. 密度对籼粳杂交稻甬优 538 产量的影响. 浙江农业科学, 2019, (6): 903-904, 907.

[41] 赵永良, 李珊, 黄志海, 等. 水稻春优 927 在东阳的试种表现及栽培技术. 浙江农业科学, 2018, 59(6): 898-899.

[42] 程建平, 李阳, 赵锋, 等. 湖北省 "早籼晚粳" 双季稻机械插秧高产高效栽培技术. 湖北农业科学, 2016, 55(23): 6067-6069, 6133.

[43] 程飞虎, 周培建. 江西适度发展粳稻的探索与思考. 中国农技推广, 2012, 28(1): 7-9.

[44] 林益增, 刘炳元, 龙卫平, 等. 双季晚稻 "籼改粳" 适宜品种及抛秧栽培技术. 江西农业, 2016, (21): 20.

[45] 殷敏, 刘少文, 褚光, 等. 长江下游稻区不同类型双季晚粳稻产量与生育特性差异. 中国农业科学, 2020, 53(5): 890-903.

[46] 花劲, 周年兵, 张军, 等. 双季稻区晚稻 "籼改粳" 品种筛选. 中国农业科学, 2014, 47(23): 4582-4594.

[47] 郭保卫, 花劲, 周年兵, 等. 双季晚稻不同类型品种产量及其群体动态特征差异研究. 作物学报, 2015, 41(8): 1220-1236.

[48] 徐春梅, 袁立伦, 陈松, 等. 长江下游不同生态区双季优质晚稻生长特性和温光利用差异性. 中国水稻科学, 2020, 34(5): 457-469.

[49] 耿立清, 王嘉宇, 陈温福. 孕穗–灌浆期低温对水稻穗部性状的影响. 华北农学报, 2009, 24(3): 107-111.

[50] 查光天. 秋季低温与连作晚稻的冷害. 浙江农业科学, 1981, (4): 165-169.

[51] 曾研华, 张玉屏, 潘晓华, 等. 花后低温对水稻籽粒灌浆与内源激素含量的影响. 作物学报, 2016, 42(10): 1551-1559.

[52] 杨丽敏. 不同栽培模式对双季稻生长发育及产量影响的研究. 华中农业大学硕士学位论文, 2008.

[53] 张军. 双季晚粳高产形成特征及关键栽培技术研究. 扬州大学博士学位论文, 2013.

[54] 方福平, 程式华. 水稻科技与产业发展. 农学学报, 2018, 8(1): 92-98.

[55] 李虎, 黄秋要, 陈传华, 等. 种植密度和施氮量对桂育 8 号产量及稻米外观和加工品质的影响. 西南农业学报, 2020, 33(4): 718-724.

[56] 周婵婵, 陈海强, 王术, 等. 氮肥运筹和移栽密度对水稻产量和品质形成的影响. 中国稻米, 2019, 25(5): 42-46.

[57] 杨罗浩. 种植密度和施肥技术对晚粳产量、品质及资源利用的影响. 华中农业大学硕士学位论文, 2019.

[58] 邢艺露. 增密减氮对粳稻稻米品质的影响. 吉林农业大学硕士学位论文, 2018.

[59] 杨东, 段留生, 谢华安, 等. 不同生育期弱光对超级稻 II 优航 2 号产量及品质的影响. 福建农业学报, 2013, 28(2): 107-112.

[60] 任红茹. 孕穗期低温冷害对水稻产量形成、生理特性和稻米品质的影响. 扬州大学硕士学位论文, 2018.

[61] 杨陶陶, 胡启星, 黄山, 等. 双季优质稻产量和品质形成对开放式主动增温的响应. 中国水稻科学, 2018, 32(6): 572-580.

[62] Zhu D W, Wei H Y, Guo B W, et al. The effects of chilling stress after anthesis on the

physicochemical properties of rice (*Oryza sativa* L) starch. Food Chemistry, 2017, 237: 936-941.

[63] 王东明, 陶冶, 朱建国, 等. 稻米外观与加工品质对大气 CO_2 浓度升高的响应. 中国水稻科学, 2019, 33(4): 338-346.

[64] 许仁良, 戴其根, 霍中洋, 等. 施氮量对水稻不同品种类型稻米品质的影响. 扬州大学学报, 2005, (1): 66-68, 84.

[65] 李亚寒. 气候变化对中国水稻生产与效率的影响研究. 南京农业大学硕士学位论文, 2014.

[66] Yao Y, Yamamoto Y, Yoshida T, et al. Response of differentiated and degenerated spikelets to top-dressing, shading and day/night temperature treatments in rice cultivars with large panicles. Soil Science and Plant Nutrition, 2000, 46(3): 631-641.

[67] 刘奇华, 周学标, 杨连群, 等. 生育前期遮光对水稻灌浆期剑叶生理特性及籽粒生长的影响. 应用生态学报, 2009, 20(9): 2135-2141.

[68] 马莲菊, 李雪梅, 王艳. 源库处理对两种不同穗型水稻品种籽粒灌浆的影响. 沈阳师范大学学报 (自然科学版), 2006, (4): 470-473.

[69] 陈春, 赖上坤, 王磊, 等. 大穗优质粳稻新品种泗稻 16 号的选育与应用. 江西农业学报, 2019, 31(3): 30-34.

[70] 顾俊荣, 韩立宇, 董明辉, 等. 不同穗型粳稻干物质运转与颖花形成及籽粒灌浆结实的差异研究. 扬州大学学报 (农业与生命科学版), 2017, 38(4): 68-73, 88.

[71] 龚金龙. 籼、粳超级稻生产力及其形成的生态生理特征. 扬州大学博士学位论文, 2014.

[72] 孟天瑶. 甬优中熟籼粳杂交稻高产形成相关形态生理特征. 扬州大学博士学位论文, 2018.

[73] 韦还和, 孟天瑶, 李超, 等. 籼粳交超级稻甬优 538 的穗部特征及籽粒灌浆特性. 作物学报, 2015, 41(12): 1858-1869.

[74] 胡时开, 苏岩, 叶卫军, 等. 水稻抽穗期遗传与分子调控机理研究进展. 中国水稻科学, 2012, 26(3): 373-382.

[75] 赵俊茗. 水稻抽穗期相关基因 *OsELF3-1* 的功能研究和 *Osa-miR393a* 在多年生草坪草的应用. 四川农业大学博士学位论文, 2016.

[76] Bustin S A. Quantification of mRNA using real-time reverse transcription PCR (RT-PCR): trends and problems. Journal of Molecular Endocrinology, 2002, 29(1): 23-39.

[77] 王月华. 恒湖农场早稻直播现状与北粳品种引种栽培研究. 江西农业大学硕士学位论文, 2012.

[78] Nemoto Y, Hori K, Izawa T. Fine-tuning of the setting of critical day length by two casein kinases in rice photoperiodic flowering. Journal of Experimental Botany, 2018, 69(3): 553-565.

[79] 彭凌涛. 控制拟南芥和水稻开花时间光周期途径的分子机制. 植物生理学通讯, 2006, (6): 1021-1031.

[80] 孔德艳, 陈守俊, 周立国, 等. 水稻开花光周期调控相关基因研究进展. 遗传, 2016, 38(6): 532-542.

[81] Sun C H, Chen D, Fang J, et al. Understanding the genetic and epigenetic architecture in complex network of rice flowering pathways. Protein & Cell, 2014, 5(12): 889-898.

[82] Murakami M, Tago Y, Yamashino T, et al. Comparative overviews of clock-associated genes of *Arabidopsis thaliana* and *Oryza sativa*. Plant and Cell Physiology, 2006, 48(1): 110-121.

[83] Izawa T. Adaptation of flowering-time by natural and artificial selection in *Arabidopsis* and rice. Journal of Experimental Botany, 2007, 58(12): 3091-3097.

[84] Yano M, Katayose Y, Ashikari M, et al. Hd1, a major photoperiod sensitivity quantitative trait locus in rice, is closely related to the *Arabidopsis* flowering time gene *CONSTANS*. The Plant

Cell, 2001, 12(12): 2473-2483.

[85] Song S, Chen Y, Liu L, et al. OsFTIP1-mediated regulation of florigen transport in rice is negatively regulated by the ubiquitin-like domain kinase OsUbDKγ4. Plant Cell, 2017, 29(3): 491-507.

[86] Komiya R, Ikegami A, Tamaki S, et al. *Hd3a* and *RFT1* are essential for flowering in rice. Development (Cambridge), 2008, 135(4): 767-774.

[87] Kojima S, Takahashi Y, Kobayashi Y, et al. *Hd3a*, a rice ortholog of the *Arabidopsis* FT gene, promotes transition to flowering downstream of Hd1 under short-day conditions. Plant and Cell Physiology, 2002, 43(10): 1096-1105.

[88] Hori K, Ogiso-Tanaka E, Matsubara K, et al. *Hd16*, a gene for casein kinase I, is involved in the control of rice flowering time by modulating the day-length response. The Plant Journal: for Cell and Molecular Biology, 2013, 76(1): 36-46.

[89] Kim S L, Lee S, Kim H J, et al. OsMADS51 is a short-day flowering promoter that functions upstream of *Ehd1*, *OsMADS14*, and *Hd3a*. Plant Physiology, 2007, 145(4): 1484-1494.

[90] Xue W Y, Xing Y Z, Weng X Y, et al. Natural variation in Ghd7 is an important regulator of heading date and yield potential in rice. Nature Genetics, 2008, 40(6): 761-767.

[91] Park S J, Kim S L, Lee S, et al. Rice *Indeterminate 1* (*OsId1*) is necessary for the expression of *Ehd1* (*Early heading date 1*) regardless of photoperiod. The Plant Journal, 2008, 56(6): 1018-1029.

[92] Matsubara K, Yamanouchi U, Wang Z X, et al. *Ehd2*, a rice ortholog of the maize *INDETERMINATE1* gene, promotes flowering by up-regulating *Ehd1*. Plant Physiology, 2008, 148(3): 1425-1435.

[93] Wu C Y, You C J, Li C H, et al. *RID1*, encoding a Cys2/His2-type zinc finger transcription factor, acts as a master switch from vegetative to floral development in rice. Proceedings of the National Academy of Sciences of the United States of America, 2008, 105(35): 12915-12920.

[94] Doi K, Izawa T, Fuse T, et al. *Ehd1*, a B-type response regulator in rice, confers short-day promotion of flowering and controls FT-like gene expression independently of *Hd1*. Genes Dev, 2016, 18(8): 926-936.

[95] Zhao J, Chen H Y, Ren D, et al. Genetic interactions between diverged alleles of *Early heading date 1* (*Ehd1*) and *Heading date 3a* (*Hd3a*) / RICE FLOWERING LOCUS T1 (*RFT 1*) control differential heading and contribute to regional adaptation in rice (*Oryza sativa*). New Phytologist, 2015, 208(3): 936-948.

[96] Endo-Higashi N, Izawa T. Flowering time genes *Heading date 1* and *Early heading date 1* together control panicle development in rice. Plant and Cell Physiology, 2011, 52(6): 1083-1094.

[97] 孙宇琪, 卜庆云, 程云清, 等. 中国东北地区水稻抽穗期性状研究进展. 土壤与作物, 2018, 7(2): 177-183.

[98] 曹英杰, 杨剑飞, 王宇. 全基因组关联分析在作物育种研究中的应用. 核农学报, 2019, 33(8): 1508-1518.

[99] Zhao K, Tung C W, Eizenga G C, et al. Genome-wide association mapping reveals a rich genetic architecture of complex traits in *Oryza sativa*. Nature Communications, 2011, 2(1): 467.

[100] Huang X H, Wei X H, Sang T, et al. Genome-wide association studies of 14 agronomic traits in rice landraces. Nature Genetics, 2010, 42(11): 961-967.

[101] 白璐. 干旱胁迫下水稻冠层温度及 SPAD 值变化的关联分析. 华中农业大学硕士学位论文, 2015.

[102] 叶靖. 水稻抽穗期的全基因组关联分析和叶色突变体 *pgl3* 的基因克隆. 沈阳农业大学博士学位论文, 2018.

[103] Yang J C, Du Y, Wu C F, et al. Growth and development characteristics of super-high-yielding mid-season japonica rice. Frontiers of Agriculture in China, 2007, 1(2): 166-174.

[104] 朱庆森, 张祖建, 杨建昌, 等. 亚种间杂交稻产量源库特征. 中国农业科学, 1997, (3): 52-59.

[105] 朱宽宇, 展明飞, 陈静, 等. 不同氮肥水平下结实期灌溉方式对水稻弱势粒灌浆及产量的影响. 中国水稻科学, 2018, 32(2): 155-168.

[106] Mohapatra P K, Patel R, Sahu S K. Time of owering affects grain quality and spikelet partitioning with in the rice panicle. Australian Journal of Plant Physiology, 1993, 20: 231-242.

[107] Kato T, Shinmura D, Taniguchi A. Activities of enzymes for sucrose-starch conversion in developing endosperm of rice and their association with grain filling in extra-heavy panicle types. Plant Production Science, 2007, 10(4): 442-450.

[108] 张盼. 杂交粳稻籽粒灌浆特性与产量和品质的关系. 沈阳农业大学硕士学位论文, 2016.

第十二章　直播稻研究与发展 ①

第一节　直播稻概述

一、直播稻的概念

　　直播稻是指将水稻种谷直接播种在大田环境下的一种水稻作物建成方式，水稻直播是轻简化栽培方式中最简单的一种[1]。中国是一个具有悠久农业文明历史的国家，早在原始农业时期就有水稻种植，其种植历史可以追溯到 7000 多年前。据推测，在原始农业时期水稻的种植方式为旱直播，即人们在火烧后的土地上简单地翻耕后直接撒播水稻种谷让其自然生长直至成熟。自唐宋以后，水稻育秧移栽的作物建成方式才开始逐渐推广，但是在北方旱地和南方一些丘陵坡地、山谷地带依旧采用直播的方式。在 20 世纪 50 年代，我国北方曾大面积推广水稻直播栽培。据统计，在 20 世纪 80 年代黑龙江省有 80% 以上的水稻种植采用直播技术。同一时期，在我国南方稻区也开始有水稻直播技术的应用。21 世纪以来，随着城镇化、工业化的快速发展，水利设施的完善、化学除草剂的应用，水稻直播作为一种轻简化栽培方式被逐渐推广[2,3]。抗倒伏、生育期适宜、抗逆性强、高产稳产新水稻品种和株系的选育，以及现代农机、栽培技术的不断进步则为直播稻的再度兴起提供了物质与技术基础。种子处理技术、测土施肥技术、耕整地技术水平的提高为水稻直播的发展提供了良好的技术保证。目前不仅在东北和沿淮稻区直播稻种植面积较大，在长江中下游稻区，由于农村人口老龄化问题进一步凸显，剩余劳动力数量和素质明显下降，直播稻面积也开始持续回升。在全球范围内，美国、澳大利亚等国家水稻生产基本采用直播的方式，日本、韩国及其他亚洲国家的直播稻种植面积近些年也呈上升趋势[4,5]。

二、水稻直播方式的主要类型

（一）根据播种时稻田土壤的物理特性和种子萌发状态不同进行分类

　　根据播种时稻田土壤的物理特性和种子萌发状态不同，将水稻直播分为旱直播、湿直播和水直播。旱直播是指将未发芽的干种子直接播种在水分未饱和（干燥或土壤水分低于田间持水量）的土壤上。旱直播在雨养稻区或部分灌溉稻区广泛采用，在亚洲南部的部分雨养稻区农民在雨季来临前将干种子撒播在大田中，合

　　① 本章执笔人：王　飞（华中农业大学植物科学技术学院，E-mail: fwang@mail.hzau.edu.cn）
　　　　　　　　　徐　乐（华中农业大学植物科学技术学院，E-mail: Le.Xu@mail.hzau.edu.cn）

理利用自然降雨促进种子萌发出苗，可大幅减少作物建成阶段的水分投入[6]。在中国东北和沿淮稻区水资源缺乏，大多也采用旱直播的生产方式，利用机械条播进行播种[7]。该方式水稻前期灌水后生长较快，而且根量更大，根系更加旺盛，有效减小了直播稻后期倒伏的风险。旱直播水稻前期生长快，全生育期比移栽稻少 5～15d，但大田生育期较移栽稻稍长，因而在选用品种时应侧重于中早熟品种，侧重于早发性强、前期生长快、耐肥抗倒抗病、分蘖能力中等、成穗率高的优质高产品种[8-10]。旱直播水稻一般播种量为 50～150kg/hm²，常规种和杂交种用种量差异较大。旱直播多利用条播机条播，条播播种深度一般为 2～3cm，行距15～25cm，播后轻耙覆盖，水利便利的地区可在旱直播后进行间歇灌溉，随灌随排，保持土壤湿润，以促进种子吸水发芽。一般旱直播稻采用前稳、中控、后促的施肥方法，即施足底肥，但不宜过量，少施分蘖肥，追施穗粒肥。稳定或减少氮肥的施用，增加磷、钾肥的施用量，同时可根据土壤肥力大小适当增施少量微肥[11, 12]。旱直播水稻一般播后两天喷施专用除草剂进行土壤封闭处理，三叶期后建立稳定水层，之后进行正常水肥管理[13]。

　　湿直播是直接将已催芽萌动的种子播种在耙田湿润（水分饱和而无明显积水）的土壤上，种子靠自身重量落入湿泥之中并能立刻开始生长。湿直播需直接将种子播种在湿润土壤上，因此需在日均温保持在 10℃以上时才可保证种子安全出苗生长。湿直播前将大田翻耕平整，开沟后灌水，保持水层，保持水层 4～5d 后排干水，施用基肥，注意板面平整，无积水。将浸种催芽后的种子用人工手撒或弥雾机喷撒，均匀地播撒在田面上，播后不上水，喷施专用除草剂，等秧苗达到 3叶 1 心时开始上薄水，之后进行常规水分管理。湿直播水稻根系较浅，为有效减少倒伏，建议采取干湿交替灌溉，以利于扎根抗倒伏。

　　水直播指将水稻种子直接播撒在有一定深度水层的稻田中。为了保障出苗，水直播时应保证水温在 15℃以上。因此，水直播要求的日平均气温应在 12℃以上。水直播的播种方法一般是先将种子浸种 24～36h，然后沥干 24h，再播种到有水层的土表。浸种使种子发芽，可增加种子重量约 30%。经浸种后种子吸水增重使种子能在水中下沉到土表。水直播是直播稻播种的传统方式，随着科学技术的进步，现在水稻水直播多采用种子包衣剂（过氧化钙、除草剂等）进行包衣后以增加种子重量，更有利于种子吸水萌发。与之前人工撒播不同，水直播现多采用弥雾机喷撒或小型飞行器播种，工作效率和播种质量显著提高。而且水直播在播种后 7d，田内一般保持水层能够抑制前期杂草的生长，保证直播稻前期的生长。但长期保持淹水致使水稻扎根较浅，根系主要分布在 5～15cm 深的表土层，生育后期遭遇大风天气容易造成倒伏减产[14]。

（二）其他分类方法

　　根据种子在田间的分布情况可以将水稻直播分为穴播、条播、撒播三种主要类型[15]。水稻穴播是在人为设定株行距的条件下将 2 或 3 粒种子播种在特定位置，使每穴之间间隔一致。穴播水稻后期和插秧田一样，有垄，通风度好，水稻生长后期与移栽田田间长势差异不大。穴播用种量少，容易保证播种密度，后期长势良好，较易管理，但不适宜机械化，水稻配套精量穴播机较少，机械穴播质量差，难以保证一播全苗。水稻条播是指划定特定行距后将种子播种成连续的条状，条播一般多采用机械进行，水稻机械条播就是在上茬作物收获后或冬闲田，用条播机械一次完成旋耕、施肥、条播、镇压、开沟的一种播种方式。与水稻的其他栽培方式相比，该项技术具有省工省时、节水节本、高产高效等多项优势。撒播指将浸种催芽后的种子直接撒在大田中，撒播一般利用人工进行，较适宜机械进入难度大的田块，目前半机械背负式风送播种机在一定程度上能够提高撒播效率，而且较大型机械更加便捷。人工撒播用种量大，播种质量差，难以保证播种均匀，但因其适应区域广，容易操作，不受机械的限制，仍为当前主要的直播方式。

根据前茬作物不同可将直播稻分为麦后直播稻、油后直播稻、双季直播稻和单季直播稻。麦后直播稻：在小麦收获后将经过处理的稻种直接撒入大田，不需要育秧移栽的一种水稻种植方式。麦后直播稻一般在 5~6 月进行，麦茬耕后常常播种质量差，导致全苗困难，获得高产较困难[10, 16]。油后直播稻：油菜连作水稻（一季晚稻）直播栽培指利用秋播油菜冬季生长形成较大的冠层群体，以抑制春后杂草生长，在油菜收割后，翻耕整地或直接进行免耕直播水稻的技术。双季直播稻：早稻和晚稻均采用直播的方式，双季直播节省了两季的秧田，大大缩减了成本，但目前双季直播稻接茬较困难，早稻播期较早易受低温的危害，晚稻收获较晚也会遭遇低温导致结实率下降。双季直播稻适宜选用较短生育期品种，在长江中游地区品种生育期在 95d 左右，早稻在 4 月中上旬播种，晚稻在 7 月中旬播种，能够保证周年安全生产[17, 18]。单季直播稻：由于目前劳动力减少，农民生活水平提高，水稻种植效益相对下降，双季稻或麦稻、油稻等种植面积下降，单季稻面积逐渐增加，单季稻采用直接播种的方式大大减少了劳动工作量，在一定程度上较移栽稻能够节约生产成本，提高经济效益[8, 19]。

根据播种方式不同主要分为人工撒播和机械播种两种方式。人工撒播在大田整平后，按 3~4m 宽开浅沟整畦。机械播种在大田整平及施好基肥后，不需进行分厢，但需要开排水沟，即可进行机械播种。目前，有 2 种类型的播种机械，即点（穴）播机和条播机。在播种后 20~25d 要及时进行田间查苗补苗工作，移密补稀，使稻株分布均匀，个体生长平衡，避免漏缺空档[20, 21]。

三、水稻直播的优点

直播稻是一种原始的水稻栽培方式，与移栽稻相比，具有省工、省力等优点，还能够有效节约水分和化石能源的投入[22]。在早稻和中稻种植上，直播稻每亩节本增效可达百元以上，主要因为其省去了育秧和插秧环节。另外，直播水稻没有秧田期，提高了土地的利用率，节约了秧田期的水分和肥料投入，而且旱直播由于不需要打水泡田这一用水量巨大的环节，因此节约了大量的水资源。有报道指出，旱直播、水直播和移栽稻的水分利用效率分别为 $1.52kg/m^3$、$1.01kg/m^3$ 和 $0.56kg/m^3$，直播稻的水分利用效率显著高于移栽稻，这更有利于水分亏缺的亚洲南部和非洲雨养稻区的水稻可持续生产[23,24]。

直播稻在适宜的生产环境下配合科学的栽植技术可以创造高产。直播稻因分蘖提前，能有效地利用低位分蘖，有利于形成高产群体。同时，由于直播稻无返青期，有效地延长了本田营养生长期，有利于早熟高产。国际水稻研究所（International Rice Research Institute，IRRI）利用多年定点试验来比较直播稻与传统移栽稻的产量，结果发现直播稻在旱季、早雨季和晚雨季的产量分别为 $5.1t/hm^2$、$3.8t/hm^2$ 和 $3.0t/hm^2$，而对应水稻季移栽稻的产量分别为 $5.2t/hm^2$、$3.8t/hm^2$ 和 $3.2t/hm^2$。关于氮肥处理的结果表明，在低氮水平下早熟品种在直播条件下的产量与移栽稻相当，而中晚熟品种的直播产量要低于移栽稻。就大面积生产而言，泰国直播稻单产为 $4.3t/hm^2$，是全国水稻平均单产的 2 倍以上；澳大利亚的直播稻产量高达 $8.0t/hm^2$；美国的直播稻产量水平能达到 $5.0\sim8.8t/hm^2$。而在日本，综合不同地区和不同品种表现来看，直播水稻的平均产量能达到 $9.6t/hm^2$。国外专家 De Datta 等认为，灌溉水稻产量从目前的 $10\sim12t/hm^2$ 提高到 $13\sim15t/hm^2$ 的突破将来自直播稻而不是移栽稻。而且直播稻适时早播可以留给后茬作物充足的接茬时间，从而缓解作物间接茬的季节矛盾，保证下茬作物的产量，实现周年高产。

直播能减轻水稻病虫害的防治压力，近几年江苏稻区水稻条纹叶枯病暴发，育秧移栽稻秧田期与一代灰飞虱侵染传毒危害高峰期吻合，由于灰飞虱发生量大，防治技术很难到位，因此移栽后大田水稻条纹叶枯病暴发流行，大田死苗、缺苗现象普遍发生。而直播稻较正常育秧移栽稻播种推迟 20d 左右，可以避开一代灰飞虱对水稻幼苗的侵染传毒，从而减轻水稻条纹叶枯病的防治压力，且可节省病害防治成本。水稻直播便于机械化、集约化生产。水稻条播机可以利用小麦播种机械进行简单调整，而且近些年水稻专用精量穴播机械进一步发展，减少了生产风险，促进了种粮大户的生产积极性[25]。

水稻土壤在长期淹灌而形成的厌氧条件下使稻田成为甲烷气体的主要排放源[26]。从作者前期的试验中发现，直播稻相比传统移栽稻能够明显降低甲烷排放量，虽然氧化亚氮的排放量有所升高，但总体表现为全球增温潜势显著减少[27]（图 12-1）。与此前国内外研究一致，持续淹水会增加稻田甲烷的排放量。旱直播水稻前期大田基本无水层，有效减少了稻田甲烷的排放。虽然稻田土壤在有氧条件下会增加氧化亚氮气体的排放量，但其增加量远远小于甲烷的增加量。因此，水稻旱直播方式较移栽方式有助于降低全球增温潜势[8]。

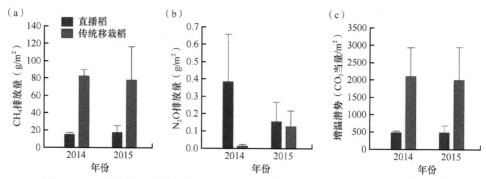

图 12-1　水稻直播与传统移栽在甲烷、氧化亚氮排放量和增温潜势上的差异[27]

第二节　国内外直播稻发展现状

一、国外直播稻的发展现状

直播水稻作为一种轻简化的栽培方式在国外生产面积较大[15]。美国加利福尼亚州几乎均为水直播，水直播所用种子一般先进行包衣处理，并通常由飞机操作播种。美国、澳大利亚已完全实现水稻机械化直播，其中美国水稻种植区以飞机撒播、撒播机撒播和条播机条播为主，同时采用大型激光平地机械进行土地平整，应用高效除草剂保证水稻生长环境[28]。美国水稻播种机械化水平非常高，80%的水稻种植是旱直播，采用条播机进行播种，一般播种机幅宽 7m 左右，一天可以播种 67hm²；剩余 20% 的水稻采用水直播，一架飞机一天可播 267hm²。另外，美国已选育出抗除草剂的水稻品种，利用广谱无残留除草剂大大解决了直播稻杂草较多的问题。水直播是美国路易斯安那州南部、得克萨斯州和加利福尼亚州常见的水稻生产方式。水直播有利于抑制美国稻田红稻草的生长，而且水播种也有助于下茬棉花及时种植，并降低在水稻附近地区的棉花等作物种植的除草剂漂移风险。澳大利亚地广人稀，地势较为平坦，气候温暖湿润，水稻机械化直播方式主要为飞机撒播和播种机条播。但在意大利土地面积较小的地区，水直播由撒播机实现，很少部分由人工进行撒播。

亚洲，作为水稻主产区，直播稻面积已达到 2900 万 hm²，约占亚洲水稻总面积的 21%，目前直播稻的面积正在不断增加[29]。在菲律宾，至少 30% 的灌溉稻田采用直播方式种植水稻。在马来西亚，近十年直播稻发展很快，面积已发展到稻田面积的 50%。在印度的某些地区，直播面积占稻田面积的 50%。日本的山地和丘陵面积占国土面积的 80%，人多地少、耕地不连片、地块小且分散，因此，水稻机械以中小型为主，水稻直播机有高速回转锯刃型条播机、乘坐型水中直播机等。韩国三面临海，降水量充足，丘陵、山地面积约占国土面积的 70%，人均耕地面积大，水稻直播面积达水稻种植面积的 50%，农业机械以中小型为主，机型主要有免少耕水旱直播机、浅水直播机。另外，斯里兰卡的直播稻面积已占水稻种植总面积的 80%，在马来西亚直播稻面积占比也高达 50% 以上。

二、国内直播稻的发展现状

近年来，随着中国经济发展迅速，农业科技水平稳步提升，受劳动力成本的增加、人口老龄化和新时期农业发展转型的影响，水稻直播作为一种轻简化栽植方式在国内的发展步伐加快[30]。据不完全统计，在东北稻区，直播稻面积为 700 万 hm² 左右，黑龙江省 2016～2018 年三年来寒地机械直播稻的推广面积达到 67 万 hm²。在哈尔滨大面积测产，旱直播平均产量 8.9t/hm²，水直播产量 9.0t/hm²。在建三江管理局七星农场大面积测产，旱直播平均产量 7.2t/hm²。2017 年河北省直播稻面积为 160×10⁴hm²，平均产量在 4.8t/hm²。湖北省和江苏省直播稻面积近几年不推自广，面积均在 100×10⁴hm² 以上。随着直播技术的成熟，上海市、重庆市、江西省等地直播面积也不断扩大。近些年随着农业科技进步和国家政策的鼓励，水稻直播机械较其他生产方式发展迅速，这与国际水稻种植机械化发展趋势相一致，相关直播机械不断被研制推广，如 2BS-14G 型水稻排种器、振动式水稻包衣直播机、2BG-6A 型水稻-小麦精量播种机、2BD-6288 型水稻耕播一体化覆土直播机等[31]。

（一）机械化精量旱直播技术

水稻机械化精量旱直播（穴播和条播）技术是将水稻种子通过机械手段直接播种在土壤中，不需进行育秧和移栽过程的一种轻简栽培技术，该项技术规避了水稻全程机械化中操作最为复杂的育苗和机械插秧两大环节。各地的应用结果表明，采用水稻精量穴播技术符合水稻生产农艺要求，穴内多株水稻竞争生长和分蘖，生长进程加快，分蘖势强，低节位分蘖多，易获得足够的穗数。该技术还具有群体结构协调，光合速率高，干物质积累多，根系活力强，植株吸收养分能力和抗倒伏能力增强，产量潜力较大的特点[32-34]。

（二）免耕直播技术

免耕直播是免耕技术与直播技术的进一步发展，免耕直播是指不翻耕土地直接播种水稻种子，免耕法又称为留茬覆盖耕作或直接播种法。水稻免耕直播一般选用生育期短、适应性强、抗倒性强的品种，并通过改进灌溉及机械设施，以及施用广谱的无残留除草剂等，后期进行精细的灌溉保证出苗和秧苗生长，同时不进行土壤耕作又要严格控制杂草的生长[35]。连年免耕直播栽培，后茬播种前不再进行犁耙或任何人为的表土翻动、疏松，只需进行田面修补，除草和软化土壤等工作，可选用抗倒品种，适时播种齐苗，化学除草控制草害（播前除草，播后除草），科学施肥，湿润灌溉。在一季晚稻种植地区，春收作物小麦、油菜、马铃薯等收获后直接进行一季晚稻撒播可以有效减少土地闲置时间，减轻接茬压力，节约生产成本。免耕直播有利于分蘖发生，且具有低位分蘖及成穗率高的优势，生育后期功能叶片和根系的生理活性强，较翻耕移栽不减产，降低生产成本 22%～44%。但是，直播和免耕直播栽培实现高产稳产仍然存在根系入土浅导致的倒伏、成苗率低、大田除草、前茬收获后需快速清茬及土壤软化等问题[36]。

（三）种子处理技术

种子处理技术主要包括种子包衣和种子引发，水稻种子包衣指利用黏着剂，将杀菌剂、杀虫剂、染色料、填充剂等非种子材料黏着在种子外面，达到使种子呈球形或基本保持原有形状，提高其抗逆性、抗病性，加快发芽，促进成苗，增加产量，提高质量的一项种子处理技术。种子引发通过控制种子缓慢吸水，使其停留在吸胀的第二阶段，种子进行预发芽的生理生化代谢和修复作用，促进细胞膜、细胞器、DNA 的修复和酶的活化，但不进入萌发阶段，引发后的种子可以缓慢回干贮藏，也可直接进行播种[37]。

目前，我国直播稻种包衣剂多种多样，主要有：①防病虫型种衣剂，如氟虫腈、吡虫啉、克百威等，国内生产的种衣剂有哈尔滨盛世纪科技发展有限公司的"禾健 4 号"、湖南农大海特农化有限公司的"苗博士"、辽宁壮苗生化科技股份有限公司的"稻加乐-多咪福美双"、福建省莆田市友缘实业有限公司的"护苗"、四川红种子高新农业有限责任公司的"红种子"等。②耐寒型种衣剂，如脱落酸（ABA）、多效唑、聚乙二醇、烯效唑、脯氨酸、油菜素内酯等。③吸水型种衣剂，如江苏里下河地区农科所研制的"旱育保姆"，可以有效提高水稻种子的发芽成苗率。④生物种衣剂，如浙江省种子公司生产的 ZSB 生物种衣剂，可减轻水稻的细菌性条斑病、纹枯病、白叶枯病和恶苗病[38]。此外，水稻种子丸粒化技术能够显著提高水稻播种均匀度，提高播种质量，与裸种子相比，利用过氧化钙丸粒化的种子，其种子或幼苗的淀粉降解增强、无氧呼吸减弱，有效提高淹水胁迫下水稻种子的抗逆性，显著改善淹水条件下湿直播水稻的幼苗建成，有效保证了大田水稻基本苗数，促进了直播稻的前期生长，进而增加水稻的产量。

（四）精细耕整地技术

直播稻因种子发芽后前期株高较矮，若耕整地质量差，田面高度相差较大，容易造成前期积水，水稻幼苗易遭受淹水胁迫。随着中国农业技术的发展和机械化程度的推进，在东北地区激光平整地机械开始应用，激光整地是利用激光束产生的平面作为非视觉控制手段代替操作人员的目测判断能力，用以控制平地机具刀口的升降高度。应用激光平地系统实现对水田的大面积平整。水田采用激光精密平地后，可减少田埂占地面积 10% 左右，地块面积比原面积增大几倍到几十倍，有利于大型机械在田间进行各项作业，提高水稻生产机械化程度。利用激光精密平地后，地块平整，寸水不露泥，水温高，可使水稻在各生长阶段都能获得所需要的最佳生长环境，每公顷增产可达 20% 左右。另外，采用激光平地技术平整的土地，较好地解决了传统灌溉方式下大水漫灌造成水资源严重浪费的问题，田间灌溉效率可由改造前的 40%～50% 提高到 70%～80%，节水 30%～50%。激光整地后地面平整，化肥被保存在水稻根部，分布均匀，有效避免了脱肥和肥料流失的发生，提高了稻田肥料利用率[15]。

第三节　直播稻的生物学特征

一、直播稻的群体特征

在我国直播稻生产中，农民常采用人工撒播湿直播的方式，为防止种子分布不均匀，农民往往会增加水稻播种量。据已有研究报道，在一些雨养稻区农民进行旱直播播种时为应对生物和非生物胁迫保证足够的基本苗数，其播种量最高可达到 200kg/hm^2[39]。然而，直播稻分蘖能力较强，无效分蘖多，在生长中后期群体密度大，会大幅地增加倒伏和病虫害发生的风险[37, 40]。因此，研究直播稻群体发展特征，鉴选适宜直播的水稻品种和优化栽培管理措施是构建直播稻健康高产群体结构的基础。

分蘖是水稻固有的重要生理特性，分蘖发生遵循叶蘖同伸规律[41]。合理调节分蘖发生达到高产所需穗数和每穗颖花数的协调提高是水稻高产群体的重要特征，同时也是高产栽培的重点。群体茎蘖消长动态是分蘖发生与成穗的直观体现，减少无效分蘖并提高分蘖成穗率是构建高产群体的前提。与传统移栽稻不同，直播稻的分蘖消长动态属于大起大落型，在高播种量条件下直播稻前期的基本苗数高且分蘖发生速率快。有研究指出，直播稻最高苗数日增量超过 30 万/hm^2，高峰苗数可达到 530 万/hm^2，但分蘖成穗率一般在 70% 以下。前期分蘖生长快、叶面积指数高有利于提高光照辐射的拦截效率，促进水稻尽早封行。然而，生长前期分蘖高峰发生较早往往会导致中期分蘖控制不住，无效分蘖增多，造成群体大但个体小、通风透光性差、在生长后期易发生倒伏和病虫害等问题[42]。在水稻高产群体中，往往 80% 以上的籽粒产量物质是由抽穗后冠层的光合产物直接提供的，只有少部分供给是由抽穗前干物质转运提供的。有研究表明，直播稻在不发生倒伏的前提下，全生育期干物质积累量一般要显著高于传统移栽稻，但是直播稻的干物质向籽粒产量转化的效率和能力要大幅低于移栽稻，造成在大多数情况下直播稻产量低于移栽稻。因此，优化直播稻抽穗后冠层结构是提高光合生产力和产量的重要途径。在实际生产中，为优化直播稻群体结构一般会选择株型紧凑、生长旺盛、无效分蘖少、抽穗后期干物质积累能力强的高产品种进行生产[43]。根据稻作模式调节适宜的播种量适当地减少基本苗可减缓冠层叶片在抽穗后的衰老速率，从而增强后期的光合生产力。此外，可以通过在分蘖盛期（一般为田间苗数达到预定穗数的 80%）晒田控制无效分蘖，改善群体的通风透光性。再者，研究者还针对直播稻的氮肥管理进行了大量研究，表明直播稻在基本苗数较多的情况下可适当减少在生长前期的氮肥投入，在孕穗至抽穗期应适当重施氮肥，提高每穗颖花数、灌浆期水稻叶片的氮素含量和后期干物质生产量，从而增加直播稻产量。

二、直播稻的根系特征

水稻根系作为植株的重要组成部分，不仅是吸收水分、养分的主要器官，同时也是合成激素、氨基酸等生理活性物质的重要场所，其在水稻生长发育中具有极为重要的作用。此外，水稻根系也具有固定和防止植株倒伏的作用。水稻根系形态和生理特征与地上部生长发育、养分吸收、产量形成和群体抗逆性等的关系密切。大量研究表明，湿直播水稻群体的根系生物量一般要比传统移栽稻高，但是其根系分布较浅，约 80% 的根系分布在 5cm 以内的表层土壤中，6～20cm 土层的根系生物量仅为传统移栽稻的 50% 左右[44]。旱直播的根系生物量在表层土壤中的分布较少，而在深层土壤中分布更多。在全生育期内，湿直播和旱直播的根冠比均要高于传统移栽稻。根系分布深、根系活力高有助于吸收更多的氮素和水分。在水稻生殖生长后期和灌浆期根系活力高、根系中生产更多细胞分裂素可延缓冠层功能叶片的衰老速率，从而提高水稻产量。凌启鸿和 Nagai 等学者相继提出了水稻根系育种的概念，根据不同育种目标结合理想株型育种的理念培育高产、稳产、优质的新品种[45]。

三、直播稻的产量表现

在中国和世界其他稻作区，移栽稻逐渐改为水稻直播种植。直播稻产量表现能否达到与移栽稻相当的甚至更高的水平，以及应该如何优化栽培管理措施和进行品种改良提高直播稻的产量受到广泛关注。迄今为止，前人针对不同水稻建成方式的产量及产量构成的差异开展了大量的研究。然而，由于试验地点的生态环境条件、稻作模式、播种期和肥水等配套栽培技术的差异，研究结果并不一致，甚至常有矛盾。针对这一问题，作者科研团队通过广泛收集已发表的关于移栽和直播的文献，开展荟萃分析[46]，结果显示水稻直播作为一种轻简化种植方式，其产量总体要比传统的移栽稻低 12%，这主要是由每穗颖花数和千粒重下降造成的（图 12-2）。

分析前人的研究结果可以发现，直播稻与移栽稻的相对产量表现在不同国家之间和不同栽培水平之间差异非常大，在一些水稻播种机械化程度高、灌溉良好的国家，如澳大利亚、美国，直播稻的产量表现较好，其单产最高可达到 9.0t/hm²，与传统移栽稻基本持平[4]；相比之下，在一些机械化程度较低的雨养稻国家，如印度、巴基斯坦，直播稻（主要为旱直播）则会减产 7.5%～28.5%。国际水稻研

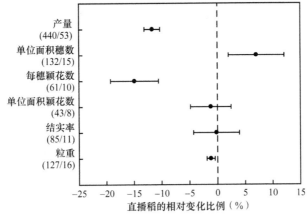

图 12-2　直播稻与移栽稻之间的产量及产量构成的比较

括号中分别为荟萃分析纳入的观测点数量和研究数量

所报告指出，直播稻与移栽稻的产量比较会受到品种生育期的影响，早熟品种在直播条件下由于茎蘖数高于移栽，相比之下可获得更高的产量；然而中晚熟品种直播的单产总体要比移栽低。从水稻产量构成因子的角度分析，如前所述，直播稻的群体茎蘖总数要高于传统移栽稻，因此成熟期单位面积穗数显著高于传统移栽稻，但是由于单茎干物质较低，每穗颖花数相对减少；直播稻的单位面积颖花数一般要略高于移栽稻，但结实率相对较低；关于水稻粒重，直播稻一般要低于移栽稻，这主要是因为在生殖生长阶段直播稻群体叶片相互遮蔽会限制颖壳大小的发育。从干物质生产和转运的角度来看，直播稻在前期叶面积指数大、光照拦截率高、生长旺盛，抽穗前干物质向籽粒的转运效率低；在孕穗到灌浆期群体冠层结构恶化，抽穗以后冠层光合生产能力较差，导致成熟期直播稻的收获指数和籽粒产量均低于移栽稻。关于造成直播稻产量低于移栽稻的原因将在下一节"直播稻生产中存在的主要问题"中重点介绍。综合来看，直播稻配套的栽培管理技术及专用品种的选育还有待进一步的研究和发展，以实现直播稻高产稳产。

第四节　直播稻生产中存在的主要问题

直播稻这种轻简化栽培措施已广泛应用于中国、美国、韩国、斯里兰卡和马来西亚等国家，种植面积达世界水稻种植总面积的 23%。但是，直播稻还存在早发性差、杂草防控难、倒伏风险大、产量不稳定等诸多问题，限制了其进一步推广应用。本节将围绕杂草、倒伏、病虫害及成苗率低等问题开展论述。

一、杂草与杂草稻问题

相比于水直播，湿直播与旱直播更易发生草害。这主要由于直播稻播种后和杂草种子同步生长，且如湿直播播种后存在短时间的无水层状态，极易促进杂草萌生[47,48]。杂草是影响直播稻正常生长的重要限制因子，杂草不仅会与水稻竞争光照、肥料等资源，还是许多农业昆虫、线虫和病菌的主要宿主，增加病虫害侵染风险。据统计，杂草减少了作物对土壤中硝态氮的吸收，降低幅度可达50%。由杂草造成的产量损失可达总产的10%。若任由直播稻田内的杂草自由生长，造成的产量损失甚至高达50%左右[49]。相比于移栽稻，直播稻稻田杂草种类繁多，群体数量巨大。仅光头稗一种杂草便在24个国家的直播稻田中出现，且其生育期短、繁殖力强，还可作为东格鲁病和黄矮病的宿主，若不加以预防与控制，将严重影响直播稻生产。

　　一般情况下，可通过选用早发品种，采用特定栽培措施或施用化学试剂进行杂草防治。早熟品种的早发性对于直播稻尤为重要，早期的快速生长有利于作物建成，提高水稻与杂草的竞争力。增加群体密度，如提高撒播的播种量或降低条播的行距，可促进直播稻群体提早封行，抑制杂草生长。土地平整有利于播种后进行快速统一的水分管理，从而控制杂草发生。同时，早期的深水灌溉也可有效防除直播稻田内的杂草。此外,通过合理的氮肥密度搭配也可促进直播稻冠层建立，提高水稻植株与杂草的竞争力，抑制光头稗、碎米莎草等杂草的发生。将作物残茬覆盖土表同样可以抑制稗草的生长。农田高效化学除草剂的开发应用及如"一封、二杀、三补"的直播稻配套除草技术研发将有利于杂草防控，不过仍需注意除草剂对周围环境产生的负面效应及杂草耐药性的产生。

　　杂草稻，又称红稻，是一种生长于稻田或附近耕地的作为杂草伴随栽培稻生长的水稻植株。由于杂草稻具有落粒性强、抗逆性佳、种子休眠期长等特性，广泛传播并生长于世界各地，而目前国内杂草稻主要分布于辽宁、海南、广东和江苏等地。同时，随着直播稻种植面积的扩大，杂草稻对水稻生产的影响也随之增加。据统计，由杂草稻所造成的栽培稻产量损失15%～100%，而中国的年均水稻损失量可达340万t。此外，杂草稻混杂还会降低栽培稻的稻米品质，影响稻米的市场价格。杂草稻难以防除的主要原因是其与栽培稻具有亲缘关系，生理、形态性状均存在一定的相似性，通常难以用常规除草剂进行防除[50]。研究人员通过开展相关试验或进行经验总结得出以下杂草稻防除策略。首先，对于未被杂草稻侵染的稻田，播种时应选用纯度高的栽培稻种子，从源头杜绝杂草稻种子混入田内。其次，对于已经发现杂草稻的稻田，应于种植前进行适当的土地平整，创造合适的水稻生长环境，促使杂草稻萌发生长，随后利用灭杀性除草剂对杂草稻苗进行处理。再次，栽培稻种植后可根据相关性状判断，对杂草稻进行人工拔除[51]。此外，栽培稻与玉米等其他作物进行适当的轮作也可防除杂草稻。最后，选用抗除草剂的洁田稻品种或通过基因改良的抗除草剂水稻品种同样也是防除杂草稻的有效措施。

二、倒伏问题

倒伏是全球农业生产中普遍发生的现象，同时也是限制作物产量进一步提升的重要因素。由于育种家不断选育大穗、重穗型的高产水稻品种，间接提升了植株的重心高度，超出了茎秆所能承受的力矩，造成倒伏频发。相比于移栽稻，直播稻更易发生倒伏[37]。播种量、播种方式等农事操作均是造成直播稻倒伏的因素。首先，直播稻是将种子直接播于土壤表面，植株易产生更多分蘖节并形成大量低位节分蘖，进而获得较大群体；其次，由于直播稻作物建成较差，农民为保全苗通常会增加2～3倍的播种量，播种量过大也容易形成较大群体。群体密度过大会引起植株茎秆伸长变细，增加茎倒风险。另外，由于直播稻播下的种子位于土壤表层，由此形成的植株根系较浅，易发生根倒。据调查，直播稻根系主要集中于0～5cm的表土层，此耕层根量约占总根量的80%。倒伏不仅会破坏冠层结构，严重倒伏还会限制水分、养分和同化物转运，影响籽粒灌浆，限制水稻获得高产[40]。同时，处于高湿条件下的倒伏群体不仅适于真菌生长，诱发病害，也可能会诱导穗发芽，严重影响了稻米品质。倒伏还会增加收获困难，提高生产成本，降低收获效率。

水稻倒伏受其自身表型性状的影响，如茎秆的抗折力和倒伏指数，与基部节间长度、茎壁厚度、节间充实度、木质素及纤维素含量等主要性状密切相关。适当增加株高、增大茎秆直径、增粗茎壁厚度、增多木质素积累有利于提高直播稻抗倒性[52]。但是，也有研究者证实降低株高可提高水稻抗倒性，这可能与其品种特性相关。叶鞘对抗折力贡献率为30%～60%。较为充实的叶鞘和较高的木质素及纤维素含量可以在一定程度上弥补较小的茎秆直径与较薄的茎壁厚度带来的负效应，增强茎秆强度。根系同样影响水稻的抗倒能力，地下部根系越发达，根系干物质分配量越大，地上部植株茎秆相对越粗，抗倒性越强。

倒伏除与水稻品种自身农艺性状等内因有关外，还与自然因素（如台风、风暴或降雨等）及栽培管理措施等外因相关。通过调整肥水管理、播种方式或施用生长调节剂等措施可有效提高直播稻的抗倒性。氮肥施用不当是引起水稻倒伏的重要原因。随着施氮量的增加，株高增长，重心上移，基部节间长度提高，节间充实度下降，抗折力和弹性模量减小，茎秆倒伏指数增大，抗倒伏能力降低。氮肥对直播稻的影响是一个先上升后下降再上升的过程，适量施用氮肥能降低氮肥对直播稻抗倒能力的负效应，即低氮和高氮都不利于直播稻的抗倒性。有机与无机肥配合施用，特别是秸秆与化肥配施模式可显著提高水稻植株茎秆粗度、茎壁厚度和茎重，从而有效提高基部茎秆的抗折力，降低水稻的倒伏指数。施用一定量的硅肥、锌肥能提高直播稻抗倒伏能力。同样，通过适当施肥提高茎秆的钾和钙含量亦利于增强茎秆的机械强度，提高抗倒性。随着播种量的增加，植株的抗倒伏能力有一定的降低。为提高直播稻的抗倒伏能力，故应适当降低播种量。播量较小时适当增施基蘖肥，降低穗肥有利于提高植株抗倒性，而播量较大时适当增加穗肥用量减少基蘖肥有利于增强抗倒，提高水稻稳产性。点播可有效提高直播稻抗倒伏性，其直接原因是该播种方式下植株基部节间短而粗、茎壁厚、充实度好。尽管深灌处理可显著提高茎秆长度和鲜重，进一步增大弯曲力矩，但同时深灌处理也增加了基部节间的茎秆直径、厚度和强度，最终降低了倒伏指数。施用抗倒酯、多效唑、赤霉素（GA）等生长调节剂可改善茎秆形态学特性，提高水稻抗倒性，但其对水稻本身及周围环境、后季作物是否有不良效应有待进一步研究[53]。采用适当的水分管理，如轻干湿交替或轻晒田技术或许可促进直播稻根系下扎，增强直播稻抗倒性，但还需进一步研究探索。此外，可通过育种或分子技术培育早熟高产、矮秆长根、抗病抗倒的水稻品种，使之更加适应直播条件也是提高直播群体抗倒性的有效途径之一。例如，研究者曾在水稻 1 号染色体上定位出两个与抗倒性状相关的两个 QTL，分别为 $qCD_{1.1}$ 和 $qCS_{1.1}$。

三、成苗率低问题

用于移栽的水稻品种可能并不适应直播条件下的生长环境，这可能是直播稻作物建成较差，限制其进一步推广应用的主要原因之一。裸露于土表的稻种发芽、成苗的过程易受外界环境的影响，当田间整地质量不佳时，如遇降雨、低温，会出现烂芽、烂种或被雨水冲刷，降低成苗率的现象[18]。长江中下游地区双季稻无霜期短，直播早稻苗期易遭受低温冷害，造成严重的缺苗、死苗现象，限制分蘖的发生及叶面积的增大，并最终降低水稻产量。因此，应选择苗期耐寒性或耐淹性较强的品种以应对不良气候条件。湿直播极易遭受鸟害侵袭，如麻雀、珠颈斑鸠等常见鸟类会啄食土表的谷种。此外，直播稻苗期易受稻蓟马等农业害虫侵害，若不加以防治则会导致叶片失绿，甚至枯卷，影响苗期发育。

提高种子质量是直播稻保全苗的重要途径之一，播种时应选择饱满且黄熟度好的种子。早发指种子可快速、均匀地出苗与生长，其具体表现为植株出叶速度、分蘖产生速率、干物质积累效率高等[54]。选择早发性好、发芽力强的水稻品种不仅可快速形成冠层群体，还可抑制杂草的生长并提高作物冠层的光能利用率。同时，为应对前期的持续降雨，选用耐低氧萌发和耐淹的水稻品种也有利于作物建成。种子含氮量增加将促进幼苗生长，加快作物建成速率。长胚芽鞘特性有利于提高冷凉地区直播稻的作物建成和产量稳定。利用过氧化钙等增氧剂对种子进行包衣处理可提高水直播种子的发芽成苗率。通过水杨酸或硒引发可以显著提高种子内 α-淀粉酶活性与可溶性糖含量，从而促进直播稻的发芽与成苗[55]。使用生长素（auxin，IAA）等生长调节剂处理种子，也可促进种子萌发与根系发育。利用激光控制技术对稻田进行土地平整将易于获得均匀的播种深度和水分分布，使得种子既易出芽成苗，又可防烂种烂芽。

四、病虫害风险

直播稻田早期易受蚜虫与稻蓟马危害,中期纹枯病发生较为严重,后期易受稻瘟病、稻曲病和螟虫、飞虱侵害。究其原因可发现,直播稻播种量大,易形成过密的群体结构,造成高温高湿的田间状况,极易引起严重病害,尤其是纹枯病。同时,直播稻田易发草害,而杂草又是多种农业昆虫、线虫和病菌的主要宿主,增加了水稻被病虫侵染的风险。直播稻群体倒伏频发,倒伏群体同样易形成高温高湿的条件,促进真菌生长,诱发病害。此外,直播稻的水分管理也会影响病虫害的侵染,如有研究显示缺乏灌溉的直播稻田会增加土传性病菌全蚀菌的传播风险。采用杀虫剂、杀菌剂进行农药综合防治可减少病虫害发生,提升直播稻的稳产性。但是,农药的大量使用增加了生产成本,提高了农药残留的概率。因此,应发展环境友好型的高效农药,并培育具有广谱抗性的绿色水稻品种。

第五节 中国双季稻双直播模式研究前景

在水稻单产和耕地面积提升空间有限或难度加大的背景下[56-58],提升水稻复种指数、挖掘耕地集约化利用潜力是未来我国增加水稻总产的重要途径[59]。双季稻是提高水稻复种指数的有效措施,为我国粮食安全做出了重大贡献。但是,近年来由于劳动强度大、种植效益低,农民种植双季稻的积极性下降,大面积的双季稻被改为单季稻。据统计,1980~2016年,我国双季稻种植面积下降了47%,导致水稻总种植面积和总产显著减少。为扭转双季稻种植面积下降的局面,亟须发展轻简化、机械化种植模式,以调动农民种植双季稻的积极性,保障国家粮食安全。

传统的双季稻生产劳动强度大、成本高主要是每年两次的育秧和移栽导致的。水稻直播是将种谷直接播种至稻田的轻简化作物建成方式。自20世纪90年代末以来,随着抗倒伏高产品种的选育成功,以及杂草防治技术的日趋完善,直播稻在我国得以快速发展,目前其种植面积占水稻总种植面积的30%左右。在江苏、浙江、湖北等省直播稻面积的占比已超过25%[25, 60]。利用直播替代早、晚稻移栽的双季稻双直播模式,能够大幅减少双季生产的劳动强度及劳动力投入[18]。机械直播在我国北方稻区、韩国、美国等水稻机械化种植水平较高的地区有广泛应用[61, 62]。早在20世纪70~80年代,我国就已经开始了双季稻双直播的探索[63]。但是,迄今为止该模式的推广面积非常小,仅分散在温光资源较好的地区,如湖南、浙江南部等地。限制双季稻双直播发展最主要的原因是缺乏生育期短而产量高的水稻品种。在长江中下游双季稻区,全年适合水稻生长的安全天数为190~209d[64]。每年3月下旬至4月初易发生低温的倒春寒天气(连续3d以上日均温低于12℃),过早直播会出现严重种谷烂芽和死苗现象;而在9月中下旬又易受寒露风(连续3d

以上日均温低于23℃）影响，造成晚稻无法安全抽穗、结实率低。相比于传统的移栽双季稻，直播双季稻可以避免水稻移栽导致的秧苗损伤问题，但由于省去了每年的两个秧田期，在这些地区推广双季稻双直播模式就需要生育期为90d左右的早、晚稻品种。

当前，双季稻生产中广泛应用的早、晚稻品种的生育期一般在115～130d，在高产栽培管理条件下单季产量可达到8～9t/hm²[65]。水稻生育期与产量关系密切，短生育期品种的产量潜力通常低于中、长生育期品种[66]。高产水稻品种的生育期一般都在120d以上，若缩短生育期则会降低水稻的产量潜力[67]。水稻通过冠层拦截和叶片光合作用利用太阳辐射，从而进行生物量积累和产量形成，生育期缩短意味着全生育期内太阳辐射总量降低，因此在一定程度上会减少水稻生物量积累。此外，氮是影响作物生长发育最重要的营养元素，水稻生育期缩短会减少植株对氮素的吸收时间，从而影响水稻营养生长。Akita[68]在热带地区利用生育期95～135d的水稻品种开展田间评价试验，发现成熟期的生物量积累与生育期呈显著正相关；生育期在110d以下的品种产量显著低于生育期110～135d的品种。另外，水稻生育期缩短主要在于营养生长阶段（即从播种至幼穗分化期）天数的减少，短生育期水稻营养生长不足将导致颖花分化数和库容明显降低，从而造成产量潜力降低[67, 69]。因此，目前国内水稻育种单位主要围绕适合常规种植模式，如移栽双季稻、移栽中稻的中、长生育期高产水稻开展商业化育种，而针对适合双季稻双直播等轻简化种植模式的短生育期高产水稻的公益性育种工作却相对较少。在我国前期育成的短生育期品种中，原丰早和浙幅802的生育期均在105～110d，而利用稻粱杂交选育出的超丰早一号生育期在100d左右[70]。李秀棋等[71]和方宝华等[72]在长江中下游地区开展了双季稻双直播的初步探索，鉴定了嘉育21、湘早籼6号等多个适宜当地生态环境的短生育期水稻品种。但是，这些品种在长江中下游地区用于双季稻双直播模式仍存在生育期过长、产量过低的问题。针对上述问题，必须选育90d左右的超短生育期水稻品种以避开在早季苗期和晚季灌浆期的低温胁迫，并通过品种遗传改良提高超短生育期水稻的产量潜力[18]。因此，亟须开展超短生育期水稻高产生理的研究，明确其高产形成的关键农艺性状以指导超短生育期品种的选育工作。

作者的研究团队从国内外水稻育种机构广泛收集短生育期水稻株系和品种，并在武汉开展早、晚季盆栽试验，从87个水稻材料中筛选生育期超短、具有高产特性的品种[74]。从图12-3和图12-4中可以看出，这些水稻材料中大部分生育期都在110d以下；从早、晚季的生育期和产量排序来看，这些水稻品种的生育期和产量并不存在线性相关关系，在生育期100d之内也可以获得产量表现相对较好的品种。在这些水稻品种中，生育期与主茎叶片数呈显著正相关关系，生育期较短的品种叶片数较少，长生育期基因型材料叶片数较多。早季不同生育期品种叶片数在10～17片，生育期较短品种叶片数在10～14片；晚季中所有基因型材料叶

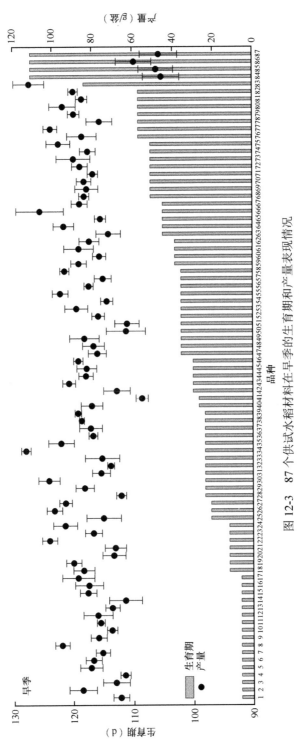

图 12-3　87 个供试水稻材料在早季的生育期和产量表现情况

数据来源于在武汉开展的盆栽试验[73]

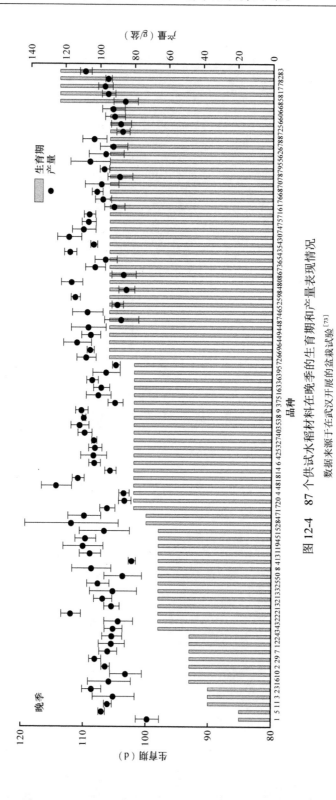

图 12-4 87 个供试水稻材料在晚季的生育期和产量表现情况

数据来源于在武汉开展的盆栽试验[73]

片数在9～16片，生育期较短的基因型材料叶片数在9～14片。各基因型材料全生育期平均有效积温在1415.9～1605.5℃/d，其中营养生长期所需有效积温最多，占总生育期的69.7%～74.5%。通过研究各基因型水稻各生长阶段的有效积温在季节中的稳定性发现，从播种到始穗期的天数较为稳定，而灌浆期长短则因品种而异，但是各基因型材料的全生育期都较为稳定。

作者的研究团队从中挑选了多个生育期短、产量高、株型好的候选品种，开展田间试验，发现这些品种在早、晚季的生育期在89～108d，单季产量可达到7.0～8.9t/hm²。与目前广泛应用的中、长生育期水稻品种相比，短生育期品种具有在作物轮作系统中灵活性更高、水分利用效率高和可规避非生物胁迫等优点[75]。但是，之前很少有研究关注在不牺牲产量潜力的前提下，水稻生育期可以缩短到多少天这一问题。众所周知，水稻的光周期敏感特性对营养生长阶段的长短有很大影响，会造成不同水稻品种之间生育期的巨大差异。与营养生长阶段相比，水稻生殖生长阶段的周期通常是比较稳定的，用于幼穗分化和发育的时间约为30d，很难进一步缩短。Yoshida[66]认为，在幼穗分化开始之前，水稻至少需要30d进行足够的营养生长，而生殖生长和灌浆期至少需要60d，因此早熟水稻品种至少需要90d完成生长周期。作者研究团队的研究结果证明了这些超短生育期品种的营养生长阶段均不少于30d，而与Yoshida的观点不一致的是大部分超短生育期品种的生殖生长阶段要少于30d，其中最短生育期品种的生殖生长阶段仅为21d。水稻灌浆期受品种特性和季节之间气候变化的影响非常大，最短仅为23d。这些结果说明，短生育期水稻品种为确保足够的营养生长，其营养生长阶段至少为30d，而生殖生长和籽粒灌浆阶段均可短于30d，水稻最短生育期在90d左右。此外，供试品种的营养生长和灌浆阶段在早季与晚季之间存在较大差异，这归因于不同季节之间日平均温度的差异。因此，如果将这些供试品种种植在热带和亚热带的温暖季节，则供试品种的生育期有望进一步缩短。

研究结果显示，超短生育期高产品种的产量水平已经达到与当地移栽双季稻单产水平相当。华中地区属于亚热带季风气候，全年适宜双季稻生长的天数有限，因此，日产量是判断双季稻生产力高低的重要标准。在作者的研究中，超短生育期高产品种的日产量最高达到101kg/hm²。在中国的超级杂交水稻育种计划中，袁隆平先生提出其主要育种目标之一就是超级杂交稻品种的日产量不少于100kg/hm²[74]。另外，超短生育期水稻的产量存在明显的品种差异，产量为6.4～10.0t/hm²。然而，与前人研究结果不同的是，作者的研究中短生育期水稻品种的产量变异与生育期长短无相关关系。不同品种之间的产量差异主要归因于每穗颖花数和成熟期地上部生物量（aboveground biomass，AGB）的差异（图12-5）。先前许多研究也指出，增加水稻颖花数和成熟期AGB是提高水稻产量的重要途径[75]。

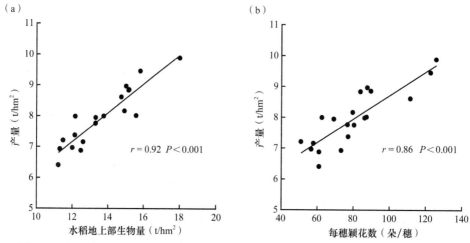

图 12-5 超短生育期水稻的产量与成熟期植株地上部生物量、每穗颖花数的相关关系

　　在每个水稻生长阶段保持高水平的作物生长速率对增加超短生育期水稻成熟期生物量和产量都至关重要。作物生长速率由水稻冠层表观光合作用决定，其主要受冠层光照拦截量和光能利用效率的影响。作者研究结果表明，不同超短生育期品种在营养生长期作物生长速率的差异主要由苗期水稻叶面积生长速率和分蘖速率控制，早发特性是实现高作物生长速率最重要的生理特征[76]。这是因为在水稻生长前期冠层处于未封行状态，此阶段的生物量生产与冠层光照拦截量成正比，高叶面积生长速率和分蘖速率可增加水稻冠层对入射光照的拦截率。随着生育进程的推进、水稻叶面积的增加，超短生育期品种在幼穗分化期的叶面积指数（leaf area index，LAI）均超过3.5。前人研究发现，完全直立的水稻冠层在LAI达到7.5时可以拦截95%的入射太阳辐射；披垂的冠层在LAI达到3.7时也足以拦截95%的入射太阳辐射[66]。这说明作者研究中的超短生育期品种在幼穗分化期就已经完成封行，因此其在生殖生长和灌浆阶段的生物量生产在很大程度上取决于光能利用效率，在水稻齐穗后增加叶片持绿性能够增加灌浆阶段的干物质生产，提高籽粒的灌浆充实度和产量。

　　直播稻播种期是影响生长发育和产量形成的重要栽培管理环节。直播早稻为规避倒春寒天气，防止低温胁迫造成的种谷烂芽和死苗，通常以连续3d以上日均温不低于12℃的初始日期作为直播早稻的安全播种期。直播晚稻为规避寒露风胁迫，防止无法安全抽穗、结实率低，通常以连续3d以上日均温不低于22℃的终止日期作为晚稻安全齐穗期。作者研究团队对双季稻双直播的适宜播种期也开展了一系列试验，在双季稻双直播模式下，晚季播种期延后会在抽穗灌浆期遭遇低温胁迫，导致结实率降低16.8%～22.8%，减产9.1%～11.9%。在超短生育期品种中，湘早籼6号耐低温能力强，其在晚季不同播种期处理间的结实率和产量无明显差异，可用作早稻收获期延后的晚稻生产补救品种。为保证双季稻双直播的安全生产，早稻适宜播种期在 4 月 10 日左右，晚稻播种期不能晚于 7 月 25 日。从生育期、产量、抗倒伏能力等角度，筛选获得了共 6 种适宜的品种和播期搭配，这些品种和播期搭配在双季稻双直播模式下周年生育期为 190d 左右，周年总产能够达到约 15t/hm²。

杂交稻相比于常规稻更适合于直播，这主要由于杂交稻苗期早生快发、分蘖力强、生长旺盛，具有较优的抗逆性和产量潜力[77]。前期的试验结果（表 12-1）表明：杂交稻品种（丰两优香 1 号、扬两优 6 号、Y 两优 1 号）在早直播用种量从每平方米 150 粒降低到 60 粒时，水稻产量没有下降。而常规稻品种黄华占在同样的情况下产量下降了 8.2%，达到显著水平。对于千粒重为 25g（含水量 14%）的水稻品种，每平方米 60 粒的播种量只相当于每公顷 15kg 的用种量，这是非常低的直播用种量，甚至低于移栽稻的正常用种量。在这么低的播种量下，杂交稻依靠前期的营养生长优势、高分蘖力，保证了单位面积的穗数不减少，从而确保了产量不降低。而常规稻黄华占在这么低的播种量下，单位面积的穗数明显降低，导致产量显著降低。尽管直播稻品种的筛选工作开展多年，但直播稻专用品种的选育仍被忽视。近年来，研究者逐渐开始重视直播稻专用品种的选育工作，NSIC Rc298 是国外第一个建议用于湿直播生产模式的水稻品种，其具有强种子活性、耐低氧萌发、抗倒、抗病虫、高产的特点。2017 年，我国出台的《主要农作物品种审定标准（国家级）》中，明确提出了直播稻等轻简化栽培品种的审定细则，并对直播稻品种的抗倒性、生育期、芽期耐低氧发芽、发芽率等相关性状做出规定。正如上述，由于直播稻与移栽稻生长特性的差异，双季稻双直播专用品种的遗传改良除追求高产、稳产、优质等育种目标外，还应关注一播全苗需要提高品种发芽期的耐寒和耐厌氧能力，以及晚稻生育后期的抗寒能力。另外，杂草管理、肥水管理等配套技术还不够完善，影响了双季稻双直播模式的产量发挥，以及产量的稳定性，后期还需要开展大量试验进行研究和完善，以期为双季稻轻简化生产提供技术支撑。

表 12-1　播种量对杂交稻和常规稻产量的影响（t/hm²）

品种	播种量		
	150 粒/m²	90 粒/m²	60 粒/m²
黄华占	9.22a	9.29a	8.46b
丰两优香 1 号	9.05a	8.98a	8.79a
扬两优 6 号	10.60a	10.71a	10.83a
Y 两优 1 号	11.13a	11.36a	11.34a

注：数据来源于文献[78]。同一行内标以不同小写字母的值在 0.05 水平上差异显著

参 考 文 献

[1] Farooq M, Siddique K H M, Rehman H, et al. Rice direct seeding: experiences, challenges and opportunities. Soil & Tillage Research, 2011, 111: 87-98.

[2] 邹应斌, 李克勤, 任泽民. 水稻的直播与免耕直播栽培研究进展. 作物研究, 2003, 17: 52-59.

[3] 王洋, 张祖立, 张亚双, 等. 国内外水稻直播种植发展概况. 农机化研究, 2007, 1: 48-50.

[4] Gianessi L P, Silvers C S, Sankula S, et al. Plant biotechnology: current and potential impact for improving pest management in US agriculture. National Center for Food and Agricultural Policy, Washington DC, 2002.

[5] Azmi M , Chin D V, Vongsaroj P, et al. Emerging issues in weed management of direct-seeded rice in Malaysia, Vietnam, and Thailand. Rice is Life: Scientific Perspectives for the 21st Century, 2015: 196-198.

[6] Bhushan L, Ladha J K, Gupta R K, et al. Saving of water and labor in a rice-wheat system with no tillage and direct seeding technologies. Agronomy Journal, 2007, 99: 1288-1296.

[7] 卞同洋, 陈益楼, 蔡立万. 江苏沿海农区直播水稻的高产栽培技术. 江西农业学报, 2007, 19: 34-37.

[8] Liu H, Won P L, Banayo N P, et al. Late-season nitrogen applications improve grain yield and fertilizer-use efficiency of dry direct-seeded rice in the tropics. Field Crops Research, 2019, 233: 114-120.

[9] Ohno H, Banayo N P, Bueno C, et al. On-farm assessment of a new early-maturing drought-tolerant rice cultivar for dry direct seeding in rainfed lowlands. Field Crops Research, 2018, 219: 222-228.

[10] 卢百关, 秦德荣, 樊继伟, 等. 江苏省直播稻生产现状, 趋势及存在问题探讨. 中国稻米, 2009, 2: 45-47.

[11] Nishida M, Moriizumi M, Tsuchiya K. Changes in the N recovery process from ^{15}N-labeled swine manure compost and rice bran in direct-seeded rice by simultaneous application of cattle manure compost. Soil Science & Plant Nutrition, 2005, 51: 577-581.

[12] 倪竹如, 陈俊伟, 阮美颖. 氮肥不同施用技术对直播水稻氮素吸收及其产量形成的影响. 核农学报, 2003, 17: 123-126.

[13] Bajwa A A, Ullah A, Farooq M, et al. Chemical control of parthenium weed (*Parthenium hysterophorus* L.) in two contrasting cultivars of rice under direct-seeded conditions. Crop Protection, 2019, 117: 26-36.

[14] Rao A N, Wani S P, Ramesha M S, et al. Rice production systems. *In*: Rice Production Worldwide. Switzerland: Springer, 2017: pp. 185-205.

[15] Kumar V, Ladha J K. Direct seeding of rice: recent developments and future research needs. *In*: Advances in Agronomy. Switzerland: Elsevier, 2011: pp. 297-413.

[16] 姚义, 霍中洋, 张洪程, 等. 播期对麦茬直播粳稻产量及品质的影响. 中国农业科学, 2011, 44: 3098-3107.

[17] Xu L, Zhan X, Yu T, et al. Yield performance of direct-seeded, double-season rice using varieties with short growth durations in central China. Field Crops Research, 2018, 227: 49-55.

[18] 彭少兵. 对转型时期水稻生产的战略思考. 中国科学: 生命科学, 2014, 44: 845-850.

[19] 金千瑜, 欧阳由男, 陆永良, 等. 我国南方直播稻若干问题及其技术对策研究. 中国农学通报, 2001, 17: 44-48.

[20] 顾掌根, 王岳钧. 水稻直播栽培高产机理研究初报. 作物研究, 2001, 15: 5-8.

[21] 罗锡文, 谢方平, 区颖刚, 等. 水稻生产不同栽植方式的比较试验. 农业工程学报, 2004, 20: 136-139.

[22] Cabangon R J, Tuong T P, Abdullah N B. Comparing water input and water productivity of transplanted and direct-seeded rice production systems. Agricultural Water Management, 2002, 57: 11-31.

[23] Mahajan G, Singh K, Singh N, et al. Screening of water-efficient rice genotypes for dry direct seeding in South Asia. Archives of Agronomy and Soil Science, 2018, 64: 103-115.

[24] McDonald A J, Riha S J, Duxbury J M, et al. Water balance and rice growth responses to direct seeding, deep tillage, and landscape placement: findings from a valley terrace in Nepal. Field Crops Research, 2006, 95: 367-382.

[25] 陈风波, 陈培勇. 中国南方部分地区水稻直播采用现状及经济效益评价. 中国稻米, 2011, 17: 1-5.

[26] Wang Z, Gu D, Beebout S S, et al. Effect of irrigation regime on grain yield, water productivity, and methane emissions in dry direct-seeded rice grown in raised beds with wheat straw incorporation. The Crop Journal, 2018, 6: 495-508.

[27] Wang W, Peng S, Liu H, et al. The possibility of replacing puddled transplanted flooded rice with dry seeded rice in central China: a review. Field Crops Research, 2017, 214: 310-320.

[28] Miller B C, Hill J E, Roberts S R. Plant population effects on growth and yield in water-seeded rice. Agronomy Journal, 1991, 83: 291-297.

[29] Pandey S, Velasco L. Economics of Direct Seeding in Asia: Patterns of Adoption and Research Priorities. Switzerland: Springer, 1999.

[30] Nie L, Peng S. Rice production in China. *In*: Chauhan B S, Jabran K, Mahajan G. Rice Production Worldwide. Switzerland: Springer, 2017: pp. 33-52.

[31] 何喜玲, 王俊. 水稻机械直播技术综述. 中国农机化, 2003, (1): 23-25.

[32] 曾山, 汤海涛, 罗锡文, 等. 同步开沟起垄施肥水稻精量旱穴直播机设计与试验. 农业工程学报, 2012, 28: 12-19.

[33] 唐湘如, 罗锡文, 黎国喜, 等. 精量穴直播早稻的产量形成特性. 农业工程学报, 2009, 25(7): 84-87.

[34] 王在满, 罗锡文, 唐湘如, 等. 基于农机与农艺相结合的水稻精量穴直播技术及机具. 华南农业大学学报, 2010, 31: 91-95.

[35] 冯跃华, 邹应斌, 许桂玲, 等. 免耕直播对一季晚稻田土壤特性及杂交水稻生长及产量形成的影响. 作物学报, 2006, 32: 1728-1736.

[36] 冯跃华, 邹应斌, 王淑红, 等. 免耕对土壤理化性状和直播稻生长及产量形成的影响. 作物研究, 2004, 18: 137-140.

[37] Yoshinaga S. Direct-seeding cultivation of rice in Japan: stabilization of seedling establishment and improvement of lodging resistance. Copyright International Rice Research Institute, 2005: 184.

[38] 阮松林, 薛庆中. 壳聚糖包衣对杂交水稻种子发芽和幼苗耐盐性的影响. 作物学报, 2002, 28: 803-808.

[39] Myint S, Soe T T, Thaung M, et al. Effect of seed rate on grain yield of direct wet-seeded rice.

In: Proceedings of the Second Agricultural Research Conference, Yezin Agricultural University. Pyinmana, 2001: 49-54.

[40] Setter T L, Laureles E V, Mazaredo A M. Lodging reduces yield of rice by self-shading and reductions in canopy photosynthesis. Field Crops Research, 1997, 49: 95-106.

[41] Counce P A, Siebenmorgen T J, Poag M A, et al. Panicle emergence of tiller types and grain yield of tiller order for direct-seeded rice cultivars. Field Crops Research, 1996, 47: 235-242.

[42] Yang J, Zhang J. Grain-filling problem in "super" rice. Journal of Experimental Botany, 2010, 61: 1-5.

[43] Katsura K, Maeda S, Horie T, et al. Analysis of yield attributes and crop physiological traits of Liangyoupeijiu, a hybrid rice recently bred in China. Field Crops Research, 2007, 103: 170-177.

[44] Kato Y, Okami M. Root growth dynamics and stomatal behaviour of rice (*Oryza sativa* L.) grown under aerobic and flooded conditions. Field Crops Research, 2010, 117: 9-17.

[45] 凌启鸿, 陆卫平, 蔡建中, 等. 水稻根系分布与叶角关系的研究初报. 作物学报, 1989, 15(2): 123-131.

[46] Xu L, Li X, Wang X, et al. Comparing the grain yields of direct-seeded and transplanted rice: a meta-analysis. Agronomy, 2019, 9 (11): 767.

[47] Johnson D E, Mortimer A M. Issues for integrated weed management and decision support in direct-seeded rice. Rice is Life: Scientific Perspectives for the 21st Century, 2005: 211-214.

[48] Rao A N, Johnson D E, Sivaprasad B, et al. Weed management in direct-seeded rice. Advances in Agronomy, 2007, 93: 153-255.

[49] Pantone D J, Baker J B. Weed-crop competition models and response-surface analysis of red rice competition in cultivated rice: a review. Crop Science, 1991, 31: 1105-1110.

[50] Karim R S, Man A B, Sahid I B. Weed problems and their management in rice fields of Malaysia: an overview. Weed Biology and Management, 2004, 4: 177-186.

[51] Kumar V, Bellinder R R, Brainard D C, et al. Risks of herbicide-resistant rice in India: a review. Crop Protection, 2008, 27: 320-329.

[52] Mackill D J, Coffman W R, Garrity D P, et al. Rainfed Lowland Rice Improvement. Manila: International Rice Research Institute, 1996.

[53] Islam M F, Sarkar M A R, Islam M S, et al. Effects of crop establishment methods on root and shoot growth, lodging behavior of Aus rice. Int J Biol Res, 2008, 5: 60-64.

[54] Cui K, Peng S, Xing Y, et al. Molecular dissection of seedling-vigor and associated physiological traits in rice. Theoretical and Applied Genetics, 2002, 105: 745-753.

[55] Fahad S, Nie L, Chen Y, et al. Crop plant hormones and environmental stress. *In*: Lichtfouse E. Sustainable Agriculture Reviews. Geneva: Springer International Publishing, 2015: 371-400.

[56] 章秀福, 王丹英, 方福平, 等. 中国粮食安全和水稻生产. 农业现代化研究, 2005, 26: 85-88.

[57] Cassman K G. Ecological intensification of cereal production systems: yield potential, soil quality, and precision agriculture. Proceedings of the National Academy of Sciences of the United States of America, 1999, 96: 5952-5959.

[58] Deng N, Grassini P, Yang H, et al. Closing yield gaps for rice self-sufficiency in China. Nature Communications, 2019, 10: 1-9.

[59] Ray D K, Foley J A. Increasing global crop harvest frequency: recent trends and future directions. Environmental Research Letters, 2013, 8: 044041.

[60] 苏柏元, 陈惠哲, 朱德峰. 水稻直播栽培技术发展现状及对策. 农业科技通讯, 2014, (1): 7-11.

[61] 吴文革, 陈烨, 钱银飞, 等. 水稻直播栽培的发展概况与研究进展. 中国农业科技导报, 2006, 8: 32-36.

[62] 谭可菲, 刘传增, 马波, 等. 黑龙江西部直播水稻适宜品种筛选. 中国稻米, 2019, 25: 105-107.

[63] 徐正浩, 丁元树, 徐静燕. 双季直播稻的技术关键与应用前景. 中国稻米, 1995, 1: 15-17.

[64] 艾治勇, 郭夏宇, 刘文祥, 等. 长江中游地区双季稻安全生产日期的变化. 作物学报, 2014, 40: 1320-1329.

[65] Wang D, Huang J, Nie L, et al. Integrated crop management practices for maximizing grain yield of double-season rice crop. Scientific Reports, 2017, 7: 38982.

[66] Yoshida S. Fundamentals of rice crop science. Manila: International Rice Research Institute, 1981.

[67] Peng S, Khush G S, Cassman K G. Evolution of the new plant ideotype for increased yield potential. Breaking the Yield Barrier: Proceedings of a Workshop on Rice Yield Potential in Favorable Environments. Los Banos: International Rice Research Institute, 1994.

[68] Akita S. Improving yield potential in tropical rice. Progress in irrigated rice research. Progress in Irrigated Rice Research. Los Banos: International Rice Research Institute, 1989.

[69] Yao F, Huang J, Nie L, et al. Dry matter and N contributions to the formation of sink size in early- and late-maturing rice under various N rates in central China. International Journal of Agriculture & Biology, 2016, 18: 46-51.

[70] 闵绍楷, 申宗坦, 熊振民. 水稻育种学. 北京: 中国农业出版社, 1996: 172-209, 428-444.

[71] 李秀棋, 金龙光. 浙南沿海地区杂交水稻双季直播的生育特点及栽培技术. 浙江农业科学, 1998, 3: 115-117.

[72] 方宝华, 夏胜平, 刘云开, 等. 洞庭湖区水稻双季直播模式研究. 湖南农业科学, 2009, 7: 27-30.

[73] 俞婷婷. 湖北地区双季稻直播种质资源筛选及评价研究. 华中农业大学硕士学位论文, 2016.

[74] Yuan L. Breeding of super hybrid rice. In: Peng S, Hardy B. Rice Research for Food Security and Poverty Alleviation. Los Banos: International Rice Research Institute, 2001: 143-149.

[75] Huang M, Zou Y, Jiang P, et al. Yield gap analysis of super hybrid rice between two subtropical environments, Australian Journal of Crop Science, 2013, 7: 600.

[76] Laza M R C, Peng S, Sanico A L, et al. Higher leaf area growth rate contributes to greater vegetative growth of F1 rice hybrids in the tropics. Plant Production Science, 2001, 4: 184-188.

[77] 彭少兵. 转型时期杂交水稻的困境与出路. 作物学报, 2016, 42: 313-319.

[78] Sun L, Hussain S, Liu H, et al. Implications of low sowing rate for hybrid rice varieties under dry direct-seeded rice system in central China. Field Crops Research, 2015, 175: 87-95.

第十三章　再生稻的研究与发展 ①

第一节　再生稻的研究与发展历程

一、再生稻的起源与发展历史

再生稻是水稻种植的一种模式，即在前茬水稻收割后利用稻桩上存活的休眠芽或潜伏芽，给予适宜的水、温、光和养分等条件加以培育，使之萌发成再生分蘖，进而抽穗成熟的一季水稻，俗称抱荪谷或秧荪谷。

再生稻又名怀胎草，为一种中草药，具有化积除湿、宽肠消胀之功效。再生稻具有一种两收，省种、省工、省水、省药、省秧田，经济高效，增产增收，栽培技术简单易行，米质好，食味佳，无污染等诸多优点。营养特点：可提供丰富 B 族维生素；具有补中益气、健脾养胃、益精强志、和五脏、通血脉、聪耳明目、止烦、止渴、止泻的功效；米粥具有补脾、和胃、清肺功效。

（一）中国古代的再生稻种植

据郭文韬[1]研究考证，1700 年前我国在西晋时期（公元 265～316 年）就始创了再生稻的栽培。据西晋郭义恭《广志》一书的记载："南方有盖下白稻，正月种，五月获；获讫，其茎根复生，九月熟。"这里的"南方"就是指中国的华南地区，而"盖下白"稻种就是当时被公认为最适宜作再生稻栽培的专用品种。西晋时期，中国的长江流域也创始了再生稻的栽培，西晋左思《吴都赋》中有"国税再熟之稻"的记载。这里所说的"再熟之稻"就是再生稻。从《广志》中所载西晋时期的水稻品种资源来看，尚不具备栽培连作稻的适宜的早稻品种，因此，西晋时期的再熟稻应该是再生稻。另据北宋乐史撰《太平寰宇记》记载，当时仍然把再生稻称作再熟稻，认为"春夏收讫，其株又苗生，至秋薄熟，即《吴都赋》云再熟稻。"由此可见，从西晋的"再熟之稻"到北宋的"再熟稻"，在多数情况下，指的是再生稻。东晋时期，再生稻的栽培延续下来了，并且形象地被称作稻荪。东晋张湛《养生要集》中就把"稻已割而复抽"称作稻荪。南朝梁顾野王撰《玉篇》时称"再生稻谓之秋"，这是中国再生稻一词的首次出现。有人说中国再生稻一词是外来词，来自日本的说法是不准确的。

① 本章执笔人：刘章勇（长江大学农学院，E-mail: Lzy1331@hotmail.com）

金　涛（长江大学农学院，E-mail: 10669449@qq.com）

杨　梅（长江大学农学院，E-mail: myang207@yangtzeu.edu.cn）

隋唐宋元时期是中国再生稻的初步发展时期。《唐书》曰："秔生稻二百一十五顷，再熟稻一千八百顷，其粒与常稻无异。"这里所说的再熟稻，仍然指的是再生稻。因为扬州地处苏北地区，从气候条件和品种资源来看，当时尚不具备栽培连作稻的条件，从"其粒与常稻无异"的情况来看，这种"再熟稻"和"再生稻"是同常规稻有区别的另一种稻，但是从它们的米粒上看是同常规稻没有什么区别的。从这条文献记载来看，唐代再生稻的栽培已经从苏南地区发展到苏北地区了。至宋代，中国再生稻的栽培已经遍及长江流域地区。北宋蒋堂的《吴江亭诗》中有"经秋田熟稻生孙"之句，说明公元 11 世纪时苏州地区已有再生稻的栽培。《宋史·五行志》记载：元丰六年（1083 年），洪州七县（仁西南昌周围）稻已获，再生皆实。这就是说在北宋元丰年间，江西南昌周围的 7 县已经大面积栽培再生稻。《宋史·仁宗本纪》记载：仁宗庆历八年（1084 年），庐州合肥县，稻再熟。可见北宋时期，安徽地区也有再生稻的大面积栽培。南宋时期，不仅江苏、安徽等地再生稻的栽培有持续的发展，而且扩展到浙江的绍兴一带和四川的蓬溪一带。南宋范成大在《吴郡志》中对苏州地区再生稻的栽培作了生动的描述：今田间丰岁已刈，而稻根复蒸，苗极易长，旋复成实。南宋叶宾在《坦斋笔衡》中记载了安徽无为地区再生稻的情况：米元章为犯守，秋日与寮左敬楼燕集，遥望田间，青色如剪，元章曰：秋已晚矣，刈获告功，而田中复青，何也？亟呼老农问之，农曰：稻荪也。稻已讫，得雨复抽余穗，故稚色如此，是可喜也。由此可见，宋代再生稻的栽培已遍及长江流域的江苏、浙江、安徽、两湖、四川等地。

明清时期是中国再生稻持续发展的时期。这一时期不仅长江流域的再生稻有持续的发展，而且将再生稻的栽培从长江流域扩展到云贵高原。明黄省曾的《理生玉镜稻品》是记载长江中下游地区水稻品种资源的专著，其中就有关于再生稻的记载：其已刈而根复发苗再实者，谓之再熟稻，亦谓再撩。看来，中国古代是习惯于称再生稻为再熟稻的。清张泓在《滇南新语》一书中描写了云南元江府栽培再生稻的情况：元江府……稻以仲冬播种，莳于季春，收讫后复反生成穗，至秋再刈，所获微减于前。可见，到了清代，中国已将再生稻的栽培扩展到云贵高原。

（二）近代民国年间的再生稻栽培

民国二十七年（1938 年），湖南、四川省曾有推广再生稻的举措，并且将这一措施作为战时增加米粮增产的八大工作之一。当时的湘米改进委员会，以滨湖再生稻原产区为重点推广区，先将再生稻的栽培方法编印成册分发给各县广为宣传，同时由该会函请建设厅转呈省政府印发布告，并且饬令（上级命令下级）滨湖各县政府督促乡保长切实提倡，劝令当地农民于中稻收割后尽量栽培再生稻，并妥加管理。其后又指定常德、渭具、安乡、华容为提倡中心县，并将提倡成绩列为保甲长的考绩，继之又派官员分赴各县负责主持推动，并印发表格令饬调查填报，均取得了较好的推广。四川省稻麦改进所应战时的需要，民国二十七年曾在奉节、云阳、万县、资中等 20 多个县进行再生稻示范。民国二十八年（1939 年）四川省农业改进所根据上年示范结果，在万县、涪陵、忠县、永川、荣昌、内江、富顺、新津、眉山等 10 个县推广再生稻，并指派人员依当地环境，择区培育再生稻，印发栽培法，颁布奖励办法，认真推广再生稻，也取得显著效果[1]。为了推广再生稻，中国的农业科研人员，早在 20 世纪 30 年代就开始了再生稻的研究。据目前所知，四川农业大学已故校长杨开渠教授在 30 年代就开始了再生稻的研究，他是世界上最早研究再生稻，并且是研究得最全面和最深入的科学家[1]。他不仅对稻秆上再生芽的形成、生芽和死芽的分布，再生蘖的萌发及其在各节上的分布，以及再生稻穗的分化等，从发育形态上进行了系统的研究；还研究了第一季稻收割时期与再生蘖的萌发及产量的关系，肥料对再生稻有效穗及开花期、产量的影响，第一季稻秧苗素质与插植苗数对头季稻和再生稻植株生长发育的影响等，并比较了不同品种再生稻的萌发及产量差异与相关性。他明确指出：稻秆上活着的休眠芽随着水稻的抽穗，而逐步减少，节位愈高活芽数愈多，萌发率愈高，伸长也愈快，稻秆上芽的穗分化是在母茎穗分化后 20d 开始，上部的芽分化早，下部的分化迟；头季稻割愈早，留桩愈高，再生蘖数和有效率愈高，生长好，产量高；头季稻收割前施肥能增加活芽数，提高萌发率。他的研究工作为中国再生稻的生物学和栽培技术的研究奠定了基础[1]。

（三）现代再生稻的研究与利用

20 世纪 70 年代以来，中国南方各地的农业科研单位和农业技术推广部门用矮秆常规稻和杂交稻做了大量试验研究及大面积生产示范，再生稻的大面积试种取得了显著的成绩。广东省佛山市农业科学研究所 1973 年用广二矮 5711 和 IR24 两个品种作低节位再生，获得再生稻亩产 300～350kg 的成绩。1977 年，该所在冬水田大面积上用 IR24 等品种作再生示范，再生稻平均亩产达 542～582kg，加上头季稻合计亩产稻谷 1076～1136kg，使冬水田稻谷亩产过了吨粮关。1993 年，福建省莆田市和宁德市、江西省南昌市、广东省新会市用杂交水稻矮优 2 号、汕优 4 号、闽优 2 号和南优等品种作再生稻，头季稻亩产 438～544kg，再生稻亩产 338～392kg，从而为南方冬水田杂交稻的推广开辟了新的增产途径。

21 世纪特别是 2011 年以来，再生稻在我国南方湖北、四川、福建等省得到了大力发展，相关高产高效绿色栽培技术研究取得了新的进展。以湖北省为例，湖北地处我国黄金水稻带长江流域的中部，历来是我国重要的水稻产区之一。湖北省稻作耕作制度是单季稻和双季稻并存，然而由于目前农村青壮年劳动力的转移，全省一季中稻面积已由 20 世纪 90 年代的 100 万 hm^2 扩大到 133 万 hm^2。这些调整增加的一季中稻面积全部适宜种植再生稻，是发展再生稻的有效耕地资源，加上原有的一季中稻中部分面积也适宜改种再生稻，全省可供发展再生稻的耕地面积预计在 50 万 hm^2 以上。湖北省再生稻高峰年份 1990 年达到了 33 万 hm^2，21 世纪以来逐步萎缩。影响湖北省再生稻发展的关键制约因素包括：一是传统的再生稻生产技术不适于当前劳动力结构的改变。湖北省传统种植再生稻，多采用手插秧及手工收割，制约了再生稻的规模化种植。二是适于机械化生产的再生稻品种筛选、化控促芽、适时播种期、病虫害防治及肥水管理等再生稻高产高效栽培技术尚不完善。三是认识不足。目前再生稻的发展主要靠农民的自发和习惯种植，还没有把再生稻真正当成一季庄稼来种，有则收，无则丢。如果能在技术上解决这些制约因素，湖北省再生稻发展面积可以大幅度增加。从经济效益角度分析，湖北省目前有 133.33 万 hm² 中稻，发展再生稻实现一种两收，平均每亩每年可增收水稻 300kg 左右，按发展 500 万亩再生稻计算，每年可增产 15 亿 kg 粮食，效益巨大[2]。同时，再生稻米质优良，特别是口感食味好，对稻米加工和绿色优质稻的发展也会产生很大的推动作用。

从目前全国再生稻生产形势来看，我国福建省无论是面积还是产量都处于全国领先水平，超级再生稻育种技术也走在全国前列。福建省农业科学院从 1999 年起，在尤溪县建立超级稻作再生稻栽培的超高产示范片，先后筛选出汕优明 86、Ⅱ优明 86、Ⅱ优航 1 号等 6 个适应当地生态、适合作再生稻栽培、具有头季产量高和再生能力强等特性的新组合，再生稻栽培示范取得良好效果。2010 年以来，每年百亩再生稻示范片头季平均单产超过 12 200kg/hm²，再生季平均单产超过 6000kg/hm²，年产量均达 18 000kg/hm² 以上，最高年产量达 21 750 kg/hm²。

除高产试验外，再生稻的品种选育、留桩高度、播期和病虫害防治等研究方面都有新的进展。蔡光璟选用福建省主推的 10 个优质稻品种进行小区对比试验，通过对供试品种的产量、产量构成因素、生育期、丰产性及抗逆性进行综合分析，筛选出佳辐占、丰两优 1 号、嘉优 99 3 个品种，作为低留桩机收再生稻进行应用推广。俞道标等指出，提早施用促蘖肥和穗肥的处理，穗数较多，穗子较大，增产 5.9%；而提早施促蘖肥和穗肥加施粒肥的处理，穗数更多，增产 13.7%。徐富贤研究表明，对头季稻做留高桩的处理，其再生稻胶稠度和直链淀粉含量显著变优，头季稻品种品质对再生稻品质有重要影响。杨日等提出，海拔 140m 以下地区，超级稻宜在 3 月中下旬早播，最迟不超过 4 月 8 日，再生稻留 10～20cm 低桩，通过促大穗大粒可获得高产；海拔 250m 以上中稻地区，超级稻宜 3 月 19～24 日播种，最迟不超过 4 月 3 日，再生稻留高桩，保留倒 2 节，通过提高有效穗可获得高产。再生稻对头季稻有较强依赖性，防治再生稻纹枯病必须从头季稻抓起。杨之建等指出，中稻纹枯病始病期、孕穗末期和再生稻孕穗末期各防治 1 次，对提高纹枯病的总体防效，增加再生稻产量有明显效果。根据目前湖北省再生稻的生产现状及农业机械化的发展趋势，未来再生稻要得到大发展必须依次解决适宜机械化生产的再生稻品种筛选，化学调控技术，播期，以及病害防治和水肥调控技术等，最终提炼形成针对湖北省再生稻高产栽培的技术规程，并通过示范区加以推广，以推动湖北省再生稻产业的发展进程。

中国再生稻栽培面积约 100 万 hm², 但受到品种再生能力、肥水调控技术、生长调节技术、机械化作业水平、劳动力成本不断攀升等多种因素的制约，其推广应用并不十分理想。

二、再生稻的研究内容与成就回顾

(一)再生稻的主要研究内容

实践证明，再生稻能充分利用光温资源，改革耕作制度，提高复种指数，促进农民增产增收。特别是在当前劳动力成本急升、稻米品质难以提高、粮食安全形势严峻的新形势下，发展再生稻是提高复种指数、增加稻田单位面积产量、大幅提升稻米品质的有效途径。

1. 再生能力强、中熟、耐碾压的杂交水稻品种的选育与筛选

水稻品种是蓄留再生稻的基础，品种间再生能力差异很大，有的品种再生能力强，有的品种则几乎没有再生能力。近年南方稻区蓄留再生稻品种存在三个主要问题：一是再生能力中等，离再生稻高产要求尚有较大差距；二是生育期偏长，限制了再生稻面积和单产的稳定性；三是不耐碾压，不利于一种两收的机械化作业。从整个南方稻区生产和生态条件看，再生稻要成为一种重要的稳定的耕作制度，品种除头季要高产、优质外，同时要求具有再生能力强、中早熟、耐碾压等特性，以提高再生稻单产、稳产性和生产效率，实现面积北扩和南移。具体研究内容包括：一是南方再生稻生态适宜区的划分与布局评价；二是适宜各区强再生、耐碾压早中晚优质杂交水稻组合的选育；三是再生能力强、中熟、耐碾压的杂交水稻品种的筛选与适应性试验；四是不同品种配套高产栽培技术的优化。

2. 水稻一种两收两季兼顾的关键栽培技术研究

在种好头季稻培育健壮个体的基础上，再生稻的关键栽培技术包括：头季稻的收割期、留桩高度、促芽肥施用量及时期、再生稻的化学调控等。头季稻收割期的早迟直接影响头季稻产量高低、再生稻发苗多少及其能否安全抽穗开花等，早收影响头季稻，迟收损伤再生力。头季稻收后季节紧的地区留桩高度可以适当高一些，而头季稻收后季节充足的地区留桩高度可适当低些。关于再生稻促芽肥和发苗肥的施用量及时间，头季稻收前 7d 至收后 3d 是施肥关键期，根据头季稻抽穗后的长势看苗决定施什么施多少。具体研究内容包括：再生稻的生理生态研究；不同区域头季稻的收割期、留桩高度、促芽肥施用量及时期研究；高产优质再生稻生产的肥水管理技术研究；再生稻的病虫害综合防控技术；再生稻的化学调控效应与试剂复配筛选；再生稻的微肥效应与新产品研制；再生稻的品质改变机制与促进技术。

3. 适宜再生稻生长需要的全程机械化生产技术

为适应再生需要的头季稻的收获与普通水稻的收获有很大不同，一是收获时期不同，二是留桩高度不同，三是要尽量避免碾压，因而对收割机械的要求更高。而在农业劳动力成本大幅升高的现代农业发展背景下，再生稻要有可持续的生命力，必须解决头季稻机械收割的问题[3]。具体研究内容包括：再生稻的耐碾压性与倒伏、腋芽萌发、成穗率、产量等的关系；适宜再生稻生长需要的不同型号收割机械的研制与示范；兼具收获与施肥功能的复合收割机的研制与示范；机械收割后水稻再生能力的诱导技术。

4. 适宜不同生态区的水稻一种两收吨粮工程技术体系

受温光热水土等农业自然资源及种植习惯、劳动力成本等各种因素的影响，再生稻的推广应用理论上可以分为最适宜区、适宜区和发展区，而不同区域必须采取不同的发展策略和技术体系，才能取得最好的效果。具体研究内容包括：再生稻的可持续发展战略与对策研究；最适宜区水稻一种两收吨粮工程技术体系集成与示范；适宜区水稻一种两收吨粮工程技术体系集成与示范；发展区水稻一种两收吨粮工程技术体系集成与示范。

（二）再生稻发展成就回顾

1. 关于再生稻的生理生态

再生稻是头季稻茎节上休眠芽萌发成穗的，头季稻后期光合产物能被再生稻利用的比例虽然很小，但对再生芽的萌发及穗的分化起着重要作用，甚至是再生芽生长好坏的决定性因素。头季茎鞘贮存物质主要用于再生茎叶的生长和穗的形成，留高桩时甚至可构成产量的20%。湖北省农业科学院研究表明，头季稻老根吸收养分的50%左右贮存在老茎中，40%左右供给低位芽伸长萌发，仅10%左右供给高位芽。头季稻后期光合产物的分配，从孕穗期到黄熟期均是穗部最多，其次是茎鞘和芽。张洪、王贵学和陈国惠等根据再生稻休眠芽伸长萌发和产量形成的生态条件，采用主成分分析法和聚类分析法，分别选取25个（四川）、28个（云南）、21个（湖北）、10个（贵州）和22个（安徽）气象因子研究再生稻的区划，结果四川为5个、云南为3个、湖北为3个、贵州为3个、安徽为4个气候生态区。方文等用23个气象指标，把四川蓄留再生稻分为最适宜区、适宜区和发展区，蓄留再生稻面积达53万 hm^2（含重庆市）。这些研究结果为指导再生稻的合理布局起了较好作用[2]。

2. 再生稻稻穗生育特点及品种选育

再生稻各节抽穗期与分化有关，节位高 C/N 大，生育期短，抽穗早，稻穗小；

节位低 C/N 小，生育期长，抽穗迟，稻穗大。头季稻收后不同品种再生芽幼穗分化出两种类型，一种是茎秆中间节上再生芽发育快，两头节上再生芽发育慢，另一种是随着伸长节间上升，各节位再生芽的幼穗分化进程也逐节相应加快。休眠芽萌发成蘖后，不同节位上的蘖叶片数不同，一般有 2～9 叶；出叶速度亦不同，变幅在 2.8～7.3d；头季稻主茎倒 2、3、4、5 节再生芽穗分化至再生稻齐穗所需天数在 35～53d[4]。由于所用研究品种不同，再生芽幼穗分化停止期长短也不同，不同节位再生芽幼穗分化始期有些差异，但就不同节位再生稻抽穗期的结论是一致的，即头季稻中上部节再生稻较下部早抽穗。对再生稻稻穗生长发育过程的研究为再生稻栽培技术研究奠定了基础。

选育头季稻产量高，再生能力又强的品种是水稻育种工作的主攻目标。Y 两优 1 号是国家杂交水稻工程技术研究中心新育成的广适性超级杂交稻组合，2006 年被农业部确认为超级稻品种。该组合不仅表现高产稳产，而且再生能力强。2005 年在湖南浏阳作头季稻+再生稻试种，头季稻单产为 11.46t/hm²，结实率高达 93%，再生稻单产达 6.65t/hm²，两季总产 18.11t/hm²；在广西平乐作头季稻+再生稻试种也获得了高产，两季总产 18.51t/hm²。熊洪等研究再生稻产量性状和产量的相关性及通径，分析表明，有效穗对产量的通径系数最大，其次是穗实粒数，再次是千粒重，为再生稻高产提出了主攻方向[5]。

3. 再生稻的栽培技术

1）头季稻的收割期

头季稻收割期的早迟直接影响头季稻产量的高低，研究再生稻发苗多少及其能否安全抽穗开花的较多，而且观点也不一致。广东地区的研究结果显示，早收影响头季稻，迟收损伤再生力，认为九成熟（90% 籽粒黄熟）左右收获有利于休眠芽的伸长萌发，苗昌泽认为九成五黄（95% 籽粒黄熟）收头季较好。孙晓辉等研究认为，头季稻收割期应根据从收割头季稻到再生稻齐穗所需日数和再生稻安全抽穗开花的终止期确定。熊洪等研究得出，当田中间稻株上休眠芽从头季稻叶鞘伸出 1cm 后，收割头季稻不但休眠芽萌发多，而且可缓解高温伏旱对发苗的影响，以实现再生稻多穗高产。

2）头季稻的留桩高度

不同品种和不同温度地区要求的留桩高度各异，且留桩高度与休眠芽伸长萌发多少和生育期关系密切。孙晓辉等 1996 年研究杂交稻汕优 63 的留桩高度，认为高留桩（33cm）可提高倒 2 节保留率，生育期缩短，成熟期提早，且缺株率低，有效穗多增产效果显著。继此之后，郑累生 2016 年、刘建华 2019 年、刘圣全等 1997 年研究头季稻留桩高度一致认为 30～50cm，保住倒 2 节（保护段 2～3cm），再生稻有效穗多，产量高。头季稻收后季节紧的地区再生稻留桩高度应达 30～50cm，再生稻生育期短，能安全抽穗开花，穗子稍小，但可以穗多夺高产。

相反，头季稻收后季节充足地区，留桩高度宜在 20cm 内，再生稻生育期虽较长，由于头季收后，季节充足，温光条件好，抽穗开花有保证，仍能利用低位芽结合肥水促控形成大穗夺高产。

3）再生稻的施肥

福建省农业科学院试验显示，头季收后 3～4d 每公顷施硫酸铵 150～225kg，每公顷再生稻产量 4500～5250kg。广东认为头季稻收前 7d 至收后 3d 薄施肥（45～60kg/hm²），收后 12d 重施肥（150kg/hm²），可起到提高成穗率、增加有效穗的效果。孙晓辉等对促芽肥施用量和时间进行多点试验，结果头季齐穗后 15d 施尿素 150kg/hm²，可增强头季稻后期光合作用和氮素代谢作用，促进休眠芽早发多发，增加有效穗数，肯定了促芽肥的作用。再生稻促芽肥和发苗肥的施用，应根据头季稻抽穗后的长势看苗决定施与不施或施多施少；对那些长势旺、稻株含氮高的田块，应少施或不施氮肥；相反，对那些长势差、稻株含氮量低的田块，应重施氮肥；这样才能提高肥料利用率，使促芽肥和发苗肥起到以氮肥调节稻株氮素水平的作用，从而促进休眠芽的伸长与多萌发。

4）再生稻的田间管理

再生芽的萌发与头季稻后期根系活力有密切关系。通透性差的冷烂田，再生稻发苗差；相反，排水良好、土壤通透性好的稻田，再生稻发苗多。因此，多数水分管理研究者认为，冷浸湿烂稻田头季稻于分蘖高峰期和齐穗后两次烤田，稻田实行干湿交替灌溉，可增加土壤的通透性，起到养根、护叶、壮芽、促进休眠芽伸长萌发的作用。但与头季稻收后灌水方式上的研究结果不完全一致，孙晓辉等提出，以半旱式栽培法协调防旱与排水透气增强根系活力的矛盾，头季稻收后留低桩的应浅水间歇或湿润灌溉，高留桩的稻田可灌水 7～10cm。与病虫防治的研究结果较一致，均要求在防治螟虫、飞虱和稻瘟病等基础上，强调在水稻分蘖高峰期和孕穗期防治纹枯病，达到既培育健壮个体，又保护休眠芽的效果，为再生稻的多发苗奠定基础。

5）再生稻的化学调控

江世华、林瀚昕等对多效唑、赤霉素、喷施宝、核酸制剂、绿旺、绿宝、磷酸二氢钾等进行研究，认为植物生长调节剂多效唑和赤霉素可促进休眠芽伸长，增加再生稻发苗数，其中赤霉素还能促进再生稻早抽穗开花。但对赤霉素施用时期各研究的观点不同，有的认为结合施促芽肥喷施，可起到延缓头季早衰、促进休眠芽伸长的作用。有的认为在再生稻发苗期喷施，可增加发苗数。还有的认为在再生稻始穗期喷施，能促进下部分蘖早抽穗开花，提高结实率。微肥喷施宝、核酸制剂、绿旺、绿宝和磷酸二氢钾对促进休眠芽萌发，改善再生稻性状有一定效果。核酸制剂在头季齐穗 20d 施，其他微肥在再生稻发苗期施效果较好。头季收后常有高温干旱的地区，喷施某些植物生长调节剂和微肥，可缓解高温干旱对再生稻发苗的影响，增加再生稻有效穗数，从而达到稳定再生稻产量的目的。

总之，南方稻区生产和生态条件是可以蓄留再生稻的，其产量水平南亚热带＞中亚热带＞北亚热带。只要积极研究解决技术和生产上本身存在的问题，面积将北扩南移，单产和成功率将不断提高，最终会成为一种增加水稻产量的耕作制度。

三、再生稻的再兴起与面临的主要问题

（一）再生稻的再兴起

以湖北省为例，再生稻在 20 世纪 80 年代中期至 90 年代中期有一个快速的发展，湖北省大概在 8 万 hm² 左右。之后，由于粮食结构性过剩等多种因素影响，再生稻生产处于自发和零星状态，面积逐年下降，湖北省徘徊在 3 万 hm² 左右。21 世纪 10 年代以后，由于农业发展方式的转变，农村劳动力不足，加上水稻生产机械化的进步，再生稻生产又出现了较快的发展，2017 年湖北省的再生稻面积达到了 19 万 hm²。至 2017 年底，全国再生稻面积达到了 85 万 hm² 左右，可以说又迎来了一个快速发展时期。

（二）再生稻产业面临的主要问题

以水稻生产大省湖北为例，再生稻产业目前存在效益不高、产量不稳、经营规模小的问题，严重地制约着稻作生产的可持续发展。一方面，随着我国经济和社会的迅猛发展，江汉平原的稻作必将面临以规模化经营、经营主体改变和产品多样化变化为导向的产业升级。另一方面，该地域已经和正经历一系列的自然环境（极端气候、污染）和社会经济环境（劳动力减少、经营单元规模扩大、比较效益相对下降、品种进步偏缓等）变迁，稻作生产正面临种种安全隐患。具体包括，缺乏高产、稳产、高品质和高效的多样化强势品种；缺乏规模化生产所需的关键生产机械、干燥机械和省力化栽培技术；缺乏适应区域化和企业化生产所需的生产标准与规范（有机米和绿色米生产）；缺乏稻产品多样化生产与多样化加工相结合、提升生产效益的技术[2]。

（1）重视不到位，面积不大。再生稻没有作为一季粮食种植面积纳入统计，没有享受种粮补贴，政策上没有支持。部分地区农民认识不够，抱着有收就收、无收就丢的态度，没有真正作为一季庄稼种植，蓄留再生稻的保收率不高。

（2）技术不到位，单产不高。目前，湖北省再生稻的单产水平仅 3.3t/hm²，主要原因是再生稻品种选育尚未取得重大突破，栽培技术到位率不高，技术不配套，机械化生产的研究和推广力度都不大，地区间发展不平衡。

（3）机收不过关，碾损较大。现有普通收割机，收割再生稻头季时，其履带碾压稻桩损失达 25%～35%，与人工收割的再生季产量相比，其损失达 25% 左右。

（4）产业不配套，带动不力。再生稻的产业开发还没有跟上，品牌创建乏力，企业的带动作用不强，还没有形成全产业链的开发模式。

第二节 再生稻的主要技术

一、再生稻的品种选择

为解决制约再生稻发展的头季稻收割难题，2014～2017年长江大学等单位在湖北省进行了适宜机收品种筛选试验，以期找到再生能力强、耐碾压的杂交水稻品种，实现再生稻头季收割机械化[6]。筛选品种目标：一是头季稻高产稳产。头季稻高产是全年高产和再生稻高产的基础。二是有较强的分蘖特性，再生能力强。选择再生能力强的品种作再生稻，才能保证有较高的再生芽萌发，争取较多的再生穗，达到较高的产量。三是适宜的生育期能充分利用光、热、茬口等资源，保证头季稻高产，又能保证再生稻安全齐穗。四是抗病虫和抗倒伏能力强。

在前期品种初筛试验基础上，2015～2016年选取了6个品种进行试验，即广两优1128、新两优223、丰两优香1号、两优6326号、创两优558和德优8258。结果表明，广两优1128和创两优558头季均表现出较高的产量水平，特别是创两优558达到8.09t/hm^2。德优8258产量水平相对较低，仅为6.17t/hm^2（表13-1）。再生季中，创两优558亦表现出较高的产量水平，达到5.92t/hm^2；其次为新两优223，其产量为5.67t/hm^2；而德优8258再生季产量表现较差，仅有4.67t/hm^2（表13-2）。综合头季和再生季的产量，创两优558周年产量表现突出（表13-1，表13-2）。影响再生季产量的主要构成因素是再生穗的数量和每穗粒数，而再生能力起决定性作用，再生季产量较高的品种均表现出强的再生能力，并且表现出快速萌发和生长较整齐。

表 13-1 不同品种头季产量及产量构成因素的比较

品种	产量（t/hm²）	有效穗（穗/m²）	每穗粒数（粒/穗）	结实率（%）	粒重（mg）
广两优1128	7.17ab	425.59ab	164.23ab	76.34ab	29.36ab
新两优223	6.92bc	432.74ab	144.21bc	69.38b	28.31b
丰两优香1号	7.09bc	407.44c	116.89c	79.12a	29.74a
两优6326号	7.09bc	417.79bc	128.22bc	76.45ab	28.89ab
创两优558	8.09a	438.97a	182.00a	76.59ab	27.78b
德优8258	6.17c	438.48a	116.18c	80.63a	28.95ab

注：表中所有数据为平均值 ± 标准误；同列数字后不同小写字母表示差异显著（$P < 0.05$），下同

表 13-2 不同品种再生季产量及产量构成因素的比较

品种	产量（t/hm²）	有效穗（穗/m²）	每穗粒数（粒/穗）	结实率（%）	粒重（mg）
广两优1128	5.42ab	386.33b	103.09a	81.9b	31.52a
新两优223	5.67a	454.94a	78.85bc	86.23ab	29.56ab
丰两优香1号	5.17ab	443.33a	80.63bc	89.49a	28.35b

品种	产量（t/hm²）	有效穗（穗/m²）	每穗粒数（粒/穗）	结实率（%）	粒重（mg）
两优 6326 号	5.50ab	470.78a	71.18c	85.45ab	28.41b
创两优 558	5.92a	475.00a	98.04ab	87.2ab	27.93b
德优 8258	4.67b	437.00a	69.85c	82.73b	30.11ab

在 2015 年和 2016 年 6 个品种筛选试验基础上，2017~2018 年通过头季和再生季产量比较选取 3 个品种，再添加 4 个新品种进行试验，进一步确定适宜湖北省再生稻推广的高产、稳产品种。供试品种：新两优 223、丰两优香 1 号、两优 6326 号、广 8 优粤禾丝苗、全两优 1 号、晶优 1212、甬优 4949。结果表明，甬优 4949 头季稻表现出较高的产量水平，头季稻产量达到 11.6t/hm²。两优 6326 号产量水平相对较低，仅为 8.4t/hm²（表 13-3）。再生季中，丰两优香 1 号表现出较高的产量水平，达到 5.8t/hm²；其次为甬优 4949，其产量为 5.6t/hm²；而广 8 优粤禾丝苗再生季产量表现较差，仅有 3.9t/hm²（表 13-4）。综合头季和再生季的产量，甬优 4949 周年产量表现突出（表 13-3，表 13-4）。影响再生季产量的主要产量构成因素是再生穗的数量和每穗粒数。

表 13-3　不同品种头季产量及产量构成因素的比较

品种	有效穗（穗/m²）	每穗粒数（粒/穗）	结实率（%）	粒重（mg）	产量（t/hm²）
新两优 223	309.4a	131.0cd	78.8cd	32.0a	8.6bc
丰两优香 1 号	328.0a	150.8bc	82.2abc	30.1b	9.8bc
两优 6326 号	394.7a	115.4d	74.8d	30.2b	8.4c
广 8 优粤禾丝苗	405.3a	141.6bcd	88.6a	22.4d	10.2ab
全两优 1 号	304.8a	136.5bcd	80.0cd	30.9b	8.7bc
晶优 1212	346.7a	164.7ab	81.3bc	23.8c	9.7bc
甬优 4949	304.0a	188.0a	85.6ab	23.9c	11.6a

表 13-4　不同品种再生季产量及产量构成因素的比较

品种	有效穗（穗/m²）	每穗粒数（粒/穗）	结实率（%）	粒重（mg）	产量（t/hm²）
新两优 223	459.3ab	68.2de	68.9b	27.7ab	5.5b
丰两优香 1 号	503.3a	69.9cd	68.3b	26.9bc	5.8a
两优 6326 号	451.3b	61.7f	67.7bc	25.4c	4.5c
广 8 优粤禾丝苗	459.7ab	63.5ef	63.1d	21.8d	3.9d
全两优 1 号	353.3c	74.7bc	63.9cd	28.9a	4.6c
晶优 1212	450.7b	76.9b	68.3b	23.3d	5.2b
甬优 4949	350.3c	91.5a	76.9a	23.2d	5.6ab

二、再生稻的水肥管理技术

（一）再生稻的水分管理

头季传统搁田原则，时到不等苗，苗到不等时。为及早控制无效分蘖，可以将搁田期提前到总茎蘖数为最后穗数的70%～90%时开始。关键是采用分次轻搁田。水稻孕穗–抽穗后15d，需水量较大，应建立浅水层，以促颖花分化发育和抽穗扬花。抽穗后15d至灌浆结实期，采取间歇上水，干干湿湿，以利养根保叶，防止青枯早衰。头季收获前10～15d上水施促芽肥。每亩施尿素7.5kg，钾肥5kg。

机收再生稻关键之处是收割时田块适度干硬，以减少碾压毁蔸。

头季收获后1～3d内尽早复水，施促芽肥：每亩施尿素7.5～10kg。

（二）再生稻的施肥管理

（1）头季肥料总用量。氮磷钾肥计划总量分别为每亩11～13kg N、7.5kg P_2O_5、10kg K_2O。氮肥基肥、分蘖肥和穗肥比例分别为35%、35%和30%；钾肥基肥和幼穗分化期追肥各50%；磷肥作基肥一次施入。

（2）再生季。促芽肥亩施尿素7.5kg、钾肥5kg；促蘖肥每亩施尿素7.5～10kg、钾肥7.5kg。

（3）分蘖肥。目前生产上普遍采取的机插后早施重施分蘖肥，即栽后即施分蘖肥，此时机插稻处于栽后分蘖停滞期，而且根系弱，施肥后不能发挥肥效，而且栽后即施肥反而抑制根系的发育，使分蘖发生期推迟，无效分蘖多，引起穗数不足；而且中期群体过大，茎蘖成穗率低，亩穗数也减少。改进措施：在栽后根系生长良好的基础上，于栽后长新叶时，施用分蘖肥；可采取分次施用的方法，使肥效与最适分蘖发生期同步，促进有效分蘖，确保形成适宜穗数，控制无效分蘖，利于形成大穗，还能提高肥料利用率。分次施用分蘖肥，并及时除草，在基蘖肥定量的基础上，机插水稻和手插水稻的特点决定了机插水稻基蘖肥中基肥和分蘖肥的比例要有显著差别。一般手插水稻基肥在基蘖肥中的比例为70%左右，分蘖肥占30%；而机插水稻基肥与分蘖肥各为50%左右。机插水稻缓苗期长，机械移栽伤根重，新根发生缓慢，基肥过多秧苗无法利用，会导致肥害僵苗，也会由于移栽后灌排频繁，肥料流失严重，降低了肥料利用率因而不宜多施分蘖肥，以控制前期稳健生长。分次施分蘖肥，利攻大穗，争足穗。

一般在栽插7d后施一次返青分蘖肥，并结合使用小苗除草剂进行化除，方法是尿素与稻田小苗除草剂一起拌湿润细土，堆闷3～5h后在傍晚田内上水5～7cm后撒施。施好后田间水层保持5～7d，同时开好平水沟，以防雨水淹没秧心，造成药僵甚至药害，以提高化除效果。对栽前已进行药剂封杀灭草处理的田块，不可再用除草剂，以防连续施用而产生药害。在栽后12～14d再施一次分蘖肥，一般以在有效分蘖叶龄期后能及时退劲为宜。切忌过多、过迟施用分蘖肥，造成群体过大，影响成穗率和大穗的形成。

（4）穗肥施用。穗肥一般分促花肥和保花肥两次施用。促花肥主要是促进稻穗枝梗和颖花的分化，增加每穗颖花数。一般在穗分化始期，即叶龄余数 3.5 左右施用。具体施用时间和用量要因苗情而定：若叶色正常褪淡，可亩施尿素 5～7.5kg；若叶色较深不褪淡，可推迟并减少施肥量；若叶色较淡的，可提前 3～5d 施用促花肥，并适当增加用量；如叶色较深也可不施。保花肥一般在出穗前 18～20d，即叶龄余数 1.5～1.2 时施用，具体施用期应通过剥查 10 个以上单茎的叶龄余数确定，当 50% 的有效茎蘗叶龄余数不超过 1.2 时为追施保花肥的适期。尿素用量一般为 5kg/亩；对叶色浅、群体生长量小的可多施，但不宜超过 10kg/亩；相反，则少施或不施。

（5）适时施促芽肥。头季收获前 10～15d 上水施促芽肥。每亩施尿素 7.5kg，钾肥 5kg。

（6）头季收获后尽早复水，施促蘗肥。每亩施尿素 7.5～10kg。注意收后灌水不能淹灌，否则会抑制基部节间再生芽的萌发，影响根系活力，当再生芽长出后再灌浅水层促进再生芽的生长。

三、再生稻的全程机械化生产技术

由于再生稻只需要一季的稻种、一次性耕地，因此其比双季稻更为节本省工。而将机械化技术应用到再生稻生产全过程中，能够进一步提升种植管理质量与生产效率，降低水稻生产的经济成本，对于水稻增产有着重要的现实意义，是促进水稻生产节本增效的最佳方式。开展再生稻全程机械化生产，特别是机械育秧与机械收获，具有重要的社会、经济和生态效益。

（一）机械化整地

可以采用水田耕整机、驱动耙及旋耕机等机械设施来对稻田展开耕整。一般来说，机械耕整的要求如下：必须耕透水田的深土层，进行覆盖平整、无残茬出现，并将水田晒垡 2～3d。如此一来，耕整后的地面高差距不超过 3cm，土壤柔软且无残茬。在种植再生稻时，应当采用旋耕的方式，这是因为其深度能达到 10～15cm，土壤细小均匀，水田地表平整，地面高差距也不会超过 3cm，在泡田作业后能实现花打水的状态，进而比头季用水节省了 40%。实践证明，采用机械化技术耕整，稻田的耕作层较之以往丰厚，土壤柔软，并且水稻生育期更为合理，有助于再生稻的二次生长，同时亦能减少 10 元/亩的作业成本。

（二）机械化育秧

机械化育秧技术是在培育再生稻的过程中，利用机械、电加热、自动化控制等方式，把土壤、温度、湿度、水分等人工控制在合理范围内的一种技术。使用机械化育秧技术培育出来的秧苗生长均匀、整齐且规格统一，适合机械化插秧。另外，秧苗的成活率多达 92% 以上，在二次栽植后返青较快，产量较高。通常情况下，再生稻的机械化育秧技术主要有高标准工厂化育秧稻田大棚、钢铁搭架大棚，以及稻田淤泥等。建议采用钢铁搭架大棚育秧方式，并采用丰两优香 1 号水稻品种、含有 100% 或 50% 基质土及 100% 泥土硬盘育苗的三种处理方式。其机械化育秧方式如下：把混合搅拌成调制剂的营养土，加上经过消毒、脱芒与催芒处理的稻种，通过育秧播种机械完成装土、浇水、播种，以及盖土等流水作业，确保在成秧后秧苗的密度符合规定，达到再生稻生产的农艺要求。在出苗时间上，100% 基质土培育的秧苗出苗时间早半天；在秧苗生长形势上，也是 100% 基质土培育的秧苗颜色更接近深绿色；在抗性上，同样是 100% 基质土立枯病病株率较低，而在秧苗的素质上，100% 基质土培育的秧苗素质较好。无论是出苗时间、秧苗生长、抗性，还是秧苗素质，100% 基质土培育的秧苗均具有较大优势。

（三）机械化插秧

再生稻机械化插秧的作业要求漏插率不超过 5%，伤秧率低于 4%，均匀度合格率不低于 85%，以及覆盖率达到 98% 以上。同时，还要确保秧苗呈现直行、充足、浅栽的栽植形式，做到不漂、不倒、不深，将插秧的深度控制在 1.5cm 内。为了确保再生稻的稳产高产，必须科学控制机械插秧的密度，稻亩穴数不能少于 1.6 万。可采用插秧规格为行距 30cm，株距定为 14cm，展开 1.4 万穴、1.6 万穴、1.8 万穴这三种规格的机械插秧方式，同时采用 50kg 的复合肥作为稻田的底肥，在稻苗的返青期与分蘖期，还需要补充追施尿素 7.5kg。一段时间后三种育秧方式插秧后长势情况：在秧苗株高上，1.4 万穴、1.6 万穴、1.8 万穴插秧方式的株高无明显差别；在分蘖能力上，盛期与末期的稻苗差距不大；而在抗逆性上这三种都有轻微穗瘟现象的发生，但未曾出现倒伏。实践表明，在相同的稻田土壤情况下，1.4 万穴、1.6 万穴、1.8 万穴采用 100% 基质土相对较好。

（四）机械化收获

自从我国推行购机补贴政策以来，全国各地的水稻收获机械设备发展愈发迅猛，并且在政府的引导与秸秆禁燃规定的颁布下，在展开再生稻全程机械化试验时，采用收割机来进行头季水稻的收获作业，然后一次性完成收割、脱粒与清选工作。在用机械收割头季稻时，应当尽可能采用履带式收割机，虽然其存在压面大的缺陷，但相对压强较小，对稻谷根部的影响较小，因此有助于基部腋芽的再生。与此同时，也要把收割完成的稻草及时打碎，及时还田，保证再生稻在生产前安全齐穗。

四、富硒再生稻的研究与示范

叶面喷施亚硒酸钠（Na_2SeO_3）对再生稻再生季的产量有显著影响（表 13-5）。

其中在水稻孕穗末期与乳熟期分别喷施 Na_2SeO_3 处理的水稻产量显著高于在开花末期喷施一次 Na_2SeO_3 处理与对照处理。如图 13-1 所示，2Se 田块与 3Se 田块的结果趋势大致相同。

表 13-5　　再生稻施硒肥水稻产量及产量构成

处理	有效穗数（穗/m²）	每穗粒数（粒/穗）	实粒数（粒/穗）	结实率（%）	千粒重（g）	产量（kg/hm²）
2SeCK	218.65b	64.90a	39.20b	0.75b	28.40a	2842.60c
2SeRF	292.58b	60.70a	43.29ab	0.83a	28.50a	3909.73b
2SeTF	325.6a	62.84a	47.53a	0.83a	28.36a	4489.34a
3SeCK	278.96c	68.34b	50.10a	0.83b	30.01a	4898.58b
3SeRF	330.72b	69.34b	49.54a	0.81b	29.94a	5171.23b
3SeTF	384.14a	75.74a	51.75a	0.90a	30.08a	6578.99a

注：表中所有数据为平均值 ± 标准误；同列数字后不同小写字母表示差异显著（$P < 0.05$）。CK. 对照；RF. 孕穗末期；TF. 乳熟期

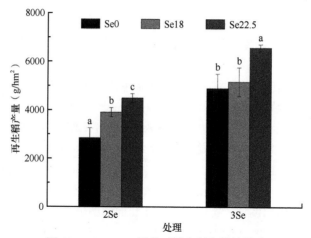

图 13-1　Na_2SeO_3 用量对再生稻产量的影响

柱形图上不同小写字母代表不同处理间差异显著（$P < 0.05$）；Se0 表示无硒肥处理；Se18 表示叶面喷施 Na_2SeO_3 18g/hm²；Se22.5 表示叶面喷施 Na_2SeO_3 22.5g/hm²

　　施用时期和施用量对再生稻产量及产量构成因素的影响不同；在 2Se 田块上开展的试验显示，CK、RF 与 TF 处理对每穗粒数无显著影响，然而 TF 处理下的有效穗与实粒数显著高于 RF 处理与 CK 处理。RF 与 TF 处理的实粒数与结实率显著高于 CK 处理，且 TF 处理的实粒数显著高于其他处理，RF 与 TF 处理的结实率无明显差异。据 3Se 田块试验数据得知，TF 处理的有效穗数、每穗粒数、结实率、产量显著高于其他处理，千粒重、实粒数与其他处理无明显差异。

　　叶面喷施亚硒酸钠（Na_2SeO_3）对再生季稻米整精米率有一定的影响（表 13-6），但对其他稻米品质无显著影响。根据品质测定结果，三个处理间的糙

米率、精米率、长宽比、垩白粒率、垩白度无明显差异。另外，TF 处理的整精米率显著高于 CK 处理，其次是 RF 处理。而本结果与 3Se 田块的试验结果有一致的趋势。叶面喷施亚硒酸钠（Na_2SeO_3）对再生季稻米硒含量的提升有显著影响，其中在 2Se 田块中，TF 处理的硒含量大于 RF 处理与 CK 处理，差异达到显著水平（$P < 0.05$）；在 3Se 田块中，TF 处理的硒含量显著高于 RF 处理与 CK 处理（$P < 0.05$），两块试验田的检测结果呈一致趋势。

表 13-6　再生稻施硒肥对水稻品质的影响

处理	垩白度	垩白粒率（%）	长宽比	糙米率（%）	精米率（%）	整精米率（%）	硒含量（μg/kg）
2SeCK	0.63a	3.33a	0.53a	81.25a	67.30a	33.51b	0.0043c
2SeRF	0.77a	3.67a	0.60a	81.32a	66.58a	43.97a	0.8425b
2SeTF	1.10a	3.97a	0.90a	81.56a	67.50a	48.40a	2.6709a
3SeCK	0.30a	1.53a	0.70a	80.40a	68.36a	39.57b	0.1107c
3SeRF	0.37a	1.30a	0.30a	81.29a	68.48a	48.94ab	2.1325b
3SeTF	0.30a	1.40a	0.30a	81.11a	68.42a	52.85a	3.345a

注：表中所有数据为平均值 ± 标准误；同列数字后不同小写字母表示差异显著（$P < 0.05$）。CK. 对照；RF. 再生季始穗期；TF. 再生季乳熟期

硒肥对再生稻的产量和品质有正面作用。再生季始穗期与乳熟期分别喷施一定量的亚硒酸钠对再生稻产量影响最大，其次于再生季开花末期喷施一次硒肥，其产量略低于喷施两次硒肥处理。施用时期和施用量对再生稻产量及产量构成因素影响不同。其中，叶面喷施亚硒酸钠对再生稻有效穗数、实粒数影响显著（$P < 0.05$），且喷施两次硒肥的有效穗数、实粒数显著高于喷施一次的处理与对照处理。对比不施，喷施硒肥后的再生稻有效穗数、实粒数、结实率表现出较高水平，水稻始穗期与乳熟期分别喷施硒肥对水稻有效穗数、每穗粒数、结实率有正向影响。叶面喷施硒肥对再生稻各品质指标的影响不同。始穗期+乳熟期喷施硒肥与开花期施硒肥处理的整精米率显著提高。叶面喷施硒肥能显著再生稻米硒含量，且在一定的施硒量内，再生季稻米硒含量随施硒量的增加而增加。

第三节　新时期再生稻的技术发展与展望

一、再生稻水稻品种腋芽再生的分子生物学研究

（一）具有分蘖能力差异的典型材料的筛选

2016 年以来，长江大学利用来自国际水稻研究所的 264 份早中熟核心水稻种质材料，以日本晴和 9311 为对照，筛选分蘖能力差异显著的材料。每份材料种植 20 个单株，头季稻 3 月 20 日播种，中苗移栽，栽插规格 25cm×30cm。材料分别

种植于荆州长江大学西校区实验基地、海南陵水长江大学水稻基地、广东英德市石牯塘镇水稻基地等不同生态区。通过三个生态区的再生季最大分蘖数数据，筛选出最大分蘖能力材料（籼稻、粳稻各 2 份）：#21、#44；ge47、ge61；最小分蘖能力材料（籼稻、粳稻各 2 份）：#89、#148；ge106、ge109。对上述 8 份材料及 2 份对照材料（9311、日本晴）分别进行盆栽，每份材料种植于 3 个盆栽桶，每桶 4 株。上述共 10 份材料于 9 月 18 日播种，10 月 10 日移栽，10 月 20 日移入人工气候室（温度设置为 18~26℃），统一水肥管理。材料生长至 4 叶 1 心始，每 3d 记录 1 次分蘖动态（分蘖数）。对盆栽的实验材料分别于头季分蘖初期、头季去穗后腋芽萌发的不同时期（去穗后 0h、24h、48h、72h）和再生季水稻基部分别取植物组织，不同时期每份材料取 3 份样（头季分蘖初期取水稻植株基部分蘖节，去穗后取倒 2 节混合腋芽）。液氮迅速冷冻后转移至−80℃低温冰箱，以待提取 RNA。

　　水稻头季最大分蘖数与再生季最大分蘖数变化趋势基本一致。三个生态区头季与再生季所有分蘖表型在 0.01 水平上显著正相关（表 13-7），P 均小于 0.0001。荆州、海南、广州的头季最大分蘖与头季有效分蘖的相关系数分别为 0.782、0.561、0.547；再生季最大与有效分蘖数的相关系数分别为 0.631、0.701、0.654；分蘖表型相关系数最小的为海南生态点的头季最大分蘖和有效分蘖与其再生季有效分蘖之间，分别为 0.278 和 0.273。头季最大及有效分蘖数与再生季最大及有效分蘖数之间均存在显著正相关关系，与前人对于头季稻最大及有效分蘖与再生季最大及有效分蘖数的相关性研究结论一致[7, 8]。头季稻有效分蘖数与再生季有效分蘖数呈正相关。头季最大分蘖数与有效分蘖数以及再生季最大分蘖数与有效分蘖数呈显著正相关，研究结果与任天举[9]等通过 3 次实验研究分析头季最大分蘖数与有效穗之间关系的结果一致，头季有效穗数与再生季最大分蘖数（再生力）存在真实一致的相关关系，是影响再生力的重要因素。

表 13-7　不同材料群体头季与再生季分蘖数的相关性

生态区	生长季	性状	头季（苗/株）		再生季（苗/株）	
			最大分蘖	有效分蘖	最大分蘖	有效分蘖
荆州 （n=251）	头季	最大分蘖（MT）	1			
		有效分蘖（FT）	0.782**	1		
	再生季	最大分蘖（MT）	0.494**	0.553**	1	
		有效分蘖（FT）	0.375**	0.414**	0.631**	1
海南 （n=241）	头季	最大分蘖（MT）	1			
		有效分蘖（FT）	0.561**	1		
	再生季	最大分蘖（MT）	0.342**	0.307**	1	
		有效分蘖（FT）	0.278**	0.273**	0.701**	1

续表

生态区	生长季	性状	头季（苗/株）		再生季（苗/株）	
			最大分蘖	有效分蘖	最大分蘖	有效分蘖
广州 （n=260）	头季	最大分蘖（MT）	1			
		有效分蘖（FT）	0.547**	1		
	再生季	最大分蘖（MT）	0.363**	0.540**	1	
		有效分蘖（FT）	0.328**	0.405**	0.654	1

** 在 0.01 水平上显著相关

（二）腋芽生长调控基因在不同时期的表达

腋芽分生组织的形成、腋芽的生长通过 3 类激素，即生长素（auxin，IAA）、细胞分裂素（cytokinin，CK）、独脚金内酯（strigolactone，SL）及其衍生物的共同调控完成[7,10,11]。涉及的基因很多，其功能与上述激素的合成、运输和信号转导有关。根据再生季最大分蘖数从 243 份核心种质材料中筛选出 8 份典型材料，其中具有最大分蘖数的材料为 i21、i44、j47、j61；具有最小分蘖数的材料为 i89、i148、j106、j109。两个对照材料为 9311、日本晴。

通过表型测定和实时荧光定量 PCR（qRT-PCR）分析（图 13-2），提取总 RNA 并反转录成 cDNA，通过国家数据中心（http://www.ricedata.cn/）和已报道的分蘖基因的相关文献资料，查找分蘖相关信息，筛选出 14 个候选基因：增加分蘖功能基因 *MOC1*、*LAX1*、*LAX2*、*OsMADS57*；降低分蘖功能基因（*OsD3*、*OsD10*、*OsD14*、*OsD17*、*OsD27*、*OsD53*、*OsTB1*、*TAD1*、*OsIAA6*、*OsSPL14*）。

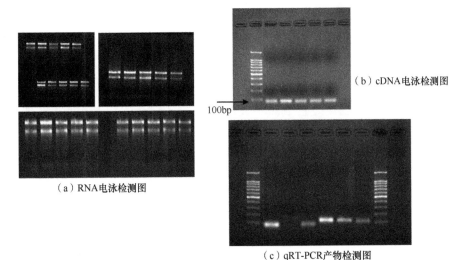

（a）RNA电泳检测图

（b）cDNA电泳检测图

100bp

（c）qRT-PCR产物检测图

图 13-2 实时定量 PCR 分析图

进一步分析腋芽生长调控基因在不同时期的表达，13 个基因在再生季的表达水平显著高于头季；R1：8 个基因（*OsD3*、*OsD10*、*OsD17*、*OsD27*、*OsD53*、*OsSPL14*、*LAX2*、*MOC1*）几乎在所用材料中都有较高的表达水平（除了 *OsD53* 在 j61 中）；*LAX1* 在材料 i44、i89、j106、j109 和 9311 中表达水平较高；R6：5 个基因（*OsD14*、*OsTB1*、*OsIAA6*、*TAD1* 、*OsMADS57*）几乎在所用材料中的表达水平显著上调（除了 *OsTB1* 在 i21 中 和 *OsMADS57* 在 i44 中）；这些基因在再生季调节分蘖的功能与头季有差异。

上述与分蘖相关的基因在不同时期不同材料中的表达是变化的。M 时期，*OsD10*、*OsD17*、*OsSPL14*、*TAD1* 和 *OsD27* 的表达模式与期望中的功能一致，但是其他 9 个基因（*LAX1*、*LAX2*、*MOC1*、*OsMADS57*、*OsD3*、*OsD14*、*OsD53*、*OsTB1*、*OsIAA6*）表达水平与其功能相反；R1 时期，*OsMADS57*、*OsD27*、*OsD3*、*OsD14*、*OsTB1*、*TAD1* 这 6 个基因的表达模式与其预期功能一致，但是其他 8 个基因（*LAX1*、*LAX2*、*MOC1*、*OsD10*、*OsD17*、*OsD53*、*OsSPL14*、*OsIAA6*）与预期功能相反；R6 时期，6 个基因 *LAX1*、*LAX2*、*OsMADS57*、*OsD27*、*OsD14*、*OsD53* 的表达与预期功能一致，但是 *MOC1*、*Os10*、*OsD17*、*OsD3*、*OsTB1*、*OsSPL14*、*OsIAA6*、*TAD1* 的表达与预期功能相反。*OsD27* 是唯一的一个在 M、R1 和 R6 时期表达与功能一致的基因。此外，*OsD27* 正好落在研究人员前期 GWAS 分析所得到的位点附近。

上述基因在再生季腋芽生长调控中具有重要作用，但是其表达模式和调控途径与头季可能非常不同，需要进一步深入研究。

二、再生稻的发展展望

（一）再生稻的发展潜力

（1）市场资源潜力大。与双季稻相比，再生稻投入劳动力少，且生育期短，日产量高，平均 60d 生育期即可获得 3t/hm² 以上产量，同时再生稻米质优、口感好，深受消费者喜爱，每公顷效益在 8000 元以上，市场潜力巨大。目前百姓认知还没有跟上，再生季稻米的加工、宣传、销售都没有突破，导致市场占有率较低。

（2）自然资源潜力大。我国再生稻主要产区四川、湖北、福建、湖南、重庆等省（直辖市）温光资源丰富，雨热基本同季，完全可以满足再生稻生产的需要。同时，面积增加潜力大，大部分中稻田和部分双季稻田都可以改种再生稻。

（3）品种资源潜力大。一方面可以继续在现在品种中筛选生育期适中、再生能力强、品质优的大穗品种，另一方面通过加强和控制品种再生能力的基因测定并标记，深入研究品种再生能力的遗传规律，开展分子育种研究，有目的地杂交配组，培育再生能力强的优质品种[12]。

（二）主要突破方向与前景展望

1. 再生稻产量构成规律和生态农艺措施的互作机制的定量研究

综合先期研究进展，对于再生稻的高产机制和技术、生态和农艺措施对再生芽生长的影响研究多为单因素定性研究，缺乏多因素互作机制的定量研究。品种再生力受到气候、品种、地力、农艺措施等综合性的影响，可以采用人工气候室和大田分期播种相结合的方法，通过栽插密度、肥料运筹、水分管理、栽秧方式等人工调节，对再生稻的产量构成规律——源、库结构和头季生长后期生理、生态、病虫害特性与再生芽生长、再生季产量之间互作机制进行定量研究，揭示再生稻高产的关键因素和产量构成与生态农艺措施之间的关系及互作规律，为科学制定关键栽培技术和提高肥水利用效率提供指导[13]。

2. 品种再生力控制基因定位和分子育种研究

当前再生稻品种主要是从种植表现较好的中稻和晚稻中筛选的，适宜品种数量不多，限制了再生稻的应用推广[14,15]。从不同品种在相同生态和农艺措施条件下具有不同的再生力可以看出，品种再生力受到遗传基因控制。要培育强再生力品种资源，通过控制品种再生力的基因定位并标记，有目的地杂交配组，加快再生稻品种的选育进程。

3. 再生稻全程机械化生产的配套技术及产业化应用

目前对再生稻研究多在人工移栽的条件下开展，开展适应全程机械化或轻简化生产的再生稻配套技术研究十分必要，应重点从水稻品种类型、机插时间和密度、留桩高度、机收技术和收割机的选择与设计、直播时间及再生季后期管理等方面进行研究。另外，可以由农业主管部门牵头，从发展布局、政策支持、品种选育、关键栽培技术推广、再生稻米深度加工销售、人才培养等全产业链高度进行科学谋划研究，各环节之间实现无缝对接和有效的利益分配机制，共同做大做强再生稻产业。

4. 再生稻品种和稻米的品牌化研究和实践

再生稻的稻米具有安全、环保、品质高、食味佳的特点，具备打造品牌的良好基础。种企和大米加工企业应该开展强强联合，开展独具特色的再生稻米品牌建设，形成从种到收、从加工到贸易一条龙式的产业链条，开展订单式生产、规模化生产、集约化生产、标准化生产，进一步提高再生稻的应用推广范围和经济效益。

参 考 文 献

[1] 郭文韬. 略论中国再生稻的历史发展. 中国农史, 1993, 12(4): 1-6.

[2] 罗昆. 湖北省再生稻产业发展现状及对策. 湖北农业科学, 2016, 12: 3001-3002.

[3] 张君媚, 王梦萍, 姚建, 等. 再生稻全程机械化生产技术试验示范. 农业致富顾问, 2018, 24: 20-22.

[4] 蒋俊, 屠乃美. 再生稻产量形成与栽培技术研究进展. 作物研究, 2013, 27(1): 70-74.

[5] 林文雄, 陈鸿飞, 张志兴, 等. 再生稻产量形成的生理生态特性与关键栽培技术的研究与展望. 中国生态农业学报, 2015, 23(4): 392-401.

[6] 吴芸紫, 段门俊, 刘章勇, 等. 播种期对 3 个再生稻品种产量及产量构成因子的影响. 作物杂志, 2017, (2): 151-156.

[7] 刘永胜, 周开达, 曾日勇, 等. 水稻亚种间杂种的再生力及其与头季稻农艺性状的相关性. 中国水稻科学, 1992, 6(4): 151-154.

[8] 谭震波, 沈利爽, 袁祚廉, 等. 水稻再生能力和头季稻产量性状的 QTL 定位及其遗传效应分析. 作物学报, 1997, 23(3): 289-295.

[9] 任天举, 蒋志成, 王培华, 等. 杂交中稻再生力与头季稻农艺性状的相关性研究. 作物学报, 2006, 32(4): 613-617.

[10] 刘爱中, 张胜文, 屠乃美. 稻桩贮藏同化产物的分配与再生稻腋芽再生率季产量的构成关系. 华北农学报, 2008, 23(3): 190-193.

[11] 杨川航, 王玉平, 涂斌, 等. 利用 RIL 群体对水稻再生力及相关农艺性状的 QTL 分析. 作物学报, 2012, 38(7): 1240-1246.

[12] 彭少兵. 对转型时期水稻生产的战略思考. 中国科学: 生命科学, 2014, 44(8): 845-850.

[13] 朱德峰, 张玉屏, 陈惠哲, 等. 我国稻作技术转型与发展. 中国稻米, 2019, 25(3): 1-5.

[14] Li J Y, Wang J, Zeigler R S. The 3000 rice genomes project: new opportunities and challenges for future rice research. Giga Sci, 2014, 3(1): 8.

[15] Lin W X. Developmental status and problems of rice rationing. Journal of Integrative Agriculture, 2019, 18(1): 246-247.

第十四章　极端温度对区域水稻生长发育及产量形成的影响[①]

温度作为影响水稻生长发育的重要因素，日均温 23～30℃ 被认为是最佳温度，过高或过低的温度均不利于水稻生长。一般认为水稻生殖阶段日均温超过 35℃，或者最高温度超过 38℃，并持续 7～8d，将严重影响水稻产量的形成；若持续时间超过 15d，将导致产量大幅度下降，米质变劣[1-4]。我国长江中下游稻区是高温危害的重灾区，极端高温天气发生频率高、受害程度大。近 10 年来，极端天气呈现出日益加剧的态势，严重威胁我国粮食安全。此外，长江中下游稻区早稻秧苗及晚稻灌浆期也常遭遇低温寡照天气的影响。鉴于此，水稻高温及低温寡照伤害成因与调控技术研究一直是稻作技术领域的研究热点。

第一节　长江中下游极端温度发生规律

长江流域横跨中国东部、中部和西部，即华东、华中、西南等三大经济区，共计 19 个省（自治区、直辖市），流域总面积 180 万 km²，占中国国土面积的 18.8%。长江中下游主要指长江三峡以东的中下游沿岸带状平原，包括两湖平原、鄱阳湖平原、苏皖沿江平原、里下河平原和长江三角洲平原，面积约 20 万 km²，是我国水稻主要种植区，总播种面积约占全国稻作面积的 33.7%，产量约占全国水稻产量的 38.0%[5]。

一、极端高温天气

水稻的高温热害主要指水稻处于孕穗期（花粉母细胞减数分裂期）和抽穗扬花期（开花期），遭遇连续日平均气温 ≥35℃、日最高气温 ≥38℃、持续 3～5d，可造成水稻产量损失。特高温天气则指日最高气温超过 40℃，且持续 15～20d，往往导致水稻大面积减产，产量降幅超过 30%，个别品种甚至绝收[1]。研究长江中下游稻区极端高温天气发生规律，有利于制定应对水稻高温热害的政策及调控措施。2016 年，根据长江中下游各地区 1980～2011 年 5～10 月天气资料以及水稻产量资料，谭诗琪及申双和分析了近 32 年水稻高温热害的时空分布规律，认为高温热害分布呈现南多北少、东多西少的趋势，江西北部、浙江南部和湖南中部较

① 本章执笔人：符冠富（中国水稻研究所水稻生物学国家重点实验室，E-mail: Fuguanfu@caas.cn）
陶龙兴（中国水稻研究所水稻生物学国家重点实验室，E-mail: Taolongxing@caas.cn）

为严重[6]。李友信的研究表明，高海拔及近海地区高温灾害程度普遍较轻，高纬度相对较轻；不同地区差异也比较大，其中江西和浙江中西部热害最为严重，而江苏省受高温热害影响最小[7]。此外，近50年来，长江中下游地区高温热害有微弱增强的趋势，高温热害频次及强度均呈先减小后增大的年代际变化特征，其中21世纪前10年热害平均频次达到最多3.21次/年，平均强度达到最大31℃/年。然而，安徽、江苏、浙江及湖北4个省份在2002年有突变现象发生，2002年前年平均高温强度为20.56℃/年，而在2002年之后达到33.72℃/年，增幅超过50%[7]。

二、极端低温天气

长江中下游地区水热资源充足，但季节分布不均问题比较严重，夏季极端高温天气频繁发生，春季回温不稳，秋季冷害时常发生，双季早稻在生长季也会受低温伤害[8]。研究表明，7.0~11.6℃为水稻种子发芽下限温度，温度过低将严重降低出苗率及成苗率，甚至发生烂种烂秧[9]。对于水稻安全齐穗期，粳稻的临界温度为20℃，而籼稻为22℃，日均温低于20℃将导致颖花及花药开裂受阻。长江中下游地区双季早稻播种育秧期一般在3月15日至4月25日，晚稻抽穗至灌浆期一般在8月15日至9月25日。早稻育秧期容易受倒春寒影响，而晚稻抽穗灌浆期则常常遭遇寒露风的极端低温天气。刘娟等的研究表明，长江中下游以北地区极端低温天气持续时间大于长江中下游以南地区，与20世纪90年代相比，2000年至今，早稻播种育秧期间极端低温天气的持续时间在长江以南地区和以北地区分别减少1~3d和4~7d，低温强度减少0.5~1.5℃；而晚稻抽穗至灌浆期极端低温天气在长江以北地区持续强度有明显的减弱[10]。姚蓬娟[11]认为20世纪70年代孕穗期冷害最重，20世纪80年代分蘖期冷害最重，20世纪90年代开花期冷害最重。分蘖期冷害重点影响长江中下游中西部，孕穗期冷害主要发生在长江中下游北部，而开花期冷害最严重的地区为长江中下游东部和西部。此外，湖南中东部和江西地区早稻种植面积比较大，受低温灾害天气影响较大，而在浙江和湖北地区影响较小。有研究者利用南方双季早稻种植区178个站点1961~2010年的逐日气温资料，对各站点早稻春季低温灾害发生次数进行突变性分析，认为与前30年相比，近20年早稻春季低温灾害的发生总体上呈现由增加趋势转变为减少趋势的特征，低温灾害风险指数高值区以及各等级低温灾害发生概率高值区的范围和大小均有所减小，其中以轻度低温灾害的发生概率最高且概率减小范围最大[8]。李勇等利用中国种植制度分区标准和农业气候指标，分析了1981~2010年双季稻安全种植界限变化敏感区域，认为与1951~1980年相比，1981~2010年长江中下游地区双季稻安全种植区增加了11.5万km²；1981~2010年，双季早稻、晚稻和单季稻发生频率最高的低温灾害分别为秧田期及灌浆至成熟期，但灾害次数大多呈减少趋势[12]。陈斐等选用1961~2007年76个气象站逐日气象资料，研究长江中下游双季稻区春季水稻低温冷害发生的时空分布特征，认为以轻度冷害为主，东北部冷害程度较西南重,春季水稻低温冷害具有年际和年代波动特征,20 世纪 60 年代发生低温冷害最多,21 世纪初最少;冷害频次显著减少,并以中度冷害减少为主,具有明显的时空变化规律[13]。

第二节　极端温度对水稻生长发育的影响

一、营养生长期

极端高温或低温均能抑制水稻生长发育,一般表现为叶片光合能力下降,相对电导率显著增加,甚至秧苗枯萎直至死亡[14-17]。实际上,自然高温天气对水稻营养生长的影响似乎不大。研究表明,40℃高温下,水稻叶片最大荧光量子效率 (Fv/Fm)、实际荧光量子效率[Y (Ⅱ)]及净光合速率(P_N)并没有显著下降,甚至还有所增加[18]。对此,研究者认为这可能与叶片温度有关,因为 40℃高温天气下,水稻正常叶片的温度在 35℃左右,这个温度不会抑制水稻叶片光合速率[18]。然而大气温度超过 45℃将显著抑制叶片光合作用。在长江中下游稻区,无论早稻、中稻还是晚稻种植区发生 45℃以上高温天气的可能性微乎其微,因此水稻营养生长期受高温胁迫影响的可能性比较小。

研究表明,早稻秧苗期间,常会因寒流侵袭而使秧苗受伤害或者死亡,表明长江中下游稻区极端低温天气会影响早稻秧苗的生长。以浙江省为例,早稻播种时期为 3 月 25 日左右,播种期提前极易发生低温伤害,严重者将抑制水稻秧苗生长,甚至死亡。水稻秧苗移栽遭遇低温天气,也会导致秧苗返青受阻,烂秧现象严重。作者近 3 年(2017~2019 年)的研究表明,随着全球气候变暖,杭州地区早稻播期提前 10d(3 月 15 日)对移栽后秧苗返青影响不大,并且能较大幅度地提高产量与改善米质。鉴于此,在保证秧苗安全的情况下,提前早稻播期是可行的。

二、穗分化期

水稻穗分化期发生极端温度等不良气候将导致颖花分化受阻,加剧颖花退化及花粉粒败育,限制水稻产量及品质潜力的发挥。长江中下游稻区中晚稻幼穗分化主要集中在 7 月下旬至 8 月下旬,同时也是极端高温天气频繁发生时期。已有的研究表明,颖花分化期高温胁迫导致颖花分化数大幅度下降[19-21],而花粉母细胞减数分裂期高温胁迫则加剧颖花退化,表现为二次枝梗数显著减少[22]。颖花分化期高温处理可导致幼穗中抗氧化酶(包括 SOD、POD 和 CAT)活性下降,植物激素(细胞分裂素、脱落酸及生长素)水平大幅度下降[19]。然而,在减数分裂期进行高温处理,仅有生长素含量显著下降[22]。无论是颖花分化期还是花粉母细胞减数分裂期喷施合适的水杨酸均能减轻高温胁迫对颖花的伤害[19, 22, 23]。颖花分化期高温下水杨酸能提高叶片实际荧光量子效率[Y (Ⅱ)]及净光合速率(P_N),颖花 SOD、POD 及 CAT 活性，以及细胞分裂素、生长素含量；在花粉母细胞减数分裂期，水杨酸通过调控颖花中生长素、抗氧化酶活性及可溶性糖含量减轻高温伤害。

花粉母细胞减数分裂期对温度比较敏感，此期高温将导致花粉粒败育，表现在以下方面：①高温下水稻花药发育提前成熟，花粉母细胞减数分裂提前终止，从而导致花药绒毡层等结构过早退化[24, 25]；②花药壁细胞线粒体膨胀，空泡化及转录组改变[26]；③高温下花药细胞壁及花粉粒中淀粉及可溶性糖含量显著下降。Sakata 等的研究结果表明，高温下 IAA 生物合成基因 *YUCCA* 表达受到抑制，水稻花药 IAA 含量大幅度下降，从而导致水稻花粉粒败育，但外源喷施适当浓度 IAA 可有效恢复水稻花粉粒育性[25]。Endo 等从分子表达水平研究高温下相关基因的表达，在水稻花药中鉴定到 13 个与高温热害相关的基因，主要出现在小孢子阶段的绒毡层中，表达的高峰均在高温处理后 1d[27]。然而，在已知与绒毡层特异性相关的基因中，*OsC6*、*OsRAFTIN* 和 *TDR* 并不受高温胁迫的影响，说明不是所有与绒毡层有关的基因都会受高温胁迫的抑制，鉴于此绒毡层本身也不会退化[27]。值得注意的是，这些貌似正常的花粉粒，也可能会导致水稻小穗败育，因为受高温下调的基因中，有些可能会影响花粉粒某些功能的发育，如黏性，使花粉粒不能跟柱头很好地发生水合作用，花粉粒无法正常萌发。作者前期研究表明，水杨酸或者脱落酸均能减轻高温胁迫对水稻花粉粒育性的伤害[23, 28]。Feng 等的研究认为，高温下水杨酸可以诱导过氧化氢的产生，从而增强花药中抗氧化系统能力，防止花药细胞程序性死亡（programmed cell death，PCD）的产生，减少高温胁迫对花粉粒发育的影响[23]。Islam 等则认为高温下脱落酸（abscisic acid，ABA）能促进颖花碳水化合物代谢并促进同化物向穗部转运，维持颖花中能量的平衡，减少高温导致的能量消耗过量，一定程度上可以减少高温胁迫对花粉粒的伤害[28]。

三、开花期

结实率是影响水稻产量最重要的产量构成因素，花期高温胁迫导致水稻产量下降，主要表现在结实率的下降及空壳率的增加[2]。花期高温胁迫主要在以下几个方面影响水稻小穗育性：①花粉粒育性；②花药开裂；③柱头花粉粒萌发及花粉管伸长。

（一）花粉粒育性及花药开裂

高温下，花粉粒育性及花药开裂都会受高温影响。作者前期的研究表明，花期高温对花粉粒育性似乎影响不大，40℃高温处理后 2d 的水稻花粉粒育性与对照之间的差异不明显[29]。然而，高温却能显著抑制花药开裂，导致柱头花粉粒数减少，柱头花粉粒萌发受抑，致使授粉失败。Matsui 等的研究表明，开花当天的高温处理严重削弱了花粉的膨胀，导致花药开裂不良，而开花前 1～2d 的高温处理虽不影响开花时的花粉膨胀，但也降低了花药的开裂率[30, 31]。花药开裂是一个比较复杂的多级加工过程，其中涉及花药结构、花药水分及花粉粒水分的变化。首先是花药内壁开始膨胀，木质部纤维素次生加厚沉积，随后药隔把花药分成小室，并经历酶促作用及细胞程序性死亡，最后花药的脱水及花粉粒的膨胀导致花药裂口完全开裂[32]。这个过程受到诸多因素的控制，如与花药开裂相关的蛋白质[33]、GA 及 IAA[30, 31]。李文彬等研究表明，高温下硅处理能减轻高温抑制的花药开裂[34]。此外，作者所在实验室在高温下采用"稻清"① 喷施水稻也能促进水稻花药开裂，提高水稻结实率[35]。

（二）柱头花粉粒萌发

Satake 和 Yoshida 认为高温下柱头花粉粒萌发率过低可能与水稻柱头花粉粒数过低有关，因为只有确保每个柱头至少 20 个花粉粒才能授粉成功[36]。高温胁迫抑制水稻花药开裂，会导致柱头花粉粒数过少而不能正常萌发。此外，高温下水稻花粉粒的活力也是一个重要因素，即便常温条件下水稻花粉粒在空气中滞留超过 5min，活力也将大幅度下降，如若大气温度超过 40℃，花粉粒存活率将更低。已有的研究表明，花粉粒水分状况是花粉粒萌发的关键。花粉粒从花药释放出来时，花粉粒水含量在 6%～60%，但这并不影响其花粉粒育性，因为花粉粒落到柱头之后通过水合作用可以恢复其活性。高温环境下，由于花粉粒失水过快，花粉粒永久性脱水，柱头花粉粒萌发率将显著下降[37, 38]。因此，温度、大气湿度、光照、风速乃至干旱等因素都会影响柱头花粉粒的萌发。

高温下花粉粒与雌蕊组织生理活性的变化同样是影响水稻花粉粒萌发的重要因素。Karni 和 Aloni 在胡椒上的研究表明，高温降低柱头花粉粒萌发率与其花药及花粉粒中果糖激酶和己糖激酶活性变化有关，高温下果糖激酶和己糖激酶活性显著下降，导致糖酵解中的果糖 -6- 磷酸缺乏，以及促进花粉管伸长的重要细胞壁物质尿苷二磷酸葡糖含量减少[39]。此外，花药及花粉粒中生长素、赤霉素、脱落酸、脯氨酸和可溶性蛋白的变化同样会导致柱头花粉粒萌发率下降。Snider 等的研究表明，和对照相比，高温处理的雌蕊组织可溶性碳水化合物、腺苷三磷酸（adenosine triphosphate，ATP）含量和 NADH 氧化酶（NOX）活性均显著下降，而水溶性钙及谷胱甘肽还原酶活性显著上升，超氧化物歧化酶活性则保持不变[40]。高温下叶片光合能力下降也会影响水稻柱头花粉粒的萌发，因为同化产物供应的不足，不仅会影响花粉粒的发育，还会由于能量的不足花粉管伸长停止。Kobata 等的试验证实了这一点，他们认为大穗型超级稻品种小穗育性较低是同化产物供应不足引起的，尤其发生在弱势籽粒，无论柱头花粉粒数还是柱头花粉粒萌发率均有较大降幅，但通过密度调控或减少籽粒数均可提高水稻小穗育性[41]。

---

① 稻清：是一种新型环保型杀菌剂，专为水稻研发防治稻瘟病。有效成分为甲氧基丙烯酸酯类杀菌剂（吡唑醚菌酯）

（三）柱头花粉管伸长

水稻柱头花粉管伸长是授粉是否成功的最后环节。正常条件下，每个柱头至少有 20 粒的花粉粒才能确保正常萌发。据作者的观察，结实率正常的水稻品种其柱头花粉粒数多数在 40～50 粒，甚至更多。尽管如此，最后只有一个花粉管能进入子房胚珠中完成受精。有关花粉管伸长停止的原因，多数认为主要是胼胝质在花柱中的形成阻碍了花粉管进一步前进。高温等逆境条件下胼胝质大量产生是不争的事实，但胼胝质的产生是否是花粉管停止伸长的主要原因还有待商榷。也有研究表明，高温可加速水稻花粉粒的萌发及花粉管的伸长，尽管高温也显著降低柱头对花粉粒的接受能力[42]。高温导致花粉管伸长受阻也不仅仅是胼胝质形成的原因，钙素同样是一个不可或缺的因素。钙离子在花粉管伸长中不仅起到传递信息的作用，还可增强抗氧化酶活性[43]。由于抗氧化酶活性在高温条件下往往会显著下降，以至于不能有效清除活性氧（reactive oxygen species，ROS）及丙二醛（malondialdehyde，MDA）等有害物质，氧化胁迫的提高加速水稻颖花的败育。已有研究表明，高温下细胞质钙水平明显增加，增加抗氧化酶活性，从而有效提高清除 ROS 等有害物质的能力。柱头花粉管伸长过程中同样也会受到各种激素乃至基因的调控，如 GA、ABA、IAA 等[44]。众多研究证实，IAA 在水稻花粉管的伸长中起到不可或缺的作用，IAA 引导花粉管的伸长方向并提供花粉管伸长所消耗的能量[45]。水稻授粉后，雌蕊组织代谢活性对水稻结实也有很大影响。授粉后，雌蕊组织呼吸作用、糖类和蛋白质的代谢作用加强，生长素含量明显增加[46]。这种受精引起的子房代谢剧烈变化被认为是子房生长素含量迅速增加引起的，大量生长素"吸引"来自营养器官的养料集中运到生殖器官，子房生长素调控着水稻花粉的受精过程[46]。当水稻子房生长素代谢受到干扰谢紊乱时，花粉管伸长停止，受精失败。生长素代谢受到温度影响较大，35℃以上的高温可干扰生长素代谢[47]。鉴于此，作者推测花期高温胁迫下，雌蕊组织生长素代谢紊乱有可能是造成水稻颖花败育另一个重要原因[45]。

四、籽粒灌浆期

籽粒灌浆期是水稻产量形成的最后阶段，籽粒充实质量直接决定了产量的高低及品质的优劣，而长江中下游稻区籽粒灌浆均可能受到极端温度的影响。长江中下游早稻灌浆一般处于 6 月下旬至 7 月下旬，此期极易发生极端高温天气。研究表明，灌浆期高温胁迫促进籽粒灌浆加速，有效灌浆持续期缩短，致使籽粒光合产物供应不足，淀粉及其他有机物积累减少，最终导致籽粒充实不足，垩白增加以及透明度变差。垩白性状受温度的影响最大，其次为精米率、蛋白质含量、胶稠度、糊化温度和直链淀粉含量，而糙米率、粒形和粒长等性状受温度的影响最小[48]。实际上，水稻齐穗后 0～20d 是气象因子影响稻米整精米率、垩白粒率和垩白度的主要时期[49]，一般认为稻米品质形成的最佳温度为籼稻21～25℃，粳稻21～24℃[50]。作者在研究中观察到，早籼稻播期推迟产量显著下降，稻米品质呈变劣趋势，但千粒重并没有明显下降，表明自然条件下温度与米质形成的关系比较复杂，涉及光照、积温等因素。

低温寡照天气是抑制水稻籽粒灌浆、产量及品质形成的另一重要因素。花后低温显著影响稻米整精米率、垩白度、胶稠度、直链淀粉含量及蛋白质含量，使得淀粉快速黏度分析仪（RVA）谱特征值峰值黏度、热浆黏度、冷胶黏度及崩解值降低，回复值和消减值升高。花后前期低温对稻米加工品质影响最大，而花后中、后期低温对外观品质、蒸煮食味品质和营养品质影响最大[51]。此外，褚春燕等的研究表明，灌浆期低温处理后水稻的千粒重、糙米率、精米率、整精米率，以及食味评分均降低，低温处理后稻米蛋白质及直链淀粉含量显著升高。实际上，对于长江中下游稻区，中晚稻灌浆中后期基本处于9月中旬至11月上旬，极易遭遇低温寡照天气。然而，作者以秀水134、甬优2640、嘉优58为材料进行分期播种发现，不同播期稻米综合品质差异并不明显，其作用机制还有待进一步阐明。

第三节　极端温度对水稻同化物形成及转运的影响

一、同化物的形成

（一）光合作用

叶片光合作用是植株同化物产生的主要来源，极端天气影响水稻同化物的形成，与光合作用关系密切。早前研究表明，高温胁迫可显著抑制水稻叶片的净光合速率，主要与高温下叶片核酮糖-1,5-二磷酸羧化酶（Rubisco）活性及气孔限制有关，而与电子的传递关系不大。Zhang 等的研究表明，40℃高温对叶片光合速率似乎影响并不大，叶片光合速率甚至还有所升高[18]（图14-1）。40℃高温下，水稻叶片温度34～35℃，这个温度不会对叶片产生伤害，与光合作用相关的酶活性也不会受到高温抑制[18, 52]。此外，高温下蒸腾速率显著增加，而气孔导度没有显著下降[19]。王亚梁等的研究也证实了这一点，40℃左右的高温对水稻叶片光合作用不会产生太大的影响[20]。然而若温度超过45℃，叶片叶绿素荧光参数及净光合速率均显著下降，甚至光合作用停止。实际上，这同样跟高温处理时间及湿度有关，高温高湿环境下，叶片光合作用很快停止，24h 处理后植株甚至死亡。然而，若湿度较低，45℃高温处理24h 对叶片光合作用的伤害不会达到致死的程度，甚至在常温下能恢复正常。长江中下游稻区虽然极端高温天气频发，但超过45℃的高温天气基本上不会发生。鉴于此，高温天气影响水稻同化物形成并不在于光合作用的限制。

彩图请扫码

图 14-1　高温胁迫对水稻叶片及籽粒组织温度的影响

CON. 对照；HS. 高温处理。N22、GT937 为水稻品种名称。(i)、(j) 图中不同小写字母示差异显著（$P < 0.05$）

　　与高温热害相反，低温寡照能显著抑制水稻叶片光合作用的形成。李平等的研究表明，低温可引起离体水稻剑叶光合效率与果糖-1,6-二磷酸酶（FBPase）活性下降，不抗冷的汕优 63 及其亲本与抗冷的秀优 57 及其亲本相比，前者光合效率与 FBPase 活性的下降幅度大于后者[53]。乳熟期是籽粒灌浆的高峰期，自然低温（寒露风）造成晚稻减产与乳熟期剑叶的光合作用下降和 FBPase 对低温的适应及调节能力有关。此外，低温胁迫导致水稻倒 2 叶 SOD 和 POD 活性下降，MDA 含量上升，叶绿素含量和光合速率下降，光合同化物减少。总体而言，温度越低，持续时间越长，受害越严重[54,55]。据作者观察，当温度低于20℃的时候，光合作用几乎停止，主要表现为FBPase活性及气孔限制。

（二）呼吸作用

水稻生长发育所需能量主要由呼吸作用提供，其表现主要是消耗碳水化合物，产生ATP。一般情况下，水稻光合作用所产生的光合产物有30%～40%被呼吸作用所消耗。虽然自然高温天气对水稻叶片净光合速率影响不大，但可在一定程度上促使呼吸作用增强，尤其夜温。Peng等的研究表明，夜温每增加1℃，产量减少10%，这与夜温增加导致呼吸作用增强有关[56]。近年来，作者所在课题组研究了水稻高温热害与能量平衡的关系，认为大气温度增加将加速碳水化合物的消耗，ATP及辅酶Ⅰ（NAD^+）含量下降，热激蛋白积累及抗氧化能力受抑，严重抑制水稻生长[57]。长江中下游稻区夏季除白天高温之外，夜温也比较高，昼夜温差较小，能量消耗过大不利于水稻产量及品质的形成。鉴于此，通过分子育种及栽培调控措施以减少高温热害导致过多的能量消耗是当前亟待解决的问题。

二、同化物的转运与分配

同化物的转运与分配，即"流"是大穗型水稻进一步发展的限制因素。在水稻高产育种实践中，籽粒充实度差成为新的重要问题之一，籼粳亚种杂交稻"库"大"源"足而"流"不畅，空秕率高，即"流"影响了籽粒充实[58]，如遇高低温、干旱等不良气候，充实性更差。蔗糖是高等植物的主要光合产物，由"源"长距离运输到花、种子和根等"库"器官，从而维持植物的生长和发育[59]。蔗糖进入叶脉韧皮部是蔗糖长距离运输的起始（即韧皮部装载），随后蔗糖通过韧皮部运输和卸载进入"库"器官。韧皮部的运输主要包括韧皮部装载、运输和卸载三部分。韧皮部的装载包括光合产物从成熟叶片叶肉细胞运送到筛管分子-伴胞复合体的整个过程，需要经过三个步骤，依次为：①光合作用中形成的磷酸丙糖从叶绿体运到细胞质中，转化为蔗糖；②蔗糖从叶肉细胞转移到叶片小叶脉筛管分子附近，这一途径往往只涉及几个细胞的距离，称为短距离运输途径；③蔗糖主动转运到筛管分子中，称为筛管分子装载。在维管植物中，韧皮部的主要功能是将光合同化物（如蔗糖等）从"源"组织（如叶片）运输到"库"组织（如果实）。植物韧皮部的筛管由核衰退解体的长管状分子首尾相接组成，构成筛管的细胞称为筛管分子（sieve element，SE），两个筛管分子之间连接面即筛板。每个SE一般有一个或几个伴胞（companion cell，CC）相随。筛管结构对韧皮部运输的直接影响在于汁液与固定细胞壁之间的摩擦作用，因此与其他系统不同的是韧皮部筛管分子中没有障碍物，且细胞壁是光滑的，但筛管分子中存在一些细胞器及物质，如光滑内质网、线粒体、导管分子质体和P-蛋白等来维持筛管分子的刚性[60]。此外，筛管系统的几何体结构，尤其是筛板和筛板孔的结构决定同化物通过韧皮部由"源"到"库"的微流体的运输速率及体积。韧皮部卸载指已被装进韧皮部的同化物进入生长或贮藏组织的过程,包括同化物从 SE/CC 复合体卸出和韧皮部后运输两个密切相关的过程[61]。同化物在韧皮部中进行长距离运输后可通过质外体或共质体途径从 SE/CC 复合体卸出。质外体卸载是指同化物跨过筛管分子质膜进入质外体的过程;共质体卸载则是指同化物通过胞间连丝从 SE/CC 复合体进入维管束薄壁细胞的过程。水稻光合同化物在籽粒中卸载应该是质外体卸载,其进入颖果的顺序是:小穗轴中央维管束—子房背部维管束—珠心突起—珠心层质外体—胚乳[62]。在质外体卸载中,蔗糖由载体介导跨膜卸出到质外空间,一方面可被酸性转化酶分解为葡萄糖和己糖,然后由己糖载体吸收进入库细胞;另一方面也可由蔗糖载体介导直接吸收进库细胞。

(一)高温对水稻同化物转运的影响

如前所述,水稻光合同化物叶片韧皮部装载主要为共质体装载,叶肉细胞与筛管分子之间的胞间连丝数量、频率、大小及生理活性均可能成为限制同化物运输的因素。研究表明,逆境条件(包括高温)导致"流"不畅时,同化产物可储藏于茎鞘薄壁细胞中,当不良气候解除后光合同化物可重新分配,即从薄壁细胞重新装载进入韧皮部筛管分子,随后运输到各个部位组织,如籽粒[63]。这也是高温下水稻茎鞘中干物质量及可溶性碳水化合物显著增加的主要原因,但结束高温处理后 20d,水稻茎鞘干物质量和可溶性碳水化合物的增幅却进一步增加。对此,作者认为主要有几个方面的原因:①胼胝质的产生导致韧皮部筛板孔堵塞。McNairn 认为高温下胼胝质的大量产生可堵塞韧皮部导管分子筛板孔,从而阻碍同化物的运输[64]。然而,胼胝质可以在高温解除后 6h 内降解[64]。但作者的试验中高温胁迫时间长达 15d,胼胝质氧化酶可能因高温钝化使得胼胝质永久沉积于筛板上,由于相关研究未见报道,还需要进一步研究。②茎鞘薄壁细胞同化产物回流韧皮部受阻。作者最近的研究表明,花期高温胁迫不仅导致水稻结实率下降,千粒重下降幅度也较大(图 14-2)。进一步的分析表明,千粒重下降的原因可能在于"流"的不畅,而不在于"源"和"库"的限制,因为叶片净光合速率、籽粒淀粉分支酶活性,以及籽粒形态处理间差异不显著。此外,高温下,日本晴(NIPP,耐高温)穗干物质积累和非结构性碳水化合物含量所占比例明显高于其突变体(HTS,高温敏感),表明同化物的转运不畅可能是高温抑制水稻籽粒充实的主要原因(图 14-3)。品种间同化物转运差异与蔗糖在籽粒中的卸载及代谢都有关系。高温下,日本晴籽粒中蔗糖转运载体 OsSUTs 和 OsSUSs 下降的幅度均小于其突变体(HTS)。然而,高温下日本晴籽粒中的蔗糖转化酶基因 *INV1* 和 *INV4* 表达量下降幅度和突变体差异不明显或者小于突变体,表明转化酶在这个过程中的作用并不大。在植物激素方面,籽粒中激素含量变化趋势与碳水化合物的变化趋势基本一致,然而在叶片与茎鞘中却没有明显的规律性,表明在本试验条件下植物激素在协调

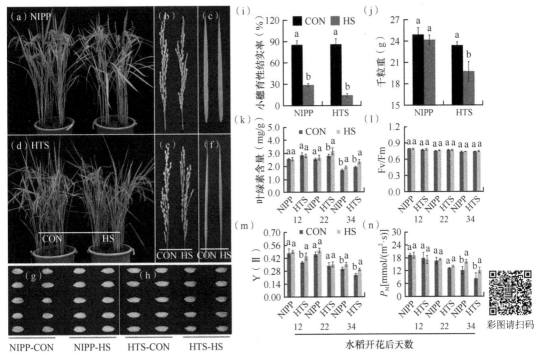

图 14-2　花期高温胁迫对水稻结实率、千粒重及叶片光合作用等的影响

NIPP. 日本晴；HTS. 高温敏感突变体；CON（control）. 对照；HS（heat stress）. 高温热害。

不同小写字母表示在 0.05 水平上的显著性差异

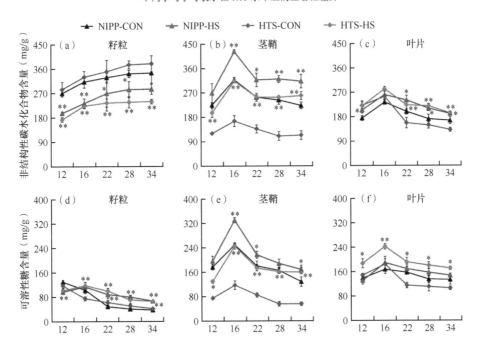

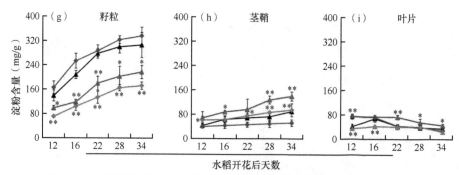

图 14-3　花期高温胁迫对水稻叶片、茎鞘及籽粒碳水化合物含量的影响

CON. 对照；HS. 高温热害；NIPP. 日本晴；HTS. 高温敏感突变体。

* 和 ** 分别表示在 0.05 和 0.01 水平的显著性差异

"源""库"及"流"中的作用并不明显或者不是主要的调控因素，相反蔗糖可能是影响"源""库"及"流"的协调因子，并且外源喷施蔗糖的试验结果也证明了这一点（图 14-4）。影响同化物转运及代谢的途径还可能与高温下叶片的结构变化有关。高温下，日本晴及其突变体叶片与叶鞘胞间连丝数量及频率差异不明显，但突变体叶片及叶鞘胞间连丝中的胼胝质含量明显高于日本晴。由此表明，高温导致叶片或叶鞘胞间连丝胼胝质含量增加也是影响同化物转运的一个重要因素。

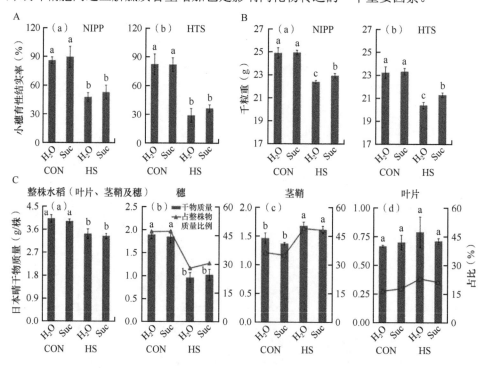

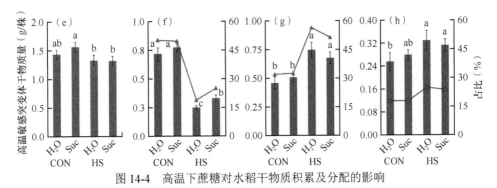

图 14-4 高温下蔗糖对水稻干物质积累及分配的影响

NIPP. 日本晴；HTS. 高温敏感突变体；H₂O. 喷水；Suc. 蔗糖；CON. 对照；HS. 高温热害。

不同小写字母表示在 0.05 水平上的显著性差异

前人的研究结果认为，植物激素包括 ABA 可能不是影响水稻开花期"源""库"关系的重要协调因子，但在减数分裂期高温下，外源 ABA 可减缓高温胁迫对水稻花粉粒育性的伤害，且可能与蔗糖的转运及代谢相关[28]。如图 14-5 所示，高温下 ABA 处理的非结构性碳水化合物含量显著高于相对应的对照处理，增长幅度显著高于其他处理。此外，高温下两个水稻品种颖花 ABA 处理的 ATP 含量下降幅度均小于其他处理。这表明，高温下 ABA 能减少颖花 ATP 的消耗。在此过程中，研究人员也观察到 ABA 处理的颖花中的蔗糖转运载体数量、热激蛋白含量及抗氧化能力均有较大幅度提高。鉴于此，作者认为花粉母细胞减数分裂期高温下 ABA 促进同化物向穗转运及代谢，从而为水稻抗逆性提供更多能量，减少高温胁迫对水稻花粉粒育性的伤害。

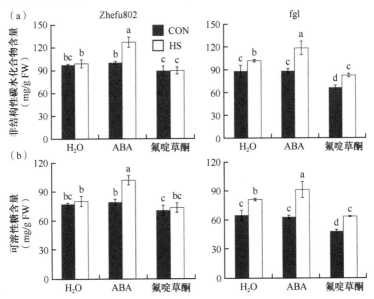

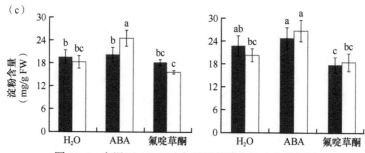

图 14-5　高温下 ABA 对水稻颖花碳水化合物的影响

CON. 对照；HS. 高温热害；H₂O. 喷水；ABA. 脱落酸。Zhefu802、fgl 为品种名。

不同小写字母表示在 0.05 水平上的显著性差异

（二）低温寡照对水稻同化物转运的影响

低温寡照是影响水稻同化物转运的另一个重要环境因素，低温胁迫不仅导致叶片胞间连丝关闭，还诱导胼胝质的产生，促使叶片维管束鞘和维管薄壁细胞接口处的胞间连丝关闭[65]。研究表明，低温胁迫导致叶片光合作用受抑，暗呼吸增强，韧皮部阻力增大，同化物转运受抑制，认为冷害胁迫韧皮部的瞬间堵塞可能与钙依赖封闭蛋白暂时性堵塞筛管有关[66]。此外，低温下植株上部组织碳水化合物积累，下部组织碳水化合物含量减少，上部韧皮部糖分侧漏增加，同时向根部运输的碳水化合物含量减少[67]。研究表明，灌浆过程中低温逆境不仅导致植株净光合速率下降，同时也抑制了碳水化合物向韧皮部转运，导致稻谷的充实度变差及品质变劣[68, 69]。在籽粒灌浆期中后期，喷施一定浓度的氯化钾（KCl）及萘乙酸（NAA）的复配组合能减轻低温寡照天气对水稻产量与品质的影响，其原因主要在于促进同化物向穗部转运（表 14-1）。

表 14-1　KCl 及 NAA 对水稻产量的影响

处理方法	穗比重（%）	结实率（%）	千粒重（g）	产量（kg/亩）
不喷	53.22	67.51	21.67	463.25
清水	53.11	72.30	21.99	472.85
NAA	53.81	75.38	22.22	504.95
0.1KCl	53.57	73.34	22.15	485.65
0.2KCl	53.42	73.19	22.24	497.25
0.4KCl	53.71	74.95	22.33	526.20
0.8KCl	53.73	72.63	22.02	510.00
0.1KCl+NAA	54.33	76.41	22.25	485.20
0.2KCl+NAA	54.71	79.16	22.42	537.15
0.4KCl+NAA	55.25	79.55	22.61	537.70
0.8KCl+NAA	54.43	76.29	22.15	489.35

注：1 斤 =0.5kg。KCl 浓度单位为 g/L；NAA 浓度单位为 mg/L

第四节　减轻高温热害的调控措施及机制研究

一、耐热性水稻品种的筛选及鉴定

　　一般认为，应对高温热害最好的办法就是筛选耐热水稻品种。关于水稻耐热性鉴定的方法，多数依据水稻对高温的敏感期及试验目的设立。开花期对高温最为敏感，其次为花粉母细胞减数分裂期，也可根据试验的要求进行水稻苗期高温鉴定。国内早期的耐热性鉴定方法一般主要在当地的高温天气进行[70]。这个方法的优点是可很好地结合地方气候，能更好地筛选出适合当地的耐热高产水稻品种，并且样本量足够大，不受场地限制，可同时进行大批量品种筛选鉴定。但这个鉴定方法最大的问题是太依赖于自然温度，而自然温度往往是最不稳定的，且温度强度不够，从而造成年度间的重复性差。此外，由于水稻抽穗开花期不同，不同水稻品种所受到的高温强度不一致，难以筛选出真正的耐热品种。在前人的基础上，有研究者采用大田和温度结合的办法[71, 72]，研究结果表明，在39℃的高温天气水稻结实率几乎为零。利用自然温室进行高温鉴定，一方面可以解决温度强度不够的问题，另一方面夏季温室温度足够高，甚至可以达到50℃，在这个温度下筛选出的耐热性品种耐热性可靠。但这个温度也存在不少问题：①湿度太高，进一步加剧高温伤害；②温度不稳定，依赖自然温度，阴雨天温室内温度也达不到高温伤害的程度。近年来，胡声博等采用人工气候箱进行高温鉴定，既可控温又可控湿，可以有针对性地对水稻材料不同特性进行高温鉴定，应该说是一个不错的办法[73]。但需要大量的人工气候箱，并且气候箱温湿度参数必须稳定一致，否则同样会导致不同气候箱之间的高温环境误差。此外，在人工气候箱培养，光照不足是最大的问题，一般人工气候箱的光照强度在20 000lx左右，而外界正常天气的光照强度都在70 000～100 000lx。作者所在实验室主要采用温室控温进行高温鉴定，即在温室安装控温系统，高温处理温度控制在39～43℃，对照温度为28～32℃，高温处理时间为9：00～16：00，一般处理10～15d，可以比较有效地筛选出水稻耐热性材料[4]。据作者的观察，通过控温系统可很好地解决温度和湿度的问题，因为作者所在实验室采用的温室为半开放式，可以维持一个比较低的湿度，而阴雨天气下可通过加热器及除湿器进行加温、除湿。而在光照方面，由于主要利用外界光照，因而不存在光照不足的问题。另外，在高温胁迫时间方面，同样根据试验目的进行，有人设计了7d，因为单株水稻开花一般持续7～8d[71, 72]。另外还有人根据当地持续发生的高温天气设定，如3d或5d等[73]。由于作者所在实验室主要侧重于水稻耐热材料的鉴定，因此统一规定为水稻开花期高温处理10d，从早上9：00到下午16：00。总之，目前的耐热性鉴定平台还存在各自为战的局面，难有一个比较权威的鉴定方式。因此，创新快速、准确、与自然高温伤害基本吻合的耐热性鉴定技术平台，成为我国水稻育种工作的重要环节之一。

二、栽培措施调控

（一）施肥方式

合理施肥，调整水稻抵抗高温能力。氮肥、磷肥和钾肥是水稻生长期间常使用的肥料，施用得当能提高水稻产量，改善稻米品质。段骅和杨建昌[74]研究表明，在高温胁迫下，中氮和高氮显著增加每穗粒数、结实率、千粒重和产量，增加整精米率和支链淀粉短链比例，降低垩白米率和支链淀粉中长链的比例，中氮效果更为明显。施用氮素穗肥还增加了叶片光合速率、根系氧化能力和籽粒中淀粉代谢途径关键酶活性，表明抽穗结实期遭受高温胁迫，在穗分化期适当施用氮肥可以获得较高的产量和较好的稻米品质，根系和冠层生理活性的提高是其重要原因。江文文等在小麦上也得出了类似的结果，在高温胁迫下，追施氮肥后显著增加籽粒千粒重和产量，提高旗叶谷氨酰胺合成酶（GS）活性，增加旗叶气孔导度和光合速率，提高旗叶过氧化氢酶（CAT）和过氧化物酶（POD）活性，促进花前营养器官干物质向籽粒转运，增加开花后积累的干物质对籽粒的贡献率[75]。确实，在自然温度和高温处理下，与正常氮肥水平相比，高氮处理增加 2 个早稻品种的单株产量和单株有效穗数，以及每穗总粒数、千粒重和收获指数，单株产量降幅低于常氮处理，说明适当高氮可减轻高温的减产作用[76]。赵决建[77]也认为，合理施用氮磷钾肥可以提高水稻耐热性，高温下合理施用氮磷钾肥的水稻结实率和千粒重可大幅度提高。

（二）播期调整

适宜的播期对有效利用温光资源、改善水稻生育进程、促进个体正常发育、保证安全成熟、减轻极端温度伤害及病虫草害发生率等具有重要作用，是水稻栽培管理中的关键技术之一，也是水稻高产、优质的基础。包灵丰等的研究表明，不同播期对水稻糙米率有显著差异，随着播期的推迟糙米率有降低趋势，但籽粒产量、精米率、整精米率、垩白率和垩白度在不同播期间无显著差异[78]。盛婧等通过分期播种，探讨调整生育进程避开高温时段减轻高温热害的可能性[79]。长江中下游稻区高温发生时段多在 7 月中旬到 8 月中旬，播期的调整使得开花期避开这段时间，可减少高温胁迫对结实率的影响，因为此期对高温最为敏感。然而，幼穗分化期及减数分裂期遭遇高温天气对水稻产量与米质也会有较大的影响。因此，播期的调整是一个相对比较复杂的过程，需要对整个生育期进行评估才能执行。

（三）群体调控

群体结构也是影响水稻生长发育的重要因素，群体过密或过疏均不利于水稻产量的形成。此外，群体结构是影响水稻冠层温度的重要因素。研究表明，冠层温度随着密度的增加而下降（图 14-6），且随着冠层高度的增加而增加。Yan 等认为通过塑造不同的冠层降低冠层温度可在一定程度上减少高温伤害[80]。作者的研究表明，花期高温胁迫下，水稻强势粒受到的伤害大于弱势粒，表现为高温下强势粒结实率及千粒重下降幅度均显著大于弱势粒[29]。对此，作者认为可能与强弱势粒所在的冠层位置导致温度差异有关，高温下水稻强势粒的温度明显大于弱势粒，差异甚至达到5℃（图14-7）。另外，通过控制分蘖减少群体密度，强势粒及弱势粒温差减小，相应地强势粒与弱势粒在结实率及千粒重方面的差异也有所减小。鉴于此，作者认为通过调节水稻群体结构同样可以减轻高温热害。

25cm×25cm   25cm×20cm

图 14-6 不同种植密度对水稻群体温度的影响

彩图请扫码

图 14-7　不同密度对水稻群体温度的影响

CON. 对照；HS. 高温热害；SS. 强势粒；IS. 弱势粒。不同小写字母表示在 0.05 水平上的显著性差异

三、外源植物生长调节剂

（一）水杨酸

水杨酸（salicylic acid）在植物生长、发育、种子萌发、开花、糖酵解、离子吸收和运转以及叶片光合作用等方面发挥重要作用，还能减轻热胁迫对膜氧化的伤害，提高植物抗热性，保证植物的存活率[81-84]。研究表明，水杨酸可通过增加渗透调节物质含量和抗氧化胁迫能力降低高温对幼苗的伤害，改善保护膜结构和功能[85]。高温下，水杨酸处理不仅可明显增加小麦蛋白激酶活性，延缓 D1 蛋白降解，高温解除后还可加快 D1 蛋白的恢复。此外，水杨酸在颖花分化期、减数分裂期及开花期都有比较好的防护效果。在颖花分化期，喷施 0.1mmol/L 水杨酸能减少高温胁迫对水稻颖花分化的影响[19]，在减数分裂期 1mmol/L 水杨酸可有效防止高温导致的颖花退化，在此过程中，IAA、可溶性糖及抗氧化酶也起重要作用[22]。然而，此期喷施 10mmol/L 水杨酸对花粉粒育性的保护效果最好，在高温下可防止花药细胞程序性死亡的产生，从而防止花药绒毡层提早退化导致的花粉粒败育[23]。此外，研究人员还观察到水杨酸作为一种植物生长调节剂，安全使用范围比较广，不太会出现药害的现象，并且无论自然条件下还是高温下合适的浓度都能提高水稻产量。

（二）生长素

生长素（IAA）几乎影响植物生长的每一个阶段，包括种子萌发、植株伸长、开花及花粉管伸长。受到柱头分泌物的刺激，花粉落到雌蕊的柱头上之后就开始吸水萌发。花粉粒中含有多种酶，如磷酸化酶、淀粉酶、转化酶等，花粉萌发时酶活性剧烈增强，除了在花粉本身起作用，还分泌到花柱，以取得食物和使花粉管伸长[86]。此外，授粉后雌蕊组织吸收水分及无机盐的能力也显著加强，呼吸作用显著增加。由此看来，花粉粒受精过程中伴随着剧烈的代谢活动，这种代谢活动被认为是由生长素调控的，大量生长素"吸引"养料集中到生殖器官[86]。此外，生长素还是花粉管伸长的主要调控因子。Lund 早在 1956 年就观察到，雌蕊授粉后的顶部及基部生长素含量与花粉管的伸长有关[87]。Wu 等的研究表明，授粉后雌蕊组织中的生长素含量明显增高，与生长素刺激花粉管伸长比较一致。此外，他们采用免疫酶和免疫标记技术证实了生长素存在于整个雌蕊组织，分布于雌蕊的细胞核及细胞质之中，由此表明生长素极有可能在蓝猪耳花粉管伸长中发挥极其重要的作用[44]。Chen 和 Zhao 证实了这一推测，他们在试验中观察到，当花粉管进入雌蕊组织后，花粉管往前伸长的地方生长素含量大增，而当花粉管穿过去之后，生长素含量随之大幅度下降[88]。试验结果还表明，外源 IAA 也有利于花粉管的伸长。Wu 等的研究也表明，外源 IAA 处理过的花粉管腿部细长笔直，其对照则短小，弯曲大[44]。花粉管的生长方式是顶端生长，生长只局限于花粉管顶端区，主要依靠尖端的细胞不断膨大延伸，因此在延伸过程中其能量供给和花粉管细胞壁有着极其重要的作用。质膜 H^+-ATP 酶、分泌囊泡、线粒体、维管束微纤维及角质在花粉管伸长中发挥重要作用。植物质膜 H^+-ATP 酶以 ATP 为能量，把质子从细胞质排到细胞外，从而创造一个跨细胞膜电化学梯度，诱导 H^+ 分泌到细胞外，这种酸化使细胞壁松弛，使细胞扩大。分泌囊泡则为花粉管伸长提供大量新膜和驱动子[89,90]。IAA 处理过的花粉管分泌囊泡、线粒体、质膜 H^+-ATP 酶及胶质均明显高于相对应的无 IAA 处理[44]。

　　作为一种重要的植物内源激素，生长素容易受到外界环境的影响。Tal 和 Imber 的研究表明，水分胁迫可导致植物根系生长素及 ABA 含量的下降[91]。Albacete 等也观察到，胁迫条件下马铃薯叶片的生长素含量明显减少[92]。高温胁迫条件下，Ofir 等观察到大豆花蕾、花朵及幼豆荚中的 IAA 含量大幅度下降，且品种的耐热性与生长素下降幅度有明显的负相关性[93]。Tang 等也认为，高温胁迫导致水稻颖花败育可能与颖花中的 IAA、ABA 及 GA 等有关[94]。鉴于此，Sakata 等对这方面进行了详细研究，高温胁迫条件下，大麦和拟南芥正在发育花药中的生长素含量大幅度减少，相对应的正常的花粉粒也显著下降[25]。进一步研究观察到，生长素合成基因 YUCCA 的表达受到高温热害的抑制。而高温胁迫之后施用外源 IAA（NAA）可以恢复大部分花粉粒的育性。作者的研究表明，水稻开花当天高温胁迫导致小穗败育同样与 IAA 的变化有关，因为耐热性水稻品种雌蕊组织中的 IAA 下降幅度显著小于热敏感水稻品种[45]。进一步研究表明，外源 NAA 可减轻高温胁迫对水稻小穗育性的伤害，一方面结实率显著增加，另一方面 NAA 处理的热敏感水稻品种子房中能清晰看到花粉管[45]。在此过程中，IAA、POD 与 ROS 相互作用为花粉管的伸长提供能量及信号（图 14-8）。此外，高温条件下雌蕊组织中的生长素代谢紊乱还可能与黄酮醇的代谢有关。有关花粉粒萌发导致生长素大量增加的原因，研究人员均认为是花粉粒中带有促进生长素合成的酶体系[46]。至于是哪种酶体系还未报道，作者认为该体系里极有可能含有黄酮醇。黄酮醇是花粉粒萌发的重要物质，主要在绒毡层中合成，对植物花粉萌发及花粉管的伸长有利[95]。在黄酮醇突变体中，因为缺乏黄酮醇，其花粉粒一般都不能正常萌发，但经黄酮醇处理后可以正常萌发[46]。Kovaleva 等对此进行了详细的研究，结果表明，在矮牵牛花药发育进程中，花药中的生长素及类黄酮含量均有明显的上升，但生长素增加幅度高于类黄酮。培养基中花粉粒萌发时伴随着生长素和类黄酮的上升，其中生长素在花粉粒萌发后的 2h 内依然增加，而类黄酮仅在萌发后 1h 内增加[96]。当花粉粒落到柱头时，生长素的增幅是类黄酮的 30～100 倍。由此表明，类黄酮应该是作为一种内源调节物质对生长素的运输进行调节。当花粉粒落到柱头后，柱头中的生长素大量积累[97, 98]。因此，高温胁迫条件下，雌蕊组织中的类黄酮代谢可能是导致生长素代谢紊乱的重要原因之一。

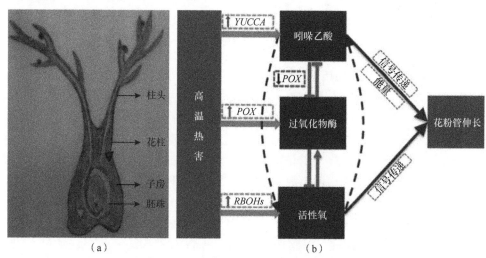

图 14-8　高温下生长素在柱头花粉管伸长中的作用

YUCCA. 生长素合成基因；*POX*. 过氧化物酶基因；*RBOHs*. NADPH 氧化酶基因

（三）脱落酸

ABA 在植物生长发育过程中发挥重要作用，如抑制种子萌发、促进休眠、抑制生长、促进叶片衰老脱落等[99]。然而众多研究认为，ABA 在生物体内最主要的功能是作为胁迫激素参与植物对外界胁迫条件的适应，尤其是非生物胁迫，如干旱及高温胁迫[100, 101]。据报道，拟南芥、烟草、番茄及玉米等 ABA 缺失突变体植株普遍矮小，在自然条件下可正常成长[102]，但在干旱和盐胁迫等逆境环境下，比野生型植物更容易枯萎及死亡。多数植物植株的内源 ABA 含量在高温下显著增加[103]，且外源 ABA 同样可增强水稻耐热性[104, 105]。和野生型植株相比，拟南芥

ABA 合成及信号转导缺失突变体的耐热性比较差[106]。Wang 等[107] 研究表明，拟南芥 CK4 突变体在种子萌发及秧苗成长期 ABA 含量偏低，而气孔开度、叶片含水量损失及热敏感性明显增加。综上所述，ABA 增强水稻耐热性的原因有以下几个方面：①稳定生物膜，维持正常功能；②延缓自由基清除酶活性的下降，阻止体内自由基的过氧化作用，减少自由基对膜的损伤；③促进可溶性糖等渗透物质的积累，增加渗透能力；④调节逆境蛋白基因表达，促进逆境蛋白合成，提高抗逆能力。实际上，ABA 诱导热激蛋白（heat shock protein，HSP）产生是提高水稻耐热性的主要原因[105]。然而 HSP 合成似乎不完全依赖 ABA，已有研究指出，ABA 缺失突变体耐热性显著下降，但 HSP 合成不受影响[33]，这表明 ABA 通过其他途径影响水稻耐热性，如蔗糖代谢及转运[104]。高温胁迫可严重干扰水稻碳水化合物的正常代谢，植株生长受抑制，花粉粒发育异常乃至授粉受阻，最终导致小穗败育及产量下降[108, 109]。据报道，在种子萌发、干旱及低温胁迫环境下，ABA 可调节水稻同化物的代谢及分配，SnRK（sucrose nonfermenting-related protein kinase）、ASR（ABA-stress-ripening）及 ABI4（ABA-insensitive-4）蛋白是 ABA 与蔗糖互作的协调因子[110-113]。作者的研究表明，高温下 ABA 处理过的水稻叶片净光合速率及植株总干物质量并没有增加，甚至有所降低，但穗部干物质量占植株总干物质量比例显著高于对照，相应地前者的蔗糖转运载体（sucrose transporter，SUT）、蔗糖合酶（sucrose synthase，SUS）及转化酶（invertase，INV）基因表达量也高于后者[28]。在高温环境下，ABA 与蔗糖互作还能提高水稻产量并改善稻米品质[114]。此外，高温下外源喷施 0.5% 蔗糖对水稻叶片最大荧光量子效率（Fv/Fm）影响不大，Fv/Fm 甚至有所下降，显著提高叶片实际荧光量子效率［Y（Ⅱ）］，但存在品种间差异。

第五节　研究前景

一、存在问题

（一）极端高温天气

水稻高温热害一直是研究的热点，近年来耐热品种培育及风险栽培技术研发均取得较好的成果。随着我国人民生活的改善，温饱问题已经基本得到解决，因而对稻米品质的需求日趋增强，这逐渐成为影响我国粮食发展的主要瓶颈。然而，迄今为止，兼具高产、优质及耐热的水稻品种仍然少见报道。兼具丰产、优质及耐热品种的培育是重点也是难点，还需要更多的研究探索，除了育种材料的挖掘，耐热机制还有待进一步阐明。种植制度、肥水调控及植物生长调节剂都能一定程度上提高水稻耐热性，减少高温热害。然而，种植制度的改革涉及面太广，难以执行。实际上，通过密度或氮肥处理调节水稻群体结构，降低冠层温度是应对极

・256・ 长江中下游地区稻田耕作制度发展与研究

端高温天气非常有效的途径,但由于标准制定比较困难,在大田生产难以有效执行。水分调节可能是目前比较普遍采用的措施,但灌水量多少并没有严格标准。若灌水太深,大田水分蒸腾大,冠层湿度过高可能加重高温热害,因而干湿交替或许是一个比较好的办法。此外,有些地区灌水系统比较差,难以进行有效灌水。

(二)全球气候变暖

众所周知,除了极端高温天气,全球气候变暖同样影响水稻产量及品质的形成。然而,应对全球气候变暖造成水稻生产损失的实用技术目前还比较缺乏。全球气候变暖,CO_2 浓度增加可提高叶片同化速率,但呼吸作用也相应增强,尤其昼夜温差变小的情况下,碳水化合物消耗过大,严重影响水稻产量及品质的形成。因而,应对全球气候变暖的对策或许是未来农业生产急需解决的问题。

(三)极端低温和低温寡照

由于全球气候变暖给长江中下游稻区带来了充足的温光资源,同时也为播期前移恢复双季稻种植提供了重要条件。然而,早稻前期极端低温和晚稻低温寡照时常发生,不可避免地影响水稻的生产,严重者甚至出现早稻烂秧绝产的问题。更为严重的是,有效应对极端低温及低温寡照的栽培技术非常缺乏。

二、研究与发展方向

应对全球气候变暖、极端高温天气、极端低温及低温寡照造成水稻生产的损失,作者认为首要的发展方向是阐明水稻温度胁迫机制,尤其是逆境胁迫下水稻植株能量的产生、消耗及分配,在此基础上筛选及培育兼具高产、优质及抗逆性强的水稻品种。针对目前存在的问题,研发提高水稻抗逆性、减少逆境伤害的栽培技术,如肥水管理,播期调整,密度调控,以及外源植物生长调节剂等。

参 考 文 献

[1] 陶龙兴,谈惠娟,王熹,等.高温胁迫对国稻6号开花结实习性的影响.作物学报,2008,34(4): 669-674.
[2] 陶龙兴,谈惠娟,王熹,等.超级杂交稻国稻6号对开花结实期高温热害的反应.中国水稻科学,2007,21(5): 518-524.
[3] 王才林,仲维功.高温对水稻结实率的影响及其防御对策.江苏农业科学,2004,(1): 15-18.
[4] 符冠富,宋健,廖西元,等.中国常用水稻保持系及恢复系开花灌浆期耐热性评价.中国水稻科学,2011,25(5): 495-500.
[5] 刘娟.气候变化对长江中下游水稻影响的事实分析.中国气象学会年会,2009.
[6] 谭诗琪,申双和.长江中下游地区近32年水稻高温热害分布规律.江苏农业科学,2016,44(8): 97-101.
[7] 李友信.长江中下游地区水稻高温热害分布规律研究.华中农业大学硕士学位论文,2015.

[8] 吴立, 霍治国, 姜燕, 等. 气候变暖背景下南方早稻春季低温灾害的发生趋势与风险. 生态学报, 2016, 36(5): 1263-1271.

[9] 王惠初, 张汉贤, 蒙昭芳. 抗寒剂防止早稻烂秧试验简报. 南方农业学报, 1993, (6): 248-249.

[10] 刘娟, 杨沈斌, 王主玉, 等. 长江中下游水稻生长季极端高温和低温事件的演变趋势. 安徽农业科学, 2010, (25): 13881-13884.

[11] 姚蓬娟. 长江中下游地区双季早稻冷害、热害风险评价. 中国气象科学研究院硕士学位论文, 2015.

[12] 李勇, 杨晓光, 叶清, 等. 全球气候变暖对中国种植制度可能影响Ⅸ. 长江中下游地区单双季稻高低温灾害风险及其产量影响. 中国农业科学, 2013, 46(19): 3997-4006.

[13] 陈斐, 杨沈斌, 申双和, 等. 长江中下游双季稻区春季低温冷害的时空分布. 江苏农业学报, 2013, 29(3): 540-547.

[14] Lv W T, Lin B, Zhang M, et al. Proline accumulation is inhibitory to *Arabidopsis* seedlings during heat stress. Plant Physiology, 2011, 156(4): 1921-1933.

[15] Allakhverdiev S I, Kreslavski V D, Klimov V V, et al. Heat stress: an overview of molecular responses in photosynthesis. Photosynthesis Research, 2008, 98(1-3): 541.

[16] Liang Y, Chen H, Tang M J, et al. Responses of *Jatropha curcas* seedlings to cold stress: photosynthesis-related proteins and chlorophyll fluorescence characteristics. Physiologia Plantarum, 2007, 131(3): 508-517.

[17] Yamori W, Hikosaka K, Way D A. Temperature response of photosynthesis in C3, C4, and CAM plants: temperature acclimation and temperature adaptation. Photosynthesis Research, 2014, 119(1-2): 101-117.

[18] Zhang C X, Fu G F, Yang X Q, et al. Heat stress effects are stronger on spikelets than on flag leaves in rice due to differences in dissipation capacity. Journal of Agronomy and Crop Science, 2016, 202(5): 394-408.

[19] 符冠富, 张彩霞, 杨雪芹, 等. 水杨酸减轻高温抑制水稻颖花分化的作用机理研究. 中国水稻科学, 2015, 29(6): 637-647.

[20] 王亚梁, 张玉屏, 朱德峰, 等. 水稻器官形态和干物质积累对穗分化不同时期高温的响应. 中国水稻科学, 2016, 30(2): 161-169.

[21] 王亚梁. 高温对水稻穗发育及穗部性状的影响. 中国农业科学院硕士学位论文, 2016.

[22] Zhang C X, Feng B H, Chen T T, et al. Sugars, antioxidant enzymes and IAA mediate salicylic acid to prevent rice spikelet degeneration caused by heat stress. Plant Growth Regulation, 2017, 83(2): 313-323.

[23] Feng B, Zhang C, Chen T, et al. Salicylic acid reverses pollen abortion of rice caused by heat stress. BMC Plant Biology, 2018, 18(1): 245.

[24] Abiko M, Akibayashi K, Sakata T, et al. High temperature induction of male sterility during barley (*Hordeum vulgare* L.) anther development is mediated by transcriptional inhibition. Sexual Plant Reproduction, 2005, 18(2): 91-100.

[25] Sakata T, Oshino T, Miura S, et al. Auxins reverse plant male sterility caused by high temperatures. Proceedings of the National Academy of Sciences of the United States of America, 2010, 107(19): 8569-8574.

[26] Oshino T, Abiko M, Saito R, et al. Premature progression of anther early developmental programs accompanied by comprehensive alterations in transcription during high-temperature

injury in barley plants. Molecular Genetics and Genomics, 2007, 278(1): 31-42.

[27] Endo M, Tsuchiya T, Hamada K, et al. High temperatures cause male sterility in rice plants with transcriptional alterations during pollen development. Plant and Cell Physiology, 2009, 50(11): 1911-1922.

[28] Islam M R, Feng B, Chen T, et al. Abscisic acid prevents pollen abortion under high-temperature stress by mediating sugar metabolism in rice spikelets. Physiologia Plantarum, 2019, 165(3): 644-663.

[29] Fu G, Feng B, Zhang C, et al. Heat stress is more damaging to superior spikelets than inferiors of rice (*Oryza sativa* L.) due to their different organ temperatures. Frontiers in Plant Science, 2016, 7: 1637.

[30] Matsui T, Omasa K, Horie T. High temperature at flowering inhibits swelling of pollen grains, a driving force for thecae dehiscence in rice (*Oryza sativa* L.). Plant Production Science, 2000, 3(4): 430-434.

[31] Matsui T, Omasa K, Horie T. Rapid swelling of pollen grains in response to floret opening unfolds anther locules in rice (*Oryza sativa* L.). Plant Production Science, 1999, 2(3): 196-199.

[32] Suzuki K, Takeda H, Tsukaguchi T, et al. Ultrastructural study on degeneration of tapetum in anther of snap bean (*Phaseolus vulgaris* L.) under heat stress. Sexual Plant Reproduction, 2001, 13(6): 293-299.

[33] Jagadish S V K, Cairns J, Lafitte R, et al. Genetic analysis of heat tolerance at anthesis in rice. Crop Science, 2010, 50(5): 1633-1641.

[34] 李文彬, 王贺, 张福锁. 高温胁迫条件下硅对水稻花药开裂及授粉量的影响. 作物学报, 2005, 31(1): 134-136.

[35] Islam M R, 符冠富, 奉保华, 等. "稻清"减轻水稻穗期高温伤害的原因分析. 中国稻米, 2018, 24(3): 21-24.

[36] Satake T, Yoshida S. High temperature induced sterility in indica rice at flowering. Japan Jour Crop Sci, 1978, 47(1): 1-17.

[37] Van Tunen A J, Mur L A, Brouns G S, et al. Pollen-and anther-specific chi promoters from petunia: tandem promoter regulation of the *chiA* gene. The Plant Cell Online, 1990, 2(5): 393-401.

[38] Kerhoas C, Gay G, Dumas C. A multidisciplinary approach to the study of the plasma membrane of *Zea mays* pollen during controlled dehydration. Planta, 1987, 171(1): 1-10.

[39] Karni L, Aloni B. Fructokinase and hexokinase from pollen grains of bell pepper (*Capsicum annuum* L.): possible role in pollen germination under conditions of high temperature and CO_2 enrichment. Annals of Botany, 2002, 90(5): 607-612.

[40] Snider J L, Oosterhuis D M, Skulman B W, et al. Heat stress-induced limitations to reproductive success in *Gossypium hirsutum*. Physiologia Plantarum, 2009, 137(2): 125-138.

[41] Kobata T, Yoshida H, Masiko U, et al. Spikelet sterility is associated with a lack of assimilate in high-spikelet-number rice. Agronomy Journal, 2013, 105(6): 1821-1831.

[42] Hedhly A, Hormaza J I, Herrero M. The effect of temperature on pollen germination, pollen tube growth, and stigmatic receptivity in peach. Plant Biology, 2005, 7(5): 476-483.

[43] Jiang Y, Huang B. Effects of calcium on antioxidant activities and water relations associated with heat tolerance in two cool-season grasses. J Exp Bot, 2001, 52(355): 341-349.

[44] Wu J Z, Lin Y, Zhang X L, et al. IAA stimulates pollen tube growth and mediates the

modification of its wall composition and structure in *Torenia fournieri*. Journal of Experimental Botany, 2008, 59(9): 2529-2543.

[45] Zhang C, Li G, Chen T, et al. Heat stress induces spikelet sterility in rice at anthesis through inhibition of pollen tube elongation interfering with auxin homeostasis in pollinated pistils. Rice, 2018, 11(1): 14.

[46] 潘瑞炽. 植物生理学. 北京: 高等教育出版社, 2004.

[47] Malia P C, Numrich J, Nishimura T, et al. Control of vacuole membrane homeostasis by a resident PI-3,5-kinase inhibitor. Proceedings of the National Academy of Sciences of the United States of America, 2018, 115(18): 4684-4689.

[48] 赵庆勇, 朱镇, 张亚东, 等. 播期和地点对不同生态类型粳稻稻米品质性状的影响. 中国水稻科学, 2013, 27(3): 297-304.

[49] 朱永川, 徐富贤, 王贵雄, 等. 灌浆期气象因子对杂交中籼稻米碾米品质和外观品质的影响. 植物生态学报, 2003, 27(1): 73-77.

[50] 周广洽, 徐孟亮, 李训贞. 温光对稻米蛋白质及氨基酸含量的影响. 生态学报, 1997, 17(5): 537-542.

[51] 曾研华, 范呈根, 吴建富, 等. 等养分条件下稻草还田替代双季早稻氮钾肥比例的研究. 植物营养与肥料学报, 2017, 23(3): 658-668.

[52] Zhang C X, Feng B H, Chen T T, et al. Heat stress-reduced kernel weight in rice at anthesis is associated with impaired source-sink relationship and sugars allocation. Environmental and Experimental Botany, 2018, 155: 718-733.

[53] 李平, 王以柔. 低温对杂交水稻乳熟期剑叶光合作用和光合产物运输的影响. 植物学报: 英文版, 1994, 36(1): 45-52.

[54] 李健陵, 霍治国, 吴丽姬, 等. 孕穗期低温对水稻产量的影响及其生理机制. 中国水稻科学, 2014, 28(3): 277-288.

[55] 曹娜, 陈小荣, 贺浩华, 等. 幼穗分化期喷施磷钾肥对早稻抵御低温及产量和生理特性的影响. 应用生态学报, 2017, 28(11): 3562-3570.

[56] Peng S, Huang J, Sheehy J E, et al. Rice yields decline with higher night temperature from global warming. Proc Natl Acad Sci USA, 2004, 101(27): 9971-9975.

[57] Li G, Zhang C, Zhang G, et al. Abscisic acid negatively modulates heat tolerance in rolled leaf rice by increasing leaf temperature and regulating energy homeostasis. Rice, 2020, 13: 18.

[58] 袁隆平. 杂交水稻超高产育种. 杂交水稻, 1997, 12(6): 1-6.

[59] Eom J S, Cho J I, Reinders A, et al. Impaired function of the tonoplast-localized sucrose transporter in rice, *OsSUT2*, limits the transport of vacuolar reserve sucrose and affects plant growth. Plant Physiology, 2011, 157(1): 109-119.

[60] Knoblauch M, Peters W S. Münch, morphology, microfluidics—our structural problem with the phloem. Plant, Cell & Environment, 2010, 33(9): 1439-1452.

[61] Patrick J W. Phloem unloading: sieve element unloading and post-sieve element transport. Annual Review of Plant Biology, 1997, 48(1): 191-222.

[62] 荆彦辉, 徐正进. 水稻维管束性状的研究进展. 沈阳农业大学学报, 2003, 34(5): 467-471.

[63] Slewinski T L. Non-structural carbohydrate partitioning in grass stems: a target to increase yield stability, stress tolerance, and biofuel production. Journal of Experimental Botany, 2012, 63: 4647-4670.

[64] McNairn R B. Phloem translocation and heat-induced callose formation in field-grown

Gossypium hirsutum L. Plant Physiology, 1972, 50(3): 366-370.

[65] Bilska A, Sowiński P. Closure of plasmodesmata in maize (*Zea mays*) at low temperature: a new mechanism for inhibition of photosynthesis. Annals of Botany, 2010, 106(5): 675-686.

[66] De Schepper V, Vanhaecke L, Steppe K. Localized stem chillingalters carbon processes in the adjacent stem and in source leaves. Tree Physiology, 2011, 31(11): 1194-1203.

[67] Johnsen K, Maier C, Sanchez F, et al. Physiological girdling of pine trees via phloem chilling: proof of concept. Plant Cell& Environment, 2007, 30(1): 128-134.

[68] Peuke A D, Windt C, Van A H. Effects of cold-girdling on flows in the transport phloem in *Ricinus communis*: is mass flow inhibited. Plant Cell & Environment, 2006, 29(1): 15-25.

[69] Liu X, Zhang Z, Shuai J, et al. Impact of chilling injury and global warming on rice yield in Heilongjiang Province. Journal of Geographical Sciences, 2013, 23(1): 85-97.

[70] 吴俊生, 宫德英. 山东稻种资源耐热性分析. 山东农业科学, 1996, 2: 13-15.

[71] 曾汉来, 卢开阳, 贺道华, 等. 中籼杂交水稻新组合结实性的高温适应性鉴定. 华中农业大学学报, 2000, 19(1): 1-4.

[72] 曾汉来, 张自国, 元生朝. 高温敏感型不育系5460S在元江不同海拔条件下一系三用的特性观察. 华中农业大学学报, 1992, 11(3): 220-223.

[73] 胡声博, 张玉屏, 朱德峰, 等. 杂交水稻耐热性评价. 中国水稻科学, 2012, 26(6): 751-756.

[74] 段骅, 杨建昌. 高温对水稻的影响及其机制的研究进展. 中国水稻科学, 2012, 26(4): 393-400.

[75] 江文文, 尹燕枰, 王振林, 等. 花后高温胁迫下氮肥追施后移对小麦产量及旗叶生理特性的影响. 作物学报, 2014, 40(5): 942-949.

[76] 杨军, 陈小荣, 朱昌兰, 等. 氮肥和孕穗后期高温对两个早稻品种产量和生理特性的影响. 中国水稻科学, 2014, 28(5): 523-533.

[77] 赵决建. 氮磷钾施用量及比例对水稻抗高温热害能力的影响. 中国土壤与肥料, 2005, (5): 13-16.

[78] 包灵丰, 林纲, 赵德明, 等. 不同播期与收获期对水稻灌浆期、产量及米质的影响. 华南农业大学学报, 2017, 38(2): 32-37.

[79] 盛婧, 陈留根, 朱普平, 等. 不同水稻品种抽穗期对高温的响应及避热的调控措施. 江苏农业学报, 2006, 22(4): 325-330.

[80] Yan C, Ding Y, Wang Q, et al. The impact of relative humidity, genotypes and fertilizer application rates on panicle, leaf temperature, fertility and seed setting of rice. The Journal of Agricultural Science, 2010, 148(3): 329-339.

[81] Mohammed A R, Tarpley L. High night temperature and plant growth regulator effects on spikelet sterility, grain characteristics and yield of rice (*Oryza sativa* L.) plants. Canadian Journal of Plant Science, 2011, 91(2): 283-291.

[82] Khan A R, Cheng Z, Ghazanfar B, et al. Acetyl salicylic acid and 24-epibrassinolide enhance root activity and improve root morphological features in tomato plants under heat stress. Acta Agriculturae Scandinavica, 2014, 64(4): 304-311.

[83] Khan W, Prithiviraj B, Smith D L. Photosynthetic responses of corn and soybean to foliar application of salicylates. Journal of Plant Physiology, 2003, 160(5): 485-492.

[84] Harper J R, Balke N E. Characterization of the inhibition of K^+ absorption in oat roots by salicylic acid. Plant Physiology, 1981, 68(6): 1349-1353.

[85] 王小玲, 高柱, 余发新, 等. 外源水杨酸对观赏羽扇豆高温胁迫的生理响应. 中国农学通报,

2011, 27(25): 89-93.

[86] 陆时万, 徐祥生, 沈敏健. 植物学. 北京: 高等教育出版社, 1988.

[87] Lund A. The effect of various substances on the excretion and the toxicity of thallium in the rat. Acta Pharmacologica et Toxicologica, 1956, 12(3): 260-268.

[88] Chen D, Zhao J. Free IAA in stigmas and styles during pollen germination and pollen tube growth of *Nicotiana tabacum*. Physiologia Plantarum, 2008, 134(1): 202-215.

[89] Roudier F, Fernandez A G, Fujita M, et al. COBRA, an *Arabidopsis* extracellular glycosyl-phosphatidyl inositol-anchored protein, specifically controls highly anisotropic expansion through its involvement in cellulose microfibril orientation. The Plant Cell Online, 2005, 17(6): 1749-1763.

[90] Fricker M D, White N S, Obermeyer G. pH gradients are not associated with tip growth in pollen tubes of *Lilium longiflorum*. Journal of Cell Science, 1997, 110(15): 1729-1740.

[91] Tal M, Imber D. Abnormal stomatal behavior and hormonal imbalance in flacca, a wilty mutant of tomato: III. Hormonal effects on the water status in the plant 1. Plant Physiology, 1971, 47(6): 849.

[92] Albacete A, Ghanem M E, Martínez-Andújar C, et al. Hormonal changes in relation to biomass partitioning and shoot growth impairment in salinized tomato (*Solanum lycopersicum* L.) plants. Journal of Experimental Botany, 2008, 59(15): 4119-4131.

[93] Ofir M, Gross Y, Bangerth F, et al. High temperature effects on pod and seed production as related to hormone levels and abscission of reproductive structures in common bean (*Phaseolus vulgaris* L.). Scientia Horticulturae, 1993, 55(3-4): 201-211.

[94] Tang R, Zheng J, Jin Z, et al Possible correlation between high temperature-induced floret sterility and endogenous levels of IAA, GAs and ABA in rice (*Oryza sativa* L.). Plant Growth Regulation, 2007, 54(1): 37-43.

[95] Ylstra B, Touraev A, Moreno R M B, et al. Flavonols stimulate development, germination, and tube growth of tobacco pollen. Plant Physiology, 1992, 100(2): 902-907.

[96] Kovaleva L V, Zakharova E V, Minkina Y V. Auxin and flavonoids in the progame phase of fertilization in petunia. Russian Journal of Plant Physiology, 2007, 54(3): 396-401.

[97] Peer W A, Murphy A S. Flavonoids and auxin transport: modulators or regulators? Trends in Plant Science, 2007, 12(12): 556-563.

[98] Taylor L P, Grotewold E. Flavonoids as developmental regulators. Current Opinion in Plant Biology, 2005, 8(3): 317-323.

[99] Cutler S R, Rodriguez P L, Finkelstein R R, et al. Abscisic acid: emergence of a core signaling network. Annual Review of Plant Biology, 2010, 61: 651-679.

[100] Zou J J, Li X D, Ratnasekera D, et al. *Arabidopsis* CALCIUM-DEPENDENT PROTEIN KINASE8 and CATALASE3 function in abscisic acid-mediated signaling and H_2O_2 homeostasis in stomatal guard cells under drought stress. The Plant Cell, 2015, 27(5): 1445-1460.

[101] Ohama N, Sato H, Shinozaki K, et al. Transcriptional regulatory network of plant heat stress response. Trends in Plant Science, 2017, 22(1): 53-65.

[102] Zandalinas S I, Balfagón D, Arbona V, et al. ABA is required for the accumulation of APX1 and MBF1c during a combination of water deficit and heat stress. Journal of Experimental Botany, 2016, 67(18): 5381-5390.

[103] Dobrá J, Černý M, Štorchová H, et al. The impact of heat stress targeting on the hormonal and

transcriptomic response in *Arabidopsis*. Plant Science, 2015, 231: 52-61.

[104] Larkindale J, Huang B. Thermotolerance and antioxidant systems in *Agrostis stolonifera*: involvement of salicylic acid, abscisic acid, calcium, hydrogen peroxide, and ethylene. Journal of Plant Physiology, 2004, 161(4): 405-413.

[105] Ozga J A, Kaur H, Savada R P, et al. Hormonal regulation of reproductive growth under normal and heat-stress conditions in legume and other model crop species. Journal of Experimental Botany, 2016, 68(8): 1885-1894.

[106] Larkindale J, Hall J D, Knight M R, et al. Heat stress phenotypes of *Arabidopsis* mutants implicate multiple signaling pathways in the acquisition of thermotolerance. Plant Physiology, 2005, 138(2): 882-897.

[107] Wang P, Zhao Y, Li Z, et al. Reciprocal regulation of the TOR kinase and ABA receptor balances plant growth and stress response. Molecular Cell, 2018, 69(1): 100-112.

[108] Carrari F, Fernie A R, Iusem N D. Heard it through the grapevine？ ABA and sugar cross-talk: the ASR story. Trends in Plant Science, 2004, 9(2): 57-59.

[109] Zhou R, Yu X, Ottosen C O, et al. Drought stress had a predominant effect over heat stress on three tomato cultivars subjected to combined stress. BMC Plant Biology, 2017, 17(1): 24.

[110] Kaushal N, Awasthi R, Gupta K, et al. Heat-stress-induced reproductive failures in chickpea (*Cicer arietinum*) are associated with impaired sucrose metabolism in leaves and anthers. Functional Plant Biology, 2013, 40(12): 1334-1349.

[111] León P, Sheen J. Sugar and hormone connections. Trends in Plant Science, 2003, 8(3): 110-116.

[112] Jia H, Wang Y, Sun M, et al. Sucrose functions as a signal involved in the regulation of strawberry fruit development and ripening. New Phytologist, 2013, 198(2): 453-465.

[113] Carvalho R F, Szakonyi D, Simpson C G, et al. The *Arabidopsis* SR45 splicing factor, a negative regulator of sugar signaling, modulates SNF1-related protein kinase 1 stability. The Plant Cell, 2016, 28(8): 1910-1925.

[114] Chen T, Li G, Islam M R, et al. Abscisic acid synergizes with sucrose to enhance grain yield and quality of rice by improving the source-sink relationship. BMC Plant Biology, 2019, 19(1): 1-17.

第十五章　稻田耕作制度的生态环境效应与生态服务价值 ①

　　近年来，我国在提高农业生产力和粮食产量领域取得了巨大成就，以占世界 7% 的耕地养活了占世界 22% 的人口，实现了粮食自给。我国农业生产巨大成就的取得，是与贯彻落实党的农业政策、推广高效农业生产技术密不可分的。在我国农业文明发展过程中，因地制宜地推广应用各种科学的土地利用方式和耕作制度模式。我国长江中下游地区属于亚热带季风气候区，雨热同期，非常有利于发展农业生产和推广多熟种植方式，特别是充沛的降水条件使该地区非常适合种植水稻。但是近些年来，种植制度的改变和农村劳动力的转移使得部分地区水田冬闲田面积逐年增加[1]，土地和光热资源得不到有效利用，同时稻田土壤板结、土壤肥力下降、土地生产力降低的现象也屡见不鲜[2]。再加上化肥用量不断增加，对土壤和环境的负面影响不断加重[3]，严重影响作物产量和农产品品质的提高[4]。长江中下游地区的江西省是国家粮食重要产区和稳定的水稻生产基地，是我国的稻米大省，面积占全国水稻种植面积的 7.7%，产量占全国水稻产量的 9.8%，对维护国家粮食安全做出了重要贡献。江西地处中亚热带，具有优越的光、热、水资源，同时具有良好的劳力、土地等社会经济资源，适宜发展冬季农业、建立一年三熟的耕作制度。常见的稻田种植方式主要包括：稻田二熟制，如小麦–水稻、油菜–水稻、蔬菜–水稻、马铃薯–水稻、烟草–水稻、豆类（蚕豆或豌豆）–水稻、饲草（黑麦草）–水稻等；稻田三熟制，如肥–稻–稻、油–稻–稻、麦–稻–稻、油菜–玉米‖大豆–晚稻、油菜–花生–晚稻，等等。

　　然而，到底稻田耕作制度有何生态环境效应？其生态服务价值如何？这是值得探讨的问题，对于推动新时代长江中下游地区稻田耕作制度改革与发展具有重要意义。基于这种认识，本章主要依据作者科研团队多年来从事稻田耕作制度生态环境效应及生态服务价值研究所取得的科研成果、积累的科学数据，并适当参考引用国内外最新相关研究成果展开分析与研讨，以期为长江中下游地区乃至全国稻田耕作制度绿色发展、高质量发展和可持续发展提供科学依据及参考模式。

---

　　① 本章执笔人：杨滨娟（江西农业大学生态科学研究中心，E-mail: yangbinjuan@jxau.edu.cn）
黄国勤（江西农业大学生态科学研究中心，E-mail: hgqjxes@sina.com）

第一节　稻田耕作制度的生态环境效应

一、不同稻田耕作制度模式对土壤肥力的影响

　　一方面，稻田土壤肥力高低，直接影响水稻等作物生产力的大小；另一方面，不同稻田耕作制度模式又对土壤肥力产生影响。

（一）稻田水旱轮作模式

　　土壤肥力是土壤生产力的基础。合理的轮作是农田用地养地结合，维护农田养分循环和平衡，同时合理轮作对于农作物的产量和质量提高是非常有效的科学技术手段[5]。王人民等[6]、丁元树等[7]和熊云明等[8]均认为，稻田实行水旱轮作，无论是年内轮作如麦-玉米-稻模式还是年际连作，较水水连作如麦-稻-稻模式，随着耕作时间的增加，能显著提高土壤有机质含量和土壤速效氮、磷、钾含量，同时也能改善土壤酸碱平衡度，从而使作物高产增收。余泓[9]研究表明，马铃薯收获后土壤养分中的有机质、全氮、全磷、碱解氮、速效磷、速效钾含量比种植前分别增加了 5.2g/kg、0.099g/kg、0.029g/kg、12.6g/kg、17.4g/kg、59.5mg/kg，比冬闲分别增加了 3.39g/kg、0.159g/kg、0.029g/kg、15.2mg/kg、17.2mg/kg、42.6mg/kg。杨华才等[10]研究发现，大豆与水稻轮作可以培肥土壤，增加稻谷产量。种植大豆有利于提高土壤有机质，增加土壤的氮源，富集养分，有效改良土壤。官会林等[11]通过比较冬季紫云英-玉米轮作、冬闲-单季玉米轮作和冬小麦-玉米轮作三种模式，结果表明，冬季紫云英-玉米轮作模式均能提高土壤速效氮、磷、钾，分别为 66.97~75.87mg/g、5.89~7.51mg/g、67.12~84.54mg/g，对当地磷素养分退化具有良好的养地作用。曾希柏等[12]研究表明土壤水稳性结构熵在水旱轮作种植模式下明显提高，养分含量变幅降低，有机质含量则提高了 1.3g/kg。兰延等[13]通过对南方稻区不同的水旱复种模式进行分析得出，"紫云英-稻-稻→油菜-花生-晚稻""油菜-花生-晚稻→马铃薯-玉米‖大豆-晚稻""马铃薯-玉米‖大豆-晚稻→蔬菜-花生‖玉米-晚稻""蔬菜-花生‖玉米-晚稻→紫云英-稻-稻"4 种两年间轮作模式下土壤有机质、碱解氮和速效钾均显著高于冬闲对照处理（$P < 0.05$），增加幅度分别为 8.73%~15.59%、11.79%~19.64% 和 5.80%~37.19%。刘金山[14]对湖北省荆州区水旱轮作的研究表明，1981~2006 年，土壤 pH 降低了 0.23，土壤有机质降幅为 35.3%；土壤全氮和速效氮、磷、钾含量则显著提高。土壤 pH 降低主要是长期使用偏酸肥料和大量氮肥造成的，有机质含量下降主要是绿肥和有机肥的还田施用骤减造成的。而土壤全氮和速效氮、磷、钾含量明显提升是农田大量施用氮肥、磷肥、钾肥造成的。因此，施用有机肥能够促进土壤有机质、全氮的提高和 C/N 平衡，水旱轮作、干湿交替的水分管理能促进土壤氮素分解和钾素固定，从而提高了速效氮含量，降低了速效钾含量，但增施有机肥后能提高土

壤速效钾含量，因此，水旱轮作和有机肥施用能够影响土壤速效养分的释放[15]。

本课题组通过设置不同水旱复种轮作模式（冬闲-早稻-晚稻→冬闲-早稻-晚稻、马铃薯-玉米‖大豆-晚稻→蔬菜-花生‖玉米-晚稻、蔬菜-花生‖玉米-晚稻→绿肥-早稻-晚稻、绿肥-早稻-晚稻→油菜-花生-晚稻、油菜-花生-晚稻→马铃薯-玉米‖大豆-晚稻），研究不同水旱复种轮作模式下土壤养分的变化情况。由表 15-1 可知，2014 年，各稻田水旱复种轮作模式下 pH 和碱解氮差异不显著（$P > 0.05$）；与对照相比，处理 B 的有机质含量最高，显著高出其他处理2.82%～15.36%（$P < 0.05$）；处理 E 的全氮含量最高，比其他处理高出 10.64%～19.54%，且与其他处理间差异显著（$P < 0.05$）；各稻田水旱复种轮作模式下有效磷和速效钾含量均大于对照处理 A，且均是处理 D 最大，分别高出为72.74%～123.45%、0.03%～23.96%，且有效磷与其他处理间差异显著（$P < 0.05$）。因此，水旱复种轮作模式比连作能减轻土壤酸化，提高有效磷和速效钾含量，同时"蔬菜-花生‖玉米-晚稻"复种轮作模式能够有效改善晚稻土壤的 pH、碱解氮含量，"油菜-花生-晚稻"复种轮作模式能增加土壤有机质含量和促进有效磷的释放。2015 年，处理 D 的 pH 最大，达 5.55，比其他处理高出 0.18%～1.84%，除处理 E 外，各处理 pH 均大于对照处理 A，土壤呈弱酸性，说明稻田水旱复种轮作模式有利于减轻后茬作物的土壤酸化；处理 D 的有机质、全氮、碱解氮含量均达到最大，分别高出对照处理 A 34.98%（$P < 0.05$）、5.88%、6.5%（$P < 0.05$）；处理 E 的有效磷含量最高，各处理高出对照处理 7.67%～66.61%，且差异显著（$P < 0.05$）（处理 C 除外）；速效钾方面，处理 B 的含量最高，高出幅度为 2.44%～30.48%，除处理 C 外，各稻田水旱复种轮作模式下速效钾含量均高于对照处理 A。由此可见，各稻田水旱复种轮作模式下晚稻收获期的有机质、全氮、有效磷含量均高于对照处理，而且各处理的 pH 和有机质、全氮、碱解氮含量均以处理 D（油菜-花生-晚稻）达到最大，有效磷以处理 E 达到最大，速效钾含量处理 B 最高。综合分析，与冬闲连作对照相比，周年晚稻收获后各稻田水旱复种轮作模式能够提高土壤有机质含量，提高土壤全氮和有效磷含量，能促进土壤有机物质的分解和转化，缓解过量施用磷肥和氮肥等问题，同时以"油菜-花生-晚稻"种植模式改良土壤效果最佳。

表 15-1　稻田水旱复种轮作对晚稻土壤养分的影响

年份	处理	pH	有机质（g/kg）	全氮（g/kg）	碱解氮（mg/kg）	有效磷（mg/kg）	速效钾（mg/kg）
	A（CK）	4.95±0.09a	21.62±0.60ab	1.78±0.04b	99.85±2.22a	17.44±0.43d	24.33±0.16b
	B	5.10±0.03a	22.60±0.41a	1.74±0.05b	101.37±2.68a	22.56±0.75b	30.15±0.06a
2014	C	5.13±0.07a	21.98±0.08a	1.75±0.02b	107.54±2.22a	21.20±0.40bc	29.40±0.84a
	D	5.12±0.10a	19.59±0.14c	1.88±0.03b	106.56±6.25a	38.97±0.90a	30.16±0.60a
	E	5.02±0.05a	20.36±0.73bc	2.08±0.06a	98.27±3.15a	20.14±0.42c	25.51±0.29b

续表

年份	处理	pH	有机质 （g/kg）	全氮 （g/kg）	碱解氮 （mg/kg）	有效磷 （mg/kg）	速效钾 （mg/kg）
	A（CK）	5.46±0.02a	14.58±1.69b	1.19±0.03a	143.50±4.04bc	17.70±3.04c	37.13±1.56ab
	B	5.54±0.11a	16.95±1.43ab	1.19±0.00a	141.17±2.33c	26.21±1.09ab	42.85±2.59a
2015	C	5.52±0.10a	16.50±0.76ab	1.22±0.03a	150.17±0.33ab	21.57±1.79bc	32.84±0.40b
	D	5.55±0.07a	19.68±0.46a	1.26±0.02a	152.83±2.33a	27.39±0.68ab	37.84±0.88ab
	E	5.45±0.03a	16.76±0.37ab	1.21±0.02a	150.17±0.33ab	29.49±1.50a	41.83±2.59a

注：数据为 3 个重复的平均值 ± 标准误；同列不同字母表示差异达 0.05 显著水平

综合两年的土壤养分数据来看，2015 年各稻田水旱复种轮作模式下土壤 pH、碱解氮和速效钾含量均比 2014 年提高，而土壤有机质、全氮和有效磷含量却有所降低，紫云英-早稻-晚稻→油菜-花生-晚稻轮作模式或蔬菜-花生‖玉米-晚稻有利于土壤肥力的改善，对于养分积累和吸收有一定程度的促进作用。

（二）稻田冬种绿肥模式

研究表明，种植绿肥压青还田可以改变土壤化学及生物学性状，并能影响作物生长[16-18]。周春火等[19]研究表明，紫云英-双季稻和油菜-双季稻的土壤有机质、全氮含量较冬闲对照均有提高，其中紫云英的土壤有机质含量分别比油菜和冬闲处理显著高 0.58%、0.95%，且这三种处理的全氮含量比试验前均有提高。王子芳等[20]通过 10 年水旱轮作和 1 年只种一季中稻试验，发现随着种植年限延长，各耕作方式均可以增加土壤有机质、全氮和全磷的含量，但土壤速效养分差异不大。高菊生等[21]研究表明，长期双季稻绿肥轮作土壤有机质含量随年限的延长而显著增加，冬种紫云英处理的土壤有机质积累速度最快，年增加达到 0.31g/kg，冬种黑麦草和冬种油菜的效果次之，年增加分别为 0.28g/kg、0.26g/kg，种植紫云英处理的稻田土壤活性有机质含量显著高于其他处理。冬种绿肥各处理的土壤有机碳、全氮、土壤微生物量氮和土壤微生物量碳含量均高于冬闲对照处理。种植紫云英的稻田土壤综合培肥效果最好。胡奉壁等[22]研究了稻田不同复种制度下土壤肥力演变规律，发现裸大麦-双季稻处理积累的土壤有机质含量较多，比试验前增加了 3.53%，全氮、碱解氮含量也有一定提高，其次为绿肥-双季稻。冬种复种制度下速效养分表现出下降趋势，尤其是速效磷下降更为明显。王先华[23]研究发现以不同轮作方式茎秆还田 5 年后，土壤有机质含量均有提高，有效养分不断分解释放，同时易氧化有机质增加，降低氧化稳定性，减弱有机质老化，促进有机质不断更新，增强土壤有机质化学活性，提高土壤养分的供应强度。黄涛等[24]研究表明紫云英翻耕还田提高了全氮、碱解氮、有机质、总腐殖酸和富咖啡炭等的含量，但有效磷、速效钾和胡敏酸碳含量有所下降。吴增琪等[25]研究表明种植紫云英后翻耕还田能提高土壤有机质、碱解氮和速效钾含量，并且碱解氮和速效钾含量随紫云英翻耕量增加而提高。陈洪俊[26]研究发现不同稻田水旱轮作模式下，以黑麦草-早稻-晚稻→黑麦草-早稻-玉米‖大豆更有利于土壤肥力的改善，一定程度上能够促进养分的积累和吸收。李菡等[27]研究表明不同种植模式对土壤有机质和大量元素的影响高于中微量元素，有机质和氮、磷、钾等元素在不同模式间有明显差异，且对土壤质量具有显著的影响。王淳[28]研究发现双季稻连作体系稻田土壤中氮素主要以铵态氮形式存在，硝态氮含量很少，随着施氮量的增加，0～40cm土壤中硝态氮和铵态氮的浓度及积累量明显提高。本课题组在长期试验过程中，也得出了一定的结论，详细如下。

1. 不同冬种模式下双季稻田土壤pH、全氮含量变化

由图15-1可以看出，2019年各时期土壤pH均差异不显著（$P > 0.05$）。冬作后，0～10cm和10～20cm土层pH表现一致，T0（CK）均高于其他处理，在20～30cm土层深度，T2处理下土壤pH略高于T0（CK），但未达到显著水平（$P > 0.05$），总的来看，在0～30cm，冬作后各处理下的土壤pH均低于T0（CK）。早稻、晚稻成熟后，各处理的土壤pH差异不显著，0～30cm土层，早稻成熟时相对于对照T0（CK）来说，只有T3处理的pH上升了0.45%（$P > 0.05$），晚稻成熟时各处理下的土壤pH也均低于T0（CK）。

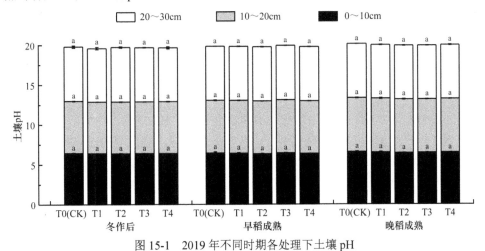

图15-1 2019年不同时期各处理下土壤pH

T0（CK）为冬闲-双季稻；T1为紫云英-双季稻；T2为油菜-双季稻；T3为大蒜-双季稻；T4为马铃薯、紫云英、油菜-双季稻（下同）

土壤全氮含量对于土壤肥力具有重要作用，图15-2呈现了2019年不同时期不同土层土壤全氮含量的变化。可以看到，冬作后、早稻成熟、晚稻成熟这三个时期在0～10cm与20～30cm土层，土壤全氮在各处理下均差异不显著（$P > 0.05$）；冬作后，T2、T3、T4处理均在10～20cm土层与对照T0（CK）间存在显著差异

（$P < 0.05$），而晚稻成熟时只有 T3 处理与对照 T0（CK）间差异显著（$P < 0.05$）。综合来看，0～30cm 土层，各处理在不同时期土壤全氮含量变化保持相对稳定状态，2019 年进行冬作处理后，相对于对照 T0（CK）来说，T1、T2、T3、T4 均增加土壤全氮含量，增幅为 6.67%～12.59%，但各处理间差异不显著（$P > 0.05$）；2019 年早稻成熟后 T1、T3、T4 处理相对于对照 T0（CK）来说土壤全氮含量分别增加了 6.62%、4.64%、7.28%（$P > 0.05$）；2019 年晚稻成熟时，T3 与对照 T0（CK）处理间差异显著（$P < 0.05$）。综合 2019 年各时期总体来看，冬季不同种植模式对土壤全氮含量的提高具有一定的积极作用。

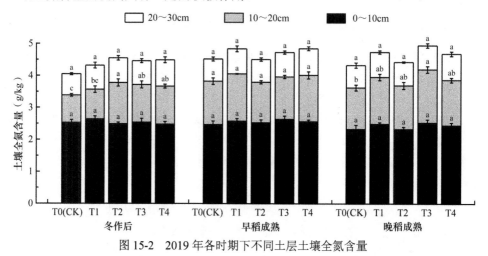

图 15-2　2019 年各时期下不同土层土壤全氮含量

2. 不同冬种模式下双季稻田土壤有机碳含量变化

2019 年，各处理在不同时期土壤有机碳含量的比较如表 15-2 所示，可以看到各处理下的土壤有机碳含量变化不一，所有处理均随土壤深度的增加其含量呈现下降趋势；从 0～30cm 土层整体情况来看，与冬闲对照 T0（CK）处理相比，其余处理下稻田土壤有机碳含量有相应增加的趋势；综合 2019 年冬作后、早稻成熟及晚稻成熟三个时期的情况来看，各处理下土壤有机碳含量动态表现为先升高后降低的趋势，其中早稻成熟时土壤有机碳含量增加至最高点，冬季种植模式对提高稻田土壤有机碳含量有一定的积极作用。2019 年冬种后，0～10cm 土层深度下各处理的土壤有机碳含量变化差异不显著（$P > 0.05$），10～20cm 土层深度处理 T2 与对照 T0（CK）间存在显著差异（$P < 0.05$），而在 20～30cm 土层，处理 T4 与 T0（CK）间差异显著（$P < 0.05$），总的来看，在 0～30cm 土层，其余处理较对照 T0（CK）处理来说土壤有机碳含量的增幅在 6.64%～15.20%（$P > 0.05$）；早稻成熟时，不同处理在土层 0～10cm 和 20～30cm 下土壤有机碳的含量变化差异不显著（$P > 0.05$），另外处理 T2、T4 分别与对照 T0（CK）处理在 10～20cm 土层呈显著差异（$P < 0.05$），各处理在 0～30cm 土层有机碳含量较 T0（CK）处理来说

增幅为 9.35%～17.97%，其中 T3、T4 分别与 T0（CK）间差异显著（$P < 0.05$）；2019 年晚稻成熟时，各处理在不同土层（0～10cm、10～20cm、20～30cm）下有机碳含量的变化差异不显著（$P > 0.05$），整体从 0～30cm 土层来看，其余处理下有机碳含量较对照 T0（CK）处理增加 3.47%～20.39%，其中 T3 与 T0（CK）间差异显著（$P < 0.05$）。

表 15-2　2019 年各时期下不同土层土壤有机碳含量

| 时期 | 处理 | 土壤有机碳含量（g/kg） | | | |
		0～10cm	10～20cm	20～30cm	0～30cm
	T0（CK）	25.66±1.78a	8.95±0.52bc	4.26±0.27b	12.96±0.50a
	T1	26.64±1.85a	8.22±0.92c	6.60±0.39a	13.82±0.98a
2019 年冬作后	T2	25.39±0.08a	13.10±1.18a	6.29±0.83ab	14.93±0.54a
	T3	26.83±1.56a	11.01±0.69abc	5.57±0.77ab	14.47±0.86a
	T4	25.99±0.75a	11.61±1.22ab	6.69±0.83a	14.76±0.63a
	T0（CK）	22.52±1.02a	12.04±0.39b	7.16±0.50a	13.91±0.28b
	T1	24.24±0.76a	13.82±0.57ab	9.39±0.64a	15.82±0.57ab
2019 年早稻成熟	T2	23.26±0.35a	14.13±0.21a	8.24±1.60a	15.21±0.48ab
	T3	24.89±1.49a	13.78±0.57ab	10.25±0.70a	16.31±0.79a
	T4	24.94±0.62a	15.53±0.84a	8.75±1.08a	16.41±0.72a
	T0（CK）	22.08±0.84a	11.74±0.51a	5.01±1.11a	12.95±0.20b
	T1	22.81±0.58a	12.85±0.97a	7.03±0.55a	14.23±0.31ab
2019 年晚稻成熟	T2	22.30±0.62a	12.18±1.02a	5.72±0.38a	13.40±0.16ab
	T3	24.79±0.83a	14.91±1.85a	7.07±1.12a	15.59±1.19a
	T4	23.67±1.26a	12.69±0.74a	6.69±1.11a	14.35±0.74ab

3. 不同冬种模式下双季稻田土壤水稳性团聚体有机碳含量变化

由表 15-3 可知，各粒径下土壤有机碳含量变化不一，综合 0～30cm 土层深度来看：团聚体粒径在 0.053～2mm 总体呈现出随着粒径的减小，土壤团聚体有机碳含量也相应下降的趋势，且与 T0（CK）相比，除 T1 在 1～2mm 粒径外，其余处理不同粒径下有机碳含量均有所增加；随着土层深度的增加，各粒径下土壤有机碳含量呈下降趋势。在 0～10cm 土层深度，T4 与 T0（CK）在 >2mm 粒径的土壤团聚体有机碳含量差异显著；10～20cm 土层深度，T4 除在 0.5～1mm 粒径有机碳含量低于 T0（CK）外，其余各处理均在一定程度上提高了相应粒径下的有机碳含量；在 20～30cm 土层深度，T4 中 0.053～0.25mm 粒径团聚体有机碳含量较 T0（CK）显著增加 72.71%（$P < 0.05$）。总体来看，在 0～30cm 土层深度，各处理在 1～2mm、0.5～1mm、0.25～0.5mm 粒径下的有机碳含量变化不显著，但 T4 在 >

2mm 与 0.053～0.25mm 粒径下有机碳含量分别显著高于 T0（CK）19.46%、22.11%（$P < 0.05$）。

表 15-3　冬季不同种植模式下土壤团聚体有机碳含量（g/kg）

土层	处理	团聚体粒径				
		> 2mm	1～2mm	0.5～1mm	0.25～0.5mm	0.053～0.25mm
0～10cm	T0（CK）	28.58±0.95b	31.97±1.23a	31.66±0.21a	32.08±1.33a	28.72±1.41a
	T1	31.36±1.11ab	32.71±2.59a	33.44±1.53a	32.99±0.1a	28.37±2.00a
	T2	28.78±2.74b	32.02±2.10a	33.78±2.55a	32.71±1.95a	31.26±2.31a
	T3	31.43±2.02ab	33.43±1.29a	34.28±2.90a	32.7±0.23a	30.53±3.00a
	T4	35.41±0.46a	35.24±1.26a	36.76±0.81a	35.51±1.55a	34.11±0.75a
10～20cm	T0（CK）	15.10±3.42a	14.09±1.62a	11.88±0.98a	11.19±2.88a	9.62±1.33a
	T1	16.32±1.81a	14.22±1.63a	12.20±0.86a	11.29±1.23a	10.45±0.30a
	T2	16.06±0.99a	15.24±2.64a	13.40±1.63a	12.69±0.68a	11.59±0.68a
	T3	15.89±2.59a	14.61±1.95a	13.03±0.47a	11.34±0.75a	10.94±1.06a
	T4	16.09±1.51a	14.42±0.79a	11.32±1.26a	11.43±0.38a	10.3±0.18a
20～30cm	T0（CK）	10.28±0.69a	9.79±0.93ab	7.98±0.84a	5.56±1.31a	4.80±0.31b
	T1	12.21±3.66a	8.42±0.21b	8.08±0.79a	8.47±1.40a	5.03±0.51b
	T2	11.37±1.27a	12.15±0.44a	8.39±1.03a	8.98±1.45a	6.39±0.78ab
	T3	12.23±0.98a	9.44±1.29b	8.05±0.87a	8.01±1.54a	5.98±0.73b
	T4	12.99±1.04a	10.32±0.64ab	9.57±1.60a	7.99±1.40a	8.29±0.61a
0～30cm	T0（CK）	17.99±1.06b	18.62±0.45a	17.17±0.30a	16.27±0.40a	14.38±0.75b
	T1	19.96±0.89ab	18.45±1.33a	17.91±1.04a	17.58±1.03a	14.62±0.85b
	T2	18.74±0.30ab	19.80±0.78a	18.52±0.58a	18.13±0.50a	16.41±0.98ab
	T3	19.85±1.17ab	19.16±1.35a	18.45±1.19a	17.35±0.61a	15.82±0.73ab
	T4	21.49±0.95a	19.99±0.90a	19.22±0.71a	18.31±0.59a	17.56±0.22a

4. 不同冬种模式下双季稻田土壤微生物生物量碳含量变化

不同冬季种植模式下，2019 年不同时期各土层土壤微生物生物量碳含量相应变化动态如图 15-3 所示。2019 年冬作后，各处理在 0～10cm、10～20cm 土层虽无显著差异（$P > 0.05$），但与对照 T0（CK）处理相比，其余处理均在不同程度上增加了稻田土壤微生物生物量碳含量，另外在 20～30cm，处理 T3 土层高于对照 T0（CK），而其余处理均低于对照 T0（CK）（$P > 0.05$）；早稻抽穗期，处理 T1 与对照 T0（CK）处理在 0～10cm 土层深度存在显著差异（$P < 0.05$），在 10～20cm 和 20～30cm 土层各处理均无显著差异（$P > 0.05$）；早稻成熟期，在对应的土层中，各处理间均无显著差异（$P > 0.05$）；晚稻抽穗期，处理 T2 和 T4

在 0～10cm 土层均显著高于对照 T0（CK）处理（$P < 0.05$），处理 T1 和 T3 在 10～20cm 土层深度与对照 T0（CK）间的差异存在显著性（$P < 0.05$），虽然各处理在 20～30cm 土层深度的情况表现为其土壤微生物生物量碳的含量低于对照 T0（CK）处理，但各处理间均不存在显著差异（$P > 0.05$）；晚稻成熟期，在 0～10cm 土层深度，各处理下土壤微生物生物量碳从低到高的含量顺序为 T0（CK）、T2、T1、T3、T4，土壤微生物生物量碳含量在 10～20cm 土层深度从低到高的顺序为 T0（CK）、T2、T4、T1、T3，其中 T3 处理与对照 T0（CK）间差异显著（$P < 0.05$），20～30cm 土层土壤微生物生物量碳含量大小顺序为 T3 > T4 > T2 > T0（CK）> T1。

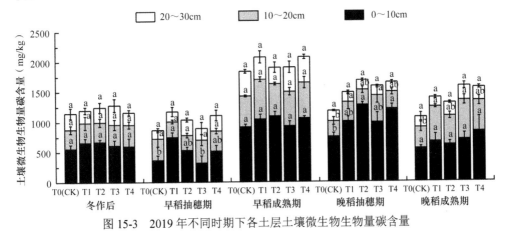

图 15-3 2019 年不同时期下各土层土壤微生物生物量碳含量

5. 不同冬种模式下双季稻田土壤易氧化有机碳含量变化

不同冬季种植模式下 2019 年不同时期各土层土壤易氧化有机碳含量变化见图 15-4。冬作后，在 10～20cm 和 20～30cm 土层，不同处理间差异不显著（$P > 0.05$），处理 T4 在 0～10cm 土层与对照 T0（CK）处理间差异显著（$P < 0.05$）；早稻抽穗期，不同处理在 0～10cm 土层不存在显著差异（$P > 0.05$），处理 T4 在 10～20cm 和 20～30cm 土层均显著高于对照 T0（CK）处理（$P < 0.05$）；早稻成熟期，各处理在 20～30cm 土层均差异不显著（$P > 0.05$），而处理 T3 在 0～10cm 土层与对照 T0（CK）处理差异显著（$P < 0.05$），晚稻抽穗期不同处理在各土层中差异不显著（$P > 0.05$）；晚稻成熟期，与对照 T0（CK）处理相比，各处理间差异不显著（$P > 0.05$），在 0～10cm 土层深度各处理土壤易氧化有机碳含量大小排列顺序为 T4 > T3 > T0（CK）> T1 > T2，10～20cm 土层土壤易氧化有机碳含量大小顺序为 T3 > T0（CK）> T2 > T4 > T1，20～30cm 土层土壤易氧化有机碳含量大小顺序为 T4 > T2 > T0（CK）> T1 > T3。

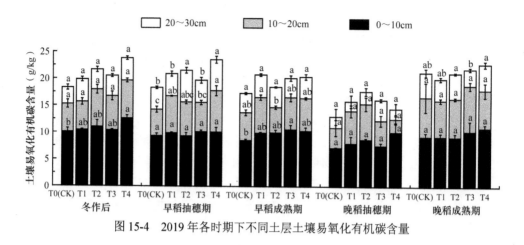

图15-4　2019年各时期下不同土层土壤易氧化有机碳含量

二、不同稻田耕作制度模式对稻谷和土壤中重金属含量的影响

在农业生产过程中，农药、化肥等的长期使用直接影响了土壤环境。不同施肥措施如秸秆还田、大量施用有机肥或有机无机肥混施能显著影响土壤重金属元素全量或有效态含量，同时，农作物产量和品质与土壤微量元素含量也密切相关。土壤重金属含量关系到食物安全及人类和动物健康，作为土壤质量的一个重要评价指标越来越受到人们的关注[29]。土壤中的重金属积累是世界性的环境问题，报道显示，我国受铅、镉、铬、砷①等重金属污染的耕地面积占我国耕地总面积的20%左右，土壤重金属通过植物根系吸收进入农作物，再由食物链进入人体，严重威胁人类的健康[30]。因此，国内外很多学者对此进行了很多研究。鲁洪娟等[31]通过对有机无机肥配施对油菜-水稻轮作系统重金属污染风险的研究，认为适量有机无机肥配施可在一定程度上控制农田生态系统中重金属的污染。赵明等[32]的研究结果表明，施用有机肥或有机无机肥配合施用能够降低土壤有效态Pb含量，增加土壤有效态Cr含量。王开峰和彭娜[33]通过研究长期有机无机肥配施对红壤稻田土壤重金属含量的影响，结果显示，有机无机肥配施较单施化肥能够显著降低全Cd含量，增加Zn、Cu、Cd有效态含量。汤文光等[34]通过比较5种冬种模式对稻田土壤和植株重金属含量的影响，结果表明，与冬闲处理相比，冬种模式能消减土壤重金属污染，但是作用是有限的，除此之外，冬种模式能在一定程度上降低稻米Pb和Cd含量。张巧娜[35]研究结果表明，豆科绿肥可以降低土壤中Hg含量，显著增加土壤中Pb和Ni含量；而不同的施氮水平能显著影响土壤Hg和Cd含量，但对其他重金属含量无显著影响。而目前，国内多数研究所选用的有机肥多为畜禽粪肥，其含有大量重金属，由此得出有机肥会增加重金属含量的结论需考证。

---

① 砷为类金属元素，因其与重金属元素性质类似，本研究将其作为重金属处理

本课题组以冬闲常规施氮处理[150kg（N）/hm²]为对照（M_0N_{150}），在等量翻压紫云英鲜草 22 500kg/hm²（含水率：88%；干草养分含量：全氮 26.7g/kg，全磷 2.1g/kg，全钾 20.1g/kg）条件下，施氮量设 90kg（N）/hm²（MN_{90}）、120kg（N）/hm²（MN_{120}）、150kg（N）/hm²（MN_{150}）和 180kg（N）/hm²（MN_{180}）4 个水平，共 5 个处理，研究紫云英与氮肥配施对稻田重金属含量的影响，从稻谷重金属含量和土壤重金属含量两个方面进行分析。

（一）稻谷中的重金属

1. 稻谷重金属含量

由表 15-4 可以看出，不同施肥处理稻谷重金属 Pb、Cd、Cr、As、Hg 含量存在差异，根据《食品安全国家标准　食品中污染物限量》（GB 2762—2017）中的稻米重金属限量指标（Pb ≤ 0.2mg/kg、Cd ≤ 0.2mg/kg、Cr ≤ 1mg/kg、As ≤ 0.15mg/kg、Hg ≤ 0.02mg/kg），无论早稻还是晚稻，各处理的重金属含量均未超标，且各处理间差异不显著（$P > 0.05$）。

表 15-4　稻谷重金属含量（2016 年）（mg/kg）

稻季	处理	Pb	Cd	Cr	As	Hg
早稻	M_0N_{150}（CK）	0.13±0.03a	0.08±0.03a	0.18±0.04a	0.08±0.01a	0.01±0.00a
	MN_{90}	0.10±0.02a	0.08±0.01a	0.20±0.02a	0.07±0.01a	0.01±0.00a
	MN_{120}	0.08±0.01a	0.08±0.01a	0.19±0.02a	0.10±0.03a	0.01+0.00a
	MN_{150}	0.09±0.00a	0.08±0.01a	0.18±0.04a	0.11±0.03a	0.01±0.00a
	MN_{180}	0.12±0.02a	0.10±0.02a	0.19±0.01a	0.10±0.02a	0.01±0.00a
晚稻	M_0N_{150}（CK）	0.12±0.02a	0.08±0.01a	0.23±0.03a	0.12±0.02a	0.01±0.00a
	MN_{90}	0.08±0.02a	0.06±0.02a	0.23±0.02a	0.06±0.01a	0.01±0.00a
	MN_{120}	0.10±0.01a	0.04±0.00a	0.24±0.03a	0.09±0.02a	0.01±0.00a
	MN_{150}	0.06±0.01a	0.07±0.00a	0.23±0.00a	0.08±0.05a	0.01±0.00a
	MN_{180}	0.10±0.02a	0.08±0.02a	0.27±0.02a	0.10±0.02a	0.01±0.00a

注：数据为 3 个重复的平均值 ± 标准误；同列不同字母分别表示差异达 0.05 显著水平

2. 稻谷重金属吸收量

由表 15-5 可以看出，不同施肥处理稻谷重金属 Pb、Cd、Cr、As、Hg 的吸收量存在差异。就早稻而言，稻谷 Pb 吸收量处理 MN_{180} 显著高于其他处理（$P < 0.05$），其他指标各处理间差异不显著（$P > 0.05$）。就晚稻而言，稻谷 Cr 吸收量处理 MN_{180} 显著高于处理 M_0N_{150}（$P < 0.05$），其他指标各处理间差异不显著（$P > 0.05$）。

表 15-5　稻谷重金属吸收量（g/hm²）

稻季	处理	Pb	Cd	Cr	As	Hg
早稻	M_0N_{150}（CK）	0.74±0.17b	0.45±0.17a	1.10±0.29a	0.46±0.04a	0.05±0.01a
	MN_{90}	0.78±0.14b	0.58±0.10a	1.49±0.19a	0.53±0.10a	0.06±0.01a
	MN_{120}	0.68±0.04b	0.60±0.07a	1.49±0.13a	0.81±0.20a	0.05±0.01a
	MN_{150}	0.69±0.02b	0.63±0.08a	1.34±0.36a	0.81±0.23a	0.07±0.01a
	MN_{180}	0.96±0.18a	0.79±0.13a	1.47±0.08a	0.78±0.20a	0.05±0.01a
晚稻	M_0N_{150}（CK）	0.70±0.14a	0.45±0.08a	1.37±0.24b	0.72±0.12a	0.04±0.01a
	MN_{90}	0.59±0.18a	0.49±0.16a	1.75±0.13ab	0.46±0.07a	0.06±0.01a
	MN_{120}	0.83±0.07a	0.34±0.02a	1.88±0.18ab	0.71±0.18a	0.06±0.02a
	MN_{150}	0.46±0.04a	0.54±0.03a	1.74±0.05ab	0.60±0.32a	0.06±0.01a
	MN_{180}	0.78±0.13a	0.65±0.14a	2.09±0.17a	0.74±0.13a	0.06±0.01a

注：数据为 3 个重复的平均值 ± 标准误；同列不同字母分别表示差异达 0.05 显著水平

（二）土壤中的重金属

1. 土壤重金属含量

由表 15-6 可知，不同施肥处理土壤重金属 Pb、Cd、Cr、As、Hg 含量存在差异，5 种施肥模式的重金属含量均未超过国家土壤环境质量标准（GB 15618—2018）中二级标准（Pb ≤ 250mg/kg、Cd ≤ 0.3mg/kg、Cr ≤ 250mg/kg、As ≤ 30mg/kg、Hg ≤ 0.3mg/kg），说明试验田并未受到重金属污染，且各处理间差异不显著（$P > 0.05$）。比较早稻和晚稻，除了处理 MN_{90} 和 MN_{180}，其他各处理的 Pb 含量晚稻较早稻有所下降，Cd 含量只有处理 MN_{90} 在增加，Cr 含量是处理 MN_{90} 和处理 MN_{120} 在增加，As 含量各处理均有所增加，Hg 含量是处理 MN_{120} 和处理 MN_{150} 在增加。

表 15-6　土壤重金属含量（mg/kg）

稻季	处理	Pb	Cd	Cr	As	Hg
早稻	M_0N_{150}（CK）	42.14±5.09a	0.14±0.06a	138.27±17.75a	7.60±1.86a	0.10±0.03a
	MN_{90}	37.91±4.54a	0.09±0.01a	129.85±13.69a	8.40±1.55a	0.10±0.02a
	MN_{120}	36.60±3.50a	0.13±0.02a	127.03±8.16a	8.16±0.22a	0.08±0.01a
	MN_{150}	35.77±2.51a	0.16±0.06a	173.84±15.43a	10.36±0.94a	0.08±0.02a
	MN_{180}	37.60±3.41a	0.21±0.03a	140.54±20.63a	9.49±1.61a	0.11±0.01a
晚稻	M_0N_{150}（CK）	41.95±6.20a	0.12±0.03a	133.31±30.79a	9.00±2.41a	0.08±0.03a
	MN_{90}	39.32±7.50a	0.11±0.02a	139.78±13.16a	11.23±1.42a	0.10±0.01a
	MN_{120}	34.80±4.12a	0.09±0.02a	136.44±17.98a	9.28±1.43a	0.09±0.00a
	MN_{150}	33.40±1.67a	0.12±0.02a	165.02±11.08a	11.42±1.19a	0.09±0.02a
	MN_{180}	39.46±3.05a	0.14±0.04a	132.06±18.82a	11.81±1.47a	0.11±0.02a

注：数据为 3 个重复的平均值 ± 标准误；同列不同字母分别表示差异达 0.05 显著水平

2. 土壤重金属含量增减情况

由表 15-7 可知,不同年份土壤重金属 Pb、Cd、Cr、As、Hg 含量呈现出一定变化。从 Pb 含量来看, 随着年份的增长呈现出先降低再升高的趋势; Cd 含量和 Hg 含量的变化趋势一致, 均是先升高再降低; 而 Cr 含量和 As 含量均是随着年份的增长, 其含量不断增加。

表 15-7　土壤重金属含量增减情况（各年份平均值）（mg/kg）

种类	2007 年	2013 年	2016 年
Pb	32.76	20.71	37.90
Cd	0.21	0.30	0.13
Cr	50.20	75.56	141.61
As	8.57	8.86	9.68
Hg	0.05	0.44	0.09

注: 2007 年土壤重金属含量数据引自姚珍[36]的硕士学位论文; 2013 年土壤重金属含量数据引自杨滨娟[37]的博士学位论文

三、不同稻田耕作制度模式对温室气体排放的影响

（一）二氧化碳（CO_2）排放

CO_2 是最重要的温室气体, 对全球温室效应的贡献达 60%, 其次是 CH_4 和 N_2O, 对全球变暖的贡献分别为 15% 和 5%[38]。近 100 年来, 全球地表温度平均上升了 $0.3 \sim 0.6$℃。农业土壤是巨大的碳库, 同时也是碳的源和汇, 而田间水分管理、施肥、秸秆还田等农业管理措施都会影响土壤呼吸。土壤呼吸又受到土壤温度的影响, 大量的研究表明土壤温度的升高会促进土壤 CO_2 的排放[39,40], 但也有研究表明, CO_2 的排放量与光照的关系较紧密, 而与温度的关系较弱[41]。研究表明, 不同的农耕措施对 CO_2 排放量影响不同, 常规耕作的 CO_2 排放量比免耕高 9.74%, 翻耕温室总效应比免耕高, 对冬闲田翻耕后短期内 CO_2 排放量明显增加[41-44]。刘允芬[45]研究表明作物生长发育的快慢对 CO_2 的排放速率存在一定影响, 作物生长发育较快时, CO_2 的排放速率也随着加快, 而在作物生长发育缓慢接近成熟时, 其排放速率也会随着下降。黄明蔚[46]、莫永亮[47]、莫永亮等[48]通过研究稻麦轮作对温室气体排放的影响, 表明与冬水田相比, 稻麦轮作处理促进了 CO_2 排放, 且 CO_2 的排放主要集中在水稻生长季。闫翠萍等[49]通过研究小麦-玉米轮作体系下农田综合增温潜势, 结果发现在玉米季的 CO_2 排放量远高于小麦季, 且 CO_2 排放量与土壤温度变化规律极度吻合。董玉红和欧阳竹[50]通过研究有机肥对农田土壤 CO_2 排放的影响, 结果表明有机肥的施用会抑制土壤对 CO_2 的吸收, 且抑制作用会随着施肥量的增加而增强。杜丽君等[51]研究结果表明,油菜-水稻排放量最高,

达 1129g/(m²·年)，其次是果园、旱地、林地。Chatskikh 和 Olesen[52] 研究表明耕作能促进土壤有机质的分解，进而增加土壤 CO_2 的释放。

本课题组通过设置紫云英–早稻–晚稻（记作 CRR，对照）、紫云英–早稻–甘薯‖晚大豆（记作 CRI）、油菜–早稻–晚稻（记作 RRR）、油菜–早稻–甘薯‖晚大豆（记作 RRI）、马铃薯–早稻–晚稻（记作 PRR）5 个处理，研究不同种植模式下稻田温室气体排放情况，具体如下。

由图 15-5 可知，2017 年各处理 CO_2 排放量的变化幅度较大，且各处理变化趋势基本一致，作物生长前期 CO_2 排放量较低，并随着作物的生长发育排放量逐渐升高，到作物生长后期，CO_2 排放量逐渐下降。

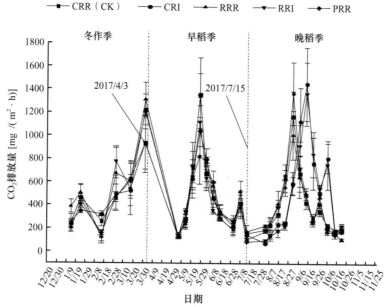

图 15-5 2017 年各处理 CO_2 排放量动态变化

数据为 2016 年冬种起至 2017 年晚稻收获后

冬季 CO_2 排放量为 118.4～1307.21mg/(m²·h)，出现 3 个 CO_2 排放高峰。稻田 CO_2 的排放源主要是植物呼吸作用和土壤微生物呼吸作用。随着冬作物的出芽生长，植物呼吸作用不断增强，在 2017 年 1 月 24 日出现第 1 个排放高峰，其中 RRR 处理排放量最高，达 501.52mg/(m²·h)，比 CK 处理高出 9.12%，且与 CRI、PRR 处理差异显著（$P < 0.05$）。之后由于冬季气温不断下降，植物和土壤微生物呼吸作用逐渐减弱，二氧化碳排放量有所下降。之后随着温度回升，在 2017 年 3 月 2 日出现第 2 个排放高峰，此时 RRI 处理 CO_2 排放量最高，达 773.03mg/(m²·h)，且比 CK 处理高出 68.51%，差异显著（$P < 0.05$）。到 2017 年 4 月 1 日，所有处理 CO_2 排放量均达到冬季排放的最高峰，峰值为 RRR 处理的 1307.21mg/(m²·h)，

比 CK 处理高出 41.04%，且差异显著（$P < 0.05$）。

早稻季 CO_2 排放量为 124.62～1354.40mg/($m^2 \cdot h$)，共出现 2 个排放峰值，出现峰值的原因与冬季相似，取决于植株和土壤微生物的呼吸作用。在 2017 年 5 月 27 日，CO_2 排放量达到第一个峰值，峰值出现在 CRR 处理，为 1354.40mg/($m^2 \cdot h$)，比最低的 RRR 处理高出 64.99%，且与 RRR 处理差异显著（$P < 0.05$），此时水稻正处于拔节期，水稻生长旺盛，呼吸作用强，水稻秸秆通气组织发育，为稻田土壤提供氧气，促进了土壤微生物的呼吸作用。随后水稻生长速度减缓，二氧化碳排放量随之降低。在 2017 年 7 月 8 日出现第 2 个高峰，水稻呼吸作用较弱，此次处于晒田期，促进了土壤微生物的有氧呼吸，但由于正处于水稻生长后期，加之温度过高抑制了水稻呼吸，因而峰值要远低于第 1 个峰值，峰值出现在处理 RRR，为 519.51mg/($m^2 \cdot h$)，比 CK 处理高 24.15%，且与其他处理差异显著（$P < 0.05$）。

晚稻季 CO_2 排放量为 75.61～1449.57mg/($m^2 \cdot h$)，水稻、旱作物均出现 2 个峰值，水稻田的峰值要先于旱地出现，但旱地排放峰值要高于水稻田。水稻田在 2017 年 8 月 31 日出现第 1 个峰值，为 PRR 处理的 1365.71mg/($m^2 \cdot h$)，且与其他处理均差异显著（$P < 0.05$），PRR 处理排放量比旱作处理（CRI 和 RRI 处理）分别高 1.30 倍、1.39 倍，比 CK 处理高 16.89%；2017 年 9 月 28 日出现第 2 个峰值，峰值为 RRR 处理的 475.08mg/($m^2 \cdot h$)，比 CK 处理高出 36.60%，但要显著低于旱作处理（$P < 0.05$）。2017 年 9 月 14 日旱作处理出现第 1 个排放峰值，为 1449.57mg/($m^2 \cdot h$)，也是全年所有处理 CO_2 排放的最高峰值，原因可能是该时期温度适宜，加之旱作物生长处于最旺盛时期，且旱地土壤微生物有氧呼吸强；2017 年 10 月 6 日出现第 2 个排放峰值，最高的为 CRI 处理，达 810.00mg/($m^2 \cdot h$)，与水稻处理均差异显著（$P < 0.05$），分别高出 2.59 倍、3.69 倍、3.19 倍，之后一段时间 CO_2 排放量降低至一个较低水平。

由图 15-6 可知，2018 年 CO_2 排放动态变化规律与 2017 年基本一致。2018 年冬季 CO_2 排放量为 66.53～1295.04mg/($m^2 \cdot h$)，排放最低值、最高值均要低于 2017 年冬季，且排放峰值较上一年多出现 1 个，共出现 4 个 CO_2 排放高峰。在 2017 年 11 月 25 日出现第 1 个排放高峰，但仅为 RRR、RRI、PRR 这 3 个处理的峰值，峰值出现在 RRR 处理，达 280.48mg/($m^2 \cdot h$)，比最低的 CRI 处理高出 62.16%，且与 CRI、RRI、PRR 处理均达到显著差异（$P < 0.05$）。2017 年 12 月 23 日出现第 2 个排放高峰，此时仍为 RRR 处理 CO_2 排放量最高，达 440.60mg/($m^2 \cdot h$)，且比最低的 PRR 处理高 103.64%，比 CK 处理高出 17.12%，此时 RRR 处理排放量与其他处理均差异显著（$P < 0.05$）。第 3 个峰值处理 RRI、PRR 出现在 2018 年 2 月 27 日，但峰值出现在 CRI 处理，而其余处理则出现在 2018 年 3 月 12 日，峰值仍为 CRI 处理，高于最低的 PRR 处理 2.02 倍，差异显著（$P < 0.05$）。2018 年 4 月 1 日出现冬季最后一个峰值，峰值为 CRR 处理的 1292.35mg/($m^2 \cdot h$)，但与其他处理无显著差异（$P > 0.05$）。

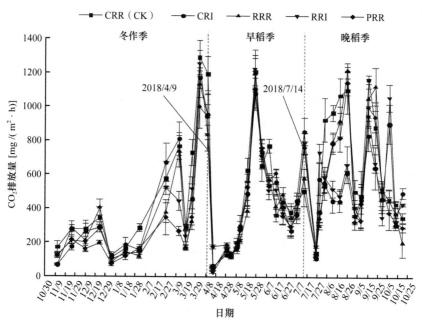

图 15-6　2018 年各处理 CO₂ 排放量动态变化

数据为 2017 年冬种起至 2018 年晚稻收获后

2018 年早稻季 CO_2 排放量为 26.71～1225.09mg/(m²·h)，排放最低值、最高值仍低于 2017 年早稻季，共出现 2 个排放峰值，与 2017 年一致。2018 年 5 月 26 日，CO_2 排放量达到第 1 个峰值，峰值出现在 RRI 处理，为 1225.09 mg/(m²·h)，比最低的 CRI 处理高出 13.50%，但各处理间均差异显著（$P < 0.05$）。在 2017 年 7 月 14 日出现第 2 个高峰，峰值为 CRI 处理的 856.72mg/(m²·h)，比 CK 处理高 69.60%，差异显著（$P < 0.05$）。

2018 年晚稻季旱地 CO_2 排放量为 112.75～1057.56mg/(m²·h)，水田 CO_2 排放量为 128.24～1215.08mg/(m²·h)。水田出现 2 个峰值，旱地出现 4 个峰值，旱地排放峰值要低于水田，与 2017 年相反，但排放峰值差异不显著（$P > 0.05$）。旱地在 2018 年 7 月 29 日出现第 1 个峰值，峰值为 RRI 处理的 732.41mg/(m²·h)，且与水稻处理差异显著（$P < 0.05$），RRI 处理排放通量比水稻处理分别高 0.91 倍、1.43 倍、1.12 倍。2018 年 8 月 25 日旱地出现第 2 个峰值，同时水田出现第 1 个峰值，峰值为 RRR 处理的 1215.08mg/(m²·h)，比 CRI、RRI 处理分别高出 97.04%、83.43%，水田处理与旱地处理间均差异显著（$P < 0.05$）。2018 年 9 月 15 日旱地处理出现第 3 个排放峰值，也是水田处理的第 2 个排放峰值，旱地处理排放量低于水田处理，排放量最高的为 CRR 处理，比最低的 CRI 处理高 39.39%，且差异显著（$P < 0.05$）。2018 年 10 月 6 日旱地处理出现最后一个排放峰值，峰值为 RRI 处理的 1057.56mg/(m²·h)，比水田处理高出 1.32～1.79 倍，旱地处理与水田处理均差异显著（$P < 0.05$）。

（二）甲烷（CH₄）排放

土壤中甲烷的变化主要由微生物活动引起，微生物活动又受环境中植物种类、肥料状况、水分情况、氧气浓度、土壤温度等的影响，有研究表明土壤中甲烷量的多少受施肥量、施肥种类、轮作方式、耕作制度等的影响[53, 54]。产甲烷菌在厌氧条件下能对土壤中的有机物质进行分解、转化，最终产生甲烷，但当土壤环境处于有氧状况下，甲烷又会被氧化菌所氧化，从而造成甲烷排放量减少[55, 56]。有研究表明，种植绿肥紫云英翻压还田后不仅能提升土壤肥力，使水稻增产，同时对稻田 CH₄ 的排放也存在一定的抑制作用，能降低稻田 CH₄ 排放[57]。徐华等[58]通过盆栽实验，认为冬水田改冬作后，不但能有效减少冬季甲烷的排放，而且对后续水稻田甲烷排放量的减少也起到一定的作用。李侃[59]、蔡祖聪等[60, 61]研究表明，冬水田 CH₄ 排放量远大于水旱轮作系统的排放量，且冬水田的 CH₄ 排放量比稻麦轮作系统的 CH₄ 排放量高出 269.14%，比稻油轮作系统的 CH₄ 排放量高出 54.65%。江长胜等[62]通过研究不同耕作制度下冬灌田 CH₄ 排放，结果表明采用水旱轮作后，稻田 CH₄ 排放量明显降低，且稻-麦轮作和稻-油菜轮作全年 CH₄ 排放量分别为冬灌田的 43.8% 和 40.6%。Towprayoon 等[63]研究了烤田频度和烤田天数对 CH₄ 排放的影响，结果表明稻田烤田期 CH₄ 排放量明显低于淹水期，且烤田频度越高，CH₄ 排放量减少越明显。

由图 15-7 可知，2017 年各处理稻田 CH₄ 排放量动态变化基本一致，且早稻、晚稻季水稻田均出现 3 个峰值。

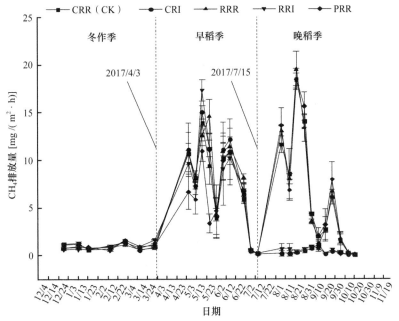

图 15-7　2017 年各处理 CH₄ 排放量动态变化

数据为 2016 年冬种起至 2017 年晚稻收获后

冬季绿肥生长季 CH_4 排放量远低于水稻季的排放水平，晚稻季旱地 CH_4 排放量远低于水稻季的排放水平，且无明显排放峰值。从冬季绿肥生长季来看，冬季由于温度普遍较低抑制了产甲烷菌活动，各处理 CH_4 排放量基本维持在较低水平，在 3 月 2 日和 4 月 1 日达到排放高峰，分别为 1.58mg/(m²·h)、1.62mg/(m²·h)，且峰值均出现在 RRI 处理。

从早稻季来看，各处理在水稻移栽之后 CH_4 排放量均不断升高，基肥的施用和冬作物秸秆的腐解为产甲烷菌提供了丰富的碳源，使得产甲烷菌活动不断增强，在 5 月 6 日出现第 1 个排放高峰。5 月 20 日处于水稻分蘖期，该时期田间水分、温度状况良好，蘖肥的施用使得 CH_4 排放达到第 2 个高峰，也是早稻季各处理 CH_4 排放的最高峰 [17.30mg/(m²·h)]。随后进行晒田、复水等田间管理，CH_4 排放量先减后增，出现第 3 个排放高峰。

从晚稻季来看，CRR、RRR、PRR 处理的变化趋势基本一致，CRI 和 RRI 变化基本一致。CRR、RRR、PRR 种植晚水稻的变化趋势与早稻基本一致，分别在 8 月 3 日、8 月 16 日、9 月 21 日达到排放高峰，峰值分别为 13.59mg/(m²·h)、19.44mg/(m²·h)、7.9mg/(m²·h)。CRI、RRI 种植旱作物（甘薯‖晚大豆）的 CH_4 排放一直处于较低水平，排放量为 0.02～0.91mg/(m²·h)，这可能是由于旱作物采取开沟起垄的方法种植作物，土壤一直保持较为干燥状态，不利于产甲烷菌的活动，因此排放量较低。

由图 15-8 可知，2018 年冬季 CH_4 总体排放通量远低于水稻季，排放量为

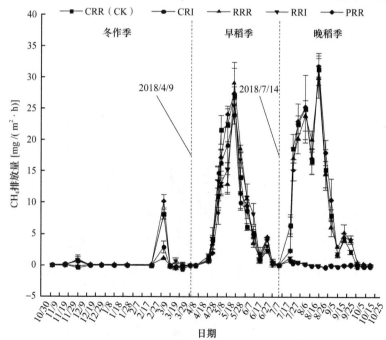

图 15-8　2018 年各处理 CH_4 排放量动态变化

数据为 2017 年冬种起至 2018 年晚稻收获后

$-0.23 \sim 10.24\text{mg}/(\text{m}^2 \cdot \text{h})$。在 3 月 12 日出现冬季的排放高峰，峰值为 PRR 处理的 $10.24\text{mg}/(\text{m}^2 \cdot \text{h})$，且与其他处理均差异显著（$P < 0.05$）。

从 2018 年早稻季排放动态可以看出，前期冬种紫云英的处理 CH_4 排放通量较高，其次是冬种油菜的处理，最后为冬种油菜的处理，但最终在同一时间段达到当季的排放峰值，原因可能为不同作物秸秆腐解速率不一致，分别在 5 月 26 日、7 月 1 日出现排放高峰，峰值均出现在 RRR 处理，分别为 $29.12\text{mg}/(\text{m}^2 \cdot \text{h})$、$4.56\text{mg}/(\text{m}^2 \cdot \text{h})$，分别比 CRI 处理高 20.93%、14.06%，分别比 RRI 处理高 95.71%、44.76%，且 RRR 处理与 CRI、RRI 处理均达到显著差异（$P < 0.05$）。

2018 年晚稻季水田分别在 8 月 11 日、8 月 25 日、9 月 22 日达到排放高峰，峰值分别为 RRR 处理的 $26.06\text{mg}/(\text{m}^2 \cdot \text{h})$、PRR 处理的 $31.85\text{mg}/(\text{m}^2 \cdot \text{h})$、RRR 处理的 $5.24\text{mg}/(\text{m}^2 \cdot \text{h})$，水田处理间均无显著差异（$P > 0.05$），但均与旱地处理差异显著（$P < 0.05$）。旱地处理未出现明显排放峰值，且一直保持低水平的排放，排放量为 $-0.19 \sim 1.25\text{mg}/(\text{m}^2 \cdot \text{h})$。

综上可知，2018 年各处理稻田 CH_4 排放量动态变化与 2017 年基本一致，但总体排放水平要高于 2017 年。冬季排放量峰值要高于 2017 年冬季。早稻季较上一年少 1 个排放峰值，但总体排放水平要高于 2017 年。晚稻季同 2017 年一致，水稻田出现 3 个排放峰，且峰值高于 2017 年，旱地无明显排放峰值。

（三）氧化亚氮（N_2O）排放

土壤 N_2O 的产生主要源于反硝化细菌参与下的反硝化作用，反硝化作用的强弱程度与土壤温度密切相关，土壤温度升高，土壤反硝化作用加强，导致土壤 N_2O 的排放量增加[64-66]，肥料的添加及施用量的多少对 N_2O 的释放也起着重要作用[67-71]，施用氮肥可促进土壤中 N_2O 的排放[72, 73]。熊正琴等[74]通过研究冬季耕作制度对农田氧化亚氮排放的影响，结果表明水稻田冬种紫云英后，N_2O 平均排放量比冬闲对照的 N_2O 排放量低，为 $11.1\mu\text{g}/(\text{m}^2 \cdot \text{h})$。唐海明等[75]通过研究不同冬季作物对冬闲期稻田 CH_4 和 N_2O 排放的影响，结果发现种植冬季作物处理的 CH_4 和 N_2O 排放量要高于冬闲田处理。廖秋实等[76]通过研究冬水田-平作（中稻-休闲）、水旱轮作（中稻-油菜）、垄作-免耕（中稻-油菜）、厢作-免耕（中稻-油菜）4 种不同耕作方式下农田油菜季土壤温室气体的排放，结果表明 4 种耕作方式下 CH_4 排放量在整个油菜季上下波动，N_2O 的排放量在整个油菜季波动较小，相对比较稳定，但在施肥后 N_2O 排放量有明显的上升。江长胜等[62]研究表明采用水旱轮作后，N_2O 排放量显著增加，且稻-麦轮作和稻-油菜轮作两种轮作方式下 N_2O 排放量分别为冬灌田的 3.7 倍和 4.5 倍。陈义等[77]通过研究稻麦轮作稻田中 N_2O 的排放规律，总结出稻季 N_2O 的排放主要在施肥后，呈现单高峰特征，而麦季 N_2O 的排放与施肥和降水密切相关，在施肥和大降雨后，麦季 N_2O 排放量会大幅度增加，呈现多高峰特征。

稻田土壤微生物的硝化和反硝化作用是稻田 N_2O 排放的主要来源，水分、温度是影响这两个生物过程的重要因素。由图 15-9 可知，全年稻田 N_2O 排放量均处于较低水平，冬季出现 1 个排放峰值，早稻季水稻田均出现 3 个明显排放高峰，晚稻季水田出现 2 个峰值，旱地出现 3 个排放峰值。

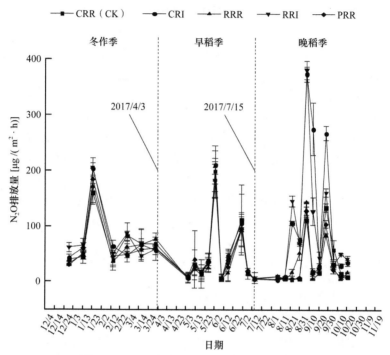

图 15-9　2017 年各处理 N_2O 排放量动态变化

数据为 2016 年冬种起至 2017 年晚稻收获后

从 2017 年冬作物生长季来看，冬季稻田田间持水量低，加之温度较低，抑制了硝化细菌和反硝化细菌的活性，因而整个冬季 N_2O 均处于较低水平的排放量 $[29.39\sim209.54\mu g/(m^2 \cdot h)]$。1 月 24 日，各处理 N_2O 排放达到最高峰，峰值出现在 RRI 处理 $[209.54\mu g/(m^2 \cdot h)]$，这是由于连续几天下雨，采气当天土壤湿度较大，硝化细菌的活动增强，促进了 N_2O 的排放。从早稻季来看，各处理的 N_2O 排放量变化整体趋势一致，且均无显著性差异（$P > 0.05$）。

从整个早稻生长季来看，前期稻田一直处于淹水状态，由于 N_2O 产生的最适环境是处于干湿交替的环境，因此前期 N_2O 排放量较低，在 5 月 13 日由于追施氮肥，各处理出现第 1 个排放峰，但峰值较低。在 6 月 3 日各处理均达到当季最高排放量，这是由于该段时期处于晒田期，稻田土壤干湿交替给了硝化细菌最合适的活动环境，N_2O 排放量升高，之后随着稻田复水，N_2O 又回到低排放水平；水稻成熟期稻田持水量降低，硝化细菌活动又再次增强，在 7 月 1 日达到第 3 个小高峰，但低于第 2 个高峰的排放量,这可能是温度太高抑制了硝化细菌的活动。

从晚稻季来看,旱作物处理出现 3 个 N_2O 排放高峰,究其原因在于,8 月 21 日第 1 个高峰是施氮肥促进了 N_2O 排放;9 月 1 日第 2 个高峰,前一天下雨和施肥导致 N_2O 排放达到最高峰;9 月 28 日第 3 个高峰可能是由于温度较为适宜硝化细菌的活动。晚稻季水稻 2 个 N_2O 排放高峰,原因可能是,9 月 7 日第 1 个高峰,该时间段处于晒田期,土壤处于干湿交替的环境,有利于 N_2O 产生;9 月 21 日达到第 2 个高峰,原因是水稻趋于成熟稻田持水排干。

从图 15-10 可知,冬季各处理 N_2O 排放量为 $-0.02 \sim 1010.37 \mu g/(m^2 \cdot h)$。PRR 处理由于冬种马铃薯采用稻草覆盖,对 N_2O 排放量有一定影响,因而排放量动态变化与其他处理不一致,分别在 2017 年 11 月 25 日、2017 年 12 月 23 日、2018 年 2 月 27 日、2018 年 3 月 19 日、2018 年 4 月 1 日共出现 5 个排放峰值,其余处理冬季仅出现 2 个峰值,分别在 2017 年 11 月 25 日、2017 年 12 月 23 日,与 PRR 处理出现的前 2 个峰值时间相同。所有出现峰值的时间段均为 PRR 处理的排放量最高,且除在 2017 年 12 月 23 日与 RRI 处理排放量差异不显著外,其余均显著高于其他处理($P < 0.05$)。

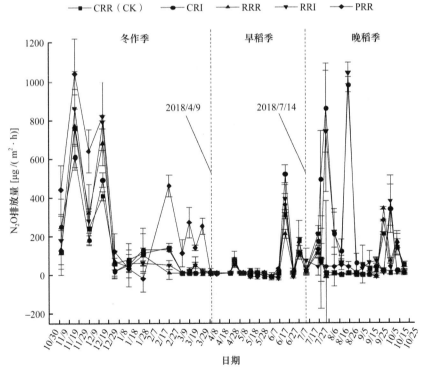

图 15-10 2018 年各处理 N_2O 排放量动态变化

数据为 2017 年冬种起至 2018 年晚稻收获后

从 2018 年早稻季来看,与 2017 年早稻季 N_2O 排放的动态变化基本一致,共出现 3 个明显排放高峰。2018 年 4 月 29 日出现早稻季第 1 个排放峰值,峰值为 PRR 处理的 $80.21\mu g/(m^2 \cdot h)$。2018 年 6 月 23 日出现早稻季第 2 个排放峰值,峰值为 CRI 处理的 $520.74\mu g/(m^2 \cdot h)$,比其他处理高出 $33.33\% \sim 147.62\%$,与其他处理均达到显著差异。在 2018 年 7 月 7 日出现第 3 个排放峰值,峰值为 CRR 处理的 $180.24\mu g/(m^2 \cdot h)$,且与 RRI 处理达到显著差异($P < 0.05$)。

从 2018 年晚稻季来看,旱地处理出现 3 个 N_2O 排放高峰,分别在 2018 年 8 月 3 日、2018 年 8 月 25 日、2018 年 10 月 6 日,晚稻季水田处理第 1 个排放高峰出现在 2018 年 9 月 29 日,峰值为 RRR 处理的 $340.33\mu g/(m^2 \cdot h)$,且与其他处理均达到显著差异($P < 0.05$),2018 年 10 月 13 日出现第 2 个排放高峰,峰值仍为 RRR 处理,但各处理差异不显著($P > 0.05$)。

综上可知,2018 年稻田土壤 N_2O 排放量总体要高于 2017 年,2018 年冬季比 2017 年多出现 1 个排放高峰,且排放峰值均高于 2017 年冬季。两年早稻季各处理均出现 3 个排放高峰,晚稻季水田处理出现 2 个排放峰,旱地处理出现 3 个排放峰值,旱地 N_2O 排放通量远高于水田。

(四)稻田温室气体的全球增温潜势及排放强度

各处理 CO_2 累积排放量见表 15-8。CO_2 是最主要的温室气体,由表可知,冬种季两年各处理的 CO_2 累积排放量并不相同,第 2 年总体上要低于第 1 年,2017 年 CO_2 累积排放量最高的为 RRR 处理,比最低的 PRR 处理高 32.34%,且与 CRR、RRI、PRR 处理均达到显著差异($P < 0.05$);2018 年 CO_2 累积排放量最高的为 CRR 处理,比最低的 RRR 处理高 31.43%,且与其余处理达到显著差异($P < 0.05$)。

表 15-8　各处理 CO_2 累积排放量(kg/hm²)

年份	处理	CO_2 累积排放量			
		冬种季	早稻季	晚稻季	总计
2017 年	CRR	14 568.6±876.3b	10 520.6±542.9a	9 135.5±582.6b	34 224.7±1 352.6b
	CRI	16 379.3±1 114.2a	10 762.5±528.3a	12 376.3±1 124.3a	39 518.1±1 895.6a
	RRR	16 961.4±762.8a	10 492.3±676.3a	8 647.3±280.6b	36 101.0±1 093.3ab
	RRI	14 827.9±899.3b	9 297.1±321.5a	10 704.4±1 020.8ab	34 829.4±2 053.8b
	PRR	12 816.8±1 024.6c	11 413.3±1 352.6a	9 907.7±330.5ab	34 137.8±1 754.2b
2018 年	CRR	16 331.0±1 003.2a	9 434.8±856.3a	9 411.1±358.9b	35 176.9±1 248.3ab
	CRI	14 398.6±1 426.2b	9 134.3±258.2a	13 110.0±725.8a	36 642.9±1 120.5a
	RRR	12 425.9±1 869.3b	8 805.3±763.5a	10 144.1±880.1b	31 375.3±2 593.6b
	RRI	13 384.6±368.5b	8 984.2±1 011.2a	14 854.0±729.6a	37 222.8±1 691.4a
	PRR	12 465.9±789.6b	9 197.3±965.1a	10 667.6±654.3b	32 330.8±2 600.3b

注:数据为 3 个重复的平均值 ± 标准误,同列不同小写字母分别表示差异达 0.05 显著水平

早稻季，两年各处理 CO_2 累积排放量均无显著性差异（$P > 0.05$），说明冬种不同作物秸秆还田对早稻 CO_2 排放无明显影响。晚稻季，从两年数据来看，旱地 CO_2 累积排放量均要高于水田，2017 年 CRI 处理 CO_2 累积排放量最高，比 3 个水田处理高出 24.92%～43.12%，且与 CRR、RRR 处理达到显著差异（$P < 0.05$）；2018 年 RRI 处理 CO_2 累积排放量最高，比 3 个水田处理高出 39.24%～57.83%，且均达到显著差异（$P < 0.05$），而两年旱地处理间均无显著差异（$P > 0.05$）。从全年 CO_2 累积排放量来看，2017 年 CRI 处理最高，高出其他处理 9.47%～15.76%，且与 CRR、RRI、PRR 处理均达到显著差异（$P < 0.05$）；2018 年 RRI 处理最高，高出其他处理 1.58%～18.64%，且与 RRR、PRR 处理均达到显著差异（$P < 0.05$），但旱地处理间差异不显著（$P > 0.05$）。

综上可知，冬种不同作物秸秆还田对早稻 CO_2 排放无明显影响，水旱轮作将显著提高稻田 CO_2 排放量。

各处理 CH_4、N_2O 累积排放量见表 15-9，由表可知，稻田 CH_4 排放占主导地位，晚稻季旱作物 N_2O 排放量大，但仍低于 CH_4 排放。从 CH_4 方面看，2018 年冬种季累积排放量要高于 2017 年冬种季，2017 年、2018 年均为 PRR 处理的累积排放量最高，且与其他处理均差异显著（$P < 0.05$），分别比其他处理高出 18.18%～40.72%、107.79%～287.8%；早稻季，2017 年为 PRR 处理的累积排放量最低，且与其他处理之间差异显著（$P < 0.05$），比其他处理低 17.65%～26.36%，2018 年 CRR 处理累积排放量最高，高于其他处理 5.21%～13.92%，且与 CRI、RRR、RRI 处理达到显著差异（$P < 0.05$）；晚稻季，2017 年、2018 年旱地处理 CH_4 累积排放量均远低于水田处理，两年晚稻季累积排放量最高的均为 PRR 处理，最低的均为 CRI 处理，两年 PRR 处理累积排放量分别高于 CRI 处理 16.81 倍、98.91 倍，水田处理与旱地处理均差异显著（$P < 0.05$）。从两年全年累积排放量来看，各处理 2018 年全年累积排放量均要高于 2017 年，2017 年 RRR 处理的 CH_4 累积排放量最高，高出最低的 RRI 处理 87.15%，且与除 CRR 处理外的剩余处理均达到显著差异（$P < 0.05$）。

表 15-9　各处理 CH_4 和 N_2O 累积排放量（kg/hm²）

年份	处理	CH₄ 累积排放量			
		冬种季	早稻季	晚稻季	总计
2017 年	CRR	1.94±0.24b	116.40±6.66a	110.34±5.82a	228.68±12.51ab
	CRI	2.13±0.53b	125.89±1.36a	6.62±0.24b	134.64±1.15c
	RRR	2.04±0.12b	130.18±4.49a	112.38±1.80a	244.61±5.73a
	RRI	2.31±0.07b	121.10±5.72a	7.29±1.20b	130.70±6.85c
	PRR	2.73±0.88a	95.86±4.57b	117.91±3.30a	216.50±5.84b

年份	处理	CH_4 累积排放量			
		冬种季	早稻季	晚稻季	总计
2018 年	CRR	6.95±1.69c	181.70±10.12a	234.66±7.56a	423.31±16.25a
	CRI	9.03±0.76c	159.50±8.25b	2.40±0.09b	170.93±10.12b
	RRR	8.45±1.98c	167.97±3.37b	235.11±22.31a	411.53±29.45a
	RRI	12.97±1.52b	162.24±8.33b	3.39±0.70b	178.60±11.24b
	PRR	26.95±4.66a	172.71±5.17ab	239.79±12.14a	439.45±17.56a

年份	处理	N_2O 累积排放量			
		冬种季	早稻季	晚稻季	总计
2017 年	CRR	1.71±0.11bc	0.77±0.02a	0.63±0.03b	3.11±0.34b
	CRI	1.93±0.10ab	0.81±0.02a	6.17±0.07a	8.91±0.55a
	RRR	1.72±0.23bc	0.68±0.01b	0.62±0.03b	3.02±0.81b
	RRI	2.05±0.16a	0.70±0.01b	5.72±0.09a	8.47±0.74a
	PRR	1.62±0.13c	0.71±0.02b	0.54±0.01b	2.87±0.12b
2018 年	CRR	6.62±0.28b	0.99±0.10ab	0.96±0.20b	8.57±0.91c
	CRI	6.25±0.76b	1.38±0.21a	5.08±0.98a	12.71±1.34b
	RRR	7.12±1.06b	0.83±0.12b	1.14±0.11b	9.09±0.56c
	RRI	7.64±0.89b	1.02±0.16ab	4.61±1.20a	13.27±2.33b
	PRR	13.10±2.13a	0.94±0.03ab	1.45±0.34b	15.49±1.11a

    N_2O 方面，各处理两年冬种季的累积排放量表现并不一致，2017 年冬种季为 RRI 处理累积排放量最高，高出其他处理 6.22%～26.54%，且与 CRR、RRR、PRR 达到显著差异（$P < 0.05$）；2018 年冬种季为处理 PRR 累积排放量最高，高出其他处理 71.5%～109.6%，且与其他处理均差异显著（$P < 0.05$）。2017 年、2018 年早稻季 N_2O 累积排放量均为 CRI 处理最高，高出其他处理 5.19%～19.12%、35.29%～66.27%，且 2017 年 CRR、CRI 处理与其他处理均达到显著差异，2018 年 CRI 与 RRR 处理差异显著（$P < 0.05$）。晚稻季旱地处理 N_2O 累积排放量远高于水田处理，两年 N_2O 累积排放量均为 CRI 处理最高，且与 CRR、RRR、PRR 处理均达到显著差异（$P < 0.05$），CRI 处理比水田处理高 2.51～10.43 倍，但同为旱作物的 CRI 与 RRI 间无显著性差异（$P > 0.05$）。从两年全年的 N_2O 累积排放量来看，除 2018 年的 PRR 处理外，两年均为旱作处理高于水田处理，且达到显著差异（$P < 0.05$）。2018 年 PRR 处理出现异常的原因可能是，2017 年冬种马铃薯未采用稻草覆盖，而 2018 年采用稻草覆盖极大影响了 N_2O 的排放。

    综上说明，冬种不同作物对 CH_4、N_2O 的排放均有一定的影响，马铃薯-双季稻处理显著增加了冬季 CH_4 的排放，但在全年累积排放量方面相较于其他两种双季稻处理并不会增加，冬种紫云英还田增加了早稻季 CH_4 的排放。水旱轮作可以有效降低 CH_4 的排放，但会显著增加 N_2O 的排放。

四、不同稻田耕作制度模式对杂草发生发展的影响

稻田杂草是农田生态系统的重要组成部分，对维持农田生态系统的平衡有着重要的作用[78]。杂草管理的目的之一是降低杂草对水稻产量的影响，而杂草管理的措施较多，有机械性除草、除草剂除草和通过耕作栽培措施（如通过改变施肥措施[79,80]、不同稻作模式[81,82]等）而达到控制杂草的目的。机械性除草费工费时，而除草剂除草又对农田生态系统污染较重。因此，探索既生态环保又优质增效型的稻作模式以适应现代绿色生态农业的发展要求及提高稻米品质具有重要意义。研究表明，秸秆还田措施和施用化肥（有机肥）能显著影响稻田冬、春季的杂草群落，同时氮素、磷素、钾素是影响杂草群落的主要因素[79,83]。还有研究表明，冬季种植不同作物（油菜、紫云英和黑麦草）及种植方式（冬季混播绿肥）对稻田杂草密度、相对优势度和杂草物种丰富度有着显著的调控作用，同时稻田冬季种植不同作物对土壤养分也具有重要影响[81]。不同轮连作处理的不同生育期杂草种类数量不一样，出现不同优势种杂草，这可能是因为不同冬季复种轮作方式影响了冬季稻田的农田小气候及养分利用的选择性差异，进而影响了冬季作物与杂草以及杂草与杂草之间的相互竞争关系，由此引起了杂草群落的差异。另外，冬季作物秸秆还田，其秸秆腐解后的养分释放规律有所差异[84,85]，导致对稻田早晚稻的养分利用效率不同，进而影响杂草之间的养分分配，也可能与稻田杂草生育周期有关[86,87]。冬季稻田不同种植模式对江西红壤双季稻田早、晚稻杂草群落的作用，是通过影响土壤的 pH、有机质、速效养分和土壤氧化还原状况而产生影响的[88-90]，作物与杂草之间和杂草与杂草之间对土壤养分、光照、水分等稻田环境资源存在激烈的竞争关系[86]。研究表明，土壤 pH 及其养分与杂草生物量存在显著相关关系[79,91]。

本研究通过稻田复种轮作、休闲方式进行定位试验研究，设置 5 个处理，分别为处理 A（CK）：冬闲-早稻-晚稻；处理 B：紫云英-早稻-晚稻；处理 C：油菜-早稻-晚稻；处理 D：大蒜-早稻-晚稻；处理 E：冬种复种轮作-早稻-晚稻，即此处理的冬季种植作物自 2012 年冬季开始在马铃薯、紫云英和油菜之间循环轮作。监测不同轮连作处理对早、晚稻杂草群落特征的影响，以期阐明南方稻田复种轮作休闲方式对水稻生育期间杂草群落的影响，并为稻田杂草多样性的管理提供理论依据和技术参考。

（一）稻田杂草种类和优势种

对长江中游地区稻田实施 6 年不同轮连作后，其稻田杂草差异较为明显（表 15-10）。早稻稻田杂草的种类 A（CK）处理最多，晚稻稻田 C 处理最多，早、

晚稻稻田杂草 D 处理最少，冬季稻田休闲、冬季种植紫云英、冬季种植油菜和冬种复种轮作处理分别比冬季种植大蒜处理的早稻杂草种类数量高出 31.65%、30.4%、20.3% 和 19.0%，晚稻稻田杂草分别高出 19.6%、8.9%、25.0% 和 12.5%，同时晚稻各处理与早稻各处理相比，杂草种类相应减少了 35.6%、40.8%、26.3%、29.1% 和 33.0%。早、晚稻各处理浮萍覆盖率达 90% 以上，而狗牙根（*Cynodon dactylon*）仅出现在早稻的轮作处理中。在早稻稻田中，各处理的优势种杂草主要为浮萍、节节菜、稗子、异型莎草，而晚稻的优势种主要有浮萍、异型莎草、鸭舌草、稗子。

表 15-10　2017 年早、晚稻重要生育期稻田杂草种类及优势种

季别	处理	杂草种类			平均数	杂草优势种
		分蘖盛期	抽穗初期	成熟期		
早稻	A（CK）	9.7±0.3a	10.8±0.5a	10.7±0.4a	10.4±0.5a	浮萍、节节菜、稗子、矮慈姑、异型莎草
	B	9.6±0.2a	10.2±0.2a	11.0±0.5a	10.3±0.4a	浮萍、节节菜、稗子、矮慈姑、异型莎草
	C	8.5±0.2a	9.6±0.1a	10.3±0.4aa	9.5±0.3a	浮萍、节节菜、稗子、异型莎草
	D	6.7±0.3a	7.7±0.2a	9.2±0.3a	7.9±0.3a	浮萍、节节菜、稗子、异型莎草
	E	8.2±0.4a	9.6±0.2a	10.3±0.4a	9.4±0.5a	浮萍、稗子、矮慈姑、狗牙根、异型莎草
晚稻	A（CK）	6.2±0.1a	6.8±0.5a	7.2±0.2a	6.7±0.3a	浮萍、异型莎草、鸭舌草、稗子
	B	5.7±0.2a	6.2±0.1a	6.3±0.4a	6.1±0.2a	浮萍、异型莎草、鸭舌草、稗子
	C	6.5±0.2a	7.1±0.5a	7.4±0.2a	7.0±0.3a	浮萍、异型莎草、鸭舌草、稗子
	D	4.5±0.3a	5.2±0.2a	7.2±0.3a	5.6±0.3a	浮萍、异型莎草、鸭舌草、稗子
	E	6.2±0.4a	6.3±0.2a	6.4±0.2a	6.3±0.3a	浮萍、异型莎草、鸭舌草、稗子

注：数据为 3 个重复的平均值 ± 标准误差，同列不同小写字母表示差异达 0.05 显著水平

（二）稻田杂草密度

在早稻稻田杂草中（表 15-11），与冬季休闲处理相比，冬季种植紫云英、冬季种植油菜、冬季种植大蒜和轮作处理的矮慈姑、稗子和异型莎草密度具有显著差异（$P < 0.05$）。在水稻不同生育期，不同轮连作方式的稻田杂草差异性有所不同。与冬季休闲处理相比，在水稻成熟期矮慈姑、稗子和异型莎草密度分别下降了 0.86%～13.7%、1.5%～36.0% 和 4.5%～28.4%，其中以冬季种植大蒜处理最为明显；鸭舌草、牛毛毡、四叶萍和陌上菜等杂草与冬季休闲处理相比，除冬季种植大蒜处理外，各冬种复种处理在水稻主要生育期内杂草密度差异不显著（$P > 0.05$）。

表 15-11　2017 年早稻不同生育期稻田杂草种类及密度

杂草种类	生育期	杂草密度（株/m²）				
		A（CK）	B	C	D	E
矮慈姑 （Sagittaria pygmaea）	分蘖盛期	69.5±1.3a	67.3±0.9b	62.4±1.1c	53.8±0.3d	61.4±1.1c
	抽穗初期	45.1±0.7a	44.6±0.3a	42.9±2.c	39.7±0.9c	43.±0.2ab
	成熟期	23.3±1.2a	23.1±0.1a	22.4±0.8a	20.1±0.6b	23.0±1.0a
稗子 （Echinochloa crusgalli）	分蘖盛期	11.2±0.3a	11.3±1.0a	10.2±0.9a	8.2±1.0b	10.5±1.2a
	抽穗初期	12.1±0.3a	11.8±0.2a	10.5±0.3b	8.3±0.3c	10.7±0.4b
	成熟期	13.6±0.4a	13.4±0.9a	12.7±0.9a	8.7±0.4b	12.8±0.7a
异型莎草 （Cyperus difformis）	分蘖盛期	21.1±0.6a	20.3±0.2a	18.9±0.6b	15.3±05c	18.2±0.9b
	抽穗初期	26.2±1.2a	25.3±1.1a	23.6±0.4b	18.3±0.5c	23.3±1.0b
	成熟期	31.3±1.1a	29.9±1.1ab	28.8±0.9b	22.4±0.7c	28.1±1.2b
鸭舌草 （Monochoria vaginalis）	分蘖盛期	3.3±0.3a	3.1±0.1a	2.8±0.4a	2.1±0.3b	2.80±0.5a
	抽穗初期	4.1±0.4a	4.2±0.3a	3.7±0.5a	2.6±0.4b	3.70±0.2a
	成熟期	4.5±0.3a	4.3±0.5a	4.1±0.2a	3.1±0.4b	4.10±0.5a
眼子菜 （Potamogeton distinctus）	分蘖盛期	1.1±0.2a	1.1±0.1a	1.2±0.2a	0.6±0.2b	1.10±0.2a
	抽穗初期	1.2±0.2b	1.3±0.3b	1.7±0.2a	0.8±0.1c	1.5±0.4ab
	成熟期	2.1±0.2a	1.9±0.3ab	1.8±0.3ab	1.2±0.2c	1.6±0.3bc
节节菜 （Rotala indica）	分蘖盛期	3.1±0.3a	3.0±0.2a	2.2±0.1b	1.6±0.3c	2.1±0.1b
	抽穗初期	4.2±0.3a	4.3±0.3a	3.7±0.2b	2.8±0.3c	3.5±0.2b
	成熟期	5.1±0.2a	4.9±0.2b	4.8±0.2b	3.2±0.2c	4.6±0.2b
牛毛毡 （Eleocharis yokoscensis）	分蘖盛期	1.1±0.1a	1.2±0.2a	1.1±0.2a	0.5±0.1b	1.2±0.1a
	抽穗初期	1.3±0.1b	1.5±0.1a	1.2±0.1bc	0.8±0.1d	1.1±0.2c
	成熟期	2.4±0.2a	1.9±0.1b	1.8±0.1b	1.3±0.3a	1.7±0.2b
四叶萍 （Marsilea quadrifolia）	分蘖盛期	11.2±0.6a	10.8±0.9a	10.3±0.7a	8.6±0.6b	10.2±0.6a
	抽穗初期	14.6±0.8a	13.9±0.8ab	12.±0.6bc	9.5±0.6d	12.1±0.7c
	成熟期	16.2±1.2a	15.8±1.0ab	14.6±0.7b	12.4±0.7c	14.2±0.6b
陌上菜 （Lindernia procumbens）	分蘖盛期	1.1±0.1a	1.1±0.2a	1.2±0.2a	0.6±0.1b	1.1±0.3a
	抽穗初期	1.2±0.2a	1.3±0.1a	1.5±0.2a	0.6±0.1b	1.5±0.2a
	成熟期	2.3±0.2a	1.8±0.1b	1.7±0.2b	1.1±0.2c	1.6±0.3b
狗牙根 （Cynodon dactylon）	分蘖盛期	0±0a	0±0a	0±0a	0±0a	2.1±0.2b
	抽穗初期	0±0a	0±0a	0±0a	0±0a	3.3±0.1b
	成熟期	0±0a	0±0a	0±0a	0±0a	4.1±0.3b

注：数据为 3 个重复的平均值 ± 标准误差，同列不同小写字母表示差异达 0.05 显著水平

晚稻稻田杂草（表 15-12）情况与早稻类似，但各不同轮连作处理的杂草密度远低于早稻各处理。在晚稻成熟期，与冬季休闲处理相比，四叶萍、节节菜、异型莎草的冬季种植紫云英处理和冬季种植油菜处理差异并不显著，冬季种植大蒜和冬种复种轮作处理的节节菜、异型莎草则与冬季休闲处理呈显著差异（$P < 0.05$）。

表 15-12　　2017 年晚稻不同生育期稻田杂草种类及密度

杂草种类	生育期	杂草密度（株/m²）				
		A（CK）	B	C	D	E
矮慈姑 （*Sagittaria pygmaea*）	分蘖盛期	23.5±1.1a	22.0±1.1ab	21.4±0.8b	18.8±0.9c	21.4±0.3b
	抽穗初期	13.1±0.4a	12.6±0.2a	11.9±0.4b	8.7±0.4c	11.2±0.6b
	成熟期	10.3±0.2a	10.1±0.4a	9.4±0.4b	6.1±0.3c	9.0±0.3b
稗子 （*Echinochloa crusgalli*）	分蘖盛期	7.2±0.2a	7.3±0.3a	7.2±0.4a	3.2±0.3b	6.8±0.5a
	抽穗初期	8.1±0.2a	7.8±0.2ab	7.5±0.3bc	4.3±0.3d	7.2±0.2c
	成熟期	8.6±0.4a	8.4±0.3a	7.7±0.4b	5.7±0.3c	7.8±0.3b
异型莎草 （*Cyperus difformis*）	分蘖盛期	4.3±0.2a	4.1±0.2ab	3.8±0.2b	2.1±0.2c	3.8±0.1b
	抽穗初期	5.1±0.2a	5.2±0.1a	4.7±0.2b	2.6±0.3c	4.7±0.2b
	成熟期	5.5±0.2a	5.3±0.3a	5.1±0.4a	3.1±0.2b	2.5±0.1b
鸭舌草 （*Monochoria vaginalis*）	分蘖盛期	1.1±0.1a	1.1±0.3a	1.2±0.1a	0.6±0.1b	1.1±0.3a
	抽穗初期	1.2±0.2b	1.3±0.2b	1.7±0.1a	0.8±0.2c	1.5±0.3ab
	成熟期	2.1±0.2a	1.9±0.3ab	1.8±0.1b	1.2±0.2c	1.6±0.3bc
节节菜 （*Rotala indica*）	分蘖盛期	1.1±0.2a	1.0±0.1a	1.2±0.1a	0.6±0.1b	1.1±0.4a
	抽穗初期	1.5±0.2a	1.3±0.2a	1.7±0.3a	0.8±0.2b	1.5±0.3a
	成熟期	2.1±0.2a	1.9±0.1ab	1.8±0.2ab	1.2±0.1c	1.6±0.2b
四叶萍 （*Marsilea quadrifolia*）	分蘖盛期	1.1±0.1a	1.2±0.1a	0.9±0.1ab	0.3±0.1c	0.9±0.2ab
	抽穗初期	1.3±0.1a	1.2±0.2a	1.1±0.3a	0.5±0.1b	1.1±0.2a
	成熟期	1.4±0.1a	1.2±0.2a	1.3±0.3a	1.1±0.2a	1.3±0.2a

注：数据为 3 个重复的平均值 ± 标准误差，同列不同小写字母表示差异达 0.05 显著水平

在早、晚稻稻田杂草中（表 15-11 和表 15-12），矮慈姑、稗子和异型莎草都是稳定性主要杂草品种，但与早稻季杂草相比，晚稻季稻田杂草不仅密度明显降低，其杂草种类也显著降低（$P < 0.05$）。同时，仅有狗牙根在冬种复种轮作处理的水稻分蘖盛期、抽穗期和成熟期少量分布，其密度达到 2.1～4.1 株/m²。

总体来看，晚稻各处理相比早稻各处理的杂草种类较少、密度较小，同时与冬季休闲处理相比，冬季不同种植作物处理的杂草种类也较少，其密度也较小。

这可能与各复种轮作处理的冬季晚稻秸秆覆盖还田措施有关，稻草冬季覆盖还田可以达到对稻田保温、保水的目的，从而抑制田间杂草的生长。另外，水稻早、晚稻杂草种类及密度的差异和变化不仅与外界环境相关，尤其是施肥（化肥与有机肥配施）环境竞争，当然也与杂草生活史密不可分。

（三）稻田杂草群落的多样性分析

物种多样性是反映群落特征的重要数量指标，不同轮连作稻田的物种多样性也有所差异。本试验对杂草 Simpson 多样性指数和 Pielou 均匀度指数、Margalef 丰富度指数进行了测定分析，如表 15-13 所示。上述三大指数早稻各处理分别为 0.654～0.713、0.776～0.985 和 0.698～0.718，晚稻各处理分别为 0.555～0.622、0.685～0.816 和 0.613～0.699。从多样性丰富度指数上看，各冬季种植作物处理均比冬季休闲处理要低，同时晚稻比早稻季也要低；而均匀度指数各冬季种植作物处理高低不一。

表 15-13　不同轮连作方式下杂草群落的多样性分析

稻季	处理	Simpson 多样性指数	Pielou 均匀度指数	Margalef 丰富度指数
早稻	A（CK）	0.713	0.895	0.718
	B	0.672	0.776	0.703
	C	0.671	0.794	0.711
	D	0.697	0.985	0.714
	E	0.654	0.814	0.698
晚稻	A（CK）	0.622	0.781	0.699
	B	0.573	0.776	0.613
	C	0.579	0.734	0.615
	D	0.593	0.685	0.625
	E	0.555	0.816	0.613

（四）稻田杂草干物质量

早稻稻田以冬季休闲处理的杂草总干物质量最高，晚稻稻田杂草总干物质量以冬季种植油菜处理最高，两季均以冬季种植大蒜处理最低。在早稻季中，冬季休闲处理稻田杂草总干物质量比冬季种植紫云英、油菜、大蒜和冬种复种轮作处理分别高出 4.7%、9.5%、21.2% 和 5.6%（图 15-11）。在晚稻季中，冬季种植油菜处理稻田杂草总干物质量比冬季休闲处理、冬季种植紫云英处理、大蒜处理和轮作处理分别高出 3.9%、10.3%、13.5% 和 1.3%（图 15-12）。

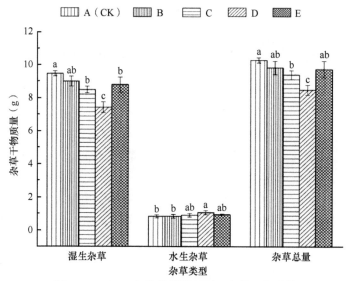

图 15-11　2017 年收获期早稻稻田杂草干物质量

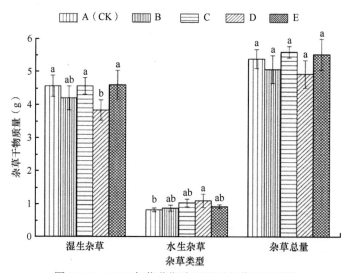

图 15-12　2017 年收获期晚稻稻田杂草干物质量

从图 15-11 和图 15-12 还可以看出，早、晚稻稻田的水生杂草对湿生杂草有一定的抑制和竞争作用，从早、晚稻分蘖盛期看，浮萍（水生杂草）对湿生杂草有较强的抑制作用；从水稻收获期看，早、晚稻稻田的水生杂草与湿生杂草的干物质量也存在一定的此消彼长关系。

在早稻收获时期，稻田湿生杂草的干物质量除冬季种植紫云英处理外，冬季种植油菜、冬季种植大蒜和冬种复种轮作处理与冬季休闲处理相比均有显著性差异，而稻田水生杂草的干物质量与冬季休闲处理相比，除冬季种植大蒜处理外，不同冬种复种处理均无显著性差异（$P > 0.05$）。在晚稻收获期，稻田湿生杂草的干物质量，除冬季种植大蒜处理外，各不同冬种复种处理与冬季休闲处理相比均无显著性差异，而其水生杂草的干物质量与冬季休闲处理相比，仅有冬季种植大蒜呈显著性差异，但晚稻季杂草总干物质量各处理间均表现出差异不显著（$P > 0.05$）。

（五）不同稻田耕作制度模式下土壤pH、有效养分与稻田杂草生长的关系

相关分析（表15-14）表明，稻田土壤pH及不同养分含量对稻田杂草的生长有明显影响。土壤碱解氮、有效磷与杂草总干物质量显著正相关，速效钾与之显著负相关（$P < 0.05$），各稻田土壤养分含量对水生杂草干物质量的影响与对稻田杂草总干物质量的影响一致。同时，水生杂草对稻田土壤有效磷含量变化非常敏感，说明增加土壤有效磷含量可以促进水生杂草的生长，但pH和速效钾含量与水生杂草干物质量显著负相关（$P < 0.05$）。

表 15-14　早、晚稻田土壤pH、有效养分与杂草总干物质量的相关关系

土壤养分	湿生杂草干物质量		水生杂草干物质量		杂草总干物质量	
	方程	r	方程	r	方程	r
pH	$y=0.0023x+6.05$	0.35^*	$y=-0.0013x+6.06$	-0.56^*	$y=-0.0015x+6.13$	-0.38^*
碱解氮	$y=1.3135x+136.46$	0.52^*	$y=1.9523x+126.46$	0.45^*	$y=2.2123x+116.32$	0.56^*
有效磷	$y=2.6117x+8.98$	0.68^*	$y=3.1531x+24.28$	0.71^*	$y=3.1353x+9.28$	0.74^*
速效钾	$y=0.0026x+6.09$	0.26^*	$y=-0.0013x+6.18$	-0.63^*	$y=-0.0016x+6.14$	-0.12^*

注：$^*P < 0.05$

直接通径系数以稻田土壤碱解氮和有效磷较大，表明二者对稻田杂草总干物质量直接影响较大（表15-15）。有效磷与pH对稻田杂草总干物质量的影响均为负效应，但经过其他因子的相互影响，最终二者对杂草总干物质量的间接效应均起到了正效应。土壤中有效磷对稻田杂草总干物质量的直接影响为较小的负效应，但其对稻田杂草总干物质量的间接影响最终为较小的正效应。土壤碱解氮对稻田杂草总干物质量的直接和间接影响作用均为较大的正效应。因此，通过不同轮连作措施可以调控稻田土壤pH及其养分，稻田适宜的土壤pH和碱解氮、有效磷和速效钾含量能在一定程度上有效地调控稻田杂草生物量。

表 15-15　土壤pH、有效养分对杂草总干物质量的影响

因素	r	直接通径	间接通径				
			pH	碱解氮	有效磷	速效钾	合计
pH	-0.12	-0.43		0.046	0.062	0.022	0.13
碱解氮	0.55	0.63	-0.22		0.193	0.285	0.258
有效磷	0.59	-0.22	0.21	-0.054		-0.068	0.088
速效钾	-0.15	-0.56	0.51	-0.336	-0.314		-0.14

第二节　稻田耕作制度的生态服务价值

农业生产最重要的目标是从农田生态系统获得粮食、纤维和燃料等产品，除了这些产品，农田生态系统还提供其他的生态系统服务功能价值，如供给、调节、文化和支持等服务功能价值，在人类生产生活中发挥了重要作用。1997 年，Costanza 等[92]在 Nature 杂志上发表了一篇关于全球生态系统服务和自然资本价值的研究成果，该成果的发表引起了全球研究者的关注，越来越多的人开始开展生态系统服务价值的研究。在评估方法方面，主要采用价值评估法，通过环境经济学、生态经济学和资源经济学等理论，将农田生态系统中的评估内容转化成货币后进行统一比较，当前采用较多的转换方法主要有直接市场法、替代市场法及模拟市场法[93]。在评估内容方面，当前学者的研究主要集中于农产品供给价值[94, 95]、碳汇功能价值[96-98]、土壤保持与养分循环价值[99-102]、水调节功能[103-106]以及农田生态系统服务及其价值的综合评估[107-109]等，对于农田向人们提供的多项生态系统服务的同时所产生的环境负效应，也有一些学者开展了相应的研究，如 Zhang 等[110]认为，农田生态系统会产生栖息地丧失、养分流失、物种丧失等负服务；Foley 等[111]认为局部地区的土地利用变化会导致局地、区域乃至全球尺度的生态退化，因此在评价过程中我们需要了解不同生态系统类型所提供的主要生态系统服务。评估对象方面，现阶段研究主要集中在森林、湿地、草地、荒漠等生态系统类型[112-114]，对农田生态系统服务功能的评估还较少，因此应用生态系统服务功能价值评估理论对稻田冬种紫云英及不同施肥模式进行分析，能较好地体现其除直接经济价值外的其他生态价值。其中对紫云英翻压后产生的其他生态功能价值评估的理论和方法研究较为缺乏，评估的结果很难全面反映紫云英还田配施化肥后对土壤、生态环境的综合价值。本研究以"冬闲-稻-稻"模式下的农田生态系统为对照，以"紫云英-稻-稻"模式为研究对象，基于农田生态系统服务功能价值理论，采用生态经济学的研究方法，建立了"稻-稻-紫云英"模式下的稻田生态系统服务功能价值评估体系和方法，并运用该方法对紫云英翻压配施不等量氮肥各处理下的稻田生态系统服务功能价值进行评估，同时与冬闲不施氮处理下的农田生态系统进行对照分析，旨在全方位、多角度认识冬种紫云英翻压与氮肥配施各处理的综合价值。当前已有部分学者就生态系统服务功能及其价值进行了相关的研究[115-117]，这些研究为当前农田生态系统服务功能价值评价奠定了良好的基础。雷娜等[118]运用市场价值法、机会成本法、影子价格法等，对河南省农田防护林生态服务功能价值进行了核算，结果表明，2001 年和 2005 年河南省农田防护林生态服务功能的总价值分别为 1.04×10^{10} 元和 1.46×10^{10} 元；王俊等[119]以常德津市 2011 年度统计年鉴数据为基础，对常德津市农田生态系统的产品提供、固碳释氧、气候调节、营养物质保持、涵养水源以及非使用价值等 6 项生态系统功能进行了价值评估分析；杨友等[120]基于张家界市2006～2012年统计数据和农田环境实地调查资料，采用生态系统服务功能价值评价方法，从服务功能惠益价值、环境损害治理成本和服务功能净效益三个方面，对其农田生态系统服务功能价值损益进行了估算，客观定量评价其现存农田生态系统多功能服务的价值。

本研究在突出紫云英引入冬闲田所产生的经济、生态效益的原则下，选取紫云英-早稻-晚稻农田生态系统农产品供给、气体调节、土壤养分累积、土壤保持和水分涵养5项服务功能作为评估对象，采用市场替代法、影子价格法和机会成本法等生态经济学方法，建立紫云英与氮肥配施条件下的生态服务功能价值评估体系，具体如下。

一、农产品供给功能

农田生态系统为人们生活提供丰富的农产品是其最主要的功能之一，这也是对人类生产生活最主要的贡献[121]。紫云英-早稻-晚稻较冬闲-早稻-晚稻能够在提高农田生态系统中水稻产量的同时，减少化肥施入量[122]。与此同时，由于增加了农业生产环节，紫云英-早稻-晚稻模式下冬种投入的种子、机械、人工等也更多。本研究中，冬种紫云英均在早稻移栽前翻压，因此，产出仅考虑水稻产值。投入成本主要包括种子、化肥、农药和农业机械化等产生的费用。由于该农田生态系统中投入、产出均可以根据市场价格计算获得，也能参与市场交换，因此通过市场价值法对其产生的服务价值进行核算[公式（15-1）]。

$$V_p = Y_r \times Y_p - \Sigma M_i + E_i - P \times n \tag{15-1}$$

式中，V_p为农产品供给服务价值（元/hm²）；Y_r为水稻产量（kg/hm²）；Y_p为水稻的市场价格（元/kg）；M_i分别为投入的物质资料（种子、农机、化肥和农药）（kg/hm²）；E_i为投入物质资料（种子、农机、化肥和农药）的市场价格（元/kg）；P为人工每天劳动价格；n为劳动天数。各项农资价格参数如下：早稻稻谷单价为2.50元/kg，晚稻稻谷单价为2.60元/kg；早稻种子价格为14元/kg，晚稻种子价格为30元/kg，紫云英种子单价为26元/kg；施用的肥料价格分别为尿素1.93元/kg，钙镁磷肥0.69元/kg，钾肥3.10元/kg；农机投入成本为1000元/hm²；农药投入成本为600元/hm²；人工劳动价格为100元/d。

本研究中，稻田的生产资料总投入主要包括种子、化肥、农药、农机投入以及人工投入，农产品的产出主要包括水稻产量和紫云英鲜草产量，考虑到紫云英翻压后不能产生直接的经济价值，但会间接增加水稻产量，因此只以水稻产量和稻谷价格计算稻田农产品的产出价值。不同处理下的稻田生产资料投入区别主要是种子、化肥和人工投入的不同，与处理A相比，处理B、C、D、E增加的种子投入主要是冬种紫云英种子的投入，增加的化肥投入主要是氮肥投入，处理C、D、E的施氮量分别为90kg/hm²、150kg/hm²、225kg/hm²，以含氮量为46%的尿素进行换算后，尿素的施用量分别为195.65kg/hm²、326.09kg/hm²、489.13kg/hm²，处理 B、C、D、E 增加的人工投入，主要是由于紫云英需要人工撒播。农机方面，由于冬闲和冬种紫云英后均进行统一的翻耕、整地、播种等程序，故农机投入均一致。

由表 15-16 可以看出，与处理 A 相比，处理 B、C、D、E 生产资料总投入分别增加了 9.16%、14.61%、18.24%、22.82%，与处理 B 相比，处理 C、D、E 生产资料总投入分别增加了 4.99%、8.32%、12.52%；农产品总产出方面，就 2016 年全年来看，与冬闲处理相比，冬种紫云英农产品总产出增幅为 7.56%～20.83%，其中处理 D 最高，达 38.06×10^3 元/hm²，比对照处理 A 增加了 20.83%，其次为处理 C，达 37.98×10^3 元/hm²，与对照 A 相比增加了 20.60%；农产品供给功能价值方面，处理 C 的农产品供给功能价值最高，比对照 A 增加了 28.92%；产投比方面，处理 C 的产投比最高，达 2.41，比对照处理 A 高 5.24%，处理 E 的产投比最低，仅为 2.13，主要是由于施氮量最高，肥料的投入最多，生产资料总投入较高，而过多的施用化肥并未带来水稻高产，从而最终产投比较低。

表 15-16　不同处理下稻田生态系统农产品供给功能价值投入产出表

项目	A（CK）：冬闲+不施氮	B：紫云英+不施氮	C：紫云英+优化施氮	D：紫云英+常规施氮	E：紫云英+高量施氮
种子投入（$\times 10^3$ 元/hm²）	1.29	1.95	1.95	1.95	1.95
农机投入（$\times 10^3$ 元/hm²）	2.00	2.00	2.00	2.00	2.00
化肥投入（$\times 10^3$ 元/hm²）	1.47	1.47	2.22	2.72	3.35
农药投入（$\times 10^3$ 元/hm²）	0.60	0.60	0.60	0.60	0.60
人工投入（$\times 10^3$ 元/hm²）	8.40	9.00	9.00	9.00	9.00
生产资料总投入（$\times 10^3$ 元/hm²）	13.76	15.02	15.77	16.27	16.90
农产品总产出（$\times 10^3$ 元/hm²）	31.50	33.88	37.98	38.06	35.98
农产品供给功能价值（$\times 10^3$ 元/hm²）	17.74	19.52	22.87	22.44	19.74
产投比	2.29	2.26	2.41	2.34	2.13

二、气体调节功能

农田生态系统通过固定二氧化碳、释放氧气、排放温室气体等途径发挥其气体调节功能[121]。农田生态系统中，作物植株通过呼吸作用与大气交换二氧化碳和氧气，与冬闲相比，由于稻田冬种紫云英增加了农田产出的生物总量，从而在一定程度上提高了农田的碳固定量和释放氧气的量，同时由于紫云英翻压扰动了冬闲田，在一定程度上会增加温室气体排放量。本研究中，利用水稻成熟期和紫云英盛花期干物质量，通过光合作用方程[97, 123]，计算出水稻和紫云英在生长过程中释放的 O_2 量：

$$6n\ CO_2 + 6n\ H_2O \longrightarrow n\ C_6H_{12}O_6 + 6n\ O_2 \longrightarrow n\ C_6H_{10}O_5$$
$$264 \qquad\qquad\qquad 180 \qquad 192 \qquad\qquad 162$$

由上看出，植物在生长过程中每生产 162g 多糖有机物质，可以固定 264g CO_2，同时释放 192g O_2，即植物体每积累 1kg 干物质，可以释放 1.19kg O_2，由此可以计算出稻田生态系统中释放的 O_2 量及价值：

$$V_{O_2} = (R_{dm} + C_{dm}) \times 1.19 \times C_{O_2}$$
$$V_{CO_2} = (R_{dm} + C_{dm}) \times 1.63 \times C_{CO_2}$$

式中，V_{O_2} 为释放 O_2 的价值（元）；R_{dm} 为每公顷水稻成熟期干物质量；C_{dm} 为每公顷紫云英盛花期干物质量；C_{O_2} 为释放 O_2 需要的造林成本，取值 0.38 元/kg，选取目前较多采用（0.35 元/kg）和工业制氧的成本（0.40 元/kg）二者的平均值；V_{CO_2} 为固定 CO_2 的价值（元）；C_{CO_2} 为释放 CO_2 需要的造林成本，取值 0.26 元/kg。

稻田在释放氧气固定二氧化碳的同时，也向大气排放氧化亚氮、甲烷、二氧化碳等温室气体。由于稻田温室气体的排放在一定程度上影响全球气候变暖，对环境产生负面影响，因此，其生态服务功能价值取负值，在此，本研究将稻田产生的氧化亚氮、甲烷、二氧化碳等温室气体排放量换算成等温室效应的二氧化碳量，即全球增温潜势（global warming potential，GWP），运用固碳造林成本法，对稻田生态系统温室气体排放进行价值评估。

$$V_{GWP} = M_{GWP} \times C_{CO_2}$$

式中，V_{GWP} 为释放温室气体的价值（元）；M_{GWP} 为 N_2O、CH_4、CO_2 转化成等温室效应的纯 CO_2 量。

由表 15-17 可知，处理 B、C、D、E 释放 O_2 和 CO_2 的价值均高于对照处理 A，可见冬种紫云英有助于增加土壤的 O_2 排放和固碳，但由于施氮会增加稻田温室气体排放，增加了全球增温潜势价值，各处理的全球增温潜势价值表现为随着施氮量的增加，全球增温潜势价值也逐渐增加。与处理 A 相比，处理 B、C、D、E 气体调节功能价值分别增加了 21.64%、37.61%、37.08%、33.73%，可见，与冬闲处理相比，冬种紫云英可以增加稻田气体调节功能价值，各处理的气体调节功能价值为紫云英+优化施氮＞紫云英+常规施氮＞紫云英+高量施氮＞紫云英+不施氮＞冬闲+不施氮。

表 15-17　不同处理下稻田生态系统气体调节功能价值

稻田生态系统	干物质总量 （kg/hm²）	释放 O₂ 价值 （元/hm²）	固定 CO₂ 价值 （元/hm²）	全球增温潜势 价值（元/hm²）	气体调节功能 价值（元/hm²）
A（CK）：冬闲+不施氮	18 953.30	8 570.68	8 032.41	−2 591.52	14 011.57
B：紫云英+不施氮	23 263.40	10 519.71	9 859.03	−3 334.60	17 044.14
C：紫云英+优化施氮	26 976.70	12 198.86	11 432.73	−4 350.07	19 281.52
D：紫云英+常规施氮	27 080.00	12 245.58	11 476.50	−4 514.60	19 207.48
E：紫云英+高量施氮	27 036.60	12 225.95	11 458.11	−4 945.84	18 738.22

三、土壤养分累积功能

　　土壤与作物之间进行的养分循环是农田生态系统中土壤养分累积的重要功能[109]。冬种紫云英有助于提高土壤养分，尤其是紫云英可以通过其根瘤菌的作用，将大气中的氮固定在紫云英植株内，因此翻压还田后可显著提高土壤速效养分含量。由于大田试验只进行了 2 年，对土壤全氮、全磷、全钾含量影响较小，故只选取耕作层的有机质、碱解氮、有效磷和速效钾累积量来评价紫云英与氮肥配施条件下农田生态系统的土壤养分累积功能价值，试验数据采用 2015 年冬种紫云英后到 2016 年冬种紫云英后土壤养分数据。考虑到土壤养分无法直接进行市场交换，采用影子价格法，将土壤中的有机质、碱解氮、有效磷、速效钾换算成有机肥、氮肥、磷肥、钾肥的价值，公式如下：

$$V_N = V_s \times SBD \times \Sigma(OM、TN、TP、TK) \times P_f$$

式中，V_N 为土壤养分累积价值（元/hm²）；V_s 为耕作层土壤体积（m³/hm²），耕作层厚度取 0.2m；SBD 为土壤容重（g/cm³）；OM 为土壤有机质累积量（kg/hm²）；TN 为土壤碱解氮累积量（kg/hm²）；TP 为土壤有效磷累积量（kg/hm²）；TK 为土壤速效钾累积量（kg/hm²）；P_f 为相应的肥料价格。肥料价格分别为尿素 1.93 元/kg，钙镁磷肥 0.69 元/kg，钾肥 3.10 元/kg，有机肥为 1.00 元/kg。

　　本研究中的试验数据采用 2015 年冬种紫云英后到 2016 年冬种紫云英后土壤养分数据。由表 15-18 可知，处理 B、C、D、E 的土壤有机质累积价值、氮素累积价值、磷素累积价值均表现为累积效益，其中处理 B、C、D、E 均高于处理 A，可见，冬种紫云英有利于土壤有机质、氮素、磷素的累积，且紫云英与氮肥配施效果更好，而处理 A 的土壤有机质、氮素累积价值为负数，可见冬闲不施氮处理会造成土壤有机质、氮素含量降低，降低土壤养分含量。同时研究结果也表明各处理钾素累积价值均表现为消耗效应，以处理 E 消耗最多，原因主要是紫云英还田配施高量施氮后，植株生长茂盛，水稻干物质量累积最多，吸钾能力较强，相较于其他处理，收获后带走的土壤钾素也最多。各处理的土壤养分累积功能总价值以处理 D 最高，达 3772.26 元/hm²，其次为处理 C，为 3731.83 元/hm²，处理 A

最低，为−213.09 元/hm²。综上所述，冬种紫云英有助于提高土壤养分累积总价值，尤其是紫云英与氮肥配施效果较好。

表 15-18　不同处理下稻田生态系统土壤养分累积功能价值

稻田生态系统	容重 (g/cm³)	有机质累积价值（元/hm²）	氮素累积价值（元/hm²）	磷素累积价值（元/hm²）	钾素累积价值 (元/hm²)	养分累积功能总价值 (元/hm²)
A（CK）：冬闲+不施氮	1.28	−307.51	−3.84	106.81	−8.55	−213.09
B：紫云英+不施氮	1.27	814.53	64.91	119.53	−15.92	983.05
C：紫云英+优化施氮	1.22	3542.93	88.35	125.71	−25.16	3731.83
D：紫云英+常规施氮	1.22	3575.92	98.52	128.15	−30.33	3772.26
E：紫云英+高量施氮	1.24	3365.46	115.07	123.28	−35.56	3568.25

四、土壤保持功能

农田生态系统不仅能向人类生产生活提供丰富的农产品，具有农产品供给功能，同时也具有水土保持功能。种植农作物可以通过覆盖地表提高土壤水分渗入的强度，拦蓄降雨，减轻径流对地表的冲刷，从而达到水土保持的目的[124, 125]。冬季种植紫云英可提高冬闲田地表的覆盖度，减缓降水对土壤的侵蚀，减少养分流失[126]，其土壤保持功能价值主要体现在 3 个方面，分别为减少耕地产值的潜在损失、减少土壤养分的流失和减少河流泥沙淤积。当前稻田的土壤保持量不能直接进行测量，本研究通过常用的土壤流失方程（universal soil loss equation，USLE）计算土壤侵蚀模数，以此来估算各处理的土壤保持量，公式如下：

$$C = R \times K \times LS \times (1 - C \times P)$$

式中，C 为农田土壤保持量（kg/hm²）；R 为降雨侵蚀因子（$\times 10^3$kg/hm²）；K 为土壤可蚀性因子；LS 为坡长坡度因子；C 为植被覆盖因子；P 为水土保持措施因子。

R 值采用王万忠等[127]关于中国主要站点的年平均 R 值计算结果，取南昌站 R 值为 665.1t/hm²；试验地土壤耕层有机质为 16.99～20.04g/kg，且土壤质地为沙质黏壤土，采用诺谟图法[127]，取 K 值为 0.56；LS 值参考杨艳生[128]关于南方红壤地区 LS 值的计算方法，取试验地平均坡度角为 2°，相对高度为 10m，得到 LS 为 0.21；试验地各处理的年均覆盖度分别为 0.45、0.65、0.72、0.75、0.78，植被覆盖因子 C 值采用蔡崇法等[129]提出的计算公式：$C=0.6508-0.3436 \lg c$（c 为植被覆盖度，取值 0～78.3%），得出各处理农田 C 值分别为 0.0828、0.0279、0.0127、0.0066、0.0007；对应徐艳杰等[130]中的土地利用类型 P 值表，取水土保持措施因子值，P 为 0.35。

考虑到市场上对于水土保持无直接交易价格，本研究采用机会成本法，分别以农田单位面积产值、土壤养分价值、承载泥沙淤积的水库库容建造成本来估算系统减少土壤废弃值、减少土壤养分流失价值以及减少泥沙淤积价值，以三者之和计算土壤保持功能价值。

$$V_{C1}=C/(SBD \times h) \times V_O \times 10^{-4}$$

式中，C 为农田土壤保持量（kg/hm²）；V_{C1} 为减少土壤废弃价值（元/hm²）；h 为耕作层厚度，取 0.2m；SBD 为土壤容量（g/cm³）；V_O 为每公顷农业产值，取每公顷净收益（元/hm²）。

$$V_{C2}=C \times \Sigma(SOM、STN、STP、STK) \times P_f$$

式中，V_{C2} 为减少土壤养分流失价值（元/hm²）；SOM、STN、STP、STK 分别为每公顷土壤耕作层中的有机质、碱解氮、有效磷、速效钾含量（kg/hm²），数据取 2016 年晚稻后土壤养分含量。

$$V_{C3}=C/SBD \times M \times C_r$$

式中，V_{C3} 为减少泥沙淤积价值（元/hm²）；SBD 为土壤容量（g/cm³）；M 为泥沙淤积量占土壤侵蚀量的百分比，采用盛莉等[131]研究成果，取 24%；C_r 为水库库容建造成本，成本参考《森林生态系统服务功能评估规范》中提供的成本，为 7.99 元/t。

$$V_C=V_{C1}+V_{C2}+V_{C3}$$

式中，V_C 为土壤保持功能价值（元/hm²）。

　　各处理的土壤保持量为处理 E＞D＞C＞B＞A，根据土壤保持量计算出土壤保持功能价值。由表 15-19 可以看出，与对照处理 A 相比，4 个冬种紫云英处理减少土壤废弃价值方面分别增加了 48.14 元/hm²、182.10 元/hm²、172.97 元/hm²、77.07 元/hm²，减少土壤养分流失价值方面分别增加了 146.14 元/hm²、413.17 元/hm²、457.82 元/hm²、297.58 元/hm²，减少泥沙淤积方面分别增加了 3.04 元/hm²、8.56 元/hm²、9.37 元/hm²、7.53 元/hm²，由此可见，土壤保持功能价值主要体现在减少土壤废弃价值和减少土壤养分流失价值两个方面，减少泥沙淤积方面的影响较小，原因主要是试验区地势平坦，受降水侵蚀程度较小。就土壤保持功能总价值而言，处理 B、C、D、E 的土壤保持功能价值均高于对照 A 处理，增幅为 4.27%～13.86%，主要是由于冬种紫云英增加了地表的覆盖度，从而有利于增加土壤保持功能价值，处理 D 和处理 C 的土壤保持功能价值基本相同，仅差 36.33 元/hm²，二者分别较对照处理 A 高 13.86%、13.08%，处理 E 的土壤保持功能价值较处理 C、D 有所下降，主要是由于该处理下植株干物质量过大、吸收养分能力强，土壤中的速效养分含量减少，降低了减少土壤养分流失价值，从而土壤保持功能价值减少。

表 15-19　不同处理下稻田生态系统土壤保持功能价值

稻田生态系统	土壤保持量（kg/hm²）	减少土壤废弃价值（元/hm²）	减少土壤养分流失价值（元/hm²）	减少泥沙淤积价值（元/hm²）	土壤保持功能价值（元/hm²）
A（CK）：冬闲+不施氮	75 948.27	525.82	3 976.41	113.66	4 615.89
B：紫云英+不施氮	77 453.26	573.96	4 122.55	116.70	4 813.21

续表

稻田生态系统	土壤保持量（kg/hm²）	减少土壤废弃价值（元/hm²）	减少土壤养分流失价值（元/hm²）	减少泥沙淤积价值（元/hm²）	土壤保持功能价值（元/hm²）
C：紫云英+优化施氮	77 867.14	707.92	4 389.58	122.22	5 219.72
D：紫云英+常规施氮	78 036.45	698.79	4 434.23	123.03	5 256.05
E：紫云英+高量施氮	78 196.36	602.89	4 273.99	121.19	4 998.07

五、水分涵养功能

稻田生态系统主要通过土壤对水分的蓄积，以发挥水分涵养功能。涵养水分的功能主要是土壤非毛管孔隙的作用。本研究采用替代市场法计算，其计算公式为：$V_w = V_s \times h \times SBD \times NCP \times C_r$，$V_w$ 为土壤涵养水分价值（元/hm²）；NCP 为非毛管孔隙度。

土壤水分涵养量与土壤非毛管孔隙度密切相关，由表 15-20 可以看出，不同处理下的水分涵养量不同，但与对照处 A 相比，处理 B、C、D、E 的水分涵养量分别增加了 19.47%、23.23%、17.96%、13.36%，可见与冬闲处理相比，冬种紫云英可以增加土壤的水分涵养量，主要是由于冬种紫云英根系发达，在一定程度上可以疏松土壤，翻压还田后，紫云英秸秆与土壤混合，也会降低土壤容重，提高稻田非毛管孔隙度，增加土壤水分涵养量，处理 C 的水分涵养量最高，达317.15kg/hm²，与该处理相比，处理 E 的水分涵养量下降了 8.01%，这说明过高的氮肥施用量使土壤的非毛管孔隙度下降，土壤通气性变差，土壤板结，涵养水分的能力降低，而合理施氮则有利于降低土壤容重，提高土壤非毛管孔隙度，增强稻田蓄水能力。

表 15-20　不同处理下稻田生态系统水分涵养功能价值

稻田生态系统	土壤容重（g/cm³）	水分涵养量（kg/hm²）	土壤涵养水分价值（元/hm²）
A（CK）：冬闲+不施氮	1.28	257.37	2056.38
B：紫云英+不施氮	1.27	307.48	2456.80
C：紫云英+优化施氮	1.22	317.15	2534.06
D：紫云英+常规施氮	1.22	303.59	2425.67
E：紫云英+高量施氮	1.24	291.76	2331.13

六、生态服务价值综合评估

汇总表 15-16～表 15-20 的数据，计算得出紫云英与氮肥配施处理下不同稻田生态系统服务功能总价值（表 15-21）。处理 B、C、D、E 的生态系统服务功能总价值均高于对照处理 A，平均增幅为 29.40%，而处理 C、D、E 的平均增幅为

34.46%，这说明与冬闲处理相比，冬种紫云英可提高稻田生态系统服务功能总价值，紫云英与氮肥配施效果更好。同时研究结果表明，在稻田生态系统服务功能价值中，农产品供给功能价值占主导地位，比例达 39.16%～46.43%，其次为气体调节功能，所占比例为 36.39%～39.05%，土壤养分累积功能价值、土壤保持功能价值、土壤涵养水分功能价值共占比例为 16.90%～22.37%。

表 15-21　不同处理下稻田生态系统服务功能总价值　　　　　（单位：元/hm²）

稻田生态系统	农产品供给功能价值	气体调节功能价值	养分累积功能价值	土壤保持功能价值	土壤涵养水分功能价值	生态系统服务功能总价值
A（CK）：冬闲+不施氮	17 742.00	14 011.57	−213.09	4 615.89	2 056.38	38 212.75
B：紫云英+不施氮	18 862.50	17 044.14	983.05	4 813.21	2 456.80	43 650.61
C：紫云英+优化施氮	22 213.78	19 281.52	3 731.83	5 219.72	2 534.06	52 980.38
D：紫云英+常规施氮	21 783.00	19 207.48	3 772.26	5 256.05	2 425.67	52 444.46
E：紫云英+高量施氮	19 078.96	18 738.22	3 568.25	4 998.07	2 331.13	48 714.63

第三节　研究展望

　　不同的稻田生态系统有不同的稻田耕作制度模式，不同的稻田耕作制度模式有不同的资源利用效率和生态经济效益。选择适合长江中下游地区稻田生态系统的耕作制度模式，能在有限的土地资源上产生尽可能大的经济效益、生态效益和社会效益，能不断提高土壤肥力和土壤生态环境质量，从而使农业生产在高水平上得以可持续发展、高质量发展[132-134]。

　　我国长江中下游地区稻田耕作制度发展中，整地虽然机械化程度较高，但仍沿用传统的犁翻或旋耕，部分秸秆翻压还田，人工施肥、泡田、水耙、耢平、沉浆、捞茬等一整套作业过程。这种传统耕作方式存在如下突出问题：①稻田土壤水蚀，周边水域淤积。由于长期过度耕作，植被破坏严重，土壤裸露，降雨时易产生径流，稻田表层肥沃土壤随雨水冲蚀造成水土流失，淤积沟、渠及周边河流、池塘、湖泊等，不仅使清淤工作量加大，也使河流、湖泊等的调、蓄水能力下降，生态环境恶化。例如，浙江全省河道总淤积量达 20 亿 m³，平原河网普遍淤高 0.6m，淤积严重的河段淤高 2.5m 以上；严重的水土流失导致耕地减少，土地退化，泥沙淤积，加剧洪涝灾害，恶化生态环境，给国民经济发展和人民群众生产、生活带来严重危害，成为我国头号环境问题。②稻田土壤矿质营养流失，周边水域富营养化。稻田土壤大量营养元素随水土流失，使得周边水域的富营养化问题突出，生态环境日趋恶化。例如，浙江省有 21.6% 的河段失去了作为饮用水源的功能，河网水体普遍富营养化，主要水系的干流水质多为Ⅳ类或Ⅴ类，严重影响居民的生活质量和身体健康。③资源利用率低，浪费严重。长江中下游地区稻田水、肥、作物秸秆等资源的利用率均很低。例如,浙江省耕地的化肥投入量达 575kg/hm²(折纯),远高于世界平均水平,肥料利用率仅 35% 左右,与发达国家的 50%～60% 相比差距很大;另外,在稻田有机肥投入严重不足的同时,秸秆残茬中仅有小部分被翻压还田或堆沤还田,由于烦琐费力成本高,并受制于土壤分解秸秆与作物争氮,利用比例仅为 30% 左右,其余大多以野火焚烧,污染空气;长江中下游稻区充沛的雨水资源得不到有效利用,大多通过径流或蒸发损失,灌溉水耗量居高不下,尤其整地泡田用水量大,灌溉水生产系数仅为 1.0kg/m³ 左右,而发达农业国家的灌溉水生产系数已达 2.0kg/m³。④稻田土壤质量变劣,可持续生产能力下降。由于长江中下游地区稻田长期复种连作,一定程度上已产生"连作障碍",土壤有机质含量下降、土壤结构和理化性状变劣,耕作形成的犁底层直接影响稻田水分的渗透和作物根系的深层生长。有关试验与调查资料显示,由于长期旋耕和淹水灌溉,稻田耕作层逐渐变浅(一般仅 12～15cm),犁底层愈发明显,土壤的通透性变差,土壤容重呈上升趋势,土壤结构变劣,土壤次生潜育化稻田已占 20% 以上。土壤的保肥、供肥能力下降,稻田土壤的产量障碍现象日趋明显,严重影响稻田土壤的可持续生产能力。⑤生产成本提高,经济效益降低。稻田耕作环节多,耗时长,费用高,是影响长江中下游地区稻田生产可持续发展的重要因素。有关统计数据表明,浙江省用于稻田作物生产的活劳动投入约占生产成本的 45%,用于稻田耕整地的机、畜力投入约占生产成本的 15%,两者在生产成本中的比例已达 60% 左右。2002 年,浙江省仅耕作机械投入量达 21.69 万 kW,柴油消耗量在 20 万 t 以上,能源消耗巨大。连年耕作不仅未能提高产量、增加收入,反而使土壤结构破坏严重,土壤板结,通透性差,耕层含气量低,氧化还原速度慢,不利于土壤中有机质的分解和养分的释放,使产量下降。

　　针对上述问题,为实现长江中下游地区稻田耕作制度绿色发展、高质量发展和可持续发展,未来区域稻田耕作制度改革、发展与研究的重点应包括以下几方面。

一、提高稻田复种指数,挖掘作物单产潜力

　　人口不断增加,耕地面积日益减少,未来中国粮食供求缺口大,生产任务重,粮食安全问题形势愈加严峻,提高粮食产量迫在眉睫。我国北方一熟区人均耕作面积比较大,但受光热资源的制约,提高复种指数的潜力小,发展方向是扩大面积和提高单产;而全国粮食缺口主要在南方,南方的缺口又主要在长江中下游的三熟制地区。因此,长江中下游地区稻田耕作制度的发展方向是:第一,提高耕地(稻田)复种指数,大力发展稻田多熟制,特别是三熟制;第二,提高稻田作物单位面积产量,以单产增加促进总产增加;第三,优化作物结构、品种结构,在提高作物产量过程中兼顾改善农产品品质,提升发展的质量和效益。

二、实行种养结合和用养结合，建立复合高效稻田耕作制

实行种养结合，提高稻田经济效益。以稻谷生产为主的稻田粮饲种植结构，粮食结构单一，比较效益低，制约了粮食生产持续稳定增长和饲料工业、食品工业、养殖业的全面协调发展。为改变这种状况，必须在大力发展稻田多熟种植和提高粮食总产量的基础上，以增加高能量、高蛋白的优质饲料为基础，充分利用多余的粮食和副产品，大力发展猪、牛、羊等多元配套的养殖业，把种、加、养紧密结合起来，提高稻田耕作制度及整个农业生态系统的整体效益。

实行用养结合，建立复合耕作制度。针对当前长江中下游地区普遍存在"重用地、轻养地"，以及大量使用化肥、农药（杀虫剂、除草剂）等造成严重的环境污染现象，必须建立稻田复合高效耕作制度，走节肥减药、用养结合、丰产增效之路。一是要强化生物养地，种植绿肥、豆类作物，增施有机肥、农家肥；二是要实行生物防治、生态控害，尽可能减少农药特别是剧毒农药使用；三是实行休耕轮作，建立良性循环、可持续发展的稻田耕作制度体系。

三、实现碳达峰和碳中和目标，建立绿色低碳稻田耕作制

"中国二氧化碳排放力争于2030年前达到峰值，努力争取2060年前实现碳中和"是研究、建立长江中下游地区稻田耕作制度的大方向、大背景、大前提，为此，应采取如下具体措施。

第一，减排。减少温室气体排放，建立节能低碳型稻田耕作制度。一是要减少化肥、农药等不可再生资源投入，有利于减碳降耗。二是发展多样化种植，有利于绿色发展。当前种植结构较单一，农民增产不增收的现象比较严重。多元种植结构的协调发展不仅可以满足现代化市场多元化的需求，也可以缓解人畜争粮矛盾、培肥地力、充分利用劳动力资源、提高经济效益等，有利于绿色发展。例如，在长江中下游地区稻田发展"绿肥-双季稻"、"菜-双季稻"、"烟-稻"等多元结构，有利于提高稻田效益，还有利于绿色防控和绿色发展[135,136]。三是发展稻田水旱轮作、少耕免耕、间歇灌溉、配方施肥、氮肥深施等，均有利于稻田减排[137]。

第二，减投。减少物质投入，建立资源节约型稻田耕作制度。当前的农业生产处在资源高耗、低效的状态，与国际水平还有较大差距。谢高地[138]通过对全世界不同国家和地区耕地、开采的农用淡水和化肥等主要农业资源消耗系数的计算得出：我国耕地资源的平均消耗系数为世界水平的60%，而开采的农用淡水平均消耗系数与化肥的平均消耗系数分别为世界水平的180%和197%。这说明在世界范围内，我国耕地资源利用率较高，而农用淡水资源和化肥资源利用率很低。所以，长江中下游地区今后稻田耕作制度的发展方向是，减少物质投入，以提高资源利用效率和提高农田经济效益为目标，建立资源节约型稻田耕作制度，实现区域农业生产的可持续发展。

　　第三，增绿。增加稻田绿色覆盖，建立绿色高质高效型稻田耕作制度。这里特别要强调的是，长江中下游地区要十分重视开发利用冬闲田，要使区域冬闲田披上"绿装"——大力恢复冬季绿肥紫云英的种植和利用。这不仅有利于增加土壤"肥源"（绿肥直接翻沤还田），还有利于增加畜牧业饲料来源（用紫云英作青贮饲料），同时，对增加农业碳汇、改善农业景观、发展乡村旅游、实现绿色发展等都十分有利。

　　第四，转型。要广泛运用现代生物技术、信息技术，以及新材料、新能源、新工艺、新方法，建立绿色、低碳、复合、高效、新型稻田耕作制度体系[139]，实现长江中下游地区稻田耕作制度提质增效和转型升级。

参 考 文 献

[1]　翟孟源, 徐新良, 姜小三. 我国长江中下游农业区冬闲田的遥感监测分析. 地球信息科学学报, 2012, (3): 389-397.

[2]　王辉, 屠乃美. 稻田种植制度研究现状与展望. 作物研究, 2006, (5): 498-503.

[3]　陈贵, 赵国华, 张红梅, 等. 长期施用有机肥对水稻产量和氮磷养分利用效率的影响. 中国土壤与肥料, 2017, (1): 92-97.

[4]　徐祥玉, 王海明, 袁家富, 等. 不同绿肥对土壤肥力质量及其烟叶产质量的影响. 中国农学通报, 2009, (13): 58-61.

[5]　王人民, 丁元树. 稻田年内水旱轮作对土壤肥力的影响. 中国水稻科学, 1998, 12(2): 85-91.

[6]　王人民, 丁元树, 陈锦新. 稻田年内水旱轮作对晚稻产量及生长发育的影响. 浙江大学学报(农业与生命科学版), 1996, 22(4): 412-417.

[7]　丁元树, 王人民, 陈锦新. 稻田年内水旱轮作对土壤微生物和速效养分的影响. 浙江大学学报(农业与生命科学版), 1996, 22(6): 561-565.

[8]　熊云明, 黄国勤, 王淑彬, 等. 稻田轮作对土壤理化性状和作物产量的影响. 中国农业科技导报, 2004, 6(4): 42-45.

[9]　余泓. 冬闲田种植马铃薯对后作土壤环境和水稻生长的影响. 湖南农业大学硕士学位论文, 2010.

[10]　杨华才, 杨清松, 罗天刚. 大豆与水稻轮作对土壤理化特性和水稻产量的影响. 作物杂志, 2006, (5): 50-51.

[11]　官会林, 刘士清, 张无敌, 等. 紫云英轮作与退化山地红壤肥力恢复研究. 农业现代化研究, 2007, 28(4): 494-497.

[12]　曾希柏, 孙楠, 高菊生, 等. 双季稻田改制对土壤剖面构型及性质的影响. 应用生态学报, 2008, 19(5): 1033-1039.

[13]　兰延, 黄国勤, 杨滨娟, 等. 稻田绿肥轮作提高土壤养分增加有机碳库. 农业工程学报, 2014, 30(13): 146-152.

[14]　刘金山. 水旱轮作区土壤养分循环及其肥力质量评价与作物施肥效应研究. 华中农业大学博士学位论文, 2011.

[15]　赵营, 王世荣, 郭鑫年, 等. 施肥对水旱轮作作物产量、氮素吸收与土壤肥力的影响. 中国土壤与肥料, 2012, (6): 24-28.

[16]　Thorup-Kristensen K, Magid J, Jensen L S. Catch crops and green manures as biological tools

in nitrogen management in temperate zones. Advances in Agronomy, 2003, 79(2): 227-302.

[17] Elfstrand S, Hedlund K, Mårtensson A. Soil enzyme activities, microbial community composition and function after 47 years of continuous green manuring. Applied Soil Ecology, 2007, 35(3): 610-621.

[18] Selvi R V, Kalpana R. Potentials of green manure in integrated nutrient management for rice—a review. Agricultural Reviews, 2009, 1(30): 40-47.

[19] 周春火, 潘晓华, 吴建富, 等. 不同复种方式对水稻产量和土壤肥力的影响. 植物营养与肥料学报, 2013, 19(2): 304-311.

[20] 王子芳, 高明, 秦建成, 等. 稻田长期水旱轮作对土壤肥力的影响研究. 西南农业大学学报: 自然科学版, 2003, 25(6): 514-517.

[21] 高菊生, 曹卫东, 李冬初, 等. 长期双季稻绿肥轮作对水稻产量及稻田土壤有机质的影响. 生态学报, 2011, 31(16): 4542-4548.

[22] 胡奉壁, 胡祥托, 李林, 等. 稻田不同复种制度土壤肥力演变规律的定位监测研究. 湖南农业科学, 2001, (4): 27-29.

[23] 王先华. 稻田不同轮作方式对培肥地力的作用. 耕作与栽培, 2002, (6): 9-10.

[24] 黄涛, 汪辰卉, 徐力斌, 等. 紫云英连续两年还田对水稻产量及土壤肥力的影响. 上海农业科技, 2016, (1): 103-104.

[25] 吴增琪, 朱贵平, 张惠琴, 等. 紫云英结荚翻耕还田对土壤肥力及水稻产量的影响. 中国农学通报, 2010, 26(15): 270-273.

[26] 陈洪俊. 稻田水旱轮作系统生产力、生态环境效应及可持续性评价. 江西农业大学硕士学位论文, 2015.

[27] 李菡, 孙爱清, 郭恒俊. 农田不同种植模式与土壤质量的关系. 应用生态学报, 2010, 21(2): 365-372.

[28] 王淳. 双季稻连作体系氮素循环特征. 中国农业科学院硕士学位论文, 2012.

[29] 李孟飞. 长期定位施肥对土壤重金属含量的影响. 安徽农业科学, 2008, (14): 5959-5961.

[30] 高翔云, 汤志云, 李建和, 等. 国内土壤环境污染现状与防治措施. 环境保护, 2006, (4): 50-53.

[31] 鲁洪娟, 孔文杰, 张晓玲, 等. 有机无机肥配施对稻-油系统中重金属污染风险和产品质量的影响. 浙江大学学报 (农业与生命科学版), 2009, (1): 111-118.

[32] 赵明, 蔡葵, 赵征宇, 等. 有机无机肥配施对大棚土壤有效态重金属含量的影响. 2009 重金属污染监测、风险评价及修复技术高级研讨会. 中国山东青岛, 2009.

[33] 王开峰, 彭娜. 长期有机无机肥配施对红壤稻田土壤重金属的影响. 江苏农业科学, 2009, (2): 258-261.

[34] 汤文光, 唐海明, 罗尊长, 等. 不同种植模式对稻田土壤重金属含量及晚稻稻米品质的影响. 作物学报, 2011, (8): 1457-1464.

[35] 张巧娜. 旱地麦田种植豆科绿肥及施氮对土壤硝态氮和重金属含量的影响. 西北农林科技大学硕士学位论文, 2016.

[36] 姚珍. 保护性耕作对水稻生长和稻田环境质量的影响. 江西农业大学硕士学位论文, 2007.

[37] 杨滨娟. 冬种绿肥与稻草还田对农田生态系统生产力及土壤环境的影响. 江西农业大学博士学位论文, 2014.

[38] Lashof D A, Ahuja D. Relative contributions of greenhouse gas emissions to the global warming. Nature, 1990, 344(344): 529-531.

[39] 陈全胜, 李凌浩, 韩兴国, 等. 水热条件对锡林河流域典型草原退化群落土壤呼吸的影响. 植物生态学报, 2003, 27(2): 202-209.

[40]　Schlesinger W H. Soil respiration and the global carbon cycle. Biogeochemistry, 2000, (48): 123-128.

[41]　胡立峰, 李洪文, 高焕文. 保护性耕作对温室效应的影响. 农业工程学报, 2009, 25(5): 308-312.

[42]　胡立峰. 不同耕法对麦玉二熟及双季稻农田温室气体排放的影响. 中国农业大学博士学位论文, 2006.

[43]　刘博, 黄高宝, 高亚琴, 等. 免耕对旱地春小麦成熟期 CO_2 和 N_2O 排放日变化的影响. 甘肃农业大学学报, 2010, 45(1): 82-87.

[44]　Reicosky D C, Reeves D W, Prior S A. Effects of residue management and controlled traffic on carbon dioxide and water loss. Soil & Tillage Research, 1999, 52(3): 153-165.

[45]　刘允芬. 农业生态系统碳循环研究. 自然资源学报, 1995, 10(1): 1-8.

[46]　黄明蔚. 稻麦轮作农田生态系统温室气体排放及机制研究. 华东师范大学硕士学位论文, 2007.

[47]　莫永亮. 冬水田转稻麦轮作对温室气体排放的影响. 华中农业大学硕士学位论文, 2014.

[48]　莫永亮, 胡荣桂, 赵劲松, 等. 冬水田转稻麦轮作对小麦生长季温室气体排放的影响. 环境科学学报, 2014, 34(10): 2675-2683.

[49]　闫翠萍, 张玉铭, 胡春胜. 不同耕作措施下小麦-玉米轮作农田温室气体交换及其综合增温潜势. 中国生态农业学报, 2016, 24(6): 704-715.

[50]　董玉红, 欧阳竹. 有机肥对农田土壤二氧化碳和甲烷通量的影响. 应用生态学报, 2005, 16(7): 1303-1307.

[51]　杜丽君, 金涛, 阮雷雷, 等. 鄂南4种典型土地利用方式红壤 CO_2 排放及其影响因素. 环境科学, 2007, 28(7): 1607-1613.

[52]　Chatskikh D, Olesen J E. Soil tillage enhanced CO_2 and N_2O emissions from loamy sand soil nuder spring barley. Soil & Tillage Research, 2007, (97): 5-18.

[53]　Kerdchoechuen O. Methane emission in four rice varieties as related to sugars and organic acids of roots and root exudates and biomass yield. Agriculture, Ecosystems and Environment, 2005, (108): 155-163.

[54]　Schütz H, Seiler W, Conrad R. Processes involved in formation and emission of methane in rice paddies. Biogeochemistry, 1989, (7): 33-53.

[55]　Khalil M A K, Rasmussen R A, Wang M X, et al. Emissions of trace gases from Chinese rice fields and biogas generation: CH_4, CO_2, CO, chlorocarbons and hydrocarbons. Chemosphere, 1990, 20(1-2): 207-226.

[56]　Wang S B, Song W Z. Studies of nitrous oxide emission from farmlands in north China. Adv Atmos Sci, 1993, 10(4): 490.

[57]　荣湘民, 袁正平, 胡瑞芝, 等. 稻作制有机肥地下水位对稻田甲烷排放的影响. 农业环境保护, 2001, (6): 394-397.

[58]　徐华, 蔡祖聪, 李小平, 等. 冬作季节土地管理对水稻土 CH_4 排放季节变化的影响. 应用生态学报, 2000, 11(2): 215-218.

[59]　李侃. 稻田土壤微生物量与温室气体排放的研究. 四川农业大学硕士学位论文, 2005.

[60]　蔡祖聪, 谢德体, 徐华, 等. 冬灌田影响水稻生长期甲烷排放量的因素分析. 应用生态学报, 2003, 14(5): 705-709.

[61]　蔡祖聪, 徐华, 卢维盛, 等. 冬季水分管理方式对稻田 CH_4 排放量的影响. 应用生态学报, 1998, 9(2): 171-175.

[62] 江长胜, 王跃思, 郑循华, 等. 耕作制度对川中丘陵区冬灌田 CH_4 和 N_2O 排放的影响. 环境科学, 2006, 27(2): 207-213.

[63] Towprayoon S, Smakgahn K, Poonkaew S. Mitigation of methane and nitrous oxide emissions from drained irrigated rice fields. Chemosphere, 2005, (59): 1547-1556.

[64] 封克, 殷士学. 影响氧化亚氮形成与排放的土壤因素. 土壤学进展, 1995, (6): 35-42.

[65] 雒新萍, 白红英, 路莉, 等. 黄绵土 N_2O 排放的温度效应及其动力学特征. 生态学报, 2009, 29(3): 1226-1233.

[66] 陈书涛, 黄耀, 郑循华, 等. 种植不同作物对农田 N_2O 和 CH_4 排放的影响及其驱动因子. 气候与环境研究, 2007, 12(2): 147-155.

[67] Menéndez S, López-Bellido R J, Benítez-Vega J, et al. Long-term effect of tillage, crop rotation and N fertilization to wheat on gaseous emissions under rainfed Mediterranean conditions. European Journal of Agronomy, 2008, (28): 559-569.

[68] Liu X J, Mosier A R, Halvorson A D, et al. Tillage and nitrogen application effects on nitrous and nitric oxide emissions from irrigated corn field. Plant and Soil, 2005, 276(1): 235-249.

[69] Almaraz J J, Mabood F, Zhou X M, et al. Carbon dioxide and nitrous oxide fluxes in corn grown under two tillage systems in Southwestern Quebec. Soil Science Society of America Journal, 2009, 73(1): 113-119.

[70] Jantalia C P, Santos H P, Urquiaga S, et al. Fluxes of nitrous oxide from soil under different crop rotations and tillage systems in the South of Brazil. Nutrient Cycling in Agro-ecosystems, 2008, 82(2): 161-173.

[71] Vinten A J A, Ball B C, Sullivan M F, et al. The effects of cultivation method, fertilizer input and previous sward-type on organic C and N storage and gaseous losses under spring and winter barley following long term leys. Journal of Agricultural Science, 2002, (139): 231-243.

[72] Melillo J M, Catricala C, Magill A, et al. Soil warming and carbon-cycle feedbacks to the climate systems. Science, 2002, 298(2173): 188-196.

[73] 熊正琴, 邢光熹, 鹤田治雄, 等. 豆科绿肥和化肥氮对双季稻稻田氧化亚氮排放贡献的研究. 土壤学报, 2003, 40(5): 704-710.

[74] 熊正琴, 邢光熹, 鹤田治雄, 等. 冬季耕作制度对农田氧化亚氮排放的贡献. 南京农业大学学报, 2002, 25(4): 49-52.

[75] 唐海明, 肖小平, 孙继民. 种植不同冬季作物对稻田甲烷、氧化亚氮排放和土壤微生物的影响. 生态环境学报, 2014, 23(5): 736-742.

[76] 廖秋实, 郝庆菊, 江长胜. 不同耕作方式下农田油菜季土壤温室气体的排放研究. 西南大学学报(自然科学版), 2013, 35(9): 111-118.

[77] 陈义, 唐旭, 杨生茂. 稻麦轮作稻田中 N_2O 排放规律的研究. 土壤通报, 2011, 42(2): 342-350.

[78] 林新坚, 王飞, 王长方, 等. 长期施肥对南方黄泥田冬春季杂草群落及其 C、N、P化学计量的影响. 中国生态农业学报, 2012, 20(5): 573-577.

[79] Yin L C, Cai Z C, Zhong W H, et al. Changes in weed community diversity of maize crops due to long-term fertilization. Crop Protection, 2006, 25(9): 910-914.

[80] 王卫, 陈安磊, 谢小立, 等. 长期不同施肥对冬闲期稻田土壤种子库和地上杂草群落的影响. 生态环境学报, 2013, (3): 365-369.

[81] 陈洪俊, 黄国勤, 杨滨娟, 等. 冬种绿肥对早稻产量及稻田杂草群落的影响. 中国农业科学, 2014, (10): 1976-1984.

[82] 李昌新, 赵锋, 芮雯奕, 等. 长期秸秆还田和有机肥施用对双季稻田冬春季杂草群落的影响. 草业学报, 2009, (3): 142-147.

[83] 施林林, 沈明星, 蒋敏, 等. 长期不同施肥方式对稻麦轮作田杂草群落的影响. 中国农业科学, 2013, 46(2): 310-316.

[84] 代文才, 高明, 兰木羚, 等. 不同作物秸秆在旱地和水田中的腐解特性及养分释放规律. 中国生态农业学报, 2017, (2): 188-199.

[85] 宋莉, 韩上, 鲁剑巍, 等. 油菜秸秆、紫云英绿肥及其不同比例配施还田的腐解及养分释放规律研究. 中国土壤与肥料, 2015, (3): 100-104.

[86] 古巧珍, 杨学云, 孙本华, 等. 不同施肥条件下黄土麦地杂草生物多样性. 应用生态学报, 2007, (5): 1040-1044.

[87] Colbach N, Durr C, Chauvel B, et al. Effect of environmental conditions on *Alopecurus myosuroides* germination. II. Effect of moisture conditions and storage length. Weed Research, 2002, 42(3): 222-230.

[88] Johnson K H, Vogt K A, Clark H J. Biodiversity and the productivity and stability of ecosystems. Trends in Ecology & Evolution, 1996, 11(9): 372-378.

[89] 蒋敏, 沈明星, 沈新平, 等. 长期不同施肥方式对稻田杂草群落的影响. 生态学杂志, 2014, 33(7): 1748-1756.

[90] 潘俊峰, 万开元, 李祖章, 等. 施肥模式对晚稻田杂草群落的影响. 植物营养与肥料学报, 2015, (1): 200-210.

[91] 董春华, 刘强, 高菊生, 等. 不同施肥模式下水稻生育期间杂草群落特征. 草业学报, 2013, (3): 218-226.

[92] 刘玉龙, 马俊杰, 金学林, 等. 生态系统服务功能价值评估方法综述. 中国人口资源与环境, 2005, 15(1): 88-92.

[93] Costanza R, Arge R, de Groot R, et al. The value of the world's ecosystem services and natural capital. Nature, 1997, 387, (6630): 253-260.

[94] Wood S, Sebastian K, Scherr S J. Pilot Analysis of global Ecosystems: Agroecosystems. Washington: International Food Policy Research Institute and World Resources Institute, 2000.

[95] Daily G C. Management objectives for the protection of ecosystem services. Environmental Science & Policy, 2000, 3(6): 333-339.

[96] Pretty J, Ball A. Agricultural influences on carbon emissions and sequestration: A review of evidence and the emerging trading options. Essex: Centre for Environment and Society, University of Essex, 2001.

[97] 肖玉, 谢高地, 鲁春霞, 等. 稻田生态系统气体调节功能及其价值. 自然资源学报, 2004, 19(5): 617-623.

[98] 肖玉, 谢高地, 鲁春霞, 等. 施肥对稻田生态系统气体调节功能及其价值的影响. 植物生态学报, 2005, 29(4): 577-583.

[99] 孙新章, 周海林, 谢高地. 中国农田生态系统的服务功能及其经济价值. 中国人口·资源与环境, 2007, 17(4): 55-60.

[100] Rui W Y, Zhang W J. Effect size and duration of recommended management practices on carbon sequestration in paddy field in Yangtze Delta Plain of China: A meta-analysis. Agriculture, Ecosystems & Environment, 2010, 135(3): 199-205.

[101] Tong C L, Xiao H A, Tang G Y, et al. Long-term fertilizer effects on organic carbon and total nitrogen and coupling relationships of C and N in paddy soils in subtropical China. Soil and

Tillage Research, 2009, 106(1): 8-14.

[102] Dominati E, Patterson M, Mackay A. A framework for classifying and quantifying the natural capital and ecosystem services of soils. Ecological Economics, 2010, 69(9): 1858-1868.

[103] 黄璜. 湖南境内隐形水库与水库的集雨功能. 湖南农业大学学报, 1997, 23(6): 499-503.

[104] 吴瑞贤, 张嘉轩. 水田对径流系统之影响评估. 农业工程学报, 1996, 42(4): 55-66.

[105] 蔡明华. 水稻田生态环境保护对策之研究. 农田水利, 1994, 41(9): 10-13.

[106] Yoshikawa N, Nagao N, Misawa S. Evaluation of the flood mitigation effect of a Paddy Field Dam project. Agricultural Water Management, 2010, 97(2): 259-270.

[107] 谢高地, 鲁春霞, 冷允法, 等. 青藏高原生态资产的价值评估. 自然资源学报, 2003, 18(2): 189-196.

[108] 高旺盛, 董孝斌. 黄土高原丘陵沟壑区脆弱农业生态系统服务评价——以安塞县为例. 自然资源学报, 2003, 18(2): 182-188.

[109] 谢高地, 肖玉, 甄霖, 等. 我国粮食生产的生态服务价值研究. 中国生态农业学报, 2005, 13(3): 10-13.

[110] Zhang W, Ricketts T H, Kremen C, et al. Ecosystem services and dis-services to agriculture. Ecological Economics, 2007, 64(2): 253-260.

[111] Foley J A, DeFries R, Asner G P, et al. Global consequences of land use. Science, 2005, 309(5734): 570-574.

[112] Sander H A, Haight R G. Estimating the economic value of cultural ecosystem services in an urbanizing area using hedonic pricing. Journal of Environmental Management, 2012, 113: 194-205.

[113] 成克武, 崔国发, 王建中, 等. 北京喇叭沟林区森林生物多样性经济价值评价. 北京林业大学学报, 2000, 22 (4): 66-71.

[114] 赵同谦, 欧阳志云, 贾良清, 等. 中国草地生态系统服务功能间接价值评价. 生态学报, 2004, 24(6): 101-110.

[115] 欧阳志云, 赵同谦, 赵景柱, 等. 海南岛生态系统生态调节功能及其生态经济价值研究. 应用生态学报, 2004, 15(8): 1395-1402.

[116] 赵景柱, 徐亚骏, 肖寒, 等. 基于可持续发展综合国力的生态系统服务评价研究——13 个国家生态系统服务价值的测算. 系统工程理论与实践, 2003, (1): 121-127.

[117] 谢高地, 鲁春霞, 成升魁. 全球生态系统服务价值评估研究进展. 资源科学, 2001, 23(6): 5-9.

[118] 雷娜, 张宇清, 吴斌, 等. 河南省农田防护林生态系统服务功能价值核算. 水土保持通报, 2012, 32(5): 97-102.

[119] 王俊, 李巧云, 关欣. 常德津市农田生态系统服务功能的价值评估. 湖南农业科学, 2013, (7): 76-78, 81.

[120] 杨友, 杨宁, 邹冬生. 张家界市农田生态系统服务功能价值损益特征分析. 农业现代化研究, 2015, 36(1): 132-136.

[121] Porter J, Costanza R, Sandhu H, et al. The value of producing food, energy, and ecosystem services within an agro-ecosystem. Royal Swedish Academy of Sciences, 2009, 38(4): 186-193.

[122] 胡志华, 李大明, 徐小林, 等. 不同有机培肥模式下双季稻田碳汇效应与收益评估. 中国生态农业学报, 2017, 25(2): 157-165.

[123] 张丹, 闵庆文, 成升魁. 传统农业地区生态系统服务功能价值评估——以贵州省从江县为

例. 资源科学, 2009, 31(l): 31-37.

[124] 孙新章, 谢高地, 成升魁, 等. 中国农田生产系统土壤保持功能及其经济价值. 水土保持学报, 2005, 19(4): 156-159.

[125] 孙禹, 哈斯·额尔敦, 杜会石. 植被盖度在土壤侵蚀模数计算中的应用. 水土保持通报, 2013, 33(5): 185-189.

[126] Kim S Y, Gutierrez J, Kim P J. Considering winter cover crop selection as green manure to control methane emission during rice cultivation in paddy soil. Agriculture, Ecosystems and Environment, 2012, 161(10): 130-136.

[127] 王万忠, 焦菊英. 中国的土壤侵蚀因子定量评价研究. 水土保持通报, 1996, 16(5): 1-20.

[128] 杨艳生. 论土壤侵蚀区域性地形因子值的求取. 水土保持学报, 1988, 2(2): 89-96.

[129] 蔡崇法, 丁树文, 史志华, 等. 应用 USLE 模型与地理信息系统 IDRISI 预测小流域土壤侵蚀量的研究. 水土保持学报, 2000, 14(2): 19-24.

[130] 徐艳杰, 姚志宏, 赵东保. 基于 RS/GIS 和 RUSLE 的华北平原土壤侵蚀现状分析. 水土保持通报, 2012, 32(6): 217-220.

[131] 盛莉, 金艳, 黄敬峰. 中国水土保持生态服务功能价值估算及其空间分布. 自然资源学报, 2010, 25(7): 1105-1113.

[132] 王德仁, 陈苇. 长江中下游及分洪区种植结构调整与减灾避灾种植制度研究. 中国农学通报, 2000, 16(4): 1-3.

[133] 骆世明. 农业生态学. 长沙: 湖南科学技术出版社, 1987.

[134] 卞新民, 冯金侠. 多元多熟种植制度复种指数计算方法探讨. 南京农业大学学报, 1999, 22(1): 11-15.

[135] 赵爱菊, 高凯, 潘永. 马铃薯高效间套种植模式. 中国蔬菜, 2002, (1): 44.

[136] 周贤君, 邹冬生. 湖南省稻田种植制度的改革与发展. 耕作与栽培, 2004, (2): 1-2.

[137] 陈松文, 刘天奇, 曹凑贵, 等. 水稻生产碳中和现状及低碳稻作技术策略. 华中农业大学学报, 2021, 40(3): 3-12.

[138] 谢高地. 中国农业资源高效利用的背景与核心内容. 资源科学, 1998, 20(5): 7-11.

[139] 黄国勤. 长江经济带稻田耕作制度绿色发展探讨. 中国生态农业学报(中英文), 2020, 28(1): 1-7.